iCourse·教材

数字逻辑设计及应用

● 姜书艳 主编

● 卢有亮 金燕华
陈 瑜 周 鹰
张 鹰 编著

高等教育出版社·北京

内容提要

本书为电子科技大学“数字逻辑设计及应用”MOOC的配套教材，更适用于MOOC学习、翻转课堂或混合式教学。全书共8章，包括引论、数字信息的二进制表达、数字电路、组合逻辑设计原理、硬件描述语言及FPGA基础、组合逻辑设计实践、时序逻辑设计原理、时序逻辑设计实践。

本教材可作为高等学校电子信息类、电气类、计算机类、自动化类等专业的数字电路与逻辑设计相关课程的教材，也可作为数字电子技术相关课程和从事数字逻辑电路和系统设计的工程技术人员的参考书。

图书在版编目（CIP）数据

数字逻辑设计及应用 / 姜书艳主编；卢有亮等编著. -- 北京 : 高等教育出版社，2021.11
ISBN 978-7-04-055608-7

Ⅰ. ①数… Ⅱ. ①姜… ②卢… Ⅲ. ①数字逻辑-逻辑设计 Ⅳ. ①TP302.2

中国版本图书馆CIP数据核字（2021）第026994号

Shuzi Luoji Sheji ji Yingyong

策划编辑 黄涵玥　　责任编辑 黄涵玥　　封面设计 姜 磊　　版式设计 杨 树
插图绘制 于 博　　责任校对 高 歌　　责任印制 刁 毅

出版发行 高等教育出版社
社　　址 北京市西城区德外大街4号
邮政编码 100120
印　　刷 河北鹏盛贤印刷有限公司
开　　本 787 mm×1092 mm　1/16
印　　张 20
字　　数 390千字
购书热线 010-58581118
咨询电话 400-810-0598

网　　址 http://www.hep.edu.cn
http://www.hep.com.cn
网上订购 http://www.hepmall.com.cn
http://www.hepmall.com
http://www.hepmall.cn
版　　次 2021年11月 第1版
印　　次 2021年11月 第1次印刷
定　　价 41.00元

物 料 号 55608-00

前言

电子科技大学“数字逻辑设计及应用”MOOC自2016年6月在“中国大学MOOC”平台上线以来，到2020年10月为止已开设10轮，有超过6万名学习者参与了本课程的学习，其人数远远超过了该课程在电子科技大学校内开课20年以来所有选课人数的总和。为了适应线上、线下混合式教学模式的改革，电子科技大学数字逻辑设计及应用课程组参与该MOOC建设的几位骨干教师，共同编写了本教材。本教材的编写特点如下。

(1) 根据该MOOC基于知识点讲授的特点，本教材将与知识点相关的内容进行扩展，展现出各知识点之间的逻辑关系，体现了知识体系的完整性，克服了该MOOC以知识点为单元的碎片化知识的不足。

(2) 精选内容，强化基础，突出工程应用。注重原理设计，从设计的角度分析器件的内部电路和外部引脚功能。

(3) 增加了硬件描述语言及FPGA基础的章节，重点介绍了基于Verilog HDL语言进行组合逻辑电路和时序逻辑电路的设计方法。

本书共8章，各章内容简介如下。

第1章为引论，介绍了一些数字逻辑设计的基本概念和基础知识，以及数字逻辑设计中要用到的软硬件技术和需要注意的问题。这章内容非常有助于实际设计中开阔设计者的设计思路。

第2章为数字信息的二进制表达，本章介绍了数制的基本概念，包括二进制、八进制、十进制和十六进制，给出了各个进制之间转换的公式；详细介绍了带符号数的三种常用的编码表示方式，即原码表示、反码表示和补码表示，以及怎样利用补码表示进行带符号数的运算。最后介绍了如何用二进制编码表示十进制数如BCD码、格雷码以及检错和纠错编码。

第3章为数字电路，本章主要讨论数字系统基本单元的电路设计问题。首先引入数字系统的基本单元，然后介绍通过开关电路实现这些单元的方法。重点是通过对电路电压和电流特性的分析，建立最小晶体管模型,并以此为单位提供对逻辑设计进行成本和延迟分析的方法。这些知识将为构建实际的、达到产品质量的电路打下坚实的基础。

第 4 章为组合逻辑设计原理,本章主要讲述组合逻辑电路和时序逻辑电路分析和综合所有类型逻辑电路的基础数学工具、开关代数,必要的术语和符号可以帮助我们将逻辑电路的输入输出关系写成逻辑表达式,电路的化简方法将优化电路设计。在这一章里所学的知识将为组合逻辑电路的分析和设计打下理论基础。

第 5 章为硬件描述语言及 FPGA 基础,本章选择了目前流行的 Xilinx 系列 FPGA 作为具体的对象。首先介绍 FPGA、HDL 语言及 FPGA 的实验开发环境,然后选择使用 Verilog HDL 语言讲解 HDL 语言,之后给出组合逻辑电路设计及时序逻辑电路设计的实例。本书的后续章节的电路都可以使用这种方法来设计和实现,并进行仿真和验证。

第 6 章为组合逻辑设计实践,本章主要讲述一些简单的功能构件,例如译码器、编码器、多路复用器、比较器、加法器等,这些功能构件具有通用的 74 系列元件,也可以通过可编程逻辑器件实现。数字设计的正确性、可维护性都是非常重要的,设计者通过文档标准确保设计的规范化,使得系统的工作过程具有可阅读性。

第 7 章为时序逻辑设计原理,本章首先讲述了构成时序电路的基本逻辑单元电路——存储电路,讨论最基本的存储电路——锁存器,包括基本 $S-R$ 锁存器和 D 锁存器;触发器,包括 $S-R$ 触发器、$J-K$ 触发器、D 触发器和 T 触发器等。然后从状态机的结构开始,重点介绍了时钟同步状态机的一般分析方法和设计方法。

第 8 章为时序逻辑设计实践,本章介绍了时序逻辑电路的标准文档、常用的基本锁存器和触发器、计数器的原理及应用、移位寄存器的原理及应用、迭代电路和时序逻辑电路、序列发生器的设计。

参与本教材编写的人员均为电子科技大学数字逻辑设计及应用课程组成员,同时也是参与 MOOC 录制和答疑维护的骨干教师,有着丰富的教学经验和科研经历。第 1、2 章由姜书艳编写,第 3 章由张鹰编写,第 4 章由陈瑜编写,第 5、6 章由卢有亮编写,第 7 章由金燕华编写,第 8 章由周鹰编写。全书由姜书艳担任主编,东南大学李文渊教授对全书进行了审稿,在此向李文渊教授表示衷心的感谢。

本教材可作为高等学校电子信息类、电气类、计算机类、自动化类专业的数字电路与逻辑设计相关课程的教材,也可作为数字电子技术相关课程和从事数字逻辑电路和系统设计的工程技术人员的参考书。本书将部分知识点的MOOC视频以及单元测验的答案做成二维码,放在正文的相应位置,便于读者阅读。

鉴于编者的水平有限,教材中难免有疏漏、不妥之处,恳请读者批评指正。编者邮箱:770581831@qq.com。

编者

2021年3月

目录

第1章 引论

当今世界，数字系统无处不在，如个人计算机、网络交换机等。大多数的无线通信，如手机和无线网络的无线通信，都是通过数字信号处理以实现调制和解调的功能。大多数电子设备只在输入和输出的时候，才使用模拟电路，中间的处理过程都是通过数字系统实现的。

本书将详细讲解各种常规的数字电路——组合逻辑电路（combinational logic circuit）和时序逻辑电路（sequential logic circuit）的分析和设计方法（analysis and design method），以及这些电路和其他独特电路的设计创新点（the invention of a new approach）。

1.1 数字系统

“数字逻辑设计及应用”课程是电子信息类专业重要的专业基础课程之一，是研究数字系统设计的入门课程。通过本课程的学习，学习者能够掌握数字逻辑电路的基本理论和基本分析、设计方法，为学习后续课程准备必要的数字电路知识。本课程在培养学习者严肃认真的科学作风和抽象思维能力、分析计算能力、总结归纳能力等方面起重要作用。本课程将介绍数字逻辑电路的分析、设计方法和基本的系统设计技巧；培养学习者综合运用知识提出问题、分析问题、解决问题、评价问题的能力和在工程性设计方面的基本素养。

一个完整的电子系统所包含的模块及其相互关系如图 1.1.1 所示。外界的物理信号（physical signal），如声音、温度、压力等要转换成电信号，才能被电子系统所接收和处理。我们可以通过传感器将这些外界的物理信号转换成模拟的电信号，或通过接收器直接接收模拟或数字信号，或通过信号发生器（signal generator）直接产生所需要的模拟或数字信号，等等。转换的过程我们称为信号的提取。从外界提取的信号一般不能直接用于电子系统，电子系统需要根据接收到的信号的质量，对信号进行预处理。如通过滤波器滤除高频或低频的噪声信号（noise signal），通过隔离电路隔离直流或交流信号，通过阻抗变换电路或放大器

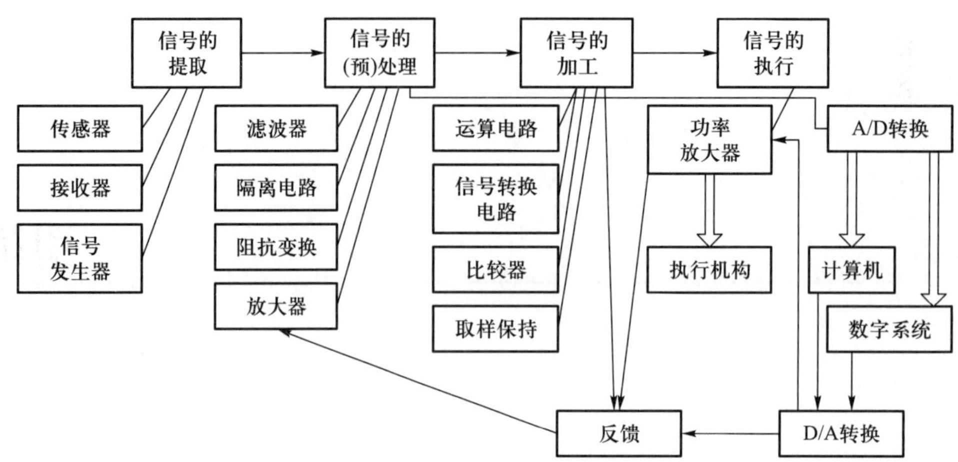

图 1.1.1 完整的电子系统所包含的模块及其相互关系

为信号的进一步加工处理做准备。信号的加工是整个电路处理的核心部分,也是电路功能的主要体现者。根据电路实现的功能,可以对信号进行运算、转换、比较、取样保持等处理。如果加工处理后的信号功率过小,可以通过功率放大器对信号进行放大,再将信号传输给执行机构执行。那么,数字电路的知识处于电子系统中的哪一部分呢?在进行信号预处理时,也可以通过模数转换器(A/D 转换器)将模拟信号转换为数字信号,再将这些数字信号传送给计算机或数字系统进行信号的加工和处理,加工处理以后的数字信号再经过数模转换器(D/A 转换器)转换成模拟信号,再传送给执行机构,如功率放大器,执行以后就变成了我们需要的信息。D/A 转换后的信号,通过信号的加工、处理以后的信号以及通过功率放大器放大以后的信号,都可以通过反馈电路(feedback circuit)反馈到信号预处理环节,形成反馈信号,实现对系统的控制。不同的闭环系统(closed-loop system)将引入各种不同的反馈,实现不同的控制。

在数字系统中,要讲述的内容包含从模拟到数字的转换电路,如脉冲的产生与整形,以及数字电路的核心内容,即组合电路和时序电路,有时也包含单片机的相关知识。

数字系统(digital system)的历史可以追溯到 17 世纪,1642 年布莱士·帕斯卡(Blaise Pascal)设计了一台机械的数值加法器(mechanical value adder),1671 年德国数学家莱布尼茨(Gottfried Leibniz)发明了一台可进行乘法与除法的机器。19 世纪英国数学家查尔斯·巴比奇(Charles Babbage)动手制造了一台用于计算航行时间表的自动计算机器(automatic count machine),虽然由于当时的技术限制,该机器存在可靠性的问题,但该机器被公认为是现代计算机的先驱。而另一位英国数学家乔治·布尔(George Boole)提出了一种特殊的代数,也就是我们所说的布尔代数(Boolean algebra),它是现代数字逻辑设计的数学基础。

20 世纪 30 年代,贝尔实验室(Bell Lab)的香农(Claude Shannon)为了实现电话交换(telephone exchanges)的自动化,继承了布尔早期的工作,在一篇现在还堪称经典的论文中提出了现在用于数字逻辑设计的开关代数。随着电子学的发展,从 1947 年半导体晶体管(transistors)的发明以及真空管(vacuum tube)的诞生,到 20 世纪 60 年代集成电路的发明,都推动了数字逻辑和计算机的发展。现代电子系统从 1946 年冯·诺伊曼(Van Neumann)等人设计提出计算机经典体系结构,20 世纪 70 年代初英特尔设计出第一个微处理器(microprocessor),到现在最新一代的超级计算机(super computer),数字系统正以惊人的速度发展。如今新一代电子系统设计师可设计和制造一系列的产品,帮助人们进行生产过程控制(production process control)、通信(communication)、娱乐(entertainment)、探索太空奥妙和预测天气等。

视频 1.1.1

数字电路的先进性主要体现在"元器件"和"设计方法"上。"元器件"从 1947 年的晶体管,到 1958 年的集成电路、1969 年的大规模集成电路、1975 年的超大规模集成电路,再发展到现在,遵循着摩尔定律。到了 20 世纪 80 年代,可编程逻辑器件(programmable logic device,PLD)迅速发展,其中的器件包括 PAL、GAL、EPLD、CPLD、ispPLD、FPGA 等。20 世纪 90 年代产生了模拟可编程器件,同一年代提出了片上系统(system on chip,SoC)的概念,相应地 PLD 也进一步发展成可编程片上系统(system on programmable chip, SoPC)。由于 PLD 的迅速发展、模拟可编程器件的产生以及单片机的广泛应用,21 世纪初产生了片上可编程系统(programmable system on chip,PSoC)。现在已进入片上网络(network on chip,NoC)的阶段。"设计方法"在近几十年中经历了从分立电路到集成电路的设计历程,从晶体管电路时代,历经中小规模集成电路设计时代,到现在广泛采用 EDA 工具进行 ASIC 设计以及基于 FPGA 进行设计的时代,电路设计的每一步发展都产生了很多重要的设计思想及设计方法。

下面,我们以一个电子系统的实例——PSoC 的电路结构来了解数字电路在电子系

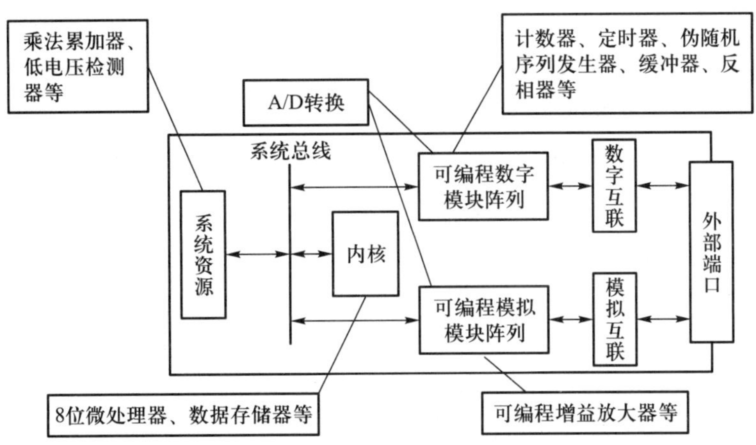

图 1.1.2 PSoC 的电路结构

视频 1.1.2

统中的地位。如图 1.1.2 所示，PSoC 主要由系统资源、系统总线、内核、可编程数字模块阵列、可编程模拟模块阵列、数字互联、模拟互联、外部端口等部分构成。其中，系统资源中的乘法累加器、内核中的数据存储器、可编程数字模块阵列中的计数器、定时器、伪随机序列发生器、缓冲器、反相器等都是由数字电路构成的。

1.2 模拟与数字

数字设计又称为逻辑设计（logic design）。设计的最根本目的是构建系统。数字设计是一个系统工程（system engineering），其中 5%~10% 是设计和创新部分，剩下的大部分工作则是一些常规的设计实现方法。

数字电路是构成计算机的硬件基础。最为人熟知的数字电路是构建通用计算机（general-purpose computer）的主机中微处理器（microprocessor）的基础。通用计算机输入数字数据，如从文件或键盘接收字母和数字，输出新的数字数据（digital data），比如存储在文件中或在监视器（monitor）上显示的新的字母和数字。因此，了解数字化设计有助于了解计算机是如何工作的。

数字电路是很多设备的基本组成。在现代应用非常广泛的电子信息系统（electronic information system）领域内，离不开处理离散信息（discrete information）的数字电路（digital circuit）。如所有的数字计算机、先进的通信系统、工业控制系统（industrial control system）、交通控制、医院急救系统（hospital emergency system）以及消费者使用的微波炉、洗衣机、电视机等无一不在设计过程中用到数字电路。在现代电子工程（electronic engineering）中，按电路所处理的信号形式，将电路分为模拟电路与数字电路。一个数字电路系统就是一个接受输入，处理或控制工作过程，以离散的或不连续的方式输出信息的系统。在数字系统中 ，所有输入和输出都只能是 **1** 或 **0**，如图 1.2.1 所示。

所谓模拟信号（analog signal），是指模拟真实物理量变化的信号形式。例如，麦克风所记录的语音信号、图像各点的亮度变化、大气温度与气压变化等信号，都是模拟信号。其特点是，模拟信号在时间与数值上都是连续变化的（continuous range），可以在一定范围内取任意值（take any value）。

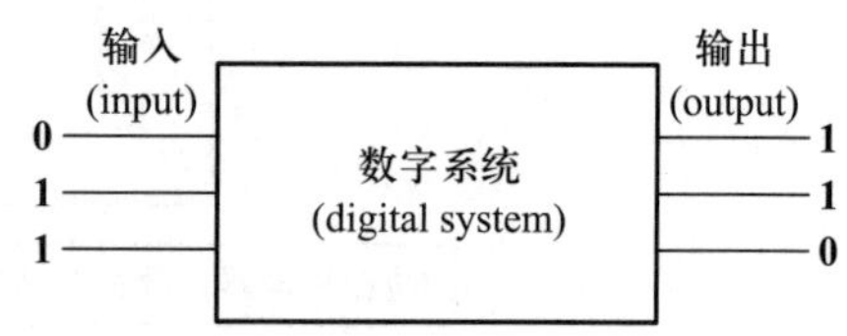

图 1.2.1 数字系统的输入和输出

数字信号（digital signal）是指离散的、不连续的信号（discrete signal）形式。例如，按键开关、某汽车厂的汽车整车日产量统计或者某地区的历年人口统计的结果，都是数字信号。其特点是，数字信号在时间或数量上的变化都是离散的，其数值的大小是某一个最小数量单位的整数倍，信号只能按阶梯变化（step change）和取值。

对模拟信号（analog signal）进行取样，就得到了“时间上离散”的数字信号，如图1.2.2所示。图中虚线表示模拟信号，对模拟信号以不同的取样密度（sampling consistency）进行取样，取样密度越高，得到的波形包络就越接近于原始的模拟信号，失真度越小，精度越高。经过模数转换（analog to digital conversion，ADC）以后就得到了“数值上离散（numerically discrete）”的数字信号。

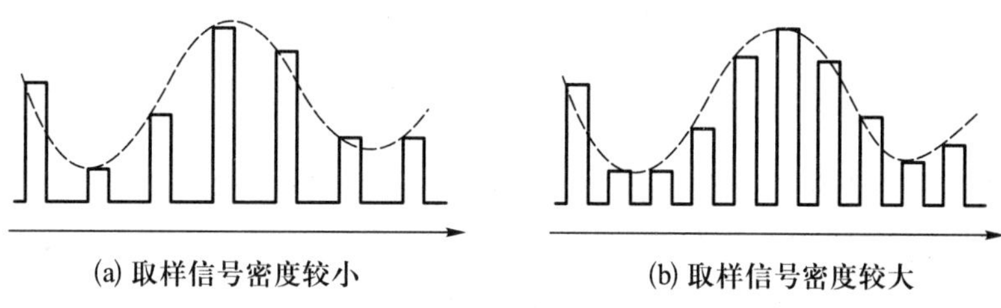

图 1.2.2 对模拟信号的取样

在现代电子工程（modern electronic engineering）中，随着数字计算机等数字技术的发展，越来越多的模拟信号均通过模数转换后以数字信号的形式由数字计算机或数字电路来处理，处理后的数字信号可以通过数模转换（digital to analog conversion，DAC）变为模拟信号，还原为现实世界中的信号。当然在模数转换与数模转换过程中必须满足一定的条件，才能完整地保留信号所带有的信息。

与模拟电路相比，数字电路有许多显著的优点：

(1) 数字电路的高稳定性（high stability）与高可靠性（high reliability）。数字电路输入、输出间的逻辑关系不那么依赖于电路及元件的稳定性，因为只需区别逻辑 **0**（logic **0**）与逻辑 **1**（logic **1**）状态即可。图1.2.3给出了模拟信号和数字信号的比较。模拟信号在传输过程中容易失真，数字信号在传输过程中虽然也会失真，但仍然可以保持能够识别0、1的电压取值。

(2) 数字信号可方便地用数字电路长期存储和无限制的复制。

(3) 易于设计（easy of design）。数字设计是逻辑的，往往不需要特别的数学技能，对于一般逻辑电路的工作状态，容易掌握和理解。

(4) 可编程性（programmability）。很多数字设计可以采用硬件描述语言（hardware description language，HDL），根据功能的要求灵活地通过编程来完成。

(5) 便于采用计算机进行处理，实现实时控制（real-time control）。

(6) 快速（fast speed）。在较快的集成电路中，单个晶体管（transistor）的开关（switch）时间可小于10 ps（picosecond，皮秒，1 ps=10^{-12} s），由这些晶体管构成的一个完整、复杂的器件

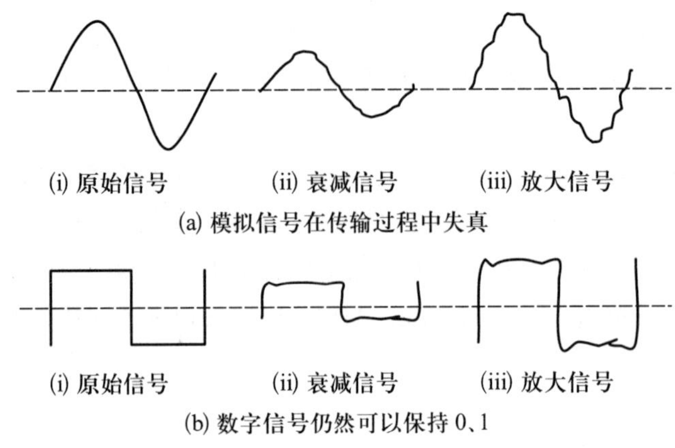

图 1.2.3　模拟信号和数字信号比较

从检测输入到产生输出的时间，还不到 2 ns（nanosecond，纳秒，1 ns=10^{-9} s)，这就意味着这种器件每秒能够产生 5 亿甚至更多的处理结果。

视频 1.2

(7) 经济性（economy）与稳步的发展技术（steadily advancing technology)。数字集成电路被标准化大规模地生产，数字设计技术具有可扩展性（expansibility)。

数字电路的这些优点使其应用越来越广泛。在现代电子工程中，越来越多的模拟信息已经被数字信号的形式来取代，“数字革命”已扩展到科技与生活的方方面面。曾经是模拟系统而现在却成为数字系统的例子很多，如：普通照相机使用银卤化物胶片记录的模拟静止图片（still picture)，已被数码相机（digital camera）的数字存储芯片存储的数字图片所取代；视频图像、声音等也由原来的模拟磁带存储变成现在的数字光盘存储；电话系统的专用分组交换机以及长途线路上都采用数字格式；交通灯控制器（traffic light controller)、汽车化油器控制装置等都由以前的机电控制变成了现在的微处理器控制等。

需要说明的是，尽管目前越来越多的模拟信息已经被数字信号的形式取代，但是在某些特定的场合，如高频电路（high-frequency circuit）的接收和发送部分，模拟电路还起着相当重要的作用。

1.3　数 字 技 术

在数字电路中，电子器件的导通（on）与截止（off)，电压（voltage）或者电流（current）通常只有两个状态（state)，电压状态为高电平（high）或者低电平（low)，电流状态为有电流或者无电流。这样的两个状态可以用逻辑 **1**(logic **1**)/ 真(truth）与逻辑 **0**(logic **0**)/ 假(falsity）来表示。通常数字信号（digital signal）用这样的 **0**、**1** 符号构成的序列（sequence）表示。数字电路输入

(input)与输出(output)的 **0**、**1** 序列间的逻辑关系便是该数字电路的逻辑功能(logic function)的体现。因而,数字电路就是实现各种逻辑关系(logic relationship)的电路。

在数字电路中,最基本的器件有两类,一类是最基本的组合电路器件,称为门电路(gates),包括**与**门、**或**门、**非**门(反相器)。另一类是最基本的时序电路器件,称为存储电路,是一种能够存储 **0** 或 **1** 的器件,包括锁存器(latch)和触发器(flip-flop)。

过去的数字设计并不需要涉及软件工具(software tool),所有原理图的逻辑符号(logic symbols in schematic diagram)都手工画出。然而今天,软件工具却成为数字设计的重要部分。在过去的几年间,硬件描述语言的可用性和实践性(availability and practicality),以及随之而来的电路仿真与综合工具(circuit simulation and synthesis tool),已经完全改变了数字设计的整个面貌。

在数字电路设计中有几种常用的软件工具:电路设计软件,如 VHDL、Verilog 等;电路仿真软件,如 Vivado、Ise、Moldelsim、MaxPlusII、QuatusII 等;制版布线软件,如 protel、powerPCB 等。除了使用上述工具外,设计者有时要用高级语言(例如 C 或 C++)编写专门的程序,以便解决特殊的设计问题。

单个硅片(single silicon chip)上的一个或多个门电路的集合体,称为集成电路(integrated circuit,IC)。最初的 IC 制作在一个大的圆形晶片(circular wafer)上,如图 1.3.1 所示,在它上面含有几十到几百个相同的 IC 晶片。每个 IC 晶片上有多个模片(die)。在制出晶片以后,要对晶片上的模片(die)逐个进行测试(test),并标记出那些有缺陷(defect)的模片。然后将晶片进行切片,这样就生产出一个个模片。丢掉那些有缺陷的模片,正常模片被封装(package)成块,并将模片的引出部分连接到封装块的引脚上(package pin)。封装好的 IC 还要经过最后的测试才能销售到客户那里。

早期的集成电路,根据 IC 含有门电路的多少,可按规模分为大、中、小三类。最简单的商用 IC 称为小规模集成(small-scale integration,SSI),一般包含 1 到 20 个门电路的元器件。典型的 SSI IC 包含数字设计的基本构件(basic building block),即一系列门电路(gate)或触发器(flip-flop)。

带 14 个引脚(14-pin)的双列直插式(dual in-line-pin,DIP)封装的 SSI IC 如图 1.3.2(a)所示。更大的 DIP 封装用更多的引脚来容纳它的功能,如图 1.3.2(b)、图 1.3.2(c)所示。引脚图(pin diagram)表示元件的各种信号到各个引脚(package pin)或引脚输出(pinout)的分配(assignment)情况。图 1.3.3 给出了几种 7400 系列 SSI IC 的引脚图。当设计者要决定一个特定 IC 的引脚个数时,这样的图才会被采用,以作为机械制造的参考(mechanical reference)。因为门电路以功能进行分组,所以在数

图 1.3.1 圆形晶片示意图

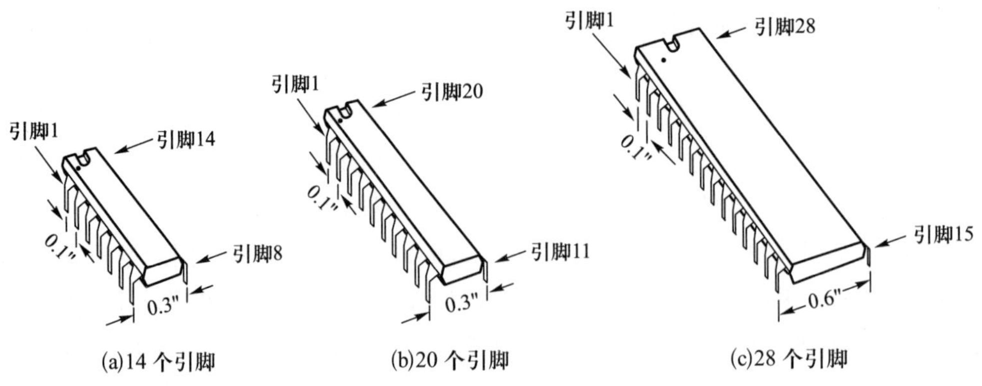

(a)14 个引脚 (b)20 个引脚 (c)28 个引脚

图 1.3.2 双列直插式封装的 SSI IC

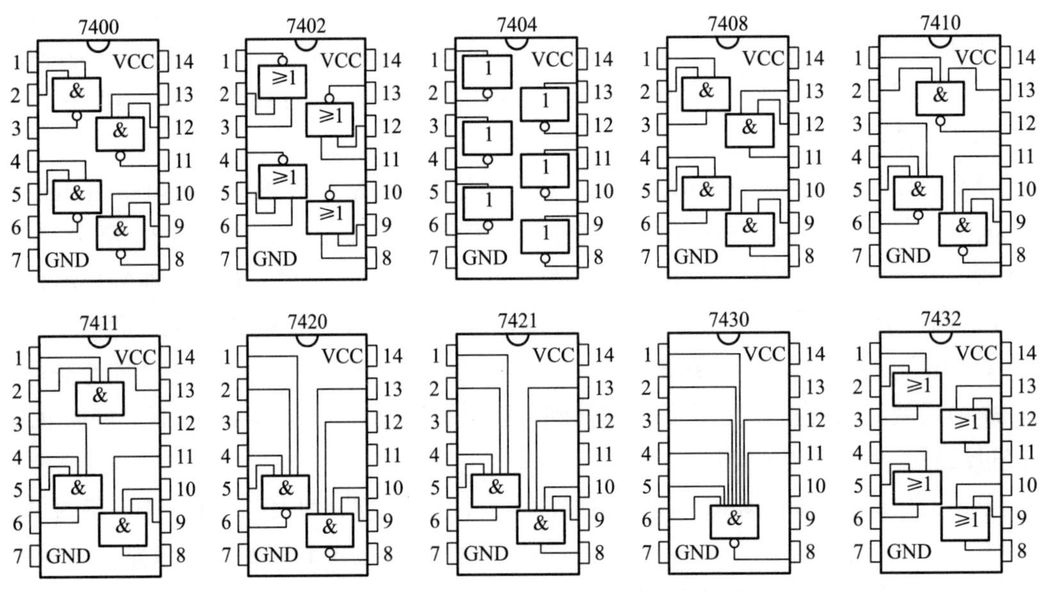

图 1.3.3 几种 7400 系列 SSI IC 的引脚图

字电路的原理图(schematic diagram)中,不需要用到引脚图。

将来,对 SSI 和 MSI 来说,特别是 DIP 封装的 SSI 和 MSI,最常见的应用可能是在教学实验室(educational lab)作为实验材料。这些元件可以为学生提供在“面包板(bread boarding)”上自己动手建立简单电路的机会。

SSI 有时在复杂系统中仍作为“胶水(glue)”去黏合(tie)大规模集成器件(larger scale component),用于弥补存在于大规模集成器件之间或其接口之间的错误(bugs)。但是它们大部分已被可编程逻辑器件(programmable logic device,PLD)替代。

中规模集成(medium-scale integration,MSI)电路包含 20~200 个门电路的元器件。一个

标准的 MSI 电路包含一个功能构件，如译码器(decoder)、寄存器(register)或计数器(counter)。

大规模集成(large-scale integration，LSI)电路包含 200~1 000 000 甚至更多个门电路的元器件。LSI 电路包括小型存储器(small memory)、微处理器(microprocessor)、可编程逻辑元件(programmable logic device)和定制元件(customized device)等。

LSI 电路与超大规模集成(very large-scale integration，VLSI)电路之间的界限(dividing line)是模糊不清的(fuzzy)，并且趋向于以晶体管的个数(transistor count)而不是以门电路的数量(gate count)来界定。任何具有超过 100 万个晶体管的集成电路就一定是 VLSI 电路。现在 VLSI 电路包括大部分的微处理器(microprocessor)、存储器(memory)、大的可编程逻辑器件(larger programmable logic device)和定制器件(customized devices)。

为一个特殊的、受限制要求的产品或应用而设计的芯片，被称为半定制 IC(semicustom IC)或者专用 IC(application-specific IC，ASIC)。ASIC 一般是通过减少芯片的数量(chip count)、物理尺寸(physical size)和功率消耗(power consumption)来降低一个产品的元件总数(total components)和制造成本(manufacturing cost)，并且往往能够提供更高的性能(higher performance)。

可编程逻辑器件(programmable logic device，PLD)在出厂后具有逻辑功能(logic function)的“编程”能力，允许通过重新编程(reprogrammed)来设置其功能。这就意味着，如果发现了设计中的差错(bug)，不需要在物理上替换(replacing)器件或重新接线(rewiring)，就可以排除差错。

可编程逻辑阵列(programmable logic array，PLA)是第一种可编程逻辑器件(programmable logic devices，PLDs)，它包含用户可编程连接(user-programmable connections)的**与**门(AND gates)和**或**门(OR gates)两级结构。使用这种结构，设计者只要用关于逻辑综合和最小化的著名定理，就可以实现相当复杂的任意逻辑功能。

通过引入可编程阵列逻辑(programmable array logic，PAL)器件，PLA 结构得以增强，成本开销得以降低。现在，这样的器件一般被称为可编程逻辑器件(PLD)，属于可编程逻辑行业中的“MSI”。

通常把集成电路(IC)安装(mounted)在印制电路板(printed-circuit board，PCB)或者叫作印刷线路板(printed-wiring board，PWB)上，使它能够与一个系统中的其他 IC 实现连接。用于典型数字系统中的多层(multilayer)PCB 是把铜配线(copper wiring)蚀刻(etch)到多个玻璃纤维薄层(multiple，thin layers of fiberglass)上，每个玻璃纤维薄层大约只有 0.001 59 m(1/16 英寸)的厚度。如果需要更高的连线密度(connection density)，则要用更多的层。一个典型的 PCB 板如图 1.3.4 所示。

现代 PCB 的大部分元件都采用表面安装技术(surface-mount technology，SMT)，它已取代了用长引脚插入板中并在下表面焊接(solder)的 DIP(dual in-line-pin)封装(package)技术。

图 1.3.4 典型的 PCB 板

采用 SMT 技术的 IC 组件引线(lead)都被打弯,使之与 PCB 顶部表面的接触趋向平滑。这样的元件在安装到 PCB 上之前,使用漏印板(hole pattern)将一种特殊的"焊剂"(solder paste)黏接在 PCB 的焊点上(漏印板上的孔尺寸正好与焊点的大小相匹配),然后再把 SMT 元件放置(用手工或机器操作)在焊点(pads),焊剂就将元件固定好(在某些情况下,用胶水粘上去)。最后,整个流水线要通过加热炉以熔化焊剂,当这些焊剂冷却后,元件就焊接上了。

为满足对速度和密度的迫切要求,多芯片模块(multi-chip modules,MCM)被研制出来。在这种技术中,IC 模片(IC dice)不是安装在单独的塑料(plastic)或陶瓷封装(ceramic package)里,而是把高速子系统(high-speed subsystem[如处理器(processor)和它的高速缓存(cache memory)]的 IC 模片直接绑定(bonded)到基座(substrate)上,这种基座包含多个层所需的连接。

为了进一步满足对速度和密度的迫切要求,片上系统(system-on-chip,SoC)和片上网络(network on chip,NoC)应运而生。

数字系统设计可认为是一种层次结构(level structure),由最底层(lowest level)的基本电路开始,逐级向上,每级都显示更复杂的功能单元。简单的数字层次从由低到高可分为 5 级,分别如下:

第 1 级为元件级(components level),包含各种电子元件,如晶体管(transistor)、二极管(diode)、电阻(resistance)、电容(capacitance)、传感器(sensor)等。基本电路由单独的元件组成,能执行特定功能。第 2~4 级,分别被称作第 1IC 级(SSI)、第 2IC 级(MSI 与 LSI)和第 3IC 级(VLSI)。对于大多数的系统设计人员来说,一旦理解了基本的逻辑门,便不必过于关心逻辑门内部电子电路的细节,而是可以更多地关注它们的用途以设计实现更高级的功能。一个系统级(system level)的设计者的任务就是指明系统所需功能并选择适当的集成电路来完成任务。而设计由电子元件构成的数字集成电路,以提供特定的逻辑功能的工作,往往由 IC 设计人员来完成。第 5 级称作复杂系统级(complex system level),它以第 2~4 级为功能部件,实现复杂的逻辑功能,如片上系统(SoC)。

在实际的数字设计过程中,给定数字系统的功能和性能要求(functional and performance requirement)后,下一个目标就是使成本最小化(cost minimization)。就板级层次设计(board-level design)(指封装在单个 PCB 中的系统)而言,追求成本最小化意味着要最小化 IC 组件的数量(the number of IC packages)。如果需要的 IC 太多,就不一定都能安装到 PCB 中。PCB 的尺寸通常受很多因素(factor)的限制,譬如原先已有的标准(preexist standard)[如 PC 机的插件板(add-in board)]、封装约束[如它要符合烧制器(toaster)的要求]或者是某些项目要求等。在很多情况下,我们往往采用较昂贵的 PLD 来代替 SSI IC 或 MSI IC,因为 PLD 占用更少的 PCB 面积,并且在第一次测试就出问题的情况下,更易于更改。

小 结

本章介绍了一些数字逻辑设计(digital logic design)的基本概念和基础知识,数字逻辑设计中要用到的软硬件技术以及需要注意的问题。本章内容非常有助于在实际设计中开阔设计者的设计思路。

作 业

请解释下列缩写词的定义,要求写出缩写词代表的英文全称和中文全称。

ASIC,CAD,CMOS,CPLD,DIP,FPGA,HDL,IC,LSI,MCM,MSI,NoC,PCB,PLD,SMT,SSI,SoC,VHDL,VLSI。

单元测验

选择题

1. 一个完整的电子系统主要包含(　　)四个部分。

A. 信号提取　　B. 信号预处理　　C. 信号运算
D. 信号执行　　E. 信号加工

2. 数字电路的先进性主要体现在(　　)上。

A. 反馈电路　　B. 元器件　　C. 执行机构　　D. 方法

3. 离散的量是(　　)。

A. 模拟量　　B. 数字量　　C. 温度　　D. 压力

4. 数字系统的优越性主要体现为(　　)。

A. 稳定可靠　　B. 可编程性　　C. 功能更强　　D. 速度更快

5. 可以构成组合电路的器件有(   )

A. 门电路　　B. 触发器

C. 有记忆功能的器件　　D. 与门

6. 数字设计的层次有(   )。

A. 器件物理级　　B. 晶体管级　　C. RTL 级　　D. 数字电路级

第 1 章 答案

第2章

数字信息的二进制表达

本章主要介绍如何用二进制数字表示数量和信息，即数制（number system）和编码（code）的基本概念。首先介绍数制及不同数制之间的转换，二进制运算，符号数的表示和运算等基本知识；然后介绍十进制数的二进制编码、格雷码等的基本概念。

我们周围世界的信息（information）主要有两类，一类称为数值信息，一类称为非数值信息。在数字系统中，我们对数值信息进行处理，就要引入数制及其转换；对非数值信息进行处理，就要研究非数值信息的表征——编码。

数字系统是由用来处理二进制数字（binary digit）**0** 和 **1** 的电路构建的，然而现实世界中的信息很少是完全基于二进制数字的。那么，如何将现实世界的信息转换成数字系统可以理解的二进制“语言”，以及如何将处理的结果以我们可以理解的方式返回给现实世界，就成了设计数字系统首先要解决的问题。我们用 **0** 和 **1** 表达数量，就要引入数制，即二进制；用 **0** 和 **1** 表达不同对象，就要研究编码。

本章的目的，就是要说明在数字系统中，大家所熟悉的数字量是如何被表示和处理的，而那些非数值数据、事件、条件等事物又是如何被表示的。

2.1 数制转换

在日常的生活和工作中我们都要与数字打交道，为了方便对一个数字的大小进行表示，通常我们用一串数码符号（或简称为数码）来表示一个数的大小。数制（又称为计数制）就是人类创造的表示数的方法，它用一组固定的数码和一套统一的规则来表示数值。

历史上曾经有许多种数制，现在人们最习惯使用的数制是十进制，据说这与人的双手长有十个指头有关。但是，在实际应用中，还有其他的计数制在使用，比如二进制（两只鞋为一双）、十二进制（一年有 12 个月）、二十四进制（一天 24 小时）、六十进制（60 秒为一分钟，60 分钟为一小时),等等。现代数字系统是由用来处理二进制数字 **0** 与 **1** 的电路构建的,因此在研究数字系统之前,需要掌握二进制数的运算规则,以及如何进行十进制数(decemal number)和二进制数(binary number)之间的转换。

2.1.1 按位计数制

数制使用位置记数法来表示数值,在这种计数制中,人们用一串数码来表示一个数,比如十进制数 1 721,读作一千七百二十一,千位上的 1 和个位上的 1 表示数的大小是不同的,也就是说,每个数码的位置都对应一个权。十进制就是用"0,1,2,3,4,5,6,7,8,9"这十个数码放到相应的位置上来表示数值的。

数码在一个数中所处的位置叫作数位,在某种计数制中,每个数位上可以使用的数码符号的个数称为该计数制的基数(base or radix)。十进制中的每一个数位都可以使用十个数码符号,因此,十进制的基数为 10。因为是按照逢十进一的原则进行计数的,故称之为十进制。

在按位计数制(positional number system)中,每个数位上的数码所代表的数值的大小,等于在这个数位上的数码乘以一个固定的数值,这个固定的数值就是该数位上的权(weight)。一个十进制数的值等于其所有数码按位权展开相加之和,例如十进制数 518.68 就可以展开为

$$518.68=5\times 10^{2}+1\times 10^{1}+8\times 10^{0}+6\times 10^{-1}+8\times 10^{-2} \tag{2.1}$$

式中基数 10 的幂即为该数位的权重。某个数位,其权值的大小与该数位距离小数点的位置有关,小数点左边的数字有正的幂指数,小数点右边的数字有负的幂指数。通常,形如 $d_{n-1}d_{n-2}\cdots d_1d_0.d_{-1}\cdots d_{-m}$ 的十进制数 D,其对应的数值大小为

$$\begin{aligned} D &= d_{n-1}\times 10^{n-1}+d_{n-2}\times 10^{n-2}+\cdots+d_1\times 10^{1}+d_0\times 10^{0}+\\ &\quad d_{-1}\times 10^{-1}+\cdots+d_{-m}\times 10^{-m}\\ &=\sum_{i=-m}^{n-1}d_i\times 10^{i} \end{aligned} \tag{2.2}$$

式中,n 为整数部分的位数,m 为小数部分的位数,d_i 为数码,可以在 0~9 中取值。

推广到基数为 r 的数制系统,一般可写为 $(a_{n-1}a_{n-2}\cdots a_1a_0.a_{-1}\cdots a_{-m})_r$,其对应的数值大小可以写为按权展开式,即

$$\begin{aligned} R &= a_{n-1}\times r^{n-1}+a_{n-2}\times r^{n-2}+\cdots+a_1\times r^{1}+a_0\times r^{0}+a_{-1}\times r^{-1}+\cdots+a_{-m}\times r^{-m}\\ &=\sum_{i=-m}^{n-1}a_i\times r^{i} \end{aligned} \tag{2.3}$$

其中每位上的数码 a_i 可能的取值为 $0,1,\cdots,r-2,r-1$。

[**例 2.1.1**] 说明 r 进制数 1001 和 100100 之间的关系。

解: 根据 r 进制数的按权展开式,可知 r 进制数 1001 和 100100 之间的关系为

$$(1001)_r=(100100)_r\div r^2$$

根据 r 进制数的按权展开式可知:r 进制数的小数点右移 1 位后等于原来的数乘以 r,r

进制数的小数点左移 1 位后等于原来的数除以 r。

按位计数制的特点可以总结如下：

(1) 采用基数，r 进制的基数就是 r。

(2) 基数决定数码及其个数。如十进制的数码为：0、1、2、3、4、5、6、7、8、9，个数为 10；二进制的数码为：0、1，个数为 2。

(3) 逢基数进 1。如十进制数逢十进一，二进制数逢二进一。

二进制、八进制(octal number system)、十六进制(hexadecimal number system)对应的按位计数制的相关参数如表 2.1.1 所示，其中十六进制超过 9 的数，用 A~F 表示。

表 2.1.1 二进制、八进制、十六进制参数表

	基数	数码	特性
八进制	8	0~7	逢八进一
二进制	2	0,1	逢二进一
十六进制	16	0~9,A~F	逢十六进一

选择什么数制来表示信息，对数字系统的成本和性能影响很大。二进制数只有 **0** 和 **1** 两个基本符号，易于用两种对立的物理状态表示。例如，可用 **1** 表示电灯开关的"闭合"状态，用 **0** 表示"断开"状态；晶体管的导通表示为 **1**，截止表示为 **0**；电容器的充电和放电、电脉冲的有和无、脉冲极性的正与负、电位的高与低等一切有两种对立稳定状态的器件都可以表示为二进制的 **0** 和 **1**。而十进制数有 10 个数码(0,1,2,…,9)，要用 10 种状态才能表示，用电子器件实现起来很困难。因此，在数字电路中普遍采用二进制计数制。当然，二进制数制也不是数字系统中唯一使用的数制，还有基于其他基数的数字系统。

2.1.2 数量的二进制表达

按式(2.3)，对于基数为 2 的二进制数 B，写为 $(b_{n-1}b_{n-2}\cdots b_1b_0.b_{-1}\cdots b_{-m})_2$，其对应的按权展开式为

$$\begin{aligned} B &= b_{n-1}\times 2^{n-1}+b_{n-2}\times 2^{n-2}+\cdots+b_1\times 2^1+b_0\times 2^0+b_{-1}\times 2^{-1}+\cdots+b_{-m}\times 2^{-m} \\ &= \sum_{i=-m}^{n-1} b_i\times 2^i \end{aligned} \tag{2.4}$$

式中 b_i 只能取 **0** 或 **1** 这两个二进制数字。在二进制中每一位称为一个比特(bit)，小数点称作二进制小数点。为区别不同进位制的数，通常用下标指明基数，除非基数能从上下文中明显地看出来。比如 $(\mathbf{1000})_2$ 表示二进制数 **1000**，$(1000)_{10}$ 表示十进制数 1000。

[例 2.1.2] 设一个二进制数为 $(\mathbf{11001.01})_2$，试写出其等效的十进制数。

分析：找出各位对应的权重，即

二进制数	1	1	0	0	1	.	0	1
权	2^4	2^3	2^2	2^1	2^0	.	2^{-1}	2^{-2}

然后将各位上的数和对应的权相乘，再累加。因为使用的是十进制数的乘法和加法运算规则，所以得到的结果为十进制数。

解：

$$(\mathbf{11001.01})_2=1\times2^4+1\times2^3+0\times2^2+0\times2^1+1\times2^0+0\times2^{-1}+1\times2^{-2}$$
$$=16+8+0+0+1+0+0.25$$
$$=(25.25)_{10}$$

二进制数中最左边的位叫作最高有效位或最高位（most significant bit，MSB），最右边的位叫作最低有效位**或**最低位（least significant bit，LSB）。

二进制数每位的权为2的幂。因此，和十进制类似，小数点向右（向左）移动 n 位会使其对应的数值大小乘以（除以）2^n。比如

$$(\mathbf{11000000})_2=(11)_2\times2^6=(3\times64)_{10}=(192)_{10}$$
$$(\mathbf{0.0011})_2=(11)_2\times2^{-4}=(3/16)_{10}=(0.1875)_{10}$$

视频2.1.1

需要特别指出的是，小数点的作用是区分整数部分与小数部分，这两个部分的区分在各种进制中具有不变性，即整数在任何进制中都是整数，而小数在任何进制中都是小数。这是以后进制转换的重要基础。

2.1.3　常用按位计数制的转换

虽然在数字电路中直接处理的是二进制数，但是当位数增多后，用二进制表示的数既难读又难记，于是便出现了八进制和十六进制这两种二进制的缩写形式。八进制的基数为8，需要8个数码，使用数码0~7；十六进制的基数为16，需要16个数码，使用数码0~9以及字母A~F，其中A~F分别对应十进制中的10~15。

利用式(2.3)，对于八进制数 $(a_{n-1}a_{n-2}\cdots a_1a_0.a_{-1}\cdots a_{-m})_8$，其对应的数值可写为

$$a_{n-1}\times8^{n-1}+a_{n-2}\times8^{n-2}+\cdots+a_1\times8^1+a_0\times8^0+a_{-1}\times8^{-1}+\cdots+a_{-m}\times8^{-m}=\sum_{i=-m}^{n-1}a_i\times8^i$$

若有二进制数 $(\mathbf{1010110.01})_2$，其数值可写为

$$(1010110.01)_2=1\times2^6+0\times2^5+1\times2^4+0\times2^3+1\times2^2+1\times2^1+0\times2^0+0\times2^{-1}+1\times2^{-2}$$
$$=(0\times2^2+0\times2^1+1\times2^0)\times2^6+(0\times2^2+1\times2^1+0\times2^0)\times2^3+$$
$$(1\times2^2+1\times2^1+0\times2^0)\times2^0+(0\times2^2+1\times2^1+0\times2^0)\times2^{-3}$$
$$=(0\times2^2+0\times2^1+1\times2^0)\times8^2+(0\times2^2+1\times2^1+0\times2^0)\times8^1+$$
$$(1\times2^2+1\times2^1+0\times2^0)\times8^0+(0\times2^2+1\times2^1+0\times2^0)\times8^{-1}$$
$$=1\times8^2+2\times8^1+6\times8^0+2\times8^{-1}$$
$$=(126.2)_8$$

可以看出，用3位二进制数对应1位八进制数，可以很容易地将二进制数转换为八进制数。

表 2.1.2 列出二进制数 **0000** 到 **1111** 与十进制、八进制、十六进制数之间的等效关系（equivalent relationship）。

表 2.1.2 十进制、二进制、八进制与十六进制数之间的等效关系

十进制	二进制	八进制	十六进制
0	**0000**	0	0
1	**0001**	1	1
2	**0010**	2	2
3	**0011**	3	3
4	**0100**	4	4
5	**0101**	5	5
6	**0110**	6	6
7	**0111**	7	7
8	**1000**	10	8
9	**1001**	11	9
10	**1010**	12	A
11	**1011**	13	B
12	**1100**	14	C
13	**1101**	15	D
14	**1110**	16	E
15	**1111**	17	F

八进制与十六进制的基数均是 2 的幂，由于 $2^3=8$ 且 $2^4=16$，所以，1 位八进制数对应 3 位二进制数，而 1 位十六进制数对应 4 位二进制数，可以用位数较少的八进制数或者十六进制数来方便地表示等价的二进制数。具体方法我们称为位数替换法：对于整数部分，可以从二进制数小数点开始从右到左每 3 位（4 位）二进制数对应 1 位八进制（十六进制）数，若二进制数的整数部分位数不是 3(4) 的倍数，则在最左端补足 0；对于小数点右侧的小数部分则可以从左至右每 3 位（4 位）二进制数对应 1 位八进制（十六进制）数。同样，如果小数点右侧的小数部分位数不是 3(4) 的倍数，也应该在小数点右侧的最右端补足一定数目的 0。例如

$$(\mathbf{10111000.1101})_2=(\mathbf{010111000.110100})_2=(270.64)_8$$

$$=(\mathbf{10111000.1101})_2=(\mathrm{B8.D})_{16}$$

$$(\mathbf{111011001.01011})_2=(\mathbf{111011001.010110})_2=(731.26)_8$$

$$=(\mathbf{000111011001.01011000})_2=(\mathrm{1D9.58})_{16}$$

同样,也可以很容易地将八进制或十六进制数转换成二进制数,只需将每位八进制或十六进制数转换为 3 位或 4 位二进制数即可。例如

$(2374.16)_8=(\mathbf{010011111100.001110})_2$

$(4C.9FA)_{16}=(\mathbf{01001100.100111111010})_2$

对于八进制与十六进制之间的转化,不方便直接进行转化,可以先将其转化成二进制,然后再进行相应的转化。例如

$(AB.CD)_{16}=(\mathbf{10101011.11001101})_2=(\mathbf{010101011.110011010})_2=(253.632)_8$

$(2046.17)_8=(\mathbf{010000100110.001111})_2=(\mathbf{010000100110.00111100})_2=(426.3C)_{16}$

前面我们介绍了十、二、八与十六进制等常用的数制系统,不同进制数的转换一般不能通过简单的替换来完成,需要进行一定的算术运算。任意 r 进制的数转换成十进制数,只需要运用式(2.3)按权展开,在运算时用十进制运算法则即可,例如

$(\mathbf{101.01})_2=1\times2^2+0\times2^1+1\times2^0+0\times2^{-1}+1\times2^{-2}=(5.25)_{10}$

$(7F.8)_{16}=7\times16^1+15\times16^0+8\times16^{-1}=(127.5)_{10}$

下面主要讨论怎样将常用的十进制数转换为数字电路中能够处理的二进制数。若已知十进制数 D 对应的二进制数是 $b_{n-1}b_{n-2}\cdots b_1b_0.b_{-1}\cdots b_{-m}$,则根据式(2.4)有

$$D_{10}=b_{n-1}2^{n-1}+b_{n-2}2^{n-2}+\cdots+b_12^1+b_02^0+b_{-1}2^{-1}+\cdots+b_{-m}2^{-m}$$

由上式可知,要得到上式中的 b_i,应将十进制中的整数和小数分别转换。对于整数部分,有

$$b_{n-1}2^{n-1}+b_{n-2}2^{n-2}+\cdots+b_12^1+b_0=(b_{n-1}2^{n-2}+b_{n-2}2^{n-3}+\cdots+b_1)2^{-1}+b_0$$

若用基数 2 除上式,则所得余数为 b_0;类似地,除以 2 后所得的商再用基数 2 除,除后的余数即为 b_1;依此类推,重复上述过程,将每次相除所得的商除以基数 2,得到 b_2,b_3, …,直到商为 0。例如:$(156)_{10}=(\mathbf{10011100})_2$。

而对于小数部分,有

$$b_{-1}2^{-1}+\cdots+b_{-m}2^{-m}=(b_{-1}+\cdots+b_{-m}2^{-m+1})\times2^{-1}$$

若用基数 2 乘上式,则乘积的整数部分即为 b_{-1};类似地,将所得乘积的小数部分用基数 2 乘,则乘后所得的整数为 b_{-2};重复上述过程,每次乘后所得的整数依次为 $b_{-3},b_{-4},\cdots$。连乘数次后如乘积为零,则变换结束;若连乘 m 次 2 后,乘积还不为零,则表示转换成二进制数后还有误差 e,不过此时误差 $e<2^{-m}$。例如:$(0.37)_{10}\approx(\mathbf{0101})_2$。

[例 2.1.3]　试将十进制数 $(617.28)_{10}$ 变换成二进制数表示,且误差 $e<10^{-7}$。

解:将整数部分与小数部分分开转换,对整数部分 617 进行如下连除:

$617\div2=308$……余数 1(LSB,b_0)

$308\div2=154$……余数 0

$154\div2=77$……余数 0

$77\div2=38$……余数 1

$38\div2=19$……余数 0

$19\div2=9$……余数 1

$9\div2=4$……余数 1

$4\div2=2$……余数 0

$2\div2=1$……余数 0

$1\div2=0$……余数 1（MSB，b_6）

得整数部分，$(617)_{10}=(\mathbf{1001101001})_2$。

因要求误差 $e<2^{-7}$，则小数部分至少需要 7 位，对小数部分 $(0.28)_{10}$ 进行如下连乘：

$0.28\times2=0.56$……整数部分 0（MSB，b_{-1}）

（取小数部分） $0.56\times2=1.12$……整数部分 1

$0.12\times2=0.24$……整数部分 0

$0.24\times2=0.48$……整数部分 0

$0.48\times2=0.96$……整数部分 0

$0.96\times2=1.92$……整数部分 1

$0.92\times2=1.84$……整数部分 1（LSB，b_{-7}）

得小数部分 $(0.28)_{10}=(\mathbf{0.0100011})_2+e$，且误差 $e<2^{-7}$。

最后得 $(617.28)_{10}=(\mathbf{1001101001.0100011})_2$。

按照相同的方法可以将十进制数转换成八进制数或十六进制数，只需将上述连除和连乘的基数 2 改为相应的基数 8 或 16 即可。

总结：十进制数转换为任意进制数，可以采用基数乘除法，将整数部分和小数部分分别转换后，再将转换结果相加。

2.2 二进制数的算术运算

一个二进制位只能表示 **0** 和 **1** 这两种可能的值，但一组二进制数码就可以表示多个值，比如 4 位二进制数可以表示 16 个数值，对应的十进制数就是 0~15。n 位二进制数可以表示 2^n 个数值，对应的十进制整数为 $0\sim2^n-1$。一个二进制数的最大表示范围取决于其位数，位数越多，所能表示的数的范围就越大。这些二进制数中最小的数为 0，其余的数均为正数，故称为无符号数。在无符号数中，每一位都表示数值。下面将介绍二进制无符号数的加减法运算。

2.2.1　加法运算

同大家熟悉的十进制数一样，二进制数可以进行加（addition）、减（subtraction）等算术运算。二进制算术运算和小学里学过的十进制算术运算的规则基本相同，可以列竖式完成，从低位开始依次相加，唯一的区别在于二进制数是逢二进一，而十进制数是逢十进一。

图 2.2.1 是一个十进制加法及其对应的二进制加法运算的例子，图中用带箭头的线表示有进位 1。

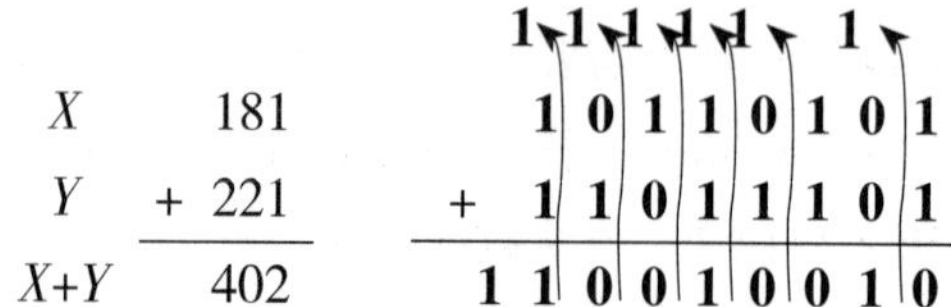

图 2.2.1　十进制加法及其对应的二进制加法运算

若用二进制位串 C 表示进位，则图 2.2.1 中的例子可以写为如下形式：

C		**1 1 1 1 1 0 1 0**
X	181	**1 0 1 1 0 1 0 1**
Y	+ 221	+ **1 1 0 1 1 1 0 1**
$X+Y$	402	**1 1 0 0 1 0 0 1 0**

从上面的例子可以知道：如果两个二进制数 X 和 Y 相加，首先应从低位开始相加，在对位相加时，还应加上进位（carry）输入（C_{in}），产生的结果是进位输出（C_{out}）及本位和（S）。根据运算规则可以得到如表 2.2.1 所示的二进制加法表。该表表示了 1 位二进制数加法的运算关系，对于多位二进制数字的加法运算，只需每位按照此运算法则进行运算即可。

表 2.2.1　二进制加法表

输入			输出	
被加数 X	加数 Y	进位输入 C_{in}	本位和 S	进位输出 C_{out}
0	0	0	0	0
0	0	1	1	0
0	1	0	1	0
0	1	1	0	1
1	0	0	1	0
1	0	1	0	1
1	1	0	0	1
1	1	1	1	1

2.2.2 减法运算

和十进制的减法类似，二进制数也可进行减法运算，只是二进制的减法运算是借1当2。和二进制加法类似，若用位串 B 表示借位，则一个十进制减法和二进制减法的例子为

B		**1 1 1 1 0 1 0 0**
X	181	**1 0 1 1 0 1 0 1**
Y	− 123	− **0 1 1 1 1 0 1 1**
$X-Y$	58	**0 0 1 1 1 0 1 0**

和加法运算类似，二进制减法运算也是从最右边的位开始。第一列（**1–1**）不需要产生借位，**1–1=0**，产生本位差为 **0**；在第二列时由于减数（**1**）比被减数（**0**）大，所以它需要向高位产生借位输出 **1**，对本位而言相当于借了一个值2（对应二进制数 **10**），此时第二列进行 2–1 的运算，本位差为 **1**；第三列由于被减数 **1** 已经被低位借走了1个 **1**，所以被减数变为 **0**，而减数为 **0**，所以本位差为 **0**，不需要借位；对于第四列而言，虽然低位没有借位，但由于被减数为 **0**，所以需要向第五列借位，**10–1=1**，差值为 **1**。第五列的被减数为 **1**，减数为 **1**，又被低位借走了1个 **1**，所以同样需要向第六列借位，得到差为 **1**，而第六列的被减数为 **1**，减数为 **1**，又被低位借走了1个 **1**，所以同样需要向第七列借位，得到差为 **1**。第七列被减数为 **0**，减数为 **1**，又被借走1位，所以需要向第八列借位，进行 2–1–1 的运算，得到差为 **0**，第8列被减数位由于被借位后变为 **0**，减去减数 **0** 后的差为 **0**，也不需要向高位借位。

对两个二进制数 X 和 Y 相减，首先从低位开始运算，在对位相减时，还应减去借位（borrow）输入（B_{in}），产生的结果是借位输出（B_{out}）及本位差（D）。二进制减法表如表2.2.2所示，该表表示了1位二进制数减法的运算关系。

表 2.2.2 二进制减法表

输入			输出	
被减数 X	减数 Y	借位输入 B_{in}	本位差 D	借位输出 B_{out}
0	**0**	**0**	**0**	**0**
0	**0**	**1**	**1**	**1**
0	**1**	**0**	**1**	**1**
0	**1**	**1**	**0**	**1**
1	**0**	**0**	**1**	**0**
1	**0**	**1**	**0**	**0**
1	**1**	**0**	**0**	**0**
1	**1**	**1**	**1**	**1**

［例 2.2.1］ 完成下面的二进制数运算，指出所有的进位或借位。

(a) **110101+011001**；(b) **11011101−01100011**。

解：列竖式计算结果。(其中 C 为计算时产生的进位，B 为计算时产生的借位)

(a)
```
C: 1 1 0 0 0 1 0
       1 1 0 1 0 1
   +   0 1 1 0 0 1
   ---------------
     1 0 0 1 1 1 0
```

(b)
```
B: 1 1 0 0 0 1 0 0
   1 1 0 1 1 1 0 1
 - 0 1 1 0 0 0 1 1
 -----------------
   0 1 1 1 1 0 1 0
```

可得：(a) **110101+11001=1001110**；(b) **11011101−1100011=1111010**。

两个 n 位二进制无符号数相加，若所得的和的位数超过 n 位，这种情况称为“溢出(overflow)”，表示用 n 位已无法表示这个数了。比如，两个 6 位无符号二进制数相加，其和大于或等于 64(即 2^6)时，便出现“溢出”现象。上面例子(a)中若规定两个操作数为 6 位的 **110101**［$(53)_{10}$］和 **011001**［$(25)_{10}$］，两数之和为 **1001110**［$(78)_{10}$］，用 6 位二进制已无法表示了，所以出现“溢出”。

类似地，两个 n 位二进制无符号数相减，比如 $X-Y$，如果最高位产生了借位，则表示 X 小于 Y，不够减，正确的结果应该是一个负数，但 n 位无符号数是无法表示一个负数的，所以这种情况也称为“溢出”。

2.3 符号数的表示

在前面的讨论中，考虑的都是无符号数，但是在很多应用场合，需要使用带符号的数值，即既有正数，又有负数。那么，如何用二进制数来表示正负数值呢？

因为数字电路只能处理 **0**、**1** 序列，所以数字系统中二进制数的正数与负数也用 **0**、**1** 序列来表示。通常在最高位数的左边增加一个附加位来表示该数的符号，正数用 **0**，负数用 **1** 表示，这一位称为符号位，该过程叫做编码。本节将主要讨论带符号数的三种常用的编码方式，即原码(符号数值)表示法、补码与反码表示法。

2.3.1 原码(符号数值)表示法

在十进制中，我们在数值前加上符号表示正数和负数，比如 +5 或 −6。这种方法也适用于数字系统。带符号数的符号数值码(signed-magnitude)表示，又称作原码，用二进制数位串的最高有效位(MSB)作为符号位，**0** 表示正号(plus)，**1** 表示负号(minus)，其余较低位表示数的绝对值(数值)。比如用 8 位二进制码表示的有符号的整数及等效的十进制数如下所示：

$(\mathbf{01111111})_2=(+127)_{10}$　　$(\mathbf{11111111})_2=(-127)_{10}$

$(\mathbf{00101110})_2=(+46)_{10}$　　$(\mathbf{10101110})_2=(-46)_{10}$

$(\mathbf{00000000})_2=(+0)_{10}$　　$(\mathbf{10000000})_2=(-0)_{10}$

从上面的例子可以看出,8 位二进制码能够表示的带符号十进制数中,最大的数是 +127,而最小的数是 −127,0 有两种可能的表示(即 +0 和 −0)。通常,一个 n 位的原码能够表示相同数量的正整数和负整数,表示的范围是:$-(2^{n-1}-1)\sim+(2^{n-1}-1)$。由于 0 有两种表示,$2^n$ 个可能的编码只能表示 (2^n-1) 个数。

现在假设我们要利用原码表示完成下面的加法运算:

+4	−4	+4	−4	−3	+3
+3	−3	−3	+3	+4	−4
+7	−7	+1	−1	+1	−1

在前两个算式中,两个操作数的符号相同,只需将两个数的绝对值相加,保留符号位不变。在其余四个算式中,因为两个操作数的符号不同,运算时首先要确定哪一个操作数的绝对值大,可能是第一个操作数,也可能是第二个操作数。然后用绝对值大的数值减绝对值小的数值,最后,将绝对值大的那个操作数的符号加到所得数值之前。在这四个例子中,绝对值的减法运算结果都是 1。

视频 2.3.1

2.3.2 补码与反码表示法

为方便进行加法运算,二进制有符号数一般都保存为 2 的补码(complement number)形式。在 n 位补码表示中,最高位仍然是符号位,**0** 代表非负数,**1** 代表负数。符号位为 **0** 表示非负整数,表示数的范围是 $0\sim2^n-1$。若 $n=4$,可表示的最大正数为 +7,+5 的补码表示为 **0101**,实际上就是 5 的 3 位无符号数二进制数 **101** 前面加上符号位 **0**。

在加法运算中,绝对值相同的正数与负数相加的和等于 0,我们认为这 2 个数对 0 是互补的。所以,若已知一个 N 位的正数 a,则其关于 N 位 0 互补的数就表示负数 $-a$。

负数 $-a$,在 n 位补码表示系统中,则用二进制数 (2^n-a) 来表示。比如在 $n=4$ 时,−5 的补码表示为 $2^4-5=16-5=11$,即二进制的 **1011**。若 $a=0$,按照上面的计算方法,在 $n=4$ 时,−0 的补码表示为 $2^4-0=16=(\mathbf{10000})_2$,因为 $n=4$,保留低 4 位,舍去最高位的 1,可得 −0 的补码表示仍为 **0000**,即 0 的补码表示只有一种。

n 位补码表示中,符号位为 **0** 的是 0 和正整数,符号位为 **1** 的是负数,所以能够表示的负数范围为 $-1\sim-2^{n-1}$。也就是说,n 位补码能够表示数的范围为 $-2^{n-1}\sim2^{n-1}-1$,0 只有一种表示方法。

除二进制外,这种符号数的表示方法也适用于其他基数,称为基数补码(radix-complement)。定义正数的基数补码表示与原码相同。负数 $-a$ 的基数补码表示,在 n 位系统中,等于 r^n-a(r 为基数)。例如,十进制中的 10 位补码表示,若用两位数表示正负数,则 0~49 表示正数,

50~99 表示负数，+16 用 16 表示，–16 则用 84 表示。

［**例 2.3.1**］ 求 +5、–5 的 4 位补码表示。

解：5 对应的二进制数为 **101**，高位补 **0** 后变为 **0101**，所以 +5 的补码表示为 **0101**；

0101 逐位求反后为 **1010**，再加 **1** 为 **1011**，所以 –5 的补码表示为 **1011**。

求负数补码表示过程中的逐位求反过程，将产生负数的反码表示。规定一个二进制正数的反码表示和它的原码表示相同。一个二进制负数的 n 位二进制反码或 1' 补（one's complement）的表示，等于从 (2^n-1) 中减去该数对应的正数，即从 n 个全 1 的二进制中减去该数的绝对值。而一个二进制负数的 n 位二进制补码或 2' 补（two's complement）的表示，等于从 2^n 中减去该数对应的正数，由于补码较反码参考数大 1，故负数的补码表示等于其反码表示加 1。表 2.3.1 列出了十进制符号数及与其对应的 4 位二进制原码、反码与补码。

表 2.3.1　十进制符号数及与其对应的 4 位二进制原码、反码与补码

十进制	二进制原码	二进制反码	二进制补码
–8	—	—	**1000**
–7	**1111**	**1000**	**1001**
–6	**1110**	**1001**	**1010**
–5	**1101**	**1010**	**1011**
–4	**1100**	**1011**	**1100**
–3	**1011**	**1100**	**1101**
–2	**1010**	**1101**	**1110**
–1	**1001**	**1110**	**1111**
0	**1000** 或 **0000**	**1111** 或 **0000**	**0000**
1	**0001**	**0001**	**0001**
2	**0010**	**0010**	**0010**
3	**0011**	**0011**	**0011**
4	**0100**	**0100**	**0100**
5	**0101**	**0101**	**0101**
6	**0110**	**0110**	**0110**
7	**0111**	**0111**	**0111**

从表 2.3.1 可以看出，二进制补码表示与反码表示同二进制原码表示的相同之处是，在最高位用 **0** 表示正数，**1** 表示负数。而且，正整数的补码表示与反码表示、原码表示是相同的，只有负数才不同。在反码表示中零也有两种表示：正零（**0000**）和负零（**1111**），而在补码表示中零只有一种表示（**0000**）。n 位的反码表示所表示数的范围是：$-(2^{n-1}-1)\sim+(2^{n-1}-1)$，和原码表示相同。后面大家会看到，负数的补码表示相对于原码表示和反码表示，具有更多的优点，故被广泛采用。

［例 2.3.2］ 试求$(+119)_{10}$和$(-119)_{10}$的 8 位二进制补码表示和反码表示。

解:$(119)_{10}=(\mathbf{1110111})_2$;

$(+119)_{10}$的补码表示:$(\mathbf{01110111})_2$,$(-119)_{10}$的补码表示:$(\mathbf{10001001})_2$;

$(+119)_{10}$的反码表示:$(\mathbf{01110111})_2$,$(-119)_{10}$的反码表示:$(\mathbf{10001000})_2$。

［例 2.3.3］ 试求$(+19)_{10}$,$(-19)_{10}$的 8 位二进制补码表示、反码表示和原码表示。

解:$(19)_{10}=(\mathbf{10011})_2$;

$(+19)_{10}$的 8 位补码表示:$(\mathbf{00010011})_2$,$(-19)_{10}$的 8 位补码表示:$(\mathbf{11101101})_2$;

$(+19)_{10}$的 8 位反码表示:$(\mathbf{00010011})_2$,$(-19)_{10}$的 8 位反码表示:$(\mathbf{11101100})_2$;

$(+19)_{10}$的 8 位原码表示:$(\mathbf{00010011})_2$,$(-19)_{10}$的 8 位原码表示:$(\mathbf{10010011})_2$。

上面的例子介绍了如何得到带符号的十进制数的补码表示,那么如果已知一个数的补码表示,如何求得与该补码数相等效的十进制数呢?求解的方法和二进制转换为十进制所用的按权展开式的计算方法相类似,只是补码数最高位(MSB)的权值为-2^{n-1},而不是$+2^{n-1}$。

［例 2.3.4］ 求补码表示二进制数 **00010111**、**11001001** 对应的十进制数的值。

解: -2^7 2^6 2^5 2^4 2^3 2^2 2^1 2^0

0 0 0 1 0 1 1 1

将为 1 的各位的权相加:16+4+2+1=23,即补码表示的 **00010111** 对应的十进制数的值为 23。

-2^7 2^6 2^5 2^4 2^3 2^2 2^1 2^0

1 1 0 0 1 0 0 1

将为 1 的各位的权相加:-128+64+8+1=-55,即补码表示的 **11001001** 对应的十进制数的值为 -55。

综上所述,对有符号数的二进制原码、反码和补码表示,有如下结论:

(1) 正数的原码表示、反码表示和补码表示是相同的,其符号位都为 **0**。

(2) 对于负数,不同码制表示下的码不同,但符号位都是 **1**。

(3) 根据定义,原码表示和反码表示中,**0** 有两种不同的表示形式,而补码表示中 **0** 有唯一的形式,即在 n 位字长的定点整数表示中,三种码的 **0** 有如下的表示形式:

$[+\mathbf{0}]_{原}=\mathbf{00\cdots00}$ (n 个 **0**)

$[-\mathbf{0}]_{原}=\mathbf{10\cdots00}$ [**1** 后面$(n-1)$个 **0**]

$[+\mathbf{0}]_{反}=\mathbf{00\cdots00}$ (n 个 **0**)

$[-\mathbf{0}]_{反}=\mathbf{11\cdots11}$ (n 个 **1**)

$[+\mathbf{0}]_{补}=[-0]_{补}=\mathbf{00\cdots00}$ (n 个 **0**)

原码和反码所表示的数的范围是相对于 **0** 对称的,表示的范围也相同,而补码表示的数的范围相对于 **0** 是不对称的,表示数的范围和原码、反码也不同。这是由于当字长为 n 位时,有 2^n 个编码,但原码和反码表示 **0** 用了两个编码,而补码表示 **0** 只用了一个编码。于是,同样字长的编码，补码可以多表示一个负数，这个负数在原码和反码中是不能表示的。那么，这个负数是多少呢？对 n 位补码表示，这个特别的负数为 **10⋯00**［**1** 后面有$(n-1)$个 **0**］，其表示的负数为 -2^{n-1}，这个负数在补码系统中比较特殊，其对应的正数不在这个系统中，对这个负数求补后的结果还是它本身，但这个特别的负数不会影响补码系统内的运算。

［例 2.3.5］ 某十进制数的等值二进制原码、补码、反码表示（不一定是这个顺序）分别是 **10110101**、**11001010**、**10110110**，求该十进制数。

解：该数的三种表示中符号位均为 **1**，所以该数为负数。**10110101+1=10110110**。根据负数的原码、补码、反码的特点可知，**10110101** 为反码表示，**10110110** 为补码表示，**11001010** 为原码表示。无符号二进制数 **1001010** 对应的十进制数为$(74)_{10}$，所以该十进制数为$(-74)_{10}$。

［例 2.3.6］ 已知$(A)_2$=**1100**，$B_{原}$=**1100**，$C_{补}$=**1100**，$D_{反}$=**0011**；写出 A、B、C、D 和 $-A$、$-B$、$-C$、$-D$ 的 8 位原码、补码、反码表示。

解：从已知条件中可知，A 为无符号数，B、C、D 是有符号数；A、D 为正数，B、C 为负数。

$A_{原}=A_{反}=A_{补}$=**00001100**，$-A_{原}$=**10001100**，$-A_{反}$=**11110011**，$-A_{补}$=**11110100**；

$B_{原}$=**10001100**，$-B_{原}=-B_{反}=-B_{补}$=**00001100**，$B_{反}$=**11110011**，$B_{补}$=**11110100**；

$C_{补}$=**11111100**，$-C_{原}=-C_{反}=-C_{补}$=**00000100**，$C_{原}$=**10000100**，$C_{反}$= **11111011**；

$D_{原}=D_{反}=D_{补}$=**00000011**　$-D_{原}$= **10000011**，$-D_{反}$=**11111100**，$-D_{补}$=**11111101**；

总结补码、原码、反码位数的扩展方法如下：

(1) 原码表示：在符号位之后加 **0**；

(2) 补码与反码表示：在符号位之前增加与符号位相同的位。

2.4　符号数的算术运算

表 2.3.1 列出了十进制符号数及与其对应的 4 位二进制原码、反码与补码，从表中可以看到，当从$(-8)_{10}$［$(\mathbf{1000})_2$］开始到$(+7)_{10}$［$(\mathbf{0111})_2$］递增计数时，如果忽略超过约定数位（4 位）的进位，则后一个二进制补码总是前一个二进制补码按普通二进制加法加 **1** 而得到；对于原码则不然。因为加法实际上是计数的扩展，所以如果忽略超过 MSB 的进位，则二进制补码可以按普通二进制加法进行运算，只要相加的和不超出约定数位表示的范围就总是正确的。

［例2.4.1］ 用4位补码计算下列加法的结果：(+2)+(+5)，(−3)+(−5)，(+7)+(−4)，(+1)+(−6)。

解：

$$\begin{array}{rr} & +2 \\ + & +5 \\ \hline & +7 \end{array}\quad \begin{array}{rr} & \mathbf{0010} \\ + & \mathbf{0101} \\ \hline & \mathbf{0111} \end{array}\qquad\qquad \begin{array}{rr} & -3 \\ + & -5 \\ \hline & -8 \end{array}\quad \begin{array}{rr} & \mathbf{1101} \\ + & \mathbf{1011} \\ \hline & \mathbf{11000} \end{array}$$

$$\begin{array}{rr} & +7 \\ + & -4 \\ \hline & +3 \end{array} \quad \begin{array}{rr} & \mathbf{0111} \\ + & \mathbf{1100} \\ \hline & \mathbf{10011} \end{array} \qquad \begin{array}{rr} & +1 \\ + & -6 \\ \hline & -5 \end{array} \quad \begin{array}{rr} & \mathbf{0001} \\ + & \mathbf{1010} \\ \hline & \mathbf{1011} \end{array}$$

［例 2.4.2］ 用 4 位补码计算下列加法的结果：(−5)+(−6)，(+7)+(+3)。

解：

$$\begin{array}{rr} & -5 \\ + & -6 \\ \hline & -11 \end{array} \quad \begin{array}{rr} & \mathbf{1011} \\ + & \mathbf{1010} \\ \hline & \mathbf{10101} \end{array} =+5 \qquad \begin{array}{rr} & +7 \\ + & +3 \\ \hline & +10 \end{array} \quad \begin{array}{rr} & \mathbf{0111} \\ + & \mathbf{0011} \\ \hline & \mathbf{1010} \end{array} =-6$$

结果是错误的。因为两个负数相加必定产生一个负的和，两个正数相加必定产生一个正的和。产生这种错误的原因是没有足够多的位来表示结果，4 位补码能够表示 −8~+7，−11 和 +10 都超过了其表示的范围。

如果以 5 位补码表示上面的操作数，则有如下计算过程：

$$\begin{array}{rr} & -5 \\ + & -6 \\ \hline & -11 \end{array} \quad \begin{array}{rr} & \mathbf{11011} \\ + & \mathbf{11010} \\ \hline & \mathbf{110101} \end{array} =-11 \qquad \begin{array}{rr} & +7 \\ + & +3 \\ \hline & +10 \end{array} \quad \begin{array}{rr} & \mathbf{00111} \\ + & \mathbf{00011} \\ \hline & \mathbf{01010} \end{array} =+10$$

从上面可知，只要有足够多的位，就可以表示任何可能的解。

如果加法运算产生的和超出了数制表示的范围，则认为结果发生了溢出。通常两个异号数相加不可能发生溢出，因为它们的和的值总是介于这两个数的值之间；而两个同号数相加则有可能溢出。

对于二进制补码加法运算，如何才能判断是否发生了溢出呢？有以下两种方法。

方法 1：溢出只会发生在两个符号位相同的加数进行相加的情况下，如果两个加数的符号位相同，而补码相加后结果的符号位与它们不同，则系统发生了溢出。当两个加数的符号位为 **1**，对应"−"，而结果的符号位为 **0**，对应"+"，发生了溢出；而当两个加数的符号位为 **0**，对应"+"，而结果的符号位为 **1**，对应"−"，显然也发生了溢出。

方法 2：根据加数最高位对应的 C_{in} 和 C_{out} 值来进行判断。如果 $C_{in} \neq C_{out}$，则系统发生了溢出。从二进制加法表（表 2.2.1）可以发现，只有在两种情况下满足两个加数的符号位相同，而补码相加后结果的符号位与它们不同，而也只在这两种情况下有 $C_{in} \neq C_{out}$。所以方法 1 和方法 2 是等价的，可以利用其中任何一种来判断在相加运算时是否发生了溢出。

视频 2.4

2.5 信息的二进制编码

在数字电路中，传输、处理、存储的都是 **0** 和 **1** 组成的一系列数据。数字系统处理、存储及显示的信息,除以上介绍的数值信息外,还有英文字母、数字、符号和汉字等字符信息。为了让数字系统能够对事物、事件、状态、字符等非数值信息进行处理,必须对其用一组二进制数进行表示,这个过程就是编码(code)。编码就是将非数值信息转换为数字电路可以接受的二进制代码。

2.5.1 一般字符与状态编码

1位二进制码可以表示2种不同的情况,比如,带符号数的符号位就需要1位编码表示。m位二进制串可以表达最多2^m种不同的对象。很显然,如果需要编码的事物、事件、状态、字符的数目为N的话,采用二进制编码,则至少需要的编码位数k必须满足$k \geqslant \lceil \log_2 N \rceil$。$\lceil \log_2 N \rceil$为上限函数,表示取大于或等于括号内数值的最小整数,即k为满足$2^k \geqslant N$关系的最小整数。

在数制表达中,二进制串表达的是具体数量,可以比较大小,小数点前的MSB(最高有效位)和小数点后的LSB(最低有效位)上的**0**通常可以去掉(有符号数除外);在码制表达中,二进制串表达的是对象的名称,不能比较大小,MSB和LSB上的**0**则不能去掉。

[例2.5.1] 一个十字路口的交通灯控制器有6个状态,分别为S_0~S_5,试用编码表示这些状态。

解:如果用二进制编码表示这6个状态,则至少需要3位二进制码,如表2.5.1所示。

表2.5.1 例2.5.1的一种编码方式

状态	状态编码表示	状态	状态编码表示
S_0	**000**	S_3	**011**
S_1	**001**	S_4	**100**
S_2	**010**	S_5	**101**

当然,也可以采取其他的二进制组合对上面的6种状态进行编码表示。如可以采用**001**对S_0进行编码,用**111**对S_1进行编码……理论上对上述状态进行编码存在$C_8^6 \times 3!$种不同的编码方案。选择不同的编码方案可能会导致系统设计实现的复杂性有所不同,具体选择哪一种编码方案还要根据系统的具体特点及要求来确定。

另外,还可以采用更多的二进制位数进行编码,如采用4位或者更多位数对S_0~S_5进行编码也是可以的,位数多可能会带来实现上的复杂性,但也会给系统带来更高的可靠性。

类似地,为了让数码管能够表示从0到9这10个不同的数字,需要至少4位编码;而由26个英文字母A、B、C、…、Z组成的符号集合可以用5位二进制编码来表示。

一般地,编码位数的选择更多地取决于应用环境和要求,最重要的是保持规范的一致性,而复杂性和可靠性不是考虑的主要问题。例如在小键盘编码时,可以采用4位二进制码表达十进制符号，称为 BCD(binary-coded decimal)码，但在标准键盘编码时，就不会采用 BCD 码表达数字；用 ASCII 码表达字符时，会采用统一的 7 位编码；在国标汉字编码中，无论数字还是键盘符号都会采用 16 位编码，这也是出于统一规范的需要。

2.5.2 ASCII 编码

如前一节所述，二进制串不一定只用来表示数值，事实上计算机处理的绝大部分信息都是非数值的。最常见的非数值数据就是文本，即取自某字符集的字符串。计算机能够根据已建立的约定，用位串表示每个字符。

ASCII 码是美国国家信息交换标准代码的简称，是当前计算机中使用最广泛的一种字符编码，主要用来为英文字符编码。标准 ASCII 码字符表如表 2.5.2 所示。当用户将包含英文字符的源程序、数据文件、字符文件从键盘上输入到计算机中时，计算机接收并存储的就是由键盘上的字母或数字、字符等转换成的 ASCII 码。计算机将处理结果送给打印机和显示器时，除汉字以外的字符一般也是用 ASCII 码表示的。

表 2.5.2 标准 ASCII 码字符表

<table>
<tr><th>位次</th><th colspan="8">高位</th></tr>
<tr><th>低位</th><th>000</th><th>001</th><th>010</th><th>011</th><th>100</th><th>101</th><th>110</th><th>111</th></tr>
<tr><td>0000</td><td>NUL</td><td>DLE</td><td>SP</td><td>0</td><td>@</td><td>P</td><td>`</td><td>p</td></tr>
<tr><td>0001</td><td>SOH</td><td>DC1</td><td>!</td><td>1</td><td>A</td><td>Q</td><td>a</td><td>q</td></tr>
<tr><td>0010</td><td>STX</td><td>DC2</td><td>“</td><td>2</td><td>B</td><td>R</td><td>b</td><td>r</td></tr>
<tr><td>0011</td><td>ETX</td><td>DC3</td><td>#</td><td>3</td><td>C</td><td>S</td><td>c</td><td>s</td></tr>
<tr><td>0100</td><td>EOT</td><td>DC4</td><td>$</td><td>4</td><td>D</td><td>T</td><td>d</td><td>t</td></tr>
<tr><td>0101</td><td>ENQ</td><td>NAK</td><td>%</td><td>5</td><td>E</td><td>U</td><td>e</td><td>u</td></tr>
<tr><td>0110</td><td>ACK</td><td>SYN</td><td>&</td><td>6</td><td>F</td><td>V</td><td>f</td><td>v</td></tr>
<tr><td>0111</td><td>BEL</td><td>ETB</td><td>‘</td><td>7</td><td>G</td><td>W</td><td>g</td><td>w</td></tr>
<tr><td>1000</td><td>BS</td><td>CAN</td><td>(</td><td>8</td><td>H</td><td>X</td><td>h</td><td>x</td></tr>
<tr><td>1001</td><td>HT</td><td>EM</td><td>)</td><td>9</td><td>I</td><td>Y</td><td>i</td><td>y</td></tr>
<tr><td>1010</td><td>LF</td><td>SUB</td><td>*</td><td>:</td><td>J</td><td>Z</td><td>j</td><td>z</td></tr>
<tr><td>1011</td><td>VT</td><td>ESC</td><td>+</td><td>;</td><td>K</td><td>[</td><td>k</td><td>{</td></tr>
<tr><td>1100</td><td>FF</td><td>PS</td><td>,</td><td><</td><td>L</td><td>\</td><td>l</td><td>|</td></tr>
<tr><td>1101</td><td>CR</td><td>GS</td><td>–</td><td>=</td><td>M</td><td>]</td><td>m</td><td>}</td></tr>
<tr><td>1110</td><td>SO</td><td>RS</td><td>.</td><td>></td><td>n</td><td>^</td><td>n</td><td>~</td></tr>
<tr><td>1111</td><td>SI</td><td>US</td><td>/</td><td>?</td><td>O</td><td>_</td><td>o</td><td>DEL</td></tr>
</table>

标准 ASCII 码包含 52 个大、小写英文字母，10 个十进制数字字符，32 个标点符号、运算符号、特殊号，还有 34 个不可显示打印的控制字符编码，一共是 128 个编码，正好可以用 7 位二进制数进行编码，对应的 ISO 标准为 ISO646 标准。虽然标准 ASCII 码是 7 位编码，但由于计算机基本处理单位为字节（1 byte=8 bit），所以一般仍以一个字节来存放一个 ASCII 字符。每一个字节中多余出来的一位（最高位）在计算机内部通常保持为 **0**。

标准 ASCII 字符集字符数目有限，在实际应用中往往无法满足要求。为此，国际标准化组织又制定了 ISO2022 标准，它规定了在保持与 ISO646 兼容的前提下将 ASCII 字符集扩充为 8 位代码的统一方法。ISO 陆续制定了一批适用于不同地区的扩充 ASCII 字符集，每种扩充 ASCII 字符集分别可以扩充 128 个字符，这些扩充字符的编码均为高位为 **1** 的 8 位代码（即十进制数 128~255），称为扩展 ASCII 码。

2.5.3 十进制数符号的编码

由于人们习惯使用十进制，所以虽然二进制数最适于数字系统的内部操作，但许多数字电路的外部接口都要求能够读写和显示十进制数，有的数字设备更是要求能够直接处理十进制数。因为数字电路依然处理仅有两个状态（**0** 或 **1**）的信号，所以在数字系统中需要用位串来表示十进制数，由位串的不同组合来表示十进制中不同的数码。十进制中每位可以有 0~9 这十个不同的取值，将 0~9 看作 10 个不同的字符，则至少需要 4 位二进制码来表示 1 位十进制数，4 位二进制码有 16 种组合形式，所以 10 个码字（code）的选择也有很多种不同方法。例如，最直接的编码方式是用表 2.5.3 中 4 位二进制码的前 10 个即 **0000~1001** 来表示十进制数 0~9。该二 – 十进制编码（binary-coded decimal，BCD 码）称为自然二进制编码，也称为 8421BCD 码，是最常用的编码方式。后面如果没有特别指明，所说的 BCD 码就是指的这种编码方式。

不同编码形式各有优点。比如，若用十进制补码形式存储有符号数，则对于负数，该数的第一位数字应为 5~9。若采用 2421 码、余 3 码表示有符号数，则只需要检查第一位（MSB）便可以确定该数是否为负数，而若用 8421BCD 码，则需要更复杂的判断逻辑。在符号 – 数值 BCD 表示中，符号位的编码可以是任意的，只要事先约定好即可；而在十进制补码中，一般用 **0000** 表示正，**1001** 表示负。若用两位数表示正负数，则 0~49 表示正数，50~99 表示负数，+16 用 16 表示，–16 则用 84 表示。

表 2.5.3 常见的十进制编码

十进制数字	BCD（8421）码	2421 码	余 3 码	二五混合码	10 中取 1 码
0	**0000**	**0000**	**0011**	**0100001**	**1000000000**
1	**0001**	**0001**	**0100**	**0100010**	**0100000000**
2	**0010**	**0010**	**0101**	**0100100**	**0010000000**

续表

十进制数字	BCD(8421)码	2421 码	余 3 码	二五混合码	10 中取 1 码
3	**0011**	**0011**	**0110**	**0101000**	**0001000000**
4	**0100**	**0100**	**0111**	**0110000**	**0000100000**
5	**0101**	**1011**	**1000**	**1000001**	**0000010000**
6	**0110**	**1100**	**1001**	**1000010**	**0000001000**
7	**0111**	**1101**	**1010**	**1000100**	**0000000100**
8	**1000**	**1110**	**1011**	**1001000**	**0000000010**
9	**1001**	**1111**	**1100**	**1010000**	**0000000001**
未用的码字					
	1010	**0101**	**0000**	**0000000**	**0000000000**
	1011	**0110**	**0001**	**0000001**	**0000000011**
	1100	**0111**	**0010**	**0000010**	**0000000101**
	1101	**1000**	**1101**	**0000011**	**0000000110**
	1110	**1001**	**1110**	**0000101**	**0000000111**
	1111	**1010**	**1111**	…	…

许多数字电路的读写和显示端口就是使用 BCD 码来表示十进制数的，而有的数字设备更是要求能够直接处理十进制数，比如使用 BCD 码进行十进制数的加减运算。下面简单介绍 BCD 码的运算。

视频 2.5.1

BCD 码加法类似于 4 位无符号二进制数加法，但如果结果超过 **1001**，则必须将其结果再加修正因子校正。4 位二进制数相加是逢 16 进 1，而 BCD 码表示的十进制数是逢 10 进 1，所以修正因子就是十六进制与十进制最大数的差值 6 [$(\mathbf{0110})_2$]，例如如下算式：

```
    5        0101             4        0100
+   9    +   1001         +   5    +   0101
-----    --------         -----    --------
   14        1110             9        1001
         +   0110 —修正
         --------
 10+4       10100

    8        1000             9        1001
+   8    +   1000         +   9    +   1001
-----    --------         -----    --------
   16       10000            18       10010
         +   0110 —修正            +   0110 —修正
         --------                  --------
10+ 6       10110         10+ 8       11000
```

注意，如果原始二进制加法或校正因子加法要产生进位，这两个 BCD 数字相加就会向下一个数位产生进位。许多计算机都利用专门的指令执行 BCD 数的算术运算，这些指令能够自动处理进位修正。

4 位二进制码的 16 种组合中，按二进制数递增顺序排列，如果取前 10 个分别对应数码 0~9，即为自然二进制编码；若取前 5 个和后 5 个对应 0~9，舍去中间的 6 个，则为 2421BCD 码；若去掉前 3 个和后 3 个，取中间的 10 个对应 0~9，则为余 3 码。常用的十进制编码列于表 2.5.3 中。

自然二进制编码是一种加权码（weighted code），每个十进制数码都可以由其码字求得，码字的每一位有固定的权，从左到右各位的权分别为 8、4、2、1，正因如此，自然二进制编码有时也叫 8421 码。2421 码也是一种加权码，同时它还具有自反码（self-complementing code）的优点，也就是将任一数字的十进制数码码字按位取反，即可以得该数字的十进制反码。

表 2.5.3 中列出的另一种自反码是余 3 码（excess-3 code），虽然它不是加权码，但是它与 8421BCD 码有算术关系，即每一个十进制数的余 3 码等于其对应的 8421BCD 码加 3[$(\mathbf{0011})_2$]。由于余 3 码遵循标准的二进制计数顺序，所以它容易用标准二进制计数器进行计数。

十进制编码也可以不止 4 位。例如，表 2.5.3 中的二五混合码就用了 7 位，码字的前 2 位表示十进制数是 0~4 还是 5~9，后 5 位表示是指定范围内的哪个数。

如果编码使用的位数多于最小位数，则有一个潜在的优点：具有检错特性。在二五混合码中，如果码字中的任何一位偶然变反，则结果就不表示十进制数字，即可以标识为一个差错。7 位码字可以有 128 种可能的组合形式，而在这 128 种组合中只有 10 个是有效的且分别用来表示 10 个十进制数字，那么其余的一旦出现，就表示出错了。

表 2.5.3 的最后一列中，每个编码字均为 10 位，在这 10 位中只有 1 位为 **1**，其他 9 位均为 **0**，这种码称为 **10** 中取 **1** 码（1-out-of-10 code），又称为独热码。独热码是数字系统中最常用到的控制性编码，后续章节中介绍的二进制译码器和数据选择器的广泛应用就说明了这一点，其具有的高效简单的性质是其他编码难以取代的。

2421 码、余 3 码都是自反码，其特点是相加为 9 的两个数对应的码正好是逐位求反的关系。比如 3 的余 3 码为 **0110**，6 的余 3 码为 **1001**，3+6=9，**0110** 逐位求反的结果为 **1001**。所以在设计电路用 BCD 码进行十进制的算术运算时，特别是用十进制补码形式存储和进行有符号数运算时，自反码可以减少设计算术运算单元所需的逻辑，其运算规则类似于补码表示的符号数运算。

BCD 码和十进制数之间的转换很容易，每个十进制数码用 4 位二进制码直接替代即可。

［例 2.5.2］ 完成下面的变换。

(1) $(4786)_{10}=(\qquad\qquad)_{8421BCD}=(\qquad\qquad)_{2421BCD}=(\qquad\qquad)_{余3码}$；

(2) $(\mathbf{001101010111})_{8421BCD}=(\qquad\qquad)_{10}$；

(3) $(\mathbf{110001011})_2=(\qquad\qquad)_{8421BCD}$。

分析：十进制数到 BCD 码的相互转换，按照 1 位十进制数对应 4 位码的原则完成，小数点照写。二进制数和 BCD 码的相互转换，需要先变为十进制数后再进行变换。

解：(1) $(4786)_{10}=(\mathbf{0100011110000110})_{8421BCD}=(\mathbf{0100110111101100})_{2421BCD}$

$=(\mathbf{0111101010111001})_{余3码}$

(2) $(\mathbf{001101010111})_{8421BCD}=(357)_{10}$

(3) $(\mathbf{110001011})_2=256+128+8+2+1=(395)_{10}=(\mathbf{001110010101})_{8421BCD}$

2.6 格 雷 码

2.6.1 格雷码

数字电路在机电方面的应用，例如机床、汽车制动系统、复印机等，有时需要由传感器产生的数字值来指示机械位置。图 2.6.1 是编码盘和一组触点的概念图，根据盘的旋转位置，触点产生一个 3 位二进制编码，共有 8 个这样的编码。盘中暗的区域与对应逻辑 **1** 的信号源相连，亮的区域没有连接，对应逻辑 **0**。

当圆盘转至区域间的某些边界时，图 2.6.1 中的编码器便出现了问题。例如，考虑圆盘的 **001** 区和 **010** 区之间的边界，这里有两位编码改变。如果圆盘恰好转到理论上的边界位置，编码器将产生何值？由于是在边界，**001** 和 **010** 都是可以接受的。然而，因为机械装配不完美，右手边的两个触点可能都触及"**1**"的区域，结果就给出不正确的读数 **011**。同理，读数也可能是 **000**。通常在任何边界，当有一个以上的数位变化时就可能产生这类问题。最坏的情况是三个数位都变化，如 **000–111** 边界和 **011–100** 边界。

通过设计数字编码，每对连续的码字之间只有一个数位变化，就可以解决编码盘的问题。这样的编码叫作格雷码（gray code），3 位格雷码列于表 2.6.1 中。用格雷码重新设计编码盘如图 2.6.2 所示。在这种新的编码盘中，每个区域边界只有 1 位变化，所以边界上的读数要么表示这一边，要么表示那一边。

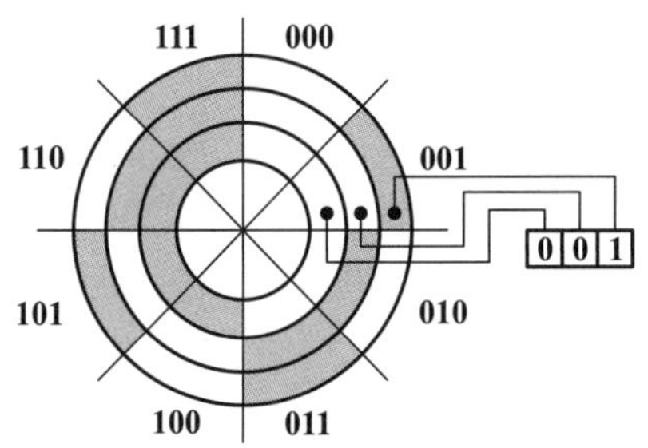

图 2.6.1 编码盘和一组触点的概念图

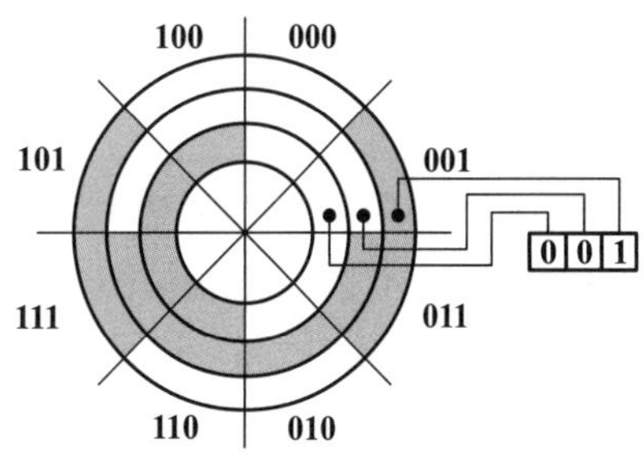

图 2.6.2 用格雷码重新设计编码盘

表 2.6.1　二进制码和格雷码的比较

十进制数	二进制码	格雷码	十进制数	二进制码	格雷码
0	**000**	**000**	4	**100**	**110**
1	**001**	**001**	5	**101**	**111**
2	**010**	**011**	6	**110**	**101**
3	**011**	**010**	7	**111**	**100**

格雷码有许多形式，各种格雷码的共同特点是：任意两个相邻码字之间，只有 1 位码元不同；在 n 位典型的格雷码中，从最大数回到 0，也只有 1 位码元不同，所以格雷码也称为循环码。格雷码的这一特点，使它在形成代码与传输时不容易出错，或出错时引起的误差较小。格雷码的另一个特点是最高位的 **0** 和 **1** 只改变一次，若以最高位的 **0** 和 **1** 的交界为轴，则其他位的代码是上下对称的，所以格雷码又称为反射码。

构造任意位数的典型格雷码有两种简便的方法。第一种方法基于格雷码是反射码的事实，递归地使用下面的规则来进行定义和构造：

(1) 1 位格雷码有 2 个码字：**0** 和 **1**。

(2) $(n+1)$ 位格雷码中的前 2^n 个码字等于 n 位格雷码的码字，按顺序书写，加前缀 **0**。

(3) $(n+1)$ 位格雷码中的后 2^n 个码字等于 n 位格雷码的码字，但按逆序书写，加前缀 **1**。

如果在表 2.6.1 的第 3 行和第 4 行之间画一条线，就可以看出：规则 (2) 和 (3) 对 3 位格雷码是正确的。当然要用这种方法构造 n 位格雷码（n 为任意值），也必须构造位数小于 n 的所有格雷码。

第二种方法是从对应的 n 位二进制码字中直接得到 n 位格雷码的码字，方法如下：

(1) 对 n 位二进制或格雷码的码字，将数位从右到左、从 0 到 $(n-1)$ 编号；

(2) 如果二进制码字的第 i 位和第 $(i+1)$ 位相同，则对应的格雷码码字的第 i 位为 **0**，否则为 **1**。（当 $i+1=n$ 时，二进制码字的第 n 位被认为是 **0**）

换句话说，从 n 位二进制码得到格雷码的方法如下：

(1) 保持位数不变，保持最高位不变；

(2) 其余位数的转变规则：将二进制码码位与相邻高位比较，相同则对应格雷码码位取 **0**，否则取 **1**。

检查表 2.6.1 可知，这种方法对 3 位格雷码也是正确的。

［例 2.6.1］ 用格雷码编码一个码盘，该码盘能够将转角位移量转换为数字量，码盘分为 1 024 个区域，连续编号 0#~1023#，则码盘上 100#、325#、1000# 区域对应的格雷码分别为多少？

解：1 024 个区域需要 10 位格雷码进行编码。各个数对应的格雷码可以从这些数对应的二进制码得到。

100 的 10 位二进制编码为 **0001100100**,按照上面所说的构成方法,对应的 10 位格雷码为 **0001010110**。

325 的 10 位二进制编码为 **0101000101**,所以 10 位格雷码为 **0111100111**。

1000 的 10 位二进制编码为 **1111101000**,所以 10 位格雷码为 **1000011100**。

所以,码盘上 100#、325#、1000# 区域对应的格雷码分别为 **0001010110**、**0111100111**、**1000011100**。

格雷码是对 n 位二进制数的表达,不是对十进制数的编码。所以应该先将十进制数转换为二进制数,然后才能有格雷码的表达。

2.6.2 检错和纠错编码

表示信息的代码在形成、存储和传送过程中,由于某些原因可能会出现错误。为了提高信息的可靠性,我们需要数字系统具有某种特征或能力,使得代码在形成过程中不容易出错,或者在出错时能被发现,甚至还能纠正错误。

纠错码是在传输过程中发生错误后能在接收端自行发现并纠正的码。仅用来发现错误的码一般称为检错码(error-detecting code)。

在 2.5.3 节介绍二五混合码时知道,编码使用的位数多于最小位数时就具有了检错特性。检错码就是利用这样的特性:当码字被损坏或者改变时,很可能产生不属于编码字的位串,即非编码字。使用检错码的系统仅仅产生、传输和存储编码字,所以可以用简单的规则检测位串中的差错。如果位串是一个编码字,就认定它是正确的;如果位串是一个非编码字,则认定它是错误的。

为了使一种码具有纠错能力,必须对原码字增加多余的码元,以扩大码字之间的差别,并使每个码字的码之间有一定的关系。关系的建立称为编码。码字到达接收端后,可以根据是否满足编码规则以判定有无错误。当不能满足编码规则时,则按一定规则确定错误所在位置并予以纠正。纠错并恢复原码字的过程称为译码。检错码与其他手段结合使用,可以纠错。

奇偶校验码是一种最简单的检错码,它的编码规律是在传送每一个字的时候另外附加一位作为校验位(parity bit)。如果是奇校验码(odd-parity code),则需保证传输数据中"**1**"的个数为奇数(odd number)。也就是说,当实际数据中"**1**"的个数为偶数的时候,这个校验位就是"**1**",否则这个校验位就是"**0**"。这样,在接收方收到数据时,将按照奇校验的要求检测数据中"**1**"的个数,如果是奇数,表示传送正确,否则表示传送错误。若约定最高位为校验位,则 **0100101** 的奇校验码就是 **00100101**,其中最高位的"**0**"即为附加的校验位。

同理,对于偶校验码(even-parity code),当实际数据中"**1**"的个数为偶数(even number)

的时候，这个校验位就是"**0**"，否则这个校验位就是"**1**"。这样就可以保证传送数据满足偶校验的要求。在接收方收到数据时，将按照偶校验的要求检测数据中"**1**"的个数，如果是偶数，表示传送正确，否则表示传送错误。

[**例 2.6.2**] 已知7位数据为**1101010**，校验位为C，则奇校验时C为多少？偶校验时C为多少？

解：奇校验时C=**1**，偶校验时C=**0**。

奇偶校验码可以发现错误，但不能纠正错误。当出现偶数个错误时，奇偶校验码也不能发现错误。

此外，在数字系统中用于故障诊断的检错码和纠错码，还有汉明码、循环冗余校验码、二维码、校验和码、n中取m码（m-out-of-n code），等等，读者在今后如果有需要，可以查阅相关的参考文献。

小 结

本章介绍了数制的基本概念，包括二进制、八进制、十进制和十六进制，给出了各个进制之间转换的公式；详细介绍了带符号数的三种常用的编码表示方式：原码表示、反码表示和补码表示，以及怎样利用补码表示进行带符号数的运算。二进制补码表示与反码表示同二进制原码表示的相同之处是，在最高位用**0**表示正数，**1**表示负数。而且，正整数的补码、反码和原码形式是相同的，只有负数才不同；在进行二进制算术运算时，若所有数均采用补码表示，减去一个数就等于加上该数的补数，那么可以用加法来代替减法运算，使运算电路简单。在本章的最后介绍了二进制编码表示十进制数，如BCD码、格雷码以及检错和纠错编码。

单元测验

一、选择题

1. 十进制数120对应的二进制数是（　　）。

   A. **111000**　　B. **1111000**　　C. **1110110**　　D. **1111010**

2. 十进制数38.75对应的8421BCD码是（　　）。

   A. **111000.01110101**　　B. **00111000.01110101**

   C. **111000.01010111**　　D. **00110111.01100100**

3. 十进制数–47对应的二进制补码是（　　）。

A. **11010001** B. **11010101** C. **11010011** D. **10100110**

4. 二进制数 **01000010** 对应的格雷码是(　　)。

A. **10001100** B. **01110011** C. **01100011** D. **10110011**

5. 两个二进制数的补码相加,有溢出的是(　　)。

A. **01001110+00100011** B. **01000011+01001000**

C. **11010111+11001000** D. **10101111+11001111**

二、填空题

1. $(\mathbf{10011110.100011})_2=(\quad\quad)_8=(\quad\quad)_{16}$。

2. 如果算术运算 302/20=12.1 在某种计数制中是正确的,那么该算术运算中可能的基数是(　　)。

3. A 和 B 是 8 位整数。如果 $A=(-67)_{10}$,$B=(\mathbf{10001001})_{1s'}$,那么 $A+B=(\mathbf{01000111})_{2s'}$,是否溢出(overflow)?(　　)。

4. $(1897.52)_{10}=(\quad\quad)_{2421BCD}=(\quad\quad)_{8421BCD}$。

第 2 章　答案

第3章 数字电路

本章主要讨论数字系统基本单元的电路设计问题。首先引入数字系统的基本单元，然后介绍通过开关电路实现这些单元的方法。考虑到目前数字电路都采用大规模集成方式实现，本章的重点是通过对电路电压和电流特性的分析，建立最小晶体管模型，并以此为单位提供对逻辑设计进行成本和延迟分析的方法。不管是在板级上还是在芯片级上，这些知识都将在电气方面，为我们构建实际的、达到产品质量的电路打下坚实的基础。

3.1 数字系统的逻辑实现

数字系统是用于处理数字信号的系统，其输入信号与输出信号都是数字信号。理想的数字信号是离散的时间信号，仅在离散时刻发生变化。通常将相继2个变化时刻之间的信号值称为数字信号的状态。数字信号的状态具有以下特点：

(1) 时间稳定性：在每个变化间隔时间内，信号具有稳定值(稳定的状态)；

(2) 取值离散性：信号的稳定值采用有限精度的数字表达，其稳定状态数量有限。

图3.1.1为测量数据的数字信号表达。在每个时间区间中存在一个测量数据，将这个测量数据用二进制表达，这些顺序排列的数据就构成了数字信号。

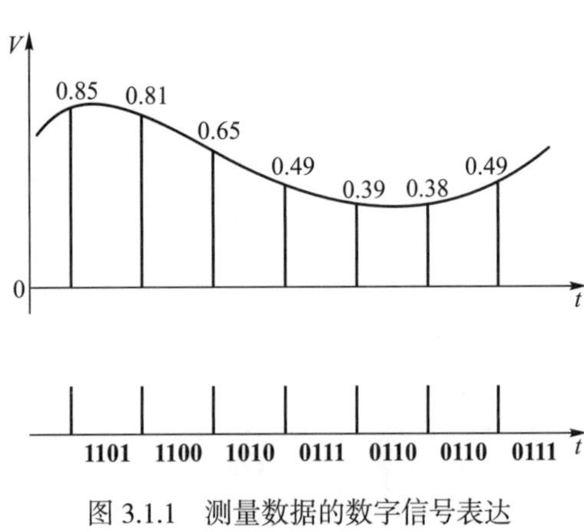

图3.1.1 测量数据的数字信号表达

图3.1.2为键盘输入字母的数字信号表达，通过键盘输入若干字母，每个字母采用特定的二进制数据编码(即ASCII码)表达。这些数据按照时间顺序排列同样构成数字信号。

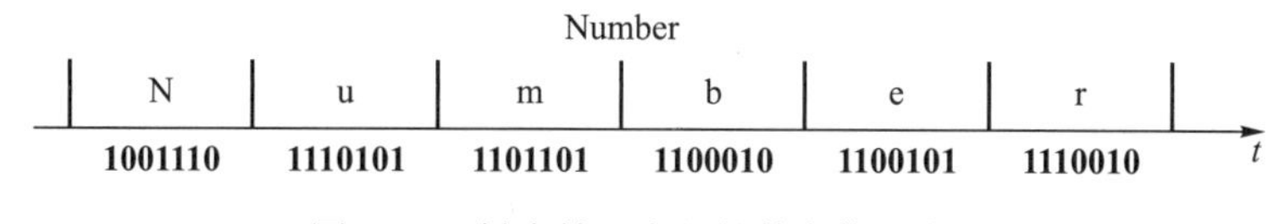

图 3.1.2 键盘输入字母的数字信号表达

考虑到在数字硬件系统中状态的表达特点，每个数字信号的状态都采用一组二进制数表达。这种表达称为对状态进行编码。一个数字信号状态的二进制表达通常称为一个“字”。每个字可以包含若干二进制符号 **0** 或者 **1**，每个二进制符号称为“位”。一个字包含位的数量称为字长，也称为字的位数。数字信号进行传输时，可以采用并行传输方式，将字的每一位通过独立的传输线同时进行传输（字传输），这种传输成本高、速率快，通常用于数字系统的内部近距离传输；也可以采用串行传输方式，采用单根线分时对字的每一位逐步传输（位传输），这种传输成本低，但传输速率低。随着字长的增加，并行传输的成本或串行传输的时间随之增长。在实际数字系统设计中，需要将字长限制在有限范围内，并根据选择的字长进行系统内部数据总线宽度的设计。当数字信号的字长有限时，信号的状态数必然有限。由于每一位二进制数只有 **0**、**1** 两种状态，当数字信号状态采用 N 位二进制数表达时，最多只能表达 2^N 种不同状态。既然数字信号的状态有限，其状态就可以按照其对应编码的顺序逐一罗列。

数字系统的特点是，数字系统输入数字信号，经过处理后产生的输出也是数字信号。在图 3.1.3 中表现了这种关系。

图 3.1.3 数字信号与数字系统

数字系统具有因果性，即系统的输出由输入决定。这就意味着系统输出的变化必定由输入的变化引发。当系统的输入状态稳定不变时，系统的输出状态也应该稳定不变。每个输入稳定状态决定了一个输出的稳定状态。数字系统的设计任务体现为：当状态稳定不变时，对每个输入的稳定状态，如何实现对应的输出稳定状态。这一问题通常称为组合设计问题，本章只针对这种设计进行讨论。当状态发生变化时，如何决定状态变化的时刻和下一时段的状态（通常称为转移状态），以及如何决定输出状态的采集时刻，这一问题通常称为时序控制问题。这一问题将在课程的后面部分讨论。

数字系统的输入和输出都是数字信号，这些数字信号都可能包含若干位。每一位需要用一条输入线或输出线上的电压状态表达。因此，数字系统表现为具有多条输入线和多条输出线的单元。输出线上的状态取决于输入线上的状态。通常将系统的输入称为变量，则输出表现为输入变量的函数。图 3.1.4 中表现了这种多输入多输出系统的表达。

视频 3.1.1

当系统具有很多的输入输出线时，建立输入输出的函数关系是很复杂的，需要进行分解简化。分解的基本思路是:复杂系统可以采用简单系统连接构成;简单系统应该具有更少的输入输出线,其函数关系表达应该更简单。

系统输出状态由输出中的每一位状态构成。当输出状态表现为输入的函数时,输出中的每一位都可以看作输入的函数。因此,可以将输出的每一位看作一个独立的子系统对输入运算产生的结果。这样就可以将任意多个输出系统分解为多个单输出系统的并行运算结构。在图 3.1.5 中表现了这种分解关系。

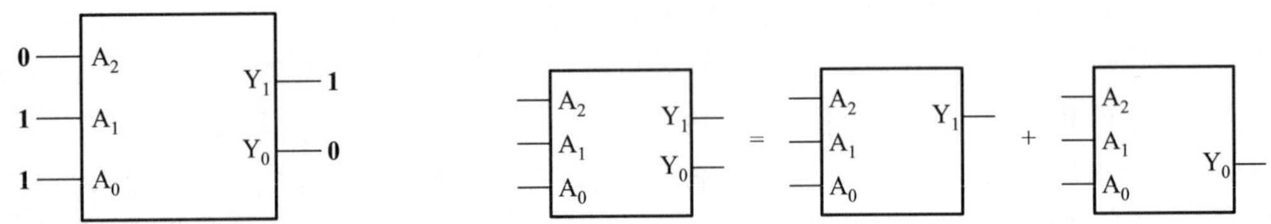

图 3.1.4　多输入多输出系统的表达　　图 3.1.5　将多输出系统分解为多个单输出系统的并行运算结构

单输出系统只有 2 个输出状态:**0** 或 **1**。因此,单输出系统的运算可以体现为判断哪些输入状态导致输出为 **1**,即对所有输入状态进行分类,部分输入状态导致输出为 **1**,其余导致输出为 **0**。这种根据输入状态的情况判断输出的取值的运算称为逻辑运算,进行逻辑运算的系统称为逻辑系统。单输出系统都是逻辑系统,多输出系统可以由逻辑系统组合构成。因此,数字系统也称为数字逻辑系统。数字系统中的运算被称为逻辑运算。

对于多输入逻辑系统,还可以从输入进行系统分割。也就是说,逻辑系统内部可能由更简单的逻辑单元连接构成。由此我们分析,逻辑系统一定可以由一些非常简单的基本逻辑单元组成,这些基本逻辑单元的输入端应该更少。最简单的逻辑单元的输入端一定最少。

单输入逻辑系统只有一位输入,一位输出。该系统的输入只有 2 种状态,对应每个输入状态,其输出状态只有 2 种可能。因此,该系统输入输出关系可能出现 4 种组合形式。在图 3.1.6 中表现了单输入逻辑系统可能具有的各种组合。

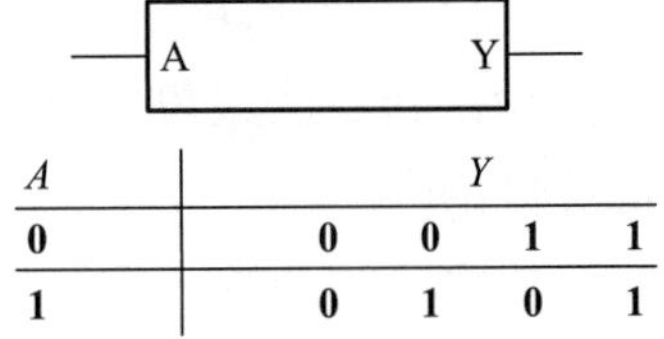

A	*Y*			
0	**0**	**0**	**1**	**1**
1	**0**	**1**	**0**	**1**

图 3.1.6　单输入逻辑系统可能具有的各种组合

考虑到系统的定义,输出应该受到输入变化的影响,不能为恒定常数。所以,单输入逻辑系统只有以下 2 种情况:

(1) 缓冲器:输出与输入相同,可以表现为 $Y=A$;

(2) 反相器(非运算):输出与输入相反,可以表现为 $Y=A'$。

单输入器件中,缓冲器可以由反相器构成,2 级反相器就构成了缓冲器,但反相器不可能由缓冲器构成。所以,只有反相器可以作为基本逻辑运算(基本单元)。

逻辑运算可以采用真值表、运算符号、逻辑符号进行规范表达。在进行表达时，应该满足通用的文档规范标准，简述如下。真值表(truth table)的表格左边列举输入状态，右边列举对应输出；输入变量和输出函数名称的排列按照高位在左低位在右的方式进行；状态排列按照输入状态的递增顺序从上到下排列；运算式(logic equation)中等号左边标记输出函数名(输出)，右边为输入变量的运算表达式；逻辑符号图(logical symbols)中符号左边为输入端，右边为输出端；基本逻辑采用不同的几何图形表达；复杂逻辑统一采用矩形表达式。反相器与其他器件连接使用时，可以缩并为反相圈附着于其他逻辑符号的输入端或输出端。

A	Y
0	**1**
1	**0**

(a) 真值表

$Y=A'$

(b) 逻辑运算式

(c) 逻辑符号图

图 3.1.7　反相器的各种表达形式

图 3.1.7 中表现了反相器的各种表达形式。

若单输出系统设计中存在多个单元器件(都是单输出)，则在系统内部需要将这些输出汇总为统一的输出。这种汇总不可能由一个输入端的反相器构成。因此，需要使用 2 个以上的输入端器件进行汇总。对于单输出系统，只有 2 种可能的输出运算，一种是**与**运算(AND)，另一种是**或**运算(OR)。图 3.1.8 和图 3.1.9 分别表达了**与**运算和**或**运算的各种表达方式。

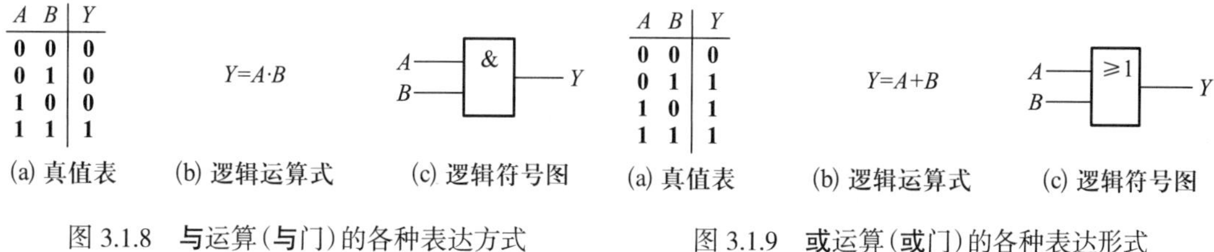

图 3.1.8　**与**运算(**与**门)的各种表达方式

图 3.1.9　**或**运算(**或**门)的各种表达形式

由上述可见，**与**运算(AND、**与**门)的功能是，当输入全部为 **1** 时，输出才为 **1**，其逻辑运算式为 $Y=A\cdot B$；**或**运算(OR、**或**门)的功能是，当输入全部为 **0** 时，输出才为 **0**，其逻辑运算式为 $Y=A+B$。这两种 2 输入运算不能相互替换，因此也是基本逻辑运算单元。在后面的章节可以证明，采用上述三种基本逻辑单元的相互连接，可以实现任何复杂的多输入逻辑系统。所以，数字电路设计的基础就体现为对这三种基本逻辑单元的设计及其连接的设计。

3.2　开关电路与 CMOS 结构

数字系统的特点是，任何输出只具有 2 个状态，**0** 态和 **1** 态。数字电路中采用电压(电平)表达不同的逻辑状态,采用高电平表达逻辑 **1**,低电平表达逻辑 **0**。在单电源系统中,理想的 **1** 态由正电源表达,理想的 **0** 态由接地表达;正电源和接地称为供电轨道。图 3.2.1 中表现了供电轨道与器件连接的关系。

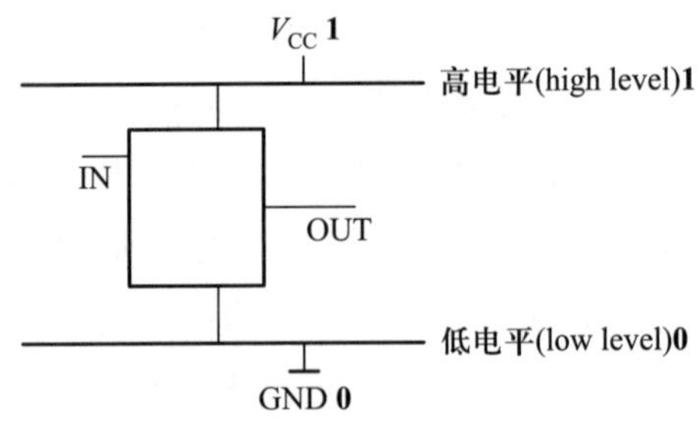

图 3.2.1 供电轨道与器件连接的关系

基本的逻辑运算可以采用不同的电路设计方案实现。在图 3.2.2 中表现了基本逻辑单元的模拟电路实现。

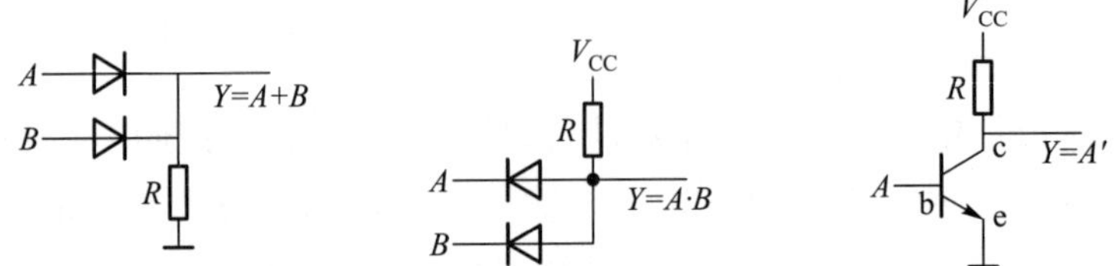

(a) 采用二极管实现或运算 (b) 采用二极管实现与运算 (c) 采用晶体管实现非运算

图 3.2.2 基本逻辑单元的模拟电路实现

但是,在进行复杂系统的集成电路设计时,这样的设计就会产生很大的问题。例如,上述设计在二极管或晶体管导通时,器件上都会存在不可忽略的导通压降,其输出电平不可能趋于理想电平。当很多这类器件级联时,每一级可能存在的导通压降累计起来,会导致最终的输出电平远离理想电平。另一个问题是上述设计在二极管或晶体管导通时都存在较大的静态电流,这种静态电流通过电阻会产生较大的静态功耗(通常可能达到毫瓦量级)。当将成千上万这种器件集成到一个小小的芯片上时,这种功耗会使得器件发热而无法工作。为了有效地解决上述问题,在大规模集成电路的设计中通常采用开关电路的设计思想。

开关电路的设计思想是,除供电轨道外,电路中任何节点的电平都由某个电路单元的输出提供。电路单元的输出端通过开关(或开关网络)从供电轨道获取电平。为了获取高电平输出,输出端应该通过开关网络与正电压连接。为了获取低电平输出,输出端应该通过开关网络与地连接。因此,电路单元的输出端需要连接 2 个开关网络,1 个接地,1 个接正电源。这 2 个网络不能同时接通,否则会导致电源到地的短路,从而造成器件或电源损毁。为了保障输出具有确定的逻辑状态,这 2 个网络也不能同时断开。所以,这 2 个网络的状态应该是互补的:一定有一个接通,一定有一个断开。在图 3.2.3 中表现了开关电路的这

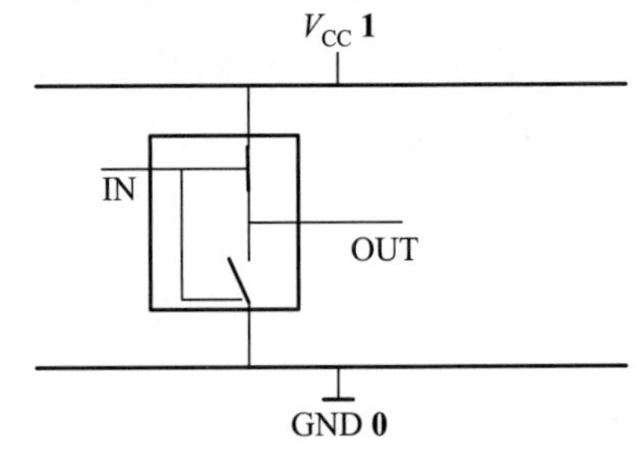

图 3.2.3 开关电路的思路

种连接思想。

视频 3.2.1

开关的状态通过输入进行控制,每一个输入都需要同时控制接地和接正电源的开关。在相同输入状态下,2 个开关状态不同,需要有 2 种不同开关。开关连接的优点是,通过开关的连接,输入将会趋于理想电平。开关的互补使得正电源到地不存在直接通道,静态功耗可以忽略不计。

目前大规模集成电路中典型的开关器件都采用 MOS 晶体管构成。MOS 晶体管的英文全称为 MOSFET(metal oxide semiconductor field effect transistor), 即“金属 – 氧化物 – 半导体 – 场效应管”, MOS 表达了这种器件结构上的不同材料关系。MOS 晶体管可以分为 NMOS (N-channel metal oxide semiconductor) 晶体管和 PMOS(P-channel metal oxide semiconductor) 晶体管两种器件。在图 3.2.4 中,以 NMOS 晶体管为例,对器件的制作过程和结构进行简要说明。

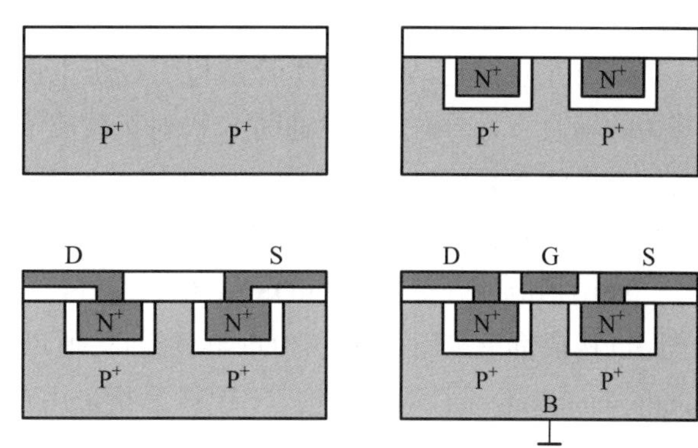

图 3.2.4 NMOS 晶体管的制作过程和结构

在一块 P 型半导体区域中,制作 2 块分离开的 N 型区域。在 N 型区上分别制作漏极(D)和源极(S)的电极。由于 P 型区和 N 型区之间存在 PN 结(耗尽区),当在 D 和 S 电极上施加电压时,电流无法通过,对应于开关断开的状态。在 N 型区之间的 P 型区上制作绝缘隔离层,在该层之上制作栅极(G)电极,同时在 P 型区上制作基底(B)电极。将 B 电极固定接地。当 G 电极上为低电平时,各电极保持相互隔离状态,此时 D 与 S 之间保持断开状态。当 G 电极上为高电平时,G 与 B 之间形成电场,该电场会吸引电子(N 型载流子)到 G 极之下聚集,导致该区域由 P 型区域转变为 N 型区域(N 型载流子占多数的区域),从而导致 D 和 S 连接的 2 块 N 型半导体被 N 型区连接起来,表现为导通状态。这种通过电场效应形成开关作用的器件也称为场效应器件(field effect transistor, FET)。图 3.2.5 表现了 NMOS 晶体管开关状

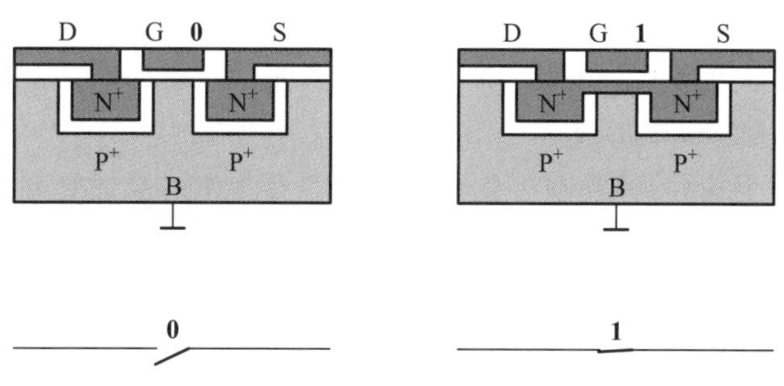

图 3.2.5 NMOS 晶体管的开关状态

态的情况。

如果将上述P型和N型的描述加以互换，则可以得到PMOS晶体管，这种器件在使用时将B极固定接正电源，当G极接高电平时，内部没有电场，各极相互隔离，表现为断开状态，而当G极接低电平时，则在器件中形成电场，建立P型载流子的导电通道，表现为导通状态。

这样就设计出2种互补的开关器件，即NMOS晶体管**1**通**0**断，PMOS晶体管**0**通**1**断。这两种器件的符号在图3.2.6中表现。

需要注意的是，MOS晶体管是利用G极上的电压吸引载流子建立导电沟道，从而实现开关的导通。为了确保在导通时G极对于载流子具有最强的吸引力，当晶体管导通工作时，其他各极状态必须与G极不同。所以，NMOS晶体管只适用于传递低电平，用于输出接地的路径上；PMOS晶体管只适用于传递高电平，用于输出接正电源的路径上。

应用相应的开关器件（MOS晶体管），就可以逐步构建各种逻辑运算器件了。由于这些电路的构成都是采用互补的MOS器件设计，所以这种设计称为CMOS（complementary metal-oxide semiconductor）电路结构。CMOS是指采用互补的晶体管进行互补连接方式的设计。

基本的单输入逻辑单元器件只有1个输入，控制2个晶体管，即1个PMOS晶体管，一个NMOS晶体管。这种连接关系只可能形成一种单输入器件——反相器。在图3.2.7中表现了通过两个晶体管实现反相器的电路连接结构。

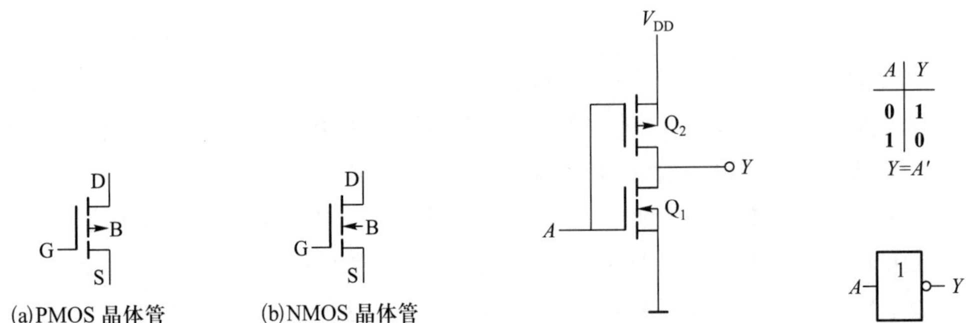

图3.2.6　MOS晶体管的符号　　图3.2.7　通过两个晶体管实现反相器的电路连接结构

注意：由于不能通过将P管接地、N管接正电源来形成缓冲器，所以单输入器件只有一种，缓冲器只能由反相器级联形成。

2输入器件有2个输入，各控制2个晶体管，即2个PMOS晶体管和2个NMOS晶体管。此时上下各有2个晶体管连接输出到电源的通道，其连接方式可以采用并联或者串联。如果P型晶体管和N型晶体管都采用并联，则当2个输入状态不同时，必定有一个P型晶体管和1个N型晶体管同时导通，输出同时联通正电源和地，形成电源到地的短路通道，可能导致电源或器件损毁。所以，这种连接方式不能采用。如果P型晶体管和N型晶体管都采用串联，则当2个输入状态不同时，必定有一个P型晶体管和1个N型晶体管同时断开，输出与正电源和地都不连接，其逻辑状态无法实现。这种连接方式也不能采用。为了确保输出具有确定状态，避免电源与地的短路，2个N型晶体管和2个P型晶体管各自的连接只能采用互补的形式，所以只有如图3.2.8表现的2种可实现方案。

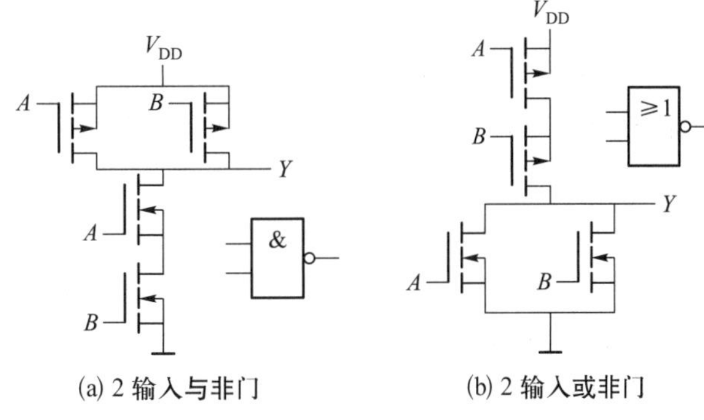

(a) 2输入与非门　(b) 2输入或非门

图3.2.8　2输入器件的2种可实现方案连接方式

当N-MOSFET采用串联时，对应的P-MOSFET就必须采用并联，这样构成的器件，在同样的输入状态下，其输出状态正好与2输入**与**门的输出状态相反，称为2输入**与非**门(NAND2)。当N-MOSFET采用并联时，对应的P-MOSFET就必须采用串联，这样构成的器件，在同样的输入状态下，其输出状态正好与2输入**或**门的输出状态相反，称为2输入**或非**门(NOR2)。

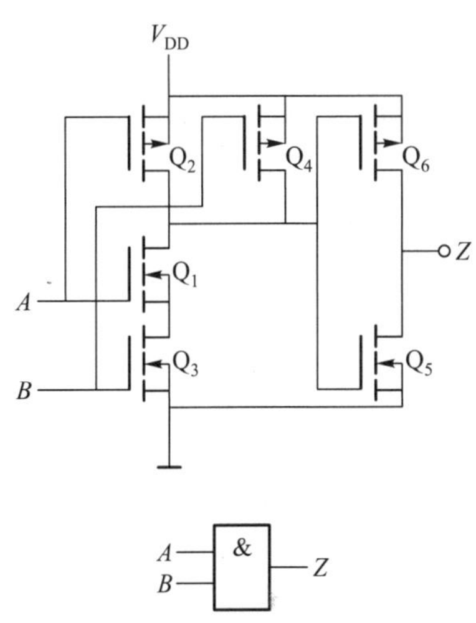

图3.2.9　2输入**与**门的电路结构

2输入的电路基本器件只有**与非**门、**或非**门，不能直接实现**与**门、**或**门。**与**门、**或**门可以通过**与非**、**或非**器件与反相器级联实现。图3.2.9中表现了2输入**与**门(AND2)的电路结构。

从上述电路结构可以看到，设计反相器(INV)需要2个晶体管，设计2输入**与非**门(NAND2)或2输入**或非**门(NOR2)需要4个晶体管，而设计2输入**与**门(AND2)、2输入**或**门(OR2)单元需要6个晶体管。

3.3　CMOS结构的扩展设计

从CMOS结构的特点可以看出，开关器件全部由MOS晶体管实现，CMOS结构的电路表现为全晶体管电路。输出通向正电源的通道全部由PMOS晶体管连接构成。输出通向地的通道全部由NMOS晶体管连接构成。当输入全部为高电平时，由于所有N型开关导通，所有P型开关断开，所以输出一定为低电平，输入与输出关系表现出反相性质，这种器件在逻辑表现上一定表现出反相输出，通常称为反相器件(反相门)。在反相器件之后级联反相器就可以得到同相器件(同相门)。从这个意义上看,同相门的成本和复杂度高于反相门。每个输入控制2个晶体管(1个PMOS晶体管,1个NMOS晶体管),当器件具有 N 个输入时,可以采用 $2N$ 个晶体管连接构成;N型晶体管的连接方式与P型晶体管的连接方式对偶(当N型晶体管串联时,对应的P型晶体管采用并联)。当N型晶体管采用串联时,表现出"**与运算**"逻辑;当N型晶体管采用并联时,表现出"**或运算**"逻辑。上述互补结构的特点可以推广到多输入单元的设计中。

3输入器件由3个P型晶体管构成输出连接正电源的通道,由3个N型晶体管构成输出连接地的通道。考虑到P型晶体管的连接和N型晶体管的连接方式需要对偶,此类器件有下列4种形式:3个N型晶体管串联,可以构成3输入**与非**门(NAND3);3个N型晶体管并联,可以构成3输入**或非**门(NOR3);2个N型晶体管串联,再与1个N型晶体管并联,构成**与或非**门[AOI(2,1)];2个N型晶体管并联,再与1个N型晶体管串联,构成**或与非**门[OAI(2,1)]。以上4种连接方式如图3.3.1所示。

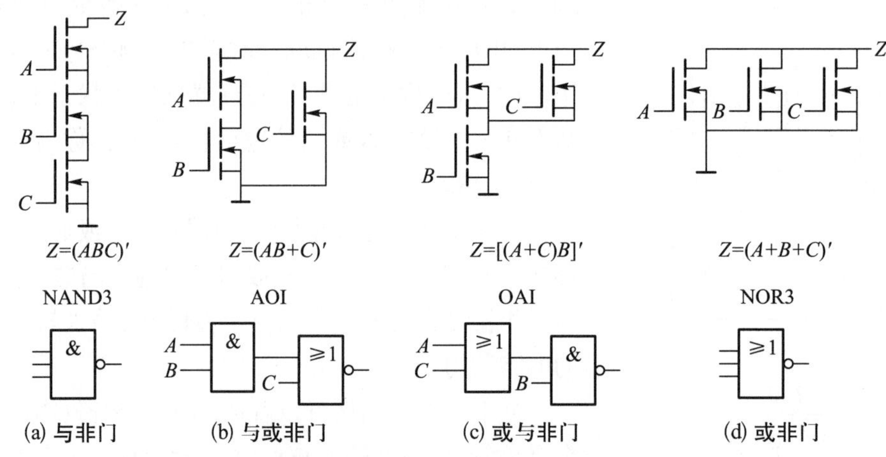

(a) 与非门 (b) 与或非门 (c) 或与非门 (d) 或非门

图3.3.1 3输入单元的不同连接方式(只表现了NMOS晶体管的连接)

在图3.3.1中,表现了不同3输入单元的NMOS晶体管连接方式、逻辑运算表达和逻辑图表达。采用这种方式,还可以建立更多输入端的器件。AOI(2,1)及OAI(2,1)后面的括号中,每个数字表达了第一级运算单元的各单元输入端数量,数字1则表达该输入直接参与第二级运算;括号中数字的个数表达了第二级运算的输入端数量。

N 输入NAND/NOR由 $2N$ 个晶体管构成,N 个N型晶体管串/并联,N 个P型晶体管并/串联,如图3.3.2所示。

与或非器件AOI(2,2):先将N型晶体管进行串联(**与**),再将不同串联支路进行并联(**或**),其结构如图3.3.3所示。

或与或非器件(OAOI):先将2个N型晶体管并联,再与1个N型晶体管串联,再与1个N型晶体管并联,其结构如图3.3.4所示。

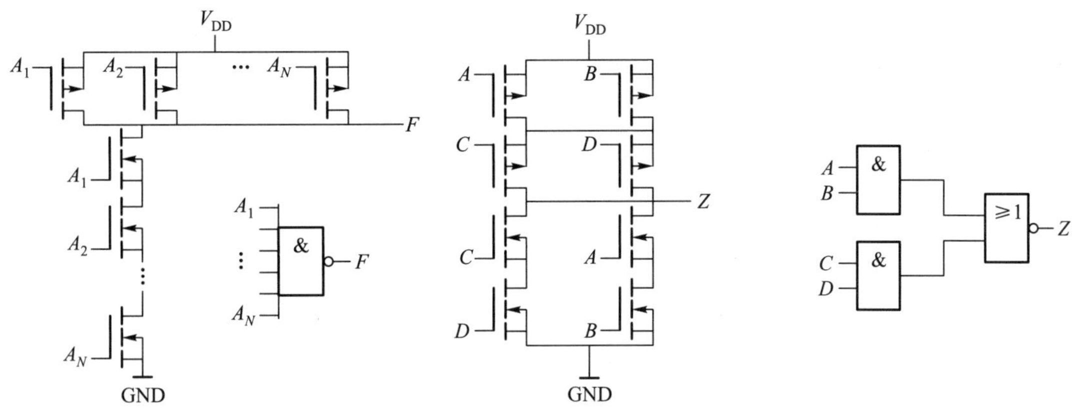

图 3.3.2 N 输入**与非**门的结构

图 3.3.3 AOI(2,2)的结构

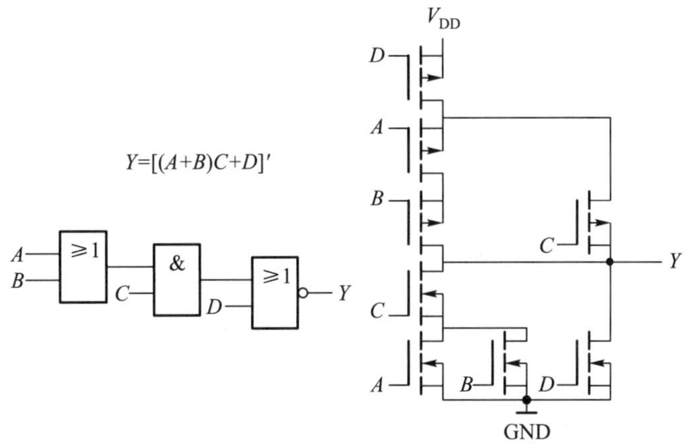

图 3.3.4 OAOI 的结构

在上述例子中可以看到，当我们将这些系统当作整体进行设计时，使用的晶体管数量(成本)为输入数量的 2 倍。然而如果按照逻辑运算，将这些系统分割，采用基本逻辑(INV、AND2、OR2)的相互连接来实现运算时，则需要使用更多数量的晶体管。例如，在上述 AOI(2,2)中，直接实现需要 8 个晶体管，但如果按照其逻辑图表达，采用 AND2 和 NOR2 来实现，则需要 16 个晶体管。

如果希望进一步减少晶体管的数量，还可以考虑这样的思想：前述逻辑都是采用 N 型开关的连接方式表达的，这些开关的导通，可以使输出实现 **0**；如果这些开关不导通，则 P 型开关的导通使输出实现 **1**。如果单独使用 N 型开关网络，去掉 P 型开关网络，则 N 型开关网络接通时使输出实现 **0**，而断开时则输出不是 **0**。这样的器件称为开路门(open gate，OG)器件。

开路门器件只使用 N 型晶体管，可以实现原来输出 **0** 的功能。但 N 开关网络断开时，输出状态无法确定，通常称为高阻状态 Z(high-Z)。在使用时，可以在其输出端上与正电源之间连接一个电阻,以保障N型开关网络断开时,输出可以表现为高电平,这样的电阻称为上拉电阻。开路门的结构和逻辑符号表达如图3.3.5所示。

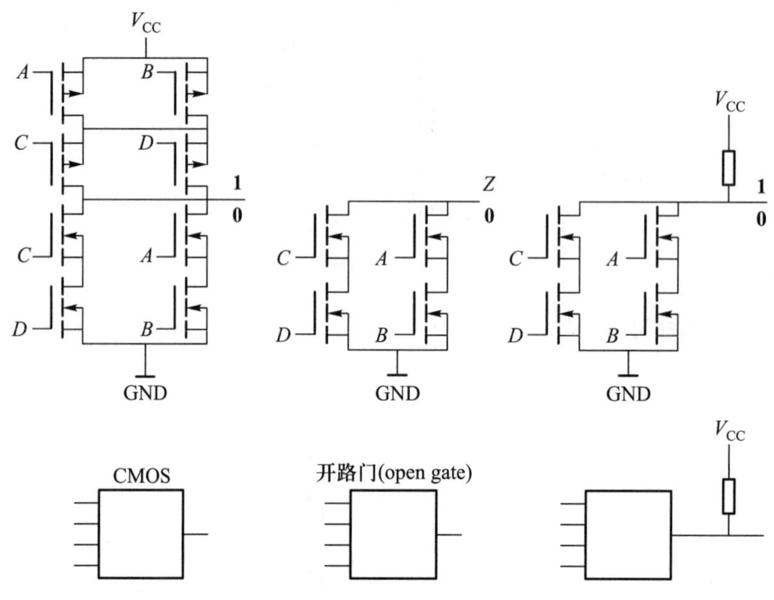

图3.3.5 开路门的结构和逻辑符号表达

开路门使用上拉电阻替代P开关网络,与相同逻辑的CMOS结构相比,可以减少一半的晶体管。对于正常的CMOS电路,其输出端可能联通正电源而输出高电平,也可能联通地而输出低电平,在使用这种器件时,绝不能将2个器件的输出端连接到一起,否则会发生电平冲突,导致器件或电源损毁。而对于开路门,由于输出端并没有联通正电源的路径,多个此类器件的输出连接到一起时,不会导致电平冲突:当各连接器件的输出不一致时,连接点一定表现为**0**(与地之间一定存在联通通道)。在外接上拉电阻后,这一特性表现为**与**运算特性。这种通过输出间连线构成的逻辑称为"线联逻辑",由此形成的**与**运算称为"**线与**"。开路门输出关系的连接表达和输出逻辑的不同表达如图3.3.6和图3.3.7所示。

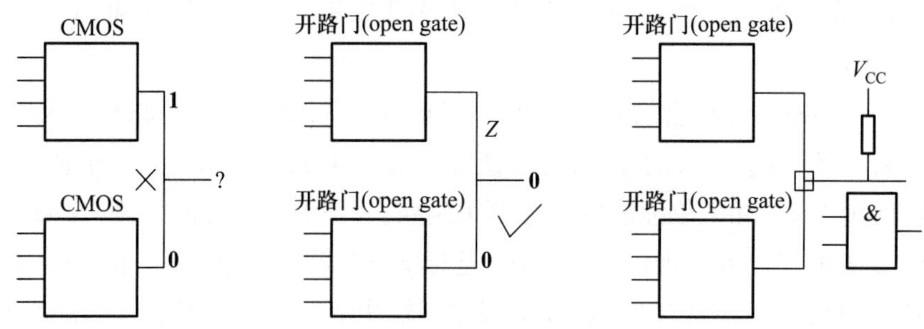

图3.3.6 开路门输出关系的连接表达

需要指出的是，当开路门单元采用**"线与"**逻辑分析时，可能采用不同的分析方法，从而产生不同的逻辑运算表达。在图3.3.7中表现了对同一电路的不同逻辑表达方式。这种表达方式的差异可以通过第4章将要介绍的对偶概念去理解。

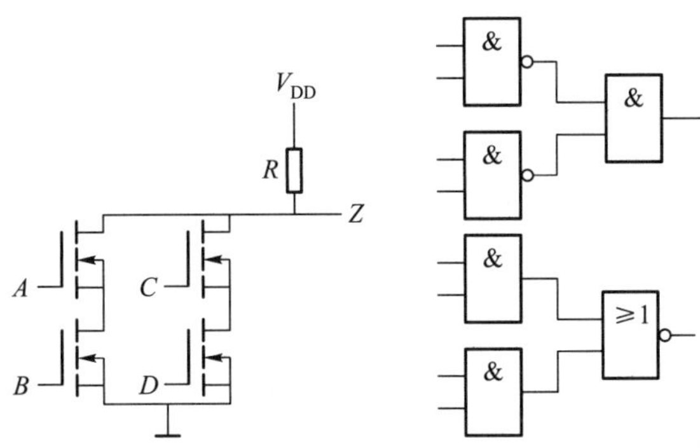

图3.3.7 开路门输出逻辑的不同表达

在集成电路内部，上拉电阻可以采用漏极和栅极直接接正电源的NMOS管实现，由于该管不能理想导通，而其栅极电平保持恒定，所以其沟道电阻表现为一个恒定的电阻，起到上拉电阻的作用。由于这种电路完全采用NMOS晶体管构成，所以也称为全NMOS电路，如图3.3.8所示。

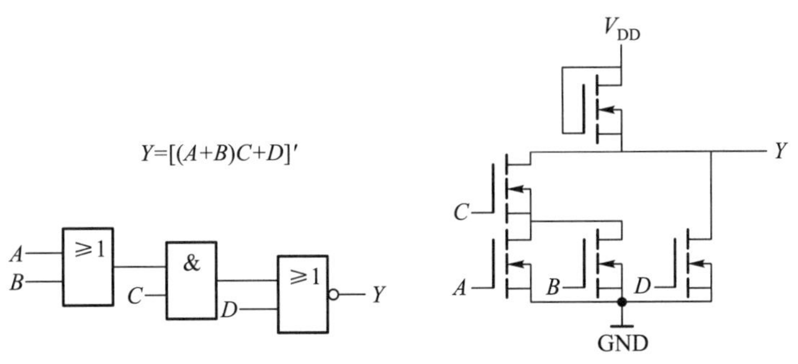

图3.3.8 开路门的全晶体管设计（全NMOS电路）

除了上述器件结构外，还有一种电路单元在集成设计中发挥重要作用，这就是传输门以及基于传输门形成的三态器件。传输门由一对反相控制的NMOS和PMOS晶体管构成，两个晶体管的D、S相互并联，实现开关器件功能。当控制端C为高电平时，2个晶体管导通，传输开关导通；而当C为低电平时，2个晶体管同时截止，传输开关断开。传输门的结构如图3.3.9所示。

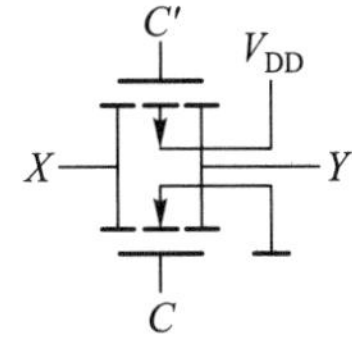

图3.3.9 传输门的结构

注意：由于在传输高电平时，NMOS器件不能真正导通，而传输低电平时，PMOS器件不能真正导通，为了任意电平的传输，需要2个互补晶体管的配合。

传输门在导通时既可以传输高电平，也可以传输低电平，因此可以用于对模拟信号的控制，称为"模拟开关"。该器件使用数字信号（控制端C）对模拟信号的传输进行控制，可以实现模拟信号的双向传输。在后续章节中，A/D转换中的取样开关和D/A转换中的电流选择开关都可以采用传输门实现。

在数字系统中，考虑到器件输出端必须具备必要的驱动能力，通常在传输门的前级连接一个反相器，为传输门提供驱动。这样形成的器件称为“三态反相器”。如果在三态反相器前端再连接一个反相器，则构成“三态缓冲器”。在图3.3.10中表现了三态反相器的结构和逻辑符号。

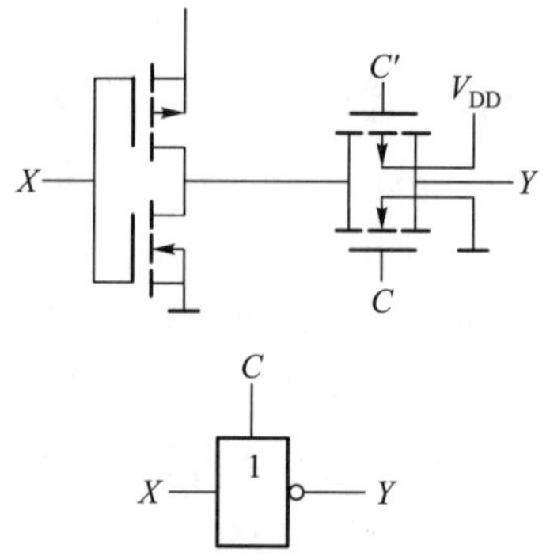

图 3.3.10 三态反相器的结构和逻辑符号

三态反相器和三态缓冲器通常称为“三态门”。这类器件具有三种不同的输出状态：控制端 $C=0$，开关断开，输出高阻态 Z；控制端 $C=\mathbf{1}$，传输前端的信号，输出正常逻辑态 **0** 或 **1**。在数字电路中，这种器件的使用主要用于构建数据总线控制或构建双向通道。 三态开关器件在使用时，不能将单独的三态开关输出直接连接到后续器件的输入端，为后续器件提供输入。因为当三态开关断开时，后续单元输入得不到正常逻辑控制，可能导致逻辑错误或器件损坏。

三态开关器件的使用采用阵列方式进行，多个三态开关的输出连接到一起，形成一个输出。这些连接到一起的三态开关必须满足如下条件：在任何时候它们中间**一定**有一个开关接通，在任何时候它们中间**只有**一个开关接通。这样就保障了连接起来形成的输出一定为正常逻辑输出，即接通的那个三态开关的输出。这样的连接也称为“线**或**”逻辑。图 3.3.11 中表现了利用三态器件设计的数据选择器的结构。

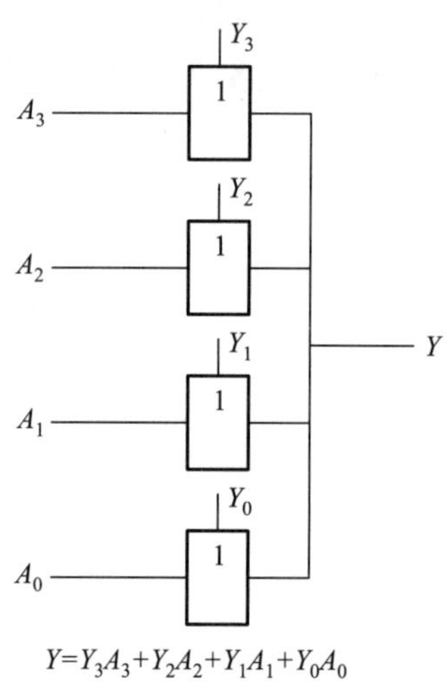

$Y=Y_3A_3+Y_2A_2+Y_1A_1+Y_0A_0$

图 3.3.11 利用三态器件设计的数据选择器

3.4 电压与电流的容限设置

本节讨论在静态条件下，逻辑电路单元的电压电流特性。所谓静态，是指电路单元器件处于稳定不变的逻辑状态。此时输入 / 输出应具有稳定可靠的逻辑电平和稳定的电流输出能力。

MOS 器件的电阻模型（resistance module）：MOS 器件的导电特性是由栅极（G）对载流子的吸引而形成导电沟道实现的；导电沟道的导电能力（或电阻）与栅极对载流子的吸引能力有关。可以将导电沟道看作是受栅极（G）电压控制的可变电阻；电流流过该电阻时，会产生压降。

CMOS 单元的电压转移(voltage transmission)特性是，当输入电压变化时，P 型晶体管和 N 型晶体管的栅极对载流子的吸引能力会发生变化，对应的沟道电阻也会发生变化，由此形成 CMOS 器件输出电压的变化，如图 3.4.1 所示。

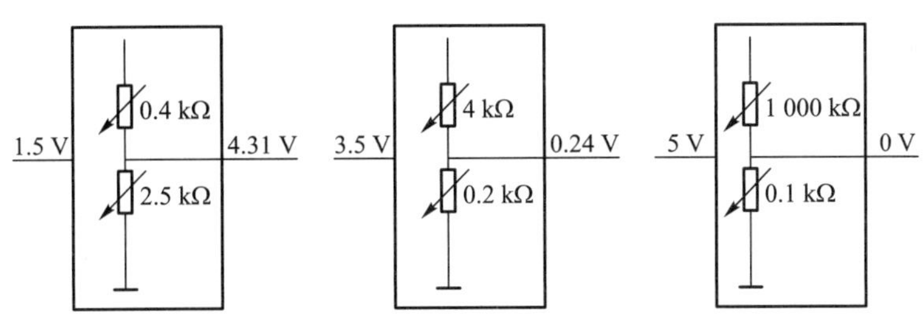

图 3.4.1　不同输入导致的不同输出

按照上述方式，逐步改变 CMOS 器件的输入电压，并对其输出电压进行测量，就可以得到该器件的典型电压转移特性如图 3.4.2 所示。

CMOS 器件的电压转移曲线表现为非线性(nonlinearity)，可以根据该曲线的变化情况，将电压变化区域简单分为斜率绝对值大于 1 的区域和小于 1 的区域。如图 3.4.3 中的 A 点和 B 点所示，可以将输入电压区域和输出电压区域各自分为 3 个区域。斜率绝对值大于 1 的区域称为放大区(amplifier region)，可以用于输入信号变化的放大，由于该区域的存在，CMOS 器件可以作为模拟电压的放大器件使用，该区域的斜率表现为器件的电压放大倍数。而斜率绝对值小于 1 的区域称为衰减区(attenuation region)，任何此区域的输入信号变化波动会被衰减，而输出电压值则会趋于理性电平值(正电源或地)。显然，这种区域适合于表达数字逻辑需要的电平状态。

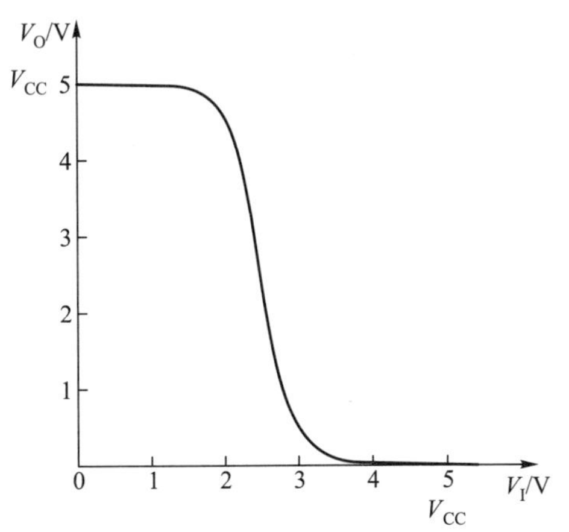

图 3.4.2　CMOS 器件的典型电压转移特性

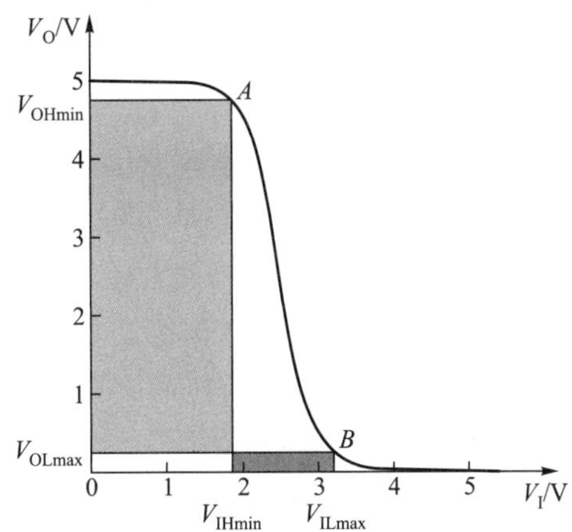

图 3.4.3　输入输出电压的分区

视频 3.4.1

可靠逻辑电平的选取应该避开放大区(避免干扰噪声被放大),一般应选择低于或高于放大区的电压区域作为逻辑电平区域,该区域的范围称为逻辑电平容限。低于放大区的电压范围称为低电平容限(low level tolerance),而高于放大区的电压范围称为高电平容限(high level tolerance)。在图 3.4.4 中表达了电压转移曲线的分区和电平容限。当信号电平保持在逻辑电平范围内时,器件对信号中的噪声干扰具有衰减作用,任何输入电平(容限内或容限外)经过逻辑器件后,其输出电平都会向理想电平趋近,逐步趋于理想化。

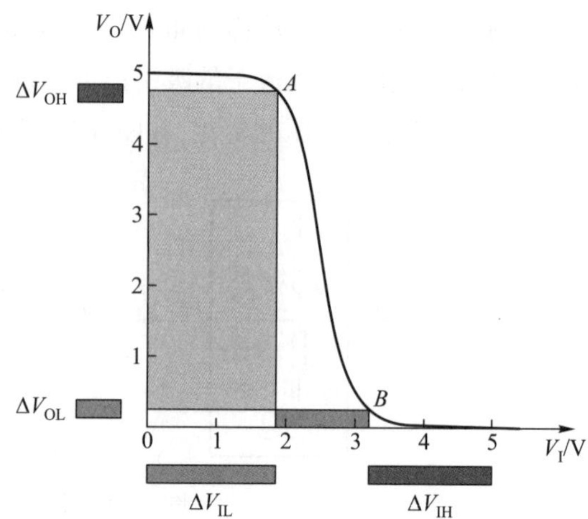

图 3.4.4 电压转移曲线的分区和电平容限

由于器件的放大作用,输出电压范围内的放大区远大于输入电压范围内的放大区,所以输入电压的电平容限也就远大于输出电压的电平容限。采用 V_{OH} 表达高电平输出电压,V_{OL} 表达低电平输出电压,则对应的输出电平容限(电压变化的容忍范围)可以表现如下:

$$\Delta V_{OH}=V_{CC}-V_{OHmin} \tag{3.1}$$

$$\Delta V_{OL}=V_{OLmax} \tag{3.2}$$

同样可以将输入电平容限用输入电压的最大值或最小值表达如下:

$$\Delta V_{IH}=V_{CC}-V_{IHmin} \tag{3.3}$$

$$\Delta V_{IL}=V_{ILmax} \tag{3.4}$$

输入与输出对应电平容限之差称为噪声容限(noise margin)。噪声容限表现了器件在信号传递过程中对噪声干扰的容忍能力。

图 3.4.5 中表现了噪声容限与电平容限的关系:特定状态的噪声容限表现为对应状态输入输出电平容限之差,可以采用公式表达如下。

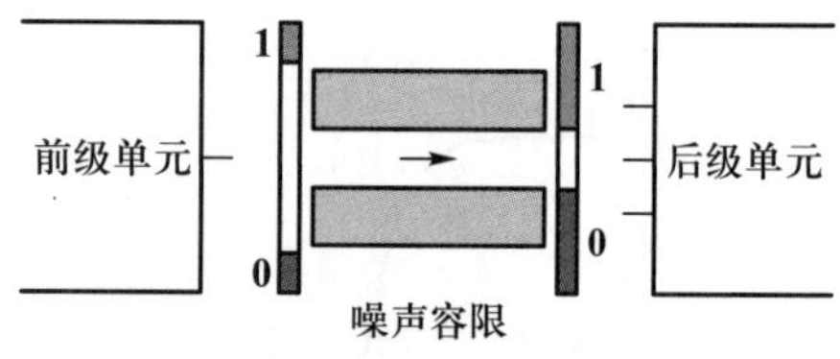

图 3.4.5 噪声容限与电平容限的关系

高电平噪声容限可以表达为

$$\Delta V_{NH}=\Delta V_{IH}-\Delta V_{OH}=V_{OHmin}-V_{IHmin} \tag{3.5}$$

低电平噪声容限可以表达为

$$\Delta V_{NL}=\Delta V_{IL}-\Delta V_{OL}=V_{ILmax}-V_{OLmax} \tag{3.6}$$

当逻辑单元对外形成输出电流(output current)时,该电流会流过导通支路。在图 3.4.6 中表现了不同输出状态时输出电流的流动支路。由于导通的晶体管实际存在导通电阻,电流流过导通电阻就会产生压降，压降表现为输出电流与导通电阻(on resistance)的乘积。为了保障输出电压处于电平容限范围内，需要对导通支路上的压降进行限制，因此对器件的输出电流就有了限制。器件在保持逻辑电平时，能够提供的最大输出电流称为器件的驱动能力(driving ability)，记为 I_M。

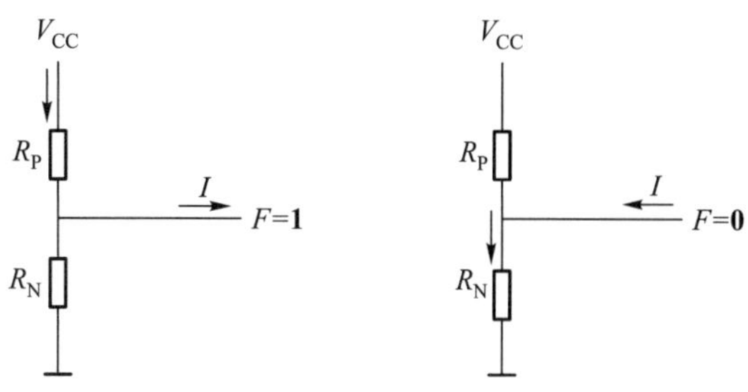

图 3.4.6 不同输出状态时，输出电流的流动支路

高电平驱动能力和低电平驱动能力可以分别表达如下：

$$I_{MH}=\Delta V_{OH}/R_{PON} \tag{3.7}$$

$$I_{ML}=\Delta V_{OL}/R_{NON} \tag{3.8}$$

作为电路单元，最重要的物理量就是电压和电流。对数字系统中的逻辑单元来说，电平容限和驱动能力构成了最重要的设计指标。

3.5 数字集成电路及对等设计规范

前面已经看到，数字系统可以分解为逻辑系统(单输出系统)，逻辑系统又可以由最基本的逻辑单元(**与**、**或**、**非**)连接实现。而在 CMOS 电路的设计中，所有的基本逻辑单元都可以由 PMOS 晶体管和 NMOS 晶体管连接实现。因此，数字系统可以采用全晶体管电路实现，这样的电路中只使用晶体管器件，通过这些晶体管的相互连接构成复杂的数字系统。所有的晶体管都是在半导体晶片(wafer)上制作的。在规模化生产时，可以在一片半导体芯片上制作成千上万的晶体管，然后将它们分割封装为一个个独立器件，在数字系统设计时就可以用它们进行连接。这种将每个晶体管切割封装，通过外部连线进行设计的方法，就是早期的分立器件设计的方法。由分立器件制作的系统中，器件之间的相互连接成为很大的问题，大量故障来源于此，可靠性受到严重影响。此外，处于封装之外的连接也会受到外部环境的影响，系统的性能也大大降低。根据前面的分析可知，数字系统基本的逻辑单元是固定的，能否将这种固定的连接直接在半导体芯片上实现，通过封装直接形成逻辑单元呢？这就是集成电路的设想。

所谓集成电路(integrated circuit，IC)，是指直接在芯片上将若干器件进行连接设计，构成功能单元或系统后再进行切割封装。这样的设计具有抗干扰、可靠性高、性能好、成本低等优势，得到了迅速发展。从 20 世纪 60 年代以来，数字集成电路的发展经历了从中小规模集成到超大规模集成的历程，每 18 个月，单元电路的集成度增加一倍，这样的速度已经保持了

60多年，被称为“摩尔定律”(Moore's law)。今天我们所谈到的数字系统设计，一定是采用集成设计的方法。

数字集成电路设计和应用通常可以分为几种不同的规模形式。小规模集成(small scale integrated，SSI)：在芯片上形成基本的逻辑门，通过切割封装形成的集成块通常称为小规模集成块，有时也称为逻辑块。这种集成块中通常会含有多个相同的逻辑单元，其特点是通用性好，可以广泛应用于数字系统中各种功能单元的设计。采用这种集成块，通过其外部连接来设计数字系统通常称为小规模集成设计。中规模集成(medium scale integrated，MSI)：将一些逻辑单元在半导体芯片上先连接成特定的功能单元(例如译码器、编码器、比较器、加法器等)，然后再进行切割封装，形成具有特定功能的集成块，这种集成块称为中规模集成块，也称为功能块，其优点是集成度高，可以大幅度减少外部连接线，直接就具有特定功能，缺点是应用范围受到限制，对每种不同的功能，需要设计制作不同的功能块。历史上这种集成块的种类型号多达数百种。对于上述两种集成块，都需要系统设计者通过外部连线设计，由多块集成块连接成数字系统。

大规模集成(large scale integrated，LSI)和超大规模集成(very large scale integrated，VLSI)：由于外部连线是影响可靠性和性能的主要因素，所以设计时应尽量减少外部连线。随着技术的进步，成千上万的单元都可以在单一的芯片上制作和连接，这就产生了片上系统(system on chip，SoC)的设计思想：在单一芯片上直接完成数字系统所有单元的连接，构成片上系统，然后切割封装为集成块。这样的设计可以使数字系统的可靠性、性能和成本都达到最优。但这样的设计的应用范围也受到最大限制，它必须针对特定系统的特点要求进行专门设计，所以这种设计也称为专用集成电路设计(application specific integrated circuit，ASIC)，或面向用户的集成设计。

视频 3.5.1

基于中小规模的连线设计需要使用多块集成块进行相互连接，ASIC设计也需要考虑芯片上众多逻辑单元之间的相互连接关系。这就涉及各单元之间电压电流的相互匹配问题。在前面的讨论中可以看到，数字电路的稳定输出状态可以分为高电平状态和低电平状态。电路的性能指标(电平容限和驱动能力)可以对高电平和低电平分别设置。当单元器件的高电平指标与低电平指标不一致时，处于不同电平状态就会表现出不同的性能，这会给电路设计带来困扰，在评估电路性能时，也只能按照其最低性能得到评价。为了解决这一问题，在现代集成电路设计中，采用了电路性能(circuit performance)的对等设置(equal set)来作为集成电路的设计规范。

所谓对等设置，就是使高电平状态(逻辑 **1**)和低电平状态(逻辑 **0**)的性能设置实现对称性。这种设计要求在电压转移曲线中，放大区处于电压范围的中心位置，转移曲线相对这个中心位置呈现对称性，使高电平容限和低电平容限在数值上保持一致，如图3.5.1中所示。在器件制作上，确保NMOS晶体管的导通电阻与PMOS晶体管的导通电阻相同，这样在同样的电平容限条件下，可以实现高电平驱动能力和低电平驱动能力相同。

采用这样的设置，器件的性能参数就可以简单地用输入电平容限 ΔV_I、输出电平容限 ΔV_O、噪声容限 ΔV_N、驱动能力 I_M 来统一表达，而不用区分高电平与低电平的不同。这样的设置也将简化动态分析中对信号延迟时间的分析，不用再去区分上升时间和下降时间的差异。这就可以大大简化后面关于集成电路设计的讨论。

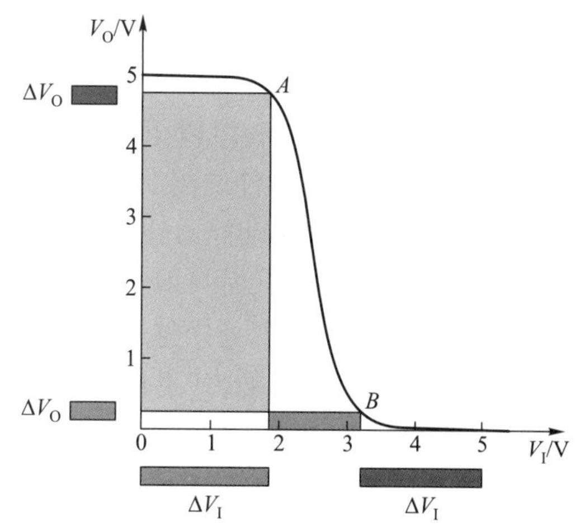

图 3.5.1　对等设置的电平容限

3.6　片内最大集成度设计

CMOS 集成电路是全晶体管电路，每个 MOS 晶体管都是采用平面器件形成的，每个器件在芯片上占据一定面积（area）。器件的面积占用尺度直接影响到器件或系统的成本（cost）和集成度。在满足电路参数（parameter）设置的条件下，设计优化（optimization）的目标是尽可能减小单元器件面积成本，提高电路的集成度。对于任何平面器件，总是占据一定的面积，也总是具有一定的驱动能力。如果希望使用已有的器件去满足更大的驱动能力要求，则最简单的方式就是将同类器件并联，如图 3.6.1 所示。多个器件并联总是能够提供更大的输出电流（output current）。

然而多个器件并联也就意味着需要占用更多的面积。由此简单分析可以得出：基本器件的驱动能力与器件面积（成本）成正比。为了提高电路的集成度，在满足应用要求条件下，应该尽可能设计小驱动能力器件，减小器件尺度成本。数字集成芯片上的器件可以简单分为两类，一类器件的输出只提供给芯片内的 CMOS 器件使用，由于 CMOS 器件的输入端内部连接 MOS 晶体管栅极（gate），在静态条件下对电流的需求非常小，所以这类器件只需要具备很小的驱动能力；另一类器件则需要通过集成块端口对外提供输出，由于集成块的输出端口可能需要连接模拟负载（analog load），通常需要设计比较大的驱动能力。不同负载对于驱动能力的需求如图 3.6.2 所示。

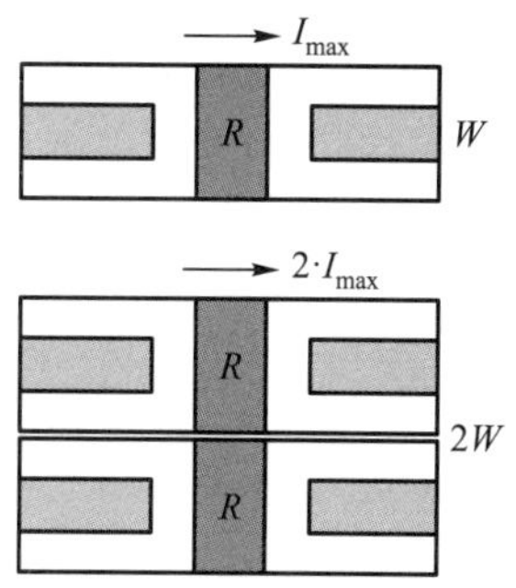

图 3.6.1　通过同类器件并联提供更大的驱动能力

在简单分析中，可以将集成芯片上的器件驱动要求分为 2 类，

视频 3.6.1

分别为针对 CMOS 器件的驱动(片内器件,需要的驱动能力在 μA 级以下)和针对模拟器件的驱动(对外输出器件,需要的驱动能力在 mA 级以上)。片内器件设计时只需要满足最小驱动能力的要求,通常将这种驱动能力称为 1X 驱动能力,提供这种驱动能力的器件称为 1X 器件。集成块输出端口器件则需要满足外部模拟电路的要求,通常需要进行大驱动能力的设计。

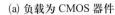

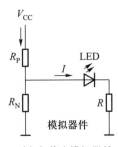

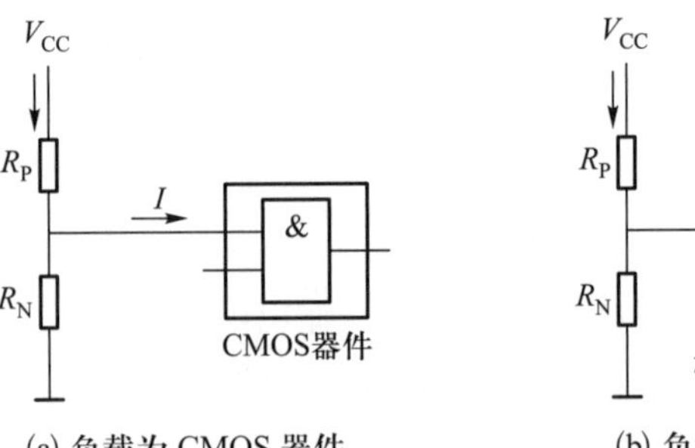

(a) 负载为 CMOS 器件　(b) 负载为模拟器件

图 3.6.2　不同负载对于驱动能力的需求

为了具体衡量单元器件的成本及延迟时间(delay time),可以建立最小晶体管模型,如图 3.6.3 所示。满足以下电流电压关系的晶体管称为最小晶体管:当该晶体管导通时,若流过该晶体管的电流等于最小驱动能力 I_{1X}(片内驱动能力),则该晶体管导电沟道上(S–D 之间)的压降正好为器件的电平容限 ΔV。

需要说明:最小晶体管可以分为最小 NMOS 晶体管和最小 PMOS 晶体管两种类型。在对高低电平采用统一的电平容限和驱动能力时,这 2 种晶体管的面积是不同的。由于 P 型载流子的迁移率低于 N 型载流子,最小 PMOS 晶体管的面积应该大于最小 NMOS 晶体管。在本教材中,为了分析讨论的简洁方便,忽略两者之间的面积差别,而统一为一种模型表达。在设计时,将最小晶体管的面积作为标准成本单位。尽管模型的设置与实际情况存在差距,但后面根据此模型得到的结论与根据实际情况得出的结论却基本一致。

最小反相器可以采用 2 个最小晶体管构成,如图 3.6.4 所示,它具有 1X 驱动能力(最低驱动)。以最小晶体管作为面积单位,则 1X 反相器逻辑面积 $A=2$。

与非门 / 或非门结构中存在晶体管并联支路和串联支路。并联支路上的晶体管可以采用最小晶体管。在串联支路上,所有晶体管导通电阻形成串联,每个晶体管的电平容限下降为 $1/N$,能够提供的驱动能力也相应下降。为了保障获得 1X 驱动能力,当 N 个晶体管串联时,需要将串联支路上的每个晶体管宽度设计为最小晶体管的 N 倍(相当于 N 个最小晶体管并联),才能提供 1X

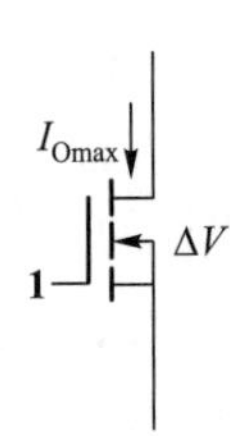

图 3.6.3　最小晶体管模型

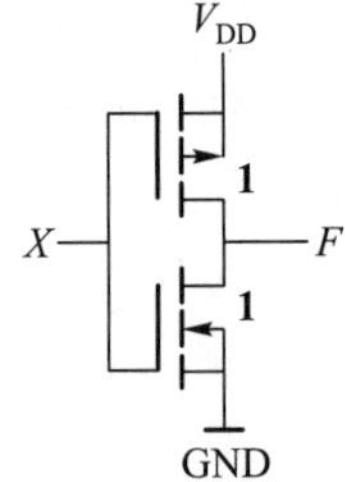

图 3.6.4　最小反相器的设计

驱动能力。因此,当器件具有 N 个输入端时,所需要的最小晶体管数量为 N 个 P 型最小晶体管和 N^2 个 N 型最小晶体管,共使用 (N^2+N) 个最小晶体管。N 输入的**与非**门设计如图 3.6.5 所示。

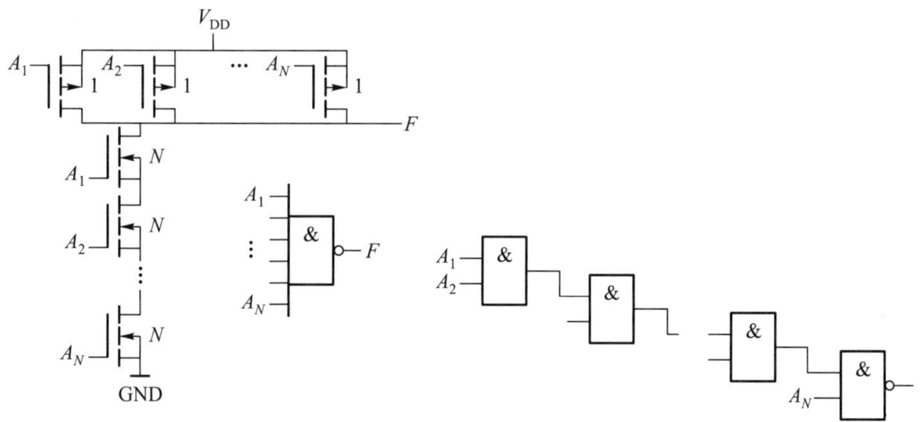

图 3.6.5 N 输入的**与非**门设计

以上分析可以得出,当 N 输入器件采用整体设计时,逻辑面积(或最小晶体管的使用量)与输入端数量成平方关系;随着输入端数量的增加,逻辑面积增加很快。而如果采用 2 输入基本单元进行设计时,逻辑面积随输入增加表现为线性关系,增加较为缓慢。所以,为了实现最大集成,多输入的片内单元器件(1X 器件)应该尽量采用较少输入的基本单元进行设计。

考虑到上述分析及大规模集成设计时的规范性,可以将片内设计的基本逻辑单元限制为三种:INV、NAND2、NOR2,这样可以简化芯片上单元器件的设计,片内设计中基本单元的结构如图 3.6.6 所示。

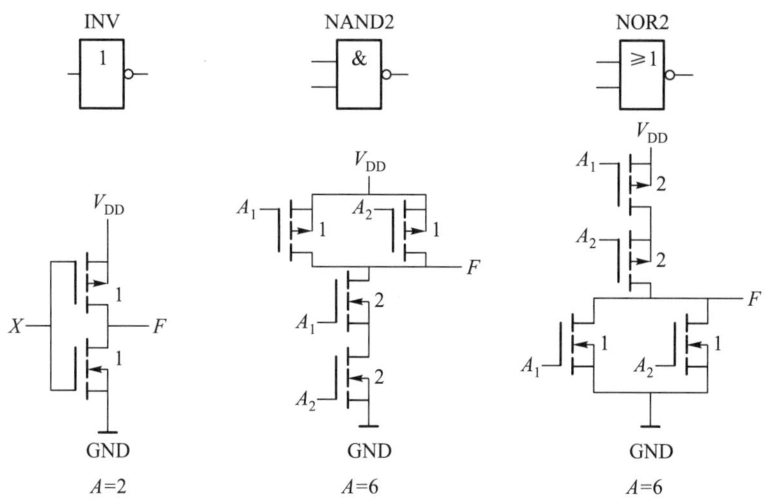

图 3.6.6 片内设计中基本单元的结构

采用最小晶体管作为成本单位时,INV 的成本为 2,NAND2 和 NOR2 的成本为 6。当其他器件或系统采用这些基本单元连接实现时,就可以采用这种方式去估算其中所使用的最小晶体管数量,将其作为单元或系统的成本指标。另一种常用的成本估计方式则是将 NAND2 和 NOR2 作为标准单元,称为标准门(standard gate),而 INV 可视为 1/3 标准门,估算系统成本时,用标准门的数量表示,或简称为门数量。

说明:本教材中,将 NMOS 和 PMOS 的最小晶体管面积等同,采用这样的最小晶体管模型构建 2 输入门,必然得出 NAND2 和 NOR2 的成本一致。如果对 NMOS 和 PMOS 采用不同的最小晶体管模型,认为 PMOS 最小晶体管面积大于 NMOS 最小晶体管面积,则就会得出 NOR2 的成本高于 NAND2。采用不同的模型,对电路性能描述更为客观,但模型的设置不仅对成本分析产生影响,也会对电容的建模以及延迟和功耗的分析产生影响。为了使分析简明,本教材采用定性描述方式,采用统一的“最小晶体管”模型和统一的“标准门”模型,可以避免在大量单元连接设计中的复杂计算问题,更加突出设计优化的思想。

3.7 信号传输延迟与功耗

MOS 晶体管每极的状态是相对于基底 B 形成的。当各极状态与 B 不同时,就会存在电荷(charge)积聚,形成电容(capacitance)效应。所谓电容,就是指器件吸引集聚电荷的能力。MOS 器件中的电容可以采用平板电容模型表达,容量与面积成正比。MOS 器件中存在的主要电容如下:

(1) 栅极(gate)电容:栅极通过其电场吸引电荷(少数载流子),这是导电沟道形成的主要因素。

(2) 源极(source)和漏极(drain)电容:主要体现为基底PN结的结电容和连线间的覆盖电容。

在 CMOS 结构中,输入线连接的都是栅极,所以栅极电容构成器件的输入电容。输出通道通过源极和漏极,所以源极和漏极的电容构成器件的输出电容。MOS 器件中的电容如图 3.7.1 所示。在本教材中,为了分析讨论的简洁方便,将忽略器件的输出电容,只考虑器件的输入电容(栅极电容),并采用最小晶体管栅极电容作为电容基本单位。对于芯片内的基本逻辑单元来说,最小反相器(INV)的输入连接了两个最小晶体管的栅极,所以其输入电容为 2。而标准门的输入可以认为是连接了 3 个最小晶体管的栅极,其输入电容为 3。片内基本单元的输入电容如图 3.7.2 所示。

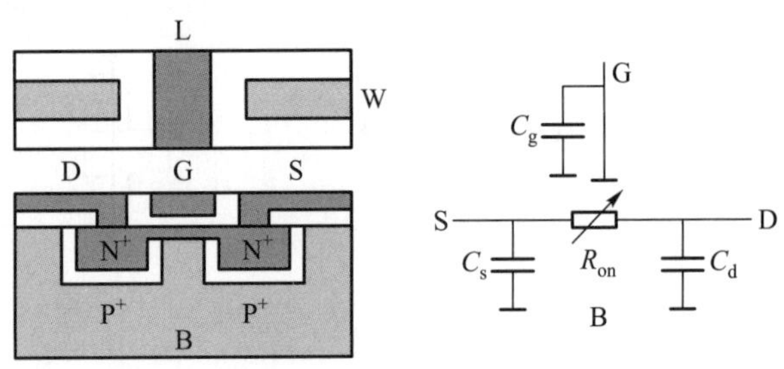

图 3.7.1 MOS 器件中的电容

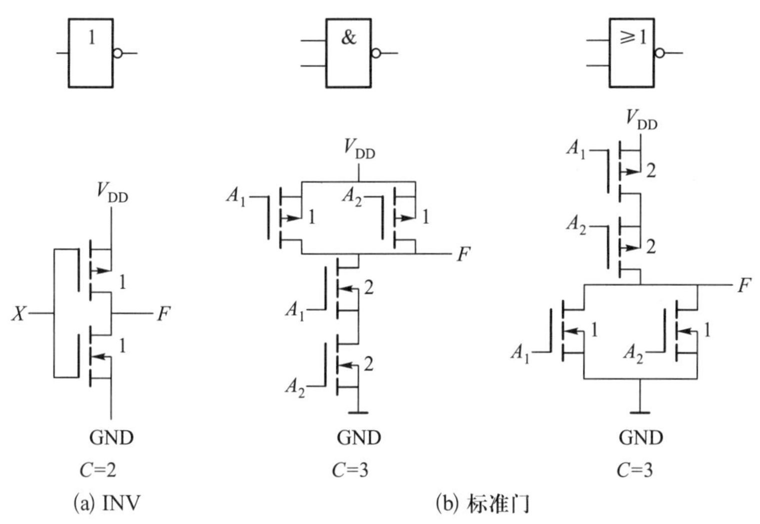

图 3.7.2 片内基本单元的输入电容

在信号(状态的变化)传递过程中,MOS 管各极状态发生变化,导致各电容的充电放电。电容状态变化(充电、放电)需要耗费时间,就会导致信号传递的延迟(delay)。延迟时间与电容的大小和充放电电流的大小相关,而充放电电流与驱动器件的驱动能力相关。所以可以将延迟时间表达为下列正比关系:

视频 3.7.1

$$T \propto C \cdot I_M \tag{3.9}$$

上式中,C 表达了一个电路节点的电容,而 I_M 则表达了为该节点提供驱动的器件驱动能力。在驱动能力一定的条件下,延迟时间与改变状态的电容总量成正比。在早期集成电路的非对等设计中,器件高低电平状态能够实现的驱动能力不同,就会导致后级输入电容充电和放电时间的差异,这种差异可以在后级器件输出端体现为上升时间(rising time)和下降时间(falling time)不同,如图 3.7.3 所示。

而在大规模集成电路时代,由于采用了标准化对等性设计,任何状态下器件的驱动能力一致,输入电容充电和放电时间对等,所以不需要区分器件输出端的上升时间和下降时间,而统一采用信号延迟时间描述。为了后续分析方便,可以将最小晶体管的栅极电容在受到 1X 驱动时产生的延迟时间设置为延迟时间单位。在此设置下,信号通过单个最小反相器的延迟时间为 2,而通过标准门的延迟时间为 3。电

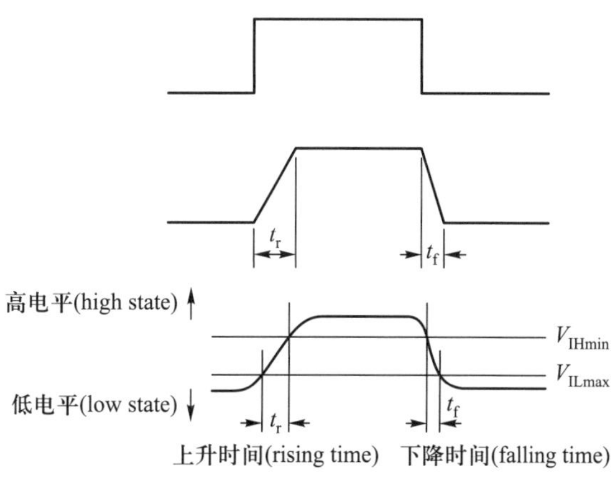

图 3.7.3 电路节点状态变化的理想和实际情况

容充电放电电流通过导通电阻,形成CMOS电路中主要的功耗来源,电路单元的功耗可以表示如下:

$$P \propto C \cdot V_{CC}^{2} \cdot f \tag{3.10}$$

上式中C表达了一个电路节点的电容,V_{CC}^{2}表达了电源电压的平方,而f则表达了该节点状态变化的频率。逻辑单元的组合设计对于延迟和功耗具有重要影响。只有处于信号传递通道上的器件才发生状态变化,才会产生时间延迟和功耗。因此在设计中尽量采用并行设计可以获得性能优化。

[例3.7.1] 分析图3.7.4所示的4输入**与**门设计的时间延迟与功耗。

解: 在图3.7.4中,4输入**与**门可以采用图3.7.4(b)和(c)所示的2种方式设计。当考虑将A_1的信号传递到输出F时,图3.7.4(b)的串行设计方式中信号需要通过3个AND2器件,而图3.7.4(c)的并行设计中信号只通过2个AND2器件。在此情况下,显然并行设计的时间延迟和功耗会比较低。

当然,考虑将A_4的信号传递到输出F时,上面的串行设计方式中信号只需要通过1个AND2器件,而下面的并行设计中信号却需要通过2个AND2器件。在此情况下,显然串行设计的时间延迟和功耗会比较低。

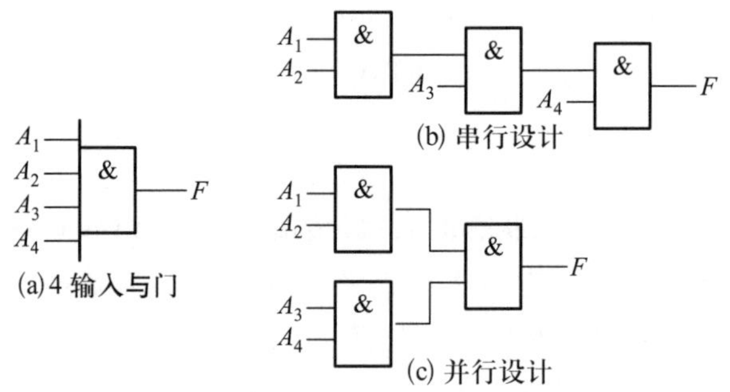

图3.7.4 4输入**与**门的设计

这个例子表明,在设计中,需要根据具体情况选择设计方案。当输入信号变化的频率相差较大时,通常选择串行设计方案,将变化频率最高的信号放在最接近输出的输入端上;而当输入信号的变化频率相差不大时,则通常采用并行设计。

在上述采用基本器件设计进行多输入门的并行设计时,成本与输入数量基本保持线性关系,而延迟时间与功耗却随输入增加基本保持对数关系(当输入数量为N时,延迟时间与功耗不大于$\log_2 N$个标准单位)。

在设计分析中,经常需要关注从电路某个输入节点到另一个输出节点的路径延迟。在分析这种延迟时,不仅需要考虑路径通过的各单元器件导致的时间延迟,还需要注意路径节点上连接的其他器件输入电容带来的影响。

例如在图3.7.5中,分析从A到F的信号延迟时,对于图3.7.5(a),路径延迟时间就是两个标准门延迟之和:ΔT=6。而对于图3.7.5(b),中间节点上额外连接了另一个器件的输入端。虽然我们并不分析通过下边的门电路的信号,但在考虑中间节点的状态变化时间时,该器件的输入电容的状态也会随之变化,这显然会对充放电时间产生影响。因此,在考虑路径延迟

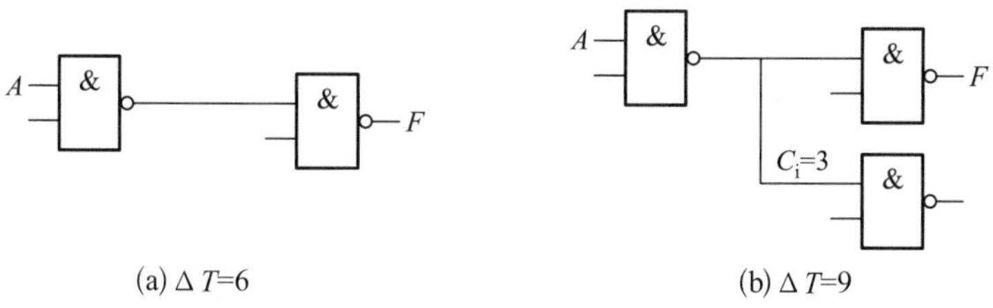

图 3.7.5 分支节点的时间延迟

时，需要将该输入电容导致的延迟合并进来，该路径的延迟为：ΔT=9。

在复杂系统设计时，一个器件可能需要对大量后续器件提供驱动，这将会使得路径节点上连接大量输入电容，路径延迟大幅度增加。为了缓解这种驱动要求，提高电路中信号的传递速度，常常采用树状缓冲设计，具体例子如下。

［例 3.7.2］ 在图 3.7.6 中，表现了使用标准门 U_1 为 256 个同类器件提供信号的 2 种设

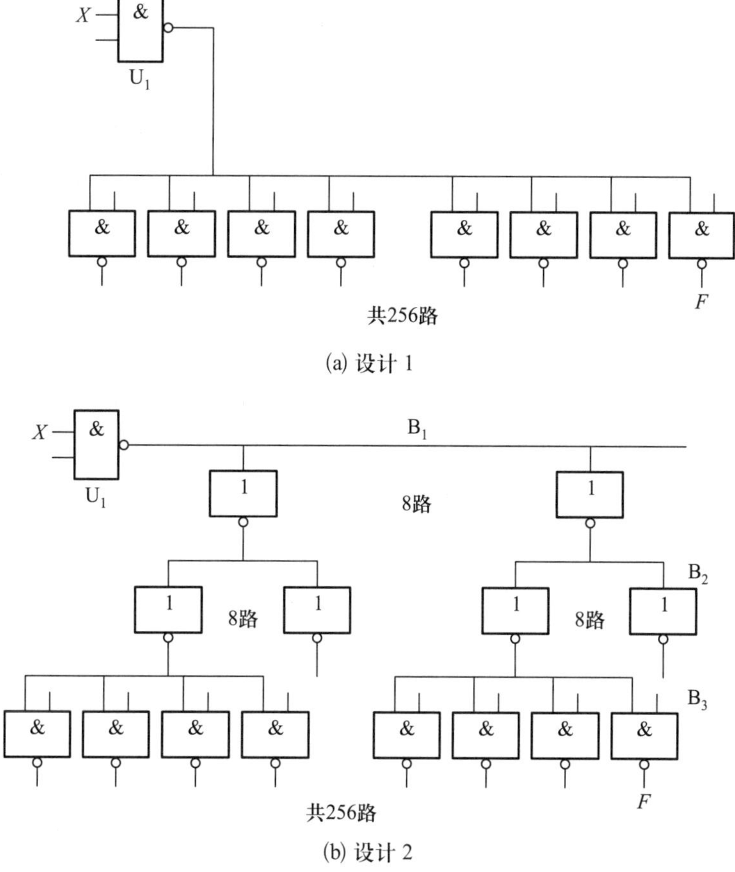

图 3.7.6 使用 U_1 为 256 个同类器件提供信号的设计

计。分析不同设计中从输入端 X 到输出端 F 的信号延迟时间。

解:在图 3.7.6(a)的设计中,U_1 的输出端直接连接到 256 个器件输入端,中间节点的电容个数为 256×3,从 X 到 F 的路径延迟为 $\Delta T=3+256\times3=771$。

而在图 3.7.6(b)的设计中,则利用反相器构建的树状设计分散了各节点的输入电容,此时从 X 到 F,信号需要经过 3 个节点,分别计算各节点连接的输入电容及其导致的延迟,结果如下:

B_1 节点:$\Delta T=8\times2=16$;

B_2 节点:$\Delta T=8\times2=16$;

B_3 节点:$\Delta T=4\times3=12$。

路径总延迟时间为 $\Delta T=3+8\times2+8\times2+4\times3=47$。

可以看到,这种树状(tree)缓冲设计可以大幅度降低信号传输路径的延迟时间。

3.8 数字集成器件的输入端口单元设计

无论多大规模的集成块,总是需要由外部输入信号,并向外部输出信号。因此需要设计输入端口和输出端口。为了适应外部信号的不同特点和需求,数字集成电路的端口单元通常采用特定的缓冲设计。缓冲单元设计可以分为输入缓冲单元和输出缓冲单元。

常用的输入缓冲单元可以分为 2 种类型:简单缓冲单元和施密特触发器缓冲单元。简单缓冲单元可以采用 2 个最小反相器级联构成。当所用反相器具有高低电平对称的性能时,这样的级联可以大幅度提高输入输出特性中的放大特性。这将使得输入放大区缩小到极小的区域,可以采用阈值电平 V_T 来近似表达:当输入低于该电平时,输出基本保持在理想的低电平状态,而一旦输入高于该电平,输出马上变为理想的高电平。简单缓冲单元及其电压转移特性如图 3.8.1 所示。

简单缓冲单元具有非常宽的输入电平容限和非常狭窄的输出电平容限,可以将外部输入的不理想的输入电平改变为理想的电平送入集成块内,可以滤除高低电平区域内的各类噪声干扰,对输入信号起到良好的整形作用。缓冲器具有极高的输入电阻和较低的输入电容,对前级电路形成的负载小,有利于减少电路中的级间干扰。采用简单缓冲的输入端不允许悬置(或连接高阻状态),否则可能导致器件损坏。这种器件在保存时,输入单元容易受到静电积累而损坏,需要考虑专门的防静电保护措施。

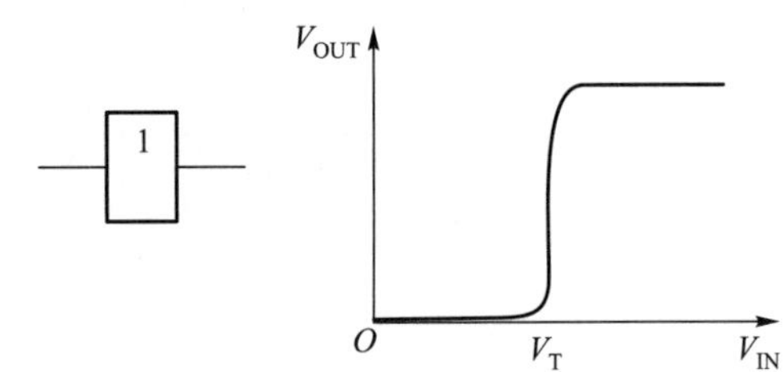

图 3.8.1 简单缓冲单元及其电压转移特性

如果输入表现为带有高频噪声的缓变信号,在信号幅度变化通过简单缓冲器的放大区时,会导致器件输出发生剧烈振荡。这种振荡会使器件功耗急剧增加,振荡信号进入集成块内部电路中也可能导致逻辑错误。为了避免这种情况,可以为简单缓冲器添加简单的反馈电路,构成施密特触发器(也称为滞回电压比较器),其结构及电压转移特性如图 3.8.2 所示。该器件可以将输入电压上升过程中的放大区(阈值电平 V_{T+})与输入电压下降过程中的放大区(阈值电平 V_{T-})分离开,形成滞回电压区间 $\Delta V_T=V_{T+}-V_{T-}$,从而对高频噪声形成隔离,起到波形整形和降低功耗的作用。

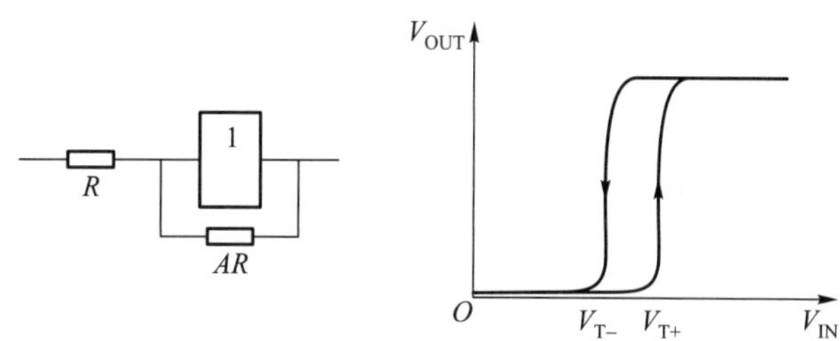

图 3.8.2　施密特触发器的结构和电压转移特性

通过调整反馈系数 A 可以方便地设置转换阈值的分离幅度,以下对此进行简单分析。

[例 3.8.1] 设简单缓冲单元的输入电流为 0,转换电压 V_T 为电源电压的一半。分析上升转换电平 V_{T+}、下降转换电平 V_{T-}、滞回电压区间 ΔV_T 与反馈系数 A 的关系。

解: 电路中 R 和 AR 构成电阻串联分压,将电路输入端和输出端之间的电压分配到 R 和 AR 上,构成简单缓冲器的实际输入电压。

若初始输出电压为低电平 **0**,希望通过升高输入电压使输出转换为高电平 V_{CC},则到达转换电平时具有下列关系:

$$\frac{V_{T+}-V_T}{R}=\frac{V_T}{AR} \tag{3.11}$$

由此可以得出

$$V_{T+}=\left(1+\frac{1}{A}\right)\cdot V_T \tag{3.12}$$

而当初始输出电压为高电平 V_{CC},希望通过降低输入电压使输出转换为低电平 **0** 时,则到达转换电平时具有下列关系:

$$\frac{V_T-V_{T-}}{R}=\frac{V_{CC}-V_T}{AR}=\frac{V_T}{AR} \tag{3.13}$$

由此可以得出

$$V_{T-}=\left(1-\frac{1}{A}\right)\cdot V_T \tag{3.14}$$

综合上述结果,可以得到滞回电压区间与反馈系数 A 的关系为

$$\Delta V_T=V_{T+}-V_{T-}=\frac{2}{A}\cdot V_T \tag{3.15}$$

采用这种输入缓冲还可以避免输入悬置导致的问题，不会产生静电积累问题。其缺点主要是输入阻抗下降，静态输入电流增大，对前级的负载能力要求和影响增加。

3.9 数字集成器件的输出端口单元设计

集成块的端口输出需要更大的驱动能力，这种具有大驱动的器件可以称为 *N*X 器件，表示其驱动能力为 1X 器件的 *N* 倍。将 1X 反相器（invertor）中的晶体管扩大 *N* 倍（采用 *N* 个最小晶体管并联），就可以提供 *N*X 驱动能力（driving ability）。这样的设计使驱动能力扩大 *N* 倍，但逻辑面积（成本）也扩大 *N* 倍，输入电容及延迟时间也扩大同样倍数。

与前面设计类似，将 1X **与非**门、**或非**门中每个最小晶体管都采用 *N* 个最小晶体管并联替代，就可以实现驱动能力扩大 *N* 倍，同时成本、延迟时间也扩大 *N* 倍。也可以在 1X **与非**门、**或非**门后面级联缓冲器，由最后一级反相器提供驱动能力，这样可以使逻辑面积（成本）大幅降低，如图 3.9.1 所示。显然，采用反相器缓冲来提高驱动能力的做法具有明显优势。

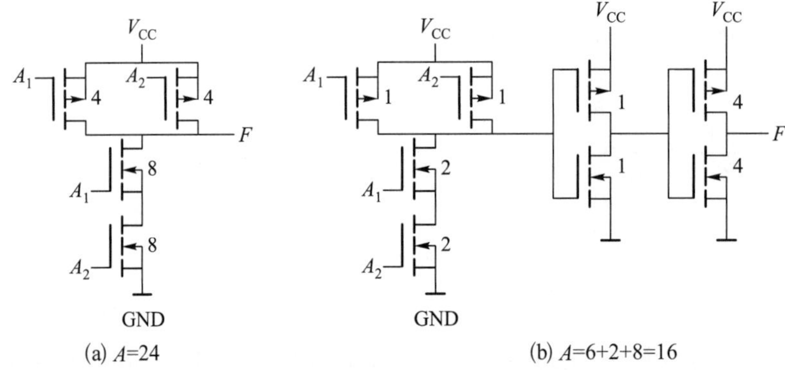

视频 3.9.1

图 3.9.1　4X 的 2 输入**与非**门（NAND2）设计

通过上述分析可以得出结论：任何大驱动能力均由反相器提供，大驱动器件只有反相器；集成块直接对外输出的器件（最后一级）一定是反相器。

对于 *N*X 的大驱动器件（反相器），由于面积扩大 *N* 倍，输入电容也会扩大 *N* 倍。内部的 1X 驱动面对端口输出器件庞大的电容，会产生很大的时间延迟。为了提高器件的速度，可以为端口设置缓冲（buffer），逐步加大驱动能力，在付出一定面积代价条件下，使延迟时间大大缩短。

［例 3.9.1］　通过多级缓冲缩短驱动能力为 1024X 的输出单元的延迟时间。

解：1024X 输出单元的缓冲设计方案比较如图 3.9.2 所示。

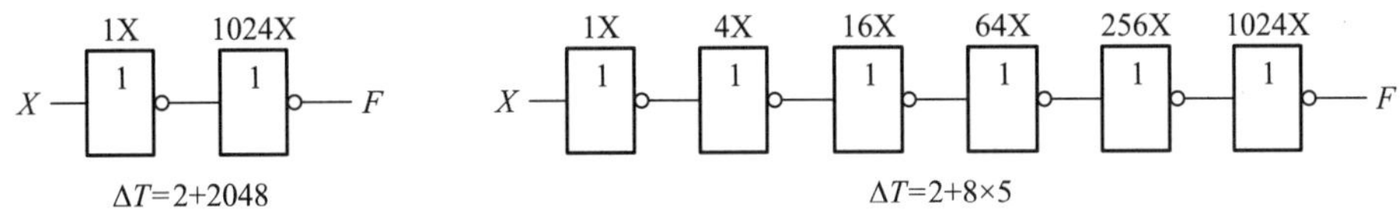

图 3.9.2 1024X 输出单元的缓冲设计方案比较

在上图左边设计中，由 1X 的反相器直接驱动 1024X 的反相器，由于 1024X 反相器面积相对于 1X 反相器扩大 1024 倍，其输入电容也增大了 1024 倍，变成 2048，从 X 端到 F 端的路径延迟时间成为 $\Delta T=2+2048=2050$。

而在右边设计中，加入了 4 个反相器进行缓冲，每个反相器的驱动能力逐级增大。此时分析延迟时间时，尽管大驱动反相器具有很大的输入电容，但为这些电容进行充放电的驱动电流也增加了，每个节点的延迟时间与该节点的电容 C 及该节点的驱动能力 I_{M} 相关。第 n 个节点的延迟时间可以表达为 $\Delta T_n=C_n/I_{\mathrm{M}n}$。由此计算路径总延迟时间，可以得到

$$\Delta T=2+8+32/4+128/16+512/64+2048/256=42$$

可以看到，这种多级缓冲设计可以大幅度缩短输出单元的信号延迟时间。

输出大驱动单元对数字集成电路设计存在着影响。考虑到提高集成块的通用性，使其能够适应于各种应用，通常要求集成块的输出端具有足够大的驱动能力（mA 级以上）。与 CMOS 集成电路的内部驱动要求（通常为 μA 级以下）相比，输出反相器的成本远大于片内基本门（可能为数千倍），其延迟时间也远大于内部基本门（数十倍）。同时，封装的成本以及端口焊盘带来的延迟也是成本和性能需要考虑的重要因素。因此，在电路系统设计中，应该尽量减少输出单元的用量，尽量将外部连接转换为芯片内部的连接，这样可以使成本和性能得到大幅度优化。这就构成了集成化的动力。

中小规模集成设计使用的是基本的逻辑块和常用的功能块，此类集成块片内门数量通常在几十以内，集成块成本及延迟时间主要与输出驱动相关，而与片内逻辑关系不大。考虑到上述特点，在中小规模集成块的功能设计中，通常会在基本功能之外增设一些输入控制，在不影响电路成本和延迟性能的情况下提供更多外部功能提高使用灵活性。而在使用中小规模集成块进行连线设计时，则可以认为此类集成块的价格及延迟时间主要由输出端数量及相应驱动能力大小决定，与内部逻辑功能几乎无关，因此可以用标准块成本和标准块延迟来作为设计优化的评估单位。设计优化时应该尽量选择功能丰富的集成块，尽量减少设计中集成块的用量，尽量减少信号路径通过集成块的次数。

大规模及超大规模集成设计通常体现为单片系统设计，片内门数量通常大于万门，片内器件成本总量及导致的信号传输延迟可能远超输出单元，因而成为主要设计优化要点。在这种系统设计中，各种功能单元可能被大量重复采用，因此设计中首先需要对片内采用的每一种基本功能单元进行优化，尽量减少其形成基本门的用量和延迟时间，这种设计通常称为

基于逻辑单元的设计。完成优化后的这种片内单元通常称为IP核,可以在后续系统设计中大量复用。在IP核形成的基础上,接下来就是在片内通过IP核的选用进行相互连线设计,这种设计通常称为基于功能单元的设计。在这一步设计中,主要考虑尽量减少IP核的用量,以及减少信号传输路径的总体延迟时间。

3.10 集成块的外部电路设计

集成块常常构成外部连线电路的一部分。在使用集成块进行设计时,需要根据集成块所处的外部环境和对集成块驱动能力的需求,选择不同类型的商用集成器件。从输入特性(input character)考虑,集成块可以分为简单缓冲输入和施密特缓冲输入两类。当输入信号为变化迅速的数字信号时,通常选用简单缓冲输入器件。而当输入信号体现为缓变带噪声的模拟信号时,则需要采用施密特缓冲输入的器件。从输出特性(output character)考虑,由于集成块的成本价格和性能受到驱动能力的严重影响,需要根据应用环境选择尽可能小的驱动能力。

视频 3.10.1

例如,当集成块输出数字信号,驱动其他CMOS集成块时,就可以根据被驱动器件的输入阻抗特点,选择小驱动能力的集成块,这样价格较低,性能通常也较好。而当需要以数字信号直接驱动外部模拟显示器件时,则需要根据显示器件需要的电流选用合理的驱动能力器件。当外部所需要驱动能力很大时,也可以采用在集成块的输出与被驱动器件之间添加模拟功率放大器,这样可以避免购买昂贵的大驱动集成块。

在使用集成块直接驱动外部模拟电路时,需要考虑电路参数的匹配设计问题。在考虑输出特性(output character)时,集成块的输出参数通常在数据表中给出,即给定逻辑电平容限和驱动能力。与外部电路的接口匹配设计要点是满足集成块端口的电平容限及驱动能力。在具体设计中,可以将集成块输出端等效为与端口参数一致的电压源,而外部接口电路可以转化为戴维南电路模型进行设计,设计的约束条件表现为集成块的输出电流受到驱动能力的限制。下面通过两个例子,分别分析对无源电路和有源电路的驱动匹配设计。

[例 3.10.1] 设电源电压为5 V,器件输出参数如图3.10.1所示。分析电路中外接负载电阻的最小值。

解: 器件输出最大电流为4 mA,此时施加在负载电阻上的压降为3.84 V。可以得到

$$R_L > \frac{3.84\ \text{V}}{4\ \text{mA}} = 0.96\ \text{k}\Omega$$

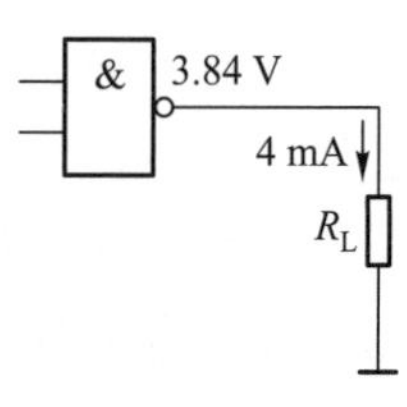

图 3.10.1 器件输出参数

因此,在使用集成块对外部无源电路进行驱动时,应该调整无源电

路的输入电阻，确保它在一个基础值之上。

［例3.10.2］ 使用集成器件驱动发光二极管(LED)(点亮时LED压降为1.6 V)，选用的集成块输出参数如图3.10.2所示。要求确定限流电阻的大小。

解：流过电阻R的最大电流为10 mA，而点亮时该电阻上的压降应该为3.03 V，所以该电阻值应该设置为303 Ω。

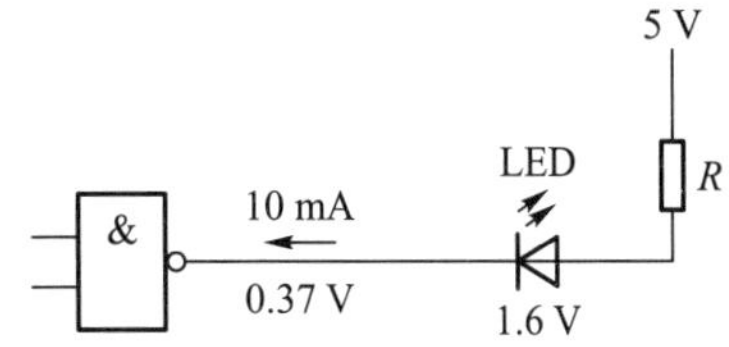

图3.10.2 发光二极管驱动电路

单元测验

一、判断题

1. 相同晶圆面积、相同工艺条件下，NMOS晶体管比PMOS晶体管的开关速度更快。
2. 相同门级条件下ECL电路比CMOS电路的功耗更大。
3. DC噪声容限是衡量数字器件静态抗扰能力的主要指标。
4. 器件的扇出能力与负载的特性无关。
5. 数字器件的功耗只与其工作电压(电源)相关，与工作速度无关。

二、单选题

1. (　　)工作速度最快，传输延迟时间最少。

   A. 两输入**与**门　　B. 两输入**与非**门　　C. 传输门　　D. 两输出**或非**门

2. 当数字器件A驱动数字器件B时，不需要考虑(　　)。

   A. 器件A输出电平标准

   B. 器件B输出电平标准

   C. 器件A输入/输出电流

   D. 器件B输入电平标准

3. 当两个不具有三态控制能力的数字器件输出直接相连时，以下哪个描述是错误的？(　　)

   A. 可能造成输出逻辑混乱

   B. 可能造成大电流流过MOS管

   C. 可能造成器件损坏

   D. 可能提升驱动能力

三、多选题

1. 与数字器件性能相关的特性包括以下哪些方面？(　　)

   A. 功耗　　B. 速度

C. 驱动能力　　D. 噪声容限

2. 以下数字器件是一级延迟的有(　　)。

A. 两输入**与**门　　B. 两输入**与非**门

C. OAI 门　　D. 两输入**异或**门

第3章　答案

第4章 组合逻辑设计原理

逻辑电路分为两大类,组合逻辑电路和时序逻辑电路。分析和综合所有类型逻辑电路的基础数学工具是开关代数,必要的术语和符号将帮助我们将逻辑电路的输入输出关系写成逻辑表达式,电路的化简方法将为真正实现电路进行设计上的优化。在这一章里我们所学的知识将为组合逻辑电路的分析和设计打下理论基础。

4.1 开关代数的定理和公理

逻辑电路分为组合逻辑电路和时序逻辑电路两大类。组合逻辑电路是由**与**门、**或**门、**非**门等门电路组成的,组合逻辑电路可以含有任意数目的逻辑门电路,但没有从输出到输入的反馈回路,所以其任意时刻的输出仅取决于当前的输入,另外组合逻辑电路也可以是多输出的。

布尔代数是英国数学家为了研究思维规律(逻辑学、数理逻辑)提出的数学模型。1847年,英国数学家乔治·布尔(George Boole)出版了《逻辑的数学分析》(*The Mathematical Analysis of Logic*),首先提出了描述客观事物逻辑关系的数学方法,起初它并不是用来构建数字电路的,而是用来处理人类的逻辑行为和思想的,他把逻辑简化成极为简单的一种代数,使得逻辑本身受到了数学的支配。经过深入研究,1854年,乔治·布尔发表了《思维规律的研究》(*An Investigation of the Laws of Thought*),这是他最著名的著作,在这本著作中布尔代数(Boolean algebra)问世了。布尔代数使用布尔变量进行数学运算,该种变量只有**1**和**0**两种取值,其中**1**代表真,**0**代表假。布尔代数使用运算符"**与**、**或**、**非**"对布尔变量进行运算,并返回**1**或**0**值。

1938年,克劳德·艾尔伍德·香农(Claude E. Shannon)在他的麻省理工学院硕士毕业论文中阐述了布尔代数是如何被应用到基于开关器件的电路系统中的。他在论文中用"**1**"代表开关的闭合状态,用"**0**"代表开关的断开状态,这样他就把布尔变量与开关的状态联系起来了。他将布尔代数用于设计电话继电器开关电路(switching circuit),因此布尔代数又称为开关代数(switching algebra)。他的理论被大家认为是现代数字电路系统发展的一块基石。正是由于布尔代数有很多公理、定理、推论和假设,我们才能用它来设计数字电路系统。换句话说,有了布尔代数以后,人们才能利用数学去设计数字电路。后来,布尔代数被广泛地应用于解决数字逻辑电路的分析与设计,所以布尔代数也称为逻辑代数(logic algebra)。

如同数学运算有相应的公式和定理一样,在逻辑代数中也有一些基础的公理和定理。和普通代数一样,在逻辑代数中通常用字母 A,B,C,X 等表示变量,称为逻辑变量(logic variable)。在二值逻辑中,每个逻辑变量的取值只有 **0** 和 **1** 两种可能,且这里的 **0** 和 **1** 已不再表示数量的大小,而是代表两种不同的逻辑状态(logic state)。如在逻辑推理中表示条件的有或无,事件的真或假,肯定或否定;在电路中表示电压的高或低,开关的接通或断开,晶体管的饱和或截止,熔丝的接通或断开等。

在组合逻辑电路的各种逻辑关系中,如果以逻辑变量作为输入,以结果作为输出,那么当输入变量的取值确定之后,输出的取值便随之确定。因此,输出与输入之间是一种函数关系。这种函数关系称为逻辑函数(logic function),记为

视频 4.1.1

$$F=F(A,B,C,\ \cdots)$$

本书中讨论的是二值逻辑,其变量和输出函数的取值只有 **0** 和 **1**。

4.1.1 公理

一个数字系统的公理(axiom)是假定其值为真的基本定义的最小集,是在基本事实或自由构造的基础上为了研究方便而人为设定的,是不证自明的。下面给出的五对公理,可由逻辑代数三种基本运算直接得出,不需加以证明。

(A_1) 若 $X \neq \mathbf{1}$,则 $X=\mathbf{0}$; (A_1') 若 $X \neq \mathbf{0}$,则 $X=\mathbf{1}$;

(A_2) 若 $X=\mathbf{0}$,则 $X'=\mathbf{1}$; (A_2') 若 $X=\mathbf{1}$,则 $X'=\mathbf{0}$;

(A_3) $\mathbf{0}\cdot\mathbf{0}=\mathbf{0}$; ($A_3'$) $\mathbf{1}+\mathbf{1}=\mathbf{1}$;

(A_4) $\mathbf{1}\cdot\mathbf{1}=\mathbf{1}$; ($A_4'$) $\mathbf{0}+\mathbf{0}=\mathbf{0}$;

(A_5) $\mathbf{0}\cdot\mathbf{1}=\mathbf{1}\cdot\mathbf{0}=\mathbf{0}$; ($A_5'$) $\mathbf{1}+\mathbf{0}=\mathbf{0}+\mathbf{1}=\mathbf{1}$。

上述公理都是成对出现的,即左边的公理成立则右边的也成立,展示了两者的对偶性。

A_1 与 A_1' 都说明了变量 X 的取值范围,即只有 **0** 和 **1**。

A_2 与 A_2' 都说明了 **0** 和 **1** 是互为反相或互补的关系。在反相器中,变量 X 如果表示反相器的输入信号,则 X' 表示反相器的输出信号值,“′”是代数操作符(algebraic operator),而 X' 则是表达式(express),输入信号为 X 的反相器输出可以有任意的信号名,例如 Y,而 $Y=X'$ 则是逻辑等式,说明信号 Y 总是具有与输入信号 X 相反的值。

最后的3对公理说明了 X 的基本运算规则,即 **0** 和 **1** 的“**与**”和“**或**”运算规则。

以上述这些公理为依据，可以证明以下定理的正确性。由于公理的逻辑表达式都是成对出现的，所以所推出的定理也将成对出现。

4.1.2 单变量开关代数定理

自等律(identities)： (T_1) $X+\mathbf{0}=X$； (T_1') $X\cdot\mathbf{1}=X$；

0–1 律(null elements)： (T_2) $X+\mathbf{1}=\mathbf{1}$； (T_2') $X\cdot\mathbf{0}=\mathbf{0}$；

同一律(idempotency)： (T_3) $X+X=X$； (T_3') $X\cdot X=X$；

还原律(involution)： (T_4) $(X')'=X$；

互补律(complements)： (T_5) $X+X'=\mathbf{1}$； (T_5') $X\cdot X'=\mathbf{0}$。

从 T_1 到 T_5 的定理中只有一个变量 X，我们称之为单变量定理。其中，自等律和 **0–1** 律表明了变量和常量之间的关系，同一律和互补律说明了变量和其自身的关系。我们该如何证明这些定理呢？我们以 T_1 为例，因为开关变量 X 只有 2 个不同的值，不是 **1** 就是 **0**，如果两种取值对于定理都成立，那么定理就是正确的。我们把这种证明方法称为完备归纳法(perfect induction)，大多数开关定理都可以用完备归纳法证明。

因为开关变量只能有两个不同的取值(**0** 和 **1**)，要证明关于单变量 X 的定理正确，只需证明它对 $X=\mathbf{1}$ 和 $X=\mathbf{0}$ 都正确即可。

[例 4.1.1] 证明 $X+X=X$。

证明：当 $X=0$ 时，等式左边 $=X+X=\mathbf{0}+\mathbf{0}=\mathbf{0}$，等式右边 $=X=\mathbf{0}$，左边 = 右边；

当 $X=\mathbf{1}$ 时，等式左边 $=X+X=\mathbf{1}+\mathbf{1}=\mathbf{1}$，等式右边 $=X=\mathbf{1}$，左边 = 右边。

$X=\mathbf{1}$ 和 $X=\mathbf{0}$ 时等式 $X+X=X$ 都成立，所以原题得证。

该定理说明了一个变量多次自加或自乘的结果仍为其自身，即逻辑代数中不存在倍乘和方幂运算。

4.1.3 二变量定理和三变量定理

二变量或三变量开关代数定理有与普通代数相似的关系，具体如下：

交换律(commutativity)： (T_6) $X+Y=Y+X$； (T_6') $X\cdot Y=Y\cdot X$；

结合律(associativity)： (T_7) $X\cdot(Y\cdot Z)=(X\cdot Y)\cdot Z$； ($T_7'$) $X+(Y+Z)=(X+Y)+Z$；

分配律(distributivity)： (T_8) $X\cdot(Y+Z)=X\cdot Y+X\cdot Z$； ($T_8'$) $X+Y\cdot Z=(X+Y)\cdot(X+Z)$；

吸收律(covering)： (T_9) $X+X\cdot Y=X$； (T_9') $X\cdot(X+Y)=X$；

组合律(combining)： (T_{10}) $X\cdot Y+X\cdot Y'=X$； (T_{10}') $(X+Y)\cdot(X+Y')=X$；

添加律(一致性定理)(consensus)： (T_{11}) $X\cdot Y+X'\cdot Z+Y\cdot Z=X\cdot Y+X'\cdot Z$；

(T_{11}') $(X+Y)\cdot(X'+Z)\cdot(Y+Z)=(X+Y)\cdot(X'+Z)$。

前面两个定理与代数中的整数和实数运算相同，而且都说明了同类运算中结果与运算顺序无关的问题。T_8' 的对偶定理是开关代数独有的规律,需要熟悉一下。T_9 和 T_{10} 可以用来简化逻辑函数。T_{11} 中有一个一致项 $Y \cdot Z$,当 $Y=Z=\mathbf{1}$ 时,另外两项必然有一项为 1,所以 $Y \cdot Z$ 项可以去掉,添加律(一致性定理)中,$Y \cdot Z$ 项称为 $X \cdot Y$ 和 $X' \cdot Z$ 的一致项(consensus),是多余的,在逻辑函数化简时可以去掉。在某些时候,需要利用 $X \cdot Y$ 和 $X' \cdot Z$ 添加一致项 $Y \cdot Z$,以便消去其他项,从而达到化简的目的,所以这个定理在后面的去除冒险和逻辑化简中还有应用。

证明这些定理可以用完备归纳法,也可以用已经证明过的定理。

[**例 4.1.2**] 证明定理 $X + X \cdot Y = X$。

证明:$X + X \cdot Y = X \cdot \mathbf{1} + X \cdot Y = X \cdot (\mathbf{1} + Y) = X \cdot \mathbf{1} = X$

该定理说明了如果逻辑表达式中的一项包含了式子中的另外一项,则该项是多余的,可去掉。

[**例 4.1.3**] 证明定理 $X + X' \cdot Y = X + Y$。

证明:利用分配律(T_8)有

$$X + X' \cdot Y = (X + X') \cdot (X + Y) = \mathbf{1} \cdot (X + Y) = X + Y$$

这一结果表明,当两个乘积项相加时,如果一项取反后是另一项的因子,则此因子是多余的,可以消去。

[**例 4.1.4**] 证明添加律 $X \cdot Y + X' \cdot Z + Y \cdot Z = X \cdot Y + X' \cdot Z$。

证明:
$$\begin{aligned}
X \cdot Y + X' \cdot Z + Y \cdot Z &= X \cdot Y + X' \cdot Z + Y \cdot Z \cdot (X + X') \\
&= X \cdot Y + X' \cdot Z + Y \cdot Z \cdot X + Y \cdot Z \cdot X' \\
&= X \cdot Y + X' \cdot Z + X \cdot Y \cdot Z + X' \cdot Z \cdot Y \\
&= X \cdot Y \cdot (1 + Z) + X' \cdot Z \cdot (1 + Y) \\
&= X \cdot Y + X' \cdot Z
\end{aligned}$$

这个公式说明,若两个乘积项(product term)中分别包含 X 和 X' 两个因子(literal),当这两个乘积项的其余因子组成第三个乘积项时,其第三个乘积项是多余的,可以消去。

逻辑代数中等式的正确性也可以用列真值表的方法(或用完备归纳法)加以验证。如果等式成立,那么将任何一组变量的取值代入公式两边所得的结果应该相等。因此,等式两边所对应的真值表也必然相同。

在应用这些定理时要注意以下几点:

(1) 不存在变量的指数。由 $A \cdot A = A$ 可知,在一个乘积表达式中,任意次重复出现的变量都是多余的,逻辑代数中没有方幂的概念,如 $A \cdot A \cdot A \neq A^3$。

(2) 允许提取公因子。分配律 $A \cdot (B + C) = A \cdot B + A \cdot C$ 说明逻辑代数中允许提取公因子。

(3) 逻辑代数中没有定义除法。若 $A \cdot B = B \cdot C$,不可以推出 $A = C$。比如,若 $A = \mathbf{1}, B = \mathbf{0}, C = \mathbf{0}$,则有 $A \cdot B = B \cdot C = \mathbf{0}$,但 $A \neq C$。

(4) 逻辑代数中没有定义减法。若 $A + B = A + C$,不可以推出 $B = C$。例如,若 $A = \mathbf{1}, B = \mathbf{0}$,

$C=\mathbf{1}$，则有 $A+B=A+C=\mathbf{1}$，但 $B\neq C$。

4.1.4 *n* 变量定理

n 变量定理是将变量数扩大为 n 个，n 为大于 **1** 的任意正整数。这些定理的具体形式如下：

广义同一律(generalized idempotency theorems)：

$(T_{12})\ X+X+\cdots+X=X$；　　　　$(T_{12}')\ X\cdot X\cdot\cdots\cdot X=X$。

德·摩根定理(Demorgan's theorems)：

$(T_{13})\ (X_1\cdot X_2\cdot\cdots\cdot X_n)'=X_1'+X_2'+\cdots+X_n'$；

$(T_{13}')\ (X_1+X_2+\cdots+X_n)'=X_1'\cdot X_2'\cdot\cdots\cdot X_n'$。

由于 n 可以是无限大的数，我们无法用完备归纳法来证明，所以 n 变量定理一般用有限归纳法(finite induction)证明。有限归纳法就是首先证明 $n=2$ 时定理是正确的，然后证明若 $n=i$ (i 为大于 2 的正整数)时定理正确，则 $n=i+1$ 时定理也正确。例如对 T_{12}，$X+X=X$ 已证明成立，则若假设 i 个 X 的逻辑和正确，那么 $(i+1)$ 个 X 的逻辑和也是正确的。

开关代数定理中最常用的定理是德·摩根定理，将 n 输入**与**门的输出取反等于 n 输入先分别取**非**再相**或**。例如**与非**门就等效于**非或**门，同理**或非**门就等效于**非与**门。德·摩根定理的这一特性在逻辑函数的化简和变换中经常要用到。例如图 4.1.1 中成对的电路根据德·摩根定理都是等效的。

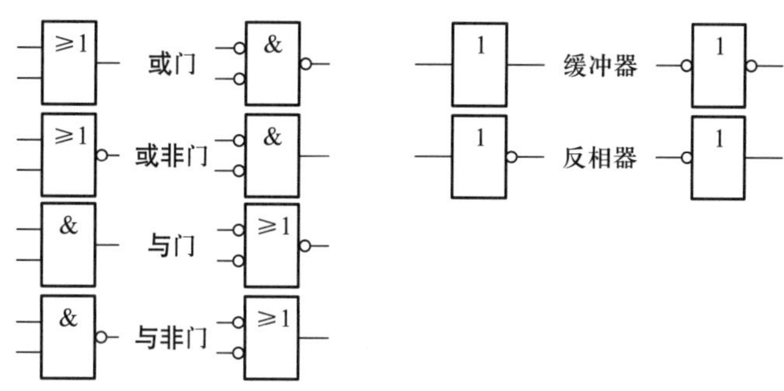

图 4.1.1 根据德·摩根定理得到的等效电路符号

还有一个适用于所有逻辑表达式 F 的定理，称之为广义德·摩根定理(generalized De Morgan's theorems)：

$(T_{14})\ [\ F(X_1,X_2,\ \cdots\ ,X_n,+,\ \cdot\ )\ ]'=F(X_1',X_2',\ \cdots\ ,X_n',\ \cdot\ ,+)$。

对于任意一个逻辑式 F，若将其中所有的"·"换成"+"，"+"换成"·"，**0** 换成 **1**，**1** 换成 **0**，原变量换成反变量，反变量换成原变量，则得到的结果就是 F'。这个规律叫做反演定理(complement theorems)。

等号左边的 F 是一个 n 变量逻辑表达式，F' 表示对 F 的值取**非**，也称之为逻辑表达式 F 的反。等号右边是先对每个输入变量求反，再将原逻辑表达式 F 中的“逻辑加”与“逻辑乘”相交换而得到的表达式，这二者是相等的，利用定理 T_{13} 即可证明。

原函数求反函数的过程称为反演。反演定理为求取已知逻辑式的反逻辑式提供了方便。

[例 4.1.5] 已知 $F=X+Y\cdot Z+(Z\cdot W)'$，求 F'。

解：根据反演定理可直接写出

$$F'=X'\cdot(Y'+Z')\cdot(Z'+W')'$$

反演规则在求复杂函数的反函数时，是十分有用的。在使用反演定理时，需要注意遵守以下两个规则：

(1) 原函数的运算先后顺序不变；

(2) 不属于单个变量上的取非符号应保留不变。

4.1.5 对偶定理

从前面成对出现的定理，我们可以总结出一个关于定理的定理，称之为原定理，即对偶性原理。

对偶性原理是说：对任何开关代数的任何定理或恒等式，若交换所有的 **0** 和 **1**，“+”和“·”，结果仍正确。

逻辑表达式 F 的对偶式写成 F 上标 D，就是对 F 中的所有 **0** 和 **1**，逻辑加与逻辑乘进行了互换。得到一个新的逻辑式 F^D，这个 F^D 就叫做 F 的对偶式(dual)。或者说 F 和 F^D 互为对偶式，即

$$F^D(X_1,X_2,\cdots,X_n,0,1,+,\cdot)=F(X_1,X_2,\cdots,X_n,1,0,\cdot,+)$$

[例 4.1.6] 若 $F^D=X+(Y\cdot Z)$，则 $F=X\cdot(Y+Z)$；

若 $F=(X\cdot Y+Z\cdot W)'$，则 $F^D=[(X+Y)\cdot(Z+W)]'$。

若两逻辑式相等，则它们的对偶式也相等，这就是对偶定理(duality theorems)。

同一个电路，按正逻辑和负逻辑规定所得到的逻辑表达式它们之间是对偶的关系。所以如果两个电路在正逻辑下是相等的，那么在负逻辑下也必定是相等的，这就是对偶定理的实质。

根据对偶定理，在证明两个逻辑式相等时，也可以通过证明它们的对偶式相等来完成，因为有些情况下证明它们的对偶式相等更加容易。

[例 4.1.7] 证明分配律 $X+Y\cdot Z=(X+Y)\cdot(X+Z)$成立。

解：首先写出等式两边的对偶式，得到

$$X\cdot(Y+Z)$$

和

$$X\cdot Y+X\cdot Z$$

等式左右两边的对偶式是相等的，对偶定理即可确定原来的两式也一定相等。

任何一个逻辑函数，都存在着相应的对偶式，前面给出的公理和定理都是成对出现的，每一对皆互为对偶式。因此，对偶定理使我们要证明的公式数目减少了一半。

4.1.6 香农展开定理

设逻辑函数 $F=F(X_1,X_2,\cdots,X_n)$，则有香农展开定理（Shannon's expansion theorems）：

$$F(X_1,X_2,\cdots,X_n)=X_1\cdot F(\mathbf{1},X_2,\cdots,X_n)+X_1'\cdot F(\mathbf{0},X_2,\cdots,X_n)$$

或

$$F(X_1,X_2,\cdots,X_n)=[X_1+F(\mathbf{0},X_2,\cdots,X_n)]\cdot[X_1'+F(\mathbf{1},X_2,\cdots,X_n)]$$

证明：上面两个等式是对偶关系，所以只需要证明一个等式即可。

当 $X_1=\mathbf{0}$ 时，等式左边为

$$F(X_1,X_2,\cdots,X_n)=F(\mathbf{0},X_2,\cdots,X_n)$$

等式右边为

$$\begin{aligned}&X_1\cdot F(\mathbf{1},X_2,\cdots,X_n)+X_1'\cdot F(\mathbf{0},X_2,\cdots,X_n)\\=&\mathbf{0}\cdot F(\mathbf{1},X_2,\cdots,X_n)+\mathbf{0}'\cdot F(\mathbf{0},X_2,\cdots,X_n)=F(\mathbf{0},X_2,\cdots,X_n)\end{aligned}$$

当 $X_1=\mathbf{1}$ 时，等式左边为

$$F(X_1,X_2,\cdots,X_n)=F(\mathbf{1},X_2,\cdots,X_n),$$

等式右边为

$$\begin{aligned}&X_1\cdot F(\mathbf{1},X_2,\cdots,X_n)+X_1'\cdot F(\mathbf{0},X_2,\cdots,X_n)\\=&\mathbf{1}\cdot F(\mathbf{1},X_2,\cdots,X_n)+\mathbf{1}'\cdot F(\mathbf{0},X_2,\cdots,X_n)=F(\mathbf{1},X_2,\cdots,X_n)\end{aligned}$$

$X_1=\mathbf{0}$ 和 $X_1=\mathbf{1}$ 时，等式始终成立。所以香农展开定理得证。

香农展开定理主要用于证明等式或展开函数，将函数展开一次，可以使函数内部的变量数从 n 个减少到 $(n-1)$ 个。

［例 4.1.8］ 试将下列逻辑函数化为最简**与或**式：

$$F=A'B'+AC+C'D+B'C'D'+BC'E+B'CG'+B'CF$$

解：如果要化简的逻辑函数变量较多，也比较复杂，这时可以利用香农展开定理及其推论对逻辑函数进行化简。

$$\begin{aligned}F&=C(A'B'+A+\mathbf{0}+\mathbf{0}+\mathbf{0}+B'G'+B'F)+C'(A'B'+\mathbf{0}+D+B'D'+BE+\mathbf{0}+\mathbf{0})\\&=C(B'+A)+C'(B'+D+E)=AC+B'C+B'C'+C'D+C'E=AC+B'+C'D+C'E\end{aligned}$$

4.2 正负逻辑、对偶关系和反演关系的应用

4.2.1 正负逻辑

我们根据不同逻辑系列的特点划分出各个逻辑系列的高低电平范围，数字电路中将高电平对应逻辑 **1**，低电平对应逻辑 **0**，称为正逻辑（positive logic）。反之，将高电平对应逻辑 **0**，低电平对应逻辑 **1**，则称为负逻辑（negative logic）。一般讨论各种逻辑门电路时，都是按照正逻辑规定来定义其逻辑功能的。

［**例 4.2.1**］ 假定某电路的输入、输出电平关系如表 4.2.1 所示，写出在正、负逻辑规定下该电路的逻辑功能。

解：按正逻辑规定，可得到表 4.2.2 所示真值表，可知按正逻辑设计，该电路的输入输出关系是一个正逻辑的"**与非**"门；按负逻辑规定设计，可得到表 4.2.3 所示真值表，可知，该电路是一个负逻辑的"**或非**"门。

视频 4.2.1

分析：对于同一电路的输入输出电平表达，在讨论其功能时既可以采用正逻辑进行设计，也可以采用负逻辑进行设计。对于同一个电路的输入输出电平要求，采用不同的逻辑定义，会得到不同的电路实现方案。一般在同一个电路系统中，若采用正逻辑规定，则各个模块电路都应采用正逻辑规定；反之亦然。

表 4.2.1 输入输出电平关系

输入		输出
A	*B*	*F*
低电平	低电平	高电平
低电平	高电平	高电平
高电平	低电平	高电平
高电平	高电平	低电平

表 4.2.2 正逻辑真值表

输入		输出
A	*B*	*F*
0	**0**	**1**
0	**1**	**1**
1	**0**	**1**
1	**1**	**0**

表 4.2.3 负逻辑真值表

输入		输出
A	*B*	*F*
1	**1**	**0**
1	**0**	**0**
0	**1**	**0**
0	**0**	**1**

4.2.2 正负逻辑、对偶关系、反演关系的应用

同一电路的正负逻辑表达互为对偶关系。例如在下面的图 4.2.1 中，按照正逻辑，**非**门用反相器实现，"**与**"操作用"Ⅰ型门"实现，"**或**"操作用"Ⅱ型门"实现，构建出的电路输出为以 $X_1, X_2, X_3, \cdots, X_n$ 为变量的函数 F。

若不改变电路，只将正逻辑变为负逻辑，即**非**门用反相器实现，"**或**"操作用"Ⅰ型门"实现，"**与**"操作用"Ⅱ型门"实现，则得到图 4.2.2 的电路，输出是函数 F 的对偶函数。

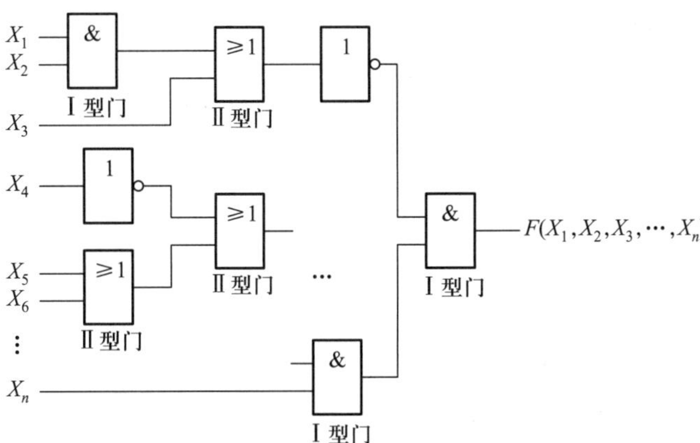

图 4.2.1 正逻辑规定下使用反相器、Ⅰ型门和Ⅱ型门的电路

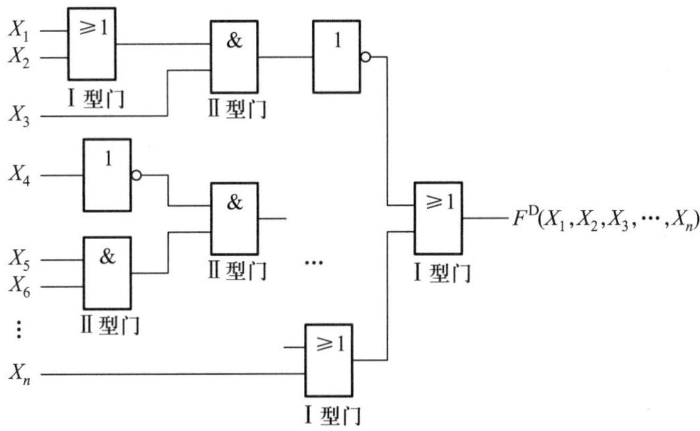

图 4.2.2 输入不变时图 4.2.1 电路的负逻辑电路

若在图 4.2.2 的基础上将输入变量取反，则输出也与函数输出相反，得到函数 F 的反函数 F'，如图 4.2.3 所示。

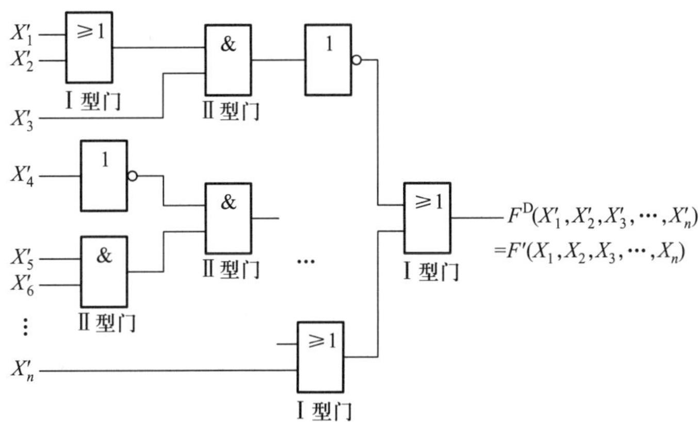

图 4.2.3 输入变量取反时图 4.2.1 电路的负逻辑电路

合理运用对偶定理能够将一些问题简化。

［例 4.2.2］ 证明公式：$A+B\cdot C=(A+B)\cdot(A+C)$。

解：将等式两端分别写出对偶式。左边式子的对偶式为

$$A\cdot(B+C)=A\cdot B+A\cdot C$$

右边式子的对偶式为

$$A\cdot B+A\cdot C$$

所以等式的对偶式相等，则原题等式也相等。

同样合理地运用反演定理也能够将一些问题简化。

［例 4.2.3］ 证明 $(A\cdot B+A'\cdot C)'=A\cdot B'+A'\cdot C'$。

解：将等式两端分别写出反演式：左边式子本身是函数 $A\cdot B+A'\cdot C$ 的反演式，根据反演定理可以写成 $(A'+B')\cdot(A+C')$，展开后即为 $A\cdot B'+A'\cdot C'$，等式得证。

4.2.3　异或、同或运算的定理

根据这些应用，化简逻辑函数就有一些基本方法了。下面要介绍的**异或**逻辑与**同或**逻辑是较有特色的逻辑关系。

异或运算和**同或**运算具有类似的性质：

(1) 交换律（commultativity）

$$A\oplus B=B\oplus A$$

$$A\odot B=B\odot A$$

(2) 结合律（associativity）

$$A\oplus(B\oplus C)=(A\oplus B)\oplus C$$

$$A\odot(B\odot C)=(A\odot B)\odot C$$

(3) 分配律（distributivity）

$$A\cdot(B\oplus C)=(A\cdot B)\oplus(A\cdot C)$$

(4) 因果互换关系

$$A\oplus B=C \quad\rightarrow\quad A\oplus C=B \quad\rightarrow\quad B\oplus C=A$$

$$A\oplus B\oplus C\oplus D=\mathbf{0} \quad\rightarrow\quad \mathbf{0}\oplus A\oplus B\oplus C=D$$

$$A\odot B=C \quad\rightarrow\quad A\odot C=B \quad\rightarrow\quad B\odot C=A$$

(5) 变量和常量的关系

$$A\oplus A=\mathbf{0},\quad A\oplus A'=\mathbf{1} \quad\rightarrow\quad A\oplus\mathbf{0}=A,\quad A\oplus\mathbf{1}=A'$$

$$A\odot A=\mathbf{1},\quad A\odot A'=\mathbf{0} \quad\rightarrow\quad A\odot\mathbf{1}=A,\quad A\odot\mathbf{0}=A'$$

(6) 多变量运算

多变量**异或**（XOR）运算，结果取决于变量为 **1** 的个数：

$$A_1 \oplus A_2 \oplus \cdots \oplus A_n = \begin{cases} \mathbf{1}, \text{变量为 } \mathbf{1} \text{ 的个数是奇数} \\ \mathbf{0}, \text{变量为 } \mathbf{1} \text{ 的个数是偶数} \end{cases}$$

多变量**同或**(XNOR)运算,结果取决于变量为 **0** 的个数:

$$A_1 \odot A_2 \odot \cdots \odot A_n = \begin{cases} \mathbf{1}, \text{变量为 } \mathbf{0} \text{ 的个数是偶数} \\ \mathbf{0}, \text{变量为 } \mathbf{0} \text{ 的个数是奇数} \end{cases}$$

(7) **异或**运算和**同或**运算

偶数个变量的**同或**和**异或**具有互补关系:

$A \oplus B=(A \odot B)'$

$A \oplus B \oplus C \oplus D=(A \odot B \odot C \odot D)'$

$A_1 \oplus A_2 \oplus \cdots \oplus A_n=(A_1 \odot A_2 \odot \cdots \odot A_n)'$,$n$ 为偶数

奇数个变量的**同或**和**异或**具有相等关系:

$A \oplus B \oplus C=A \odot B \odot C$

$A_1 \oplus A_2 \oplus \cdots \oplus A_n=A_1 \odot A_2 \odot \cdots \odot A_n$,$n$ 为奇数

(8) 对**异或**或**同或**运算中的任何 **1** 个变量取反,则成为其相反的运算

$A \oplus B'=A \odot B$　　　　$A \oplus B=A \odot B'$

(9) 对**异或**或**同或**运算中的任何 2 个变量同时取反,则不改变运算结果

$A \oplus B'=A' \oplus B$　　　　$A' \odot B=A \odot B'$

4.3 逻辑函数的多种表达形式以及相互之间的关系

如何表达一个逻辑函数呢?当然可以用语言描述,也可以写出它的表达式。学习了开关代数的公理和定理后,我们知道逻辑函数的表达方式可以有很多种,下面将学习逻辑函数的多种表达形式以及相互之间的关系。

4.3.1 逻辑函数的表达

图 4.3.1 是一个举重裁判电路,有三名裁判,A 为主裁判,B 和 C 为副裁判。只有 A 同意有效,并且 B 和 C 中至少有一人同意有效,输出才有效。其中在电路中用开关闭合表示某个裁判同意比赛结果有效,用输出亮灯表示最后结果有效。

根据最后结果有效的描述,也可以直接写出逻辑表达式:$Y=F(A,B,C)=A\cdot(B+C)$,根据逻辑表达式可以得到图 4.3.1 的逻辑电路图,如图 4.3.2 所示。

真值表是逻辑函数最基本的一种表达方式,它是输入变量的全部组合与对应输出的一个列表。真值表可以直观地反映输入逻辑变量的取值和输出的关系,并且具有唯一性,即一

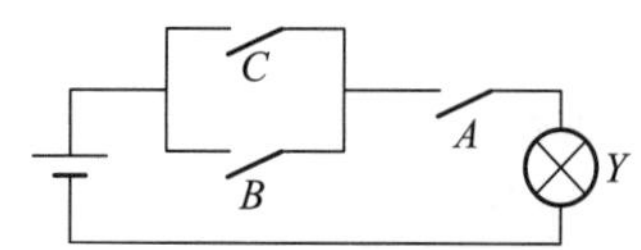

图 4.3.1 举重裁判电路

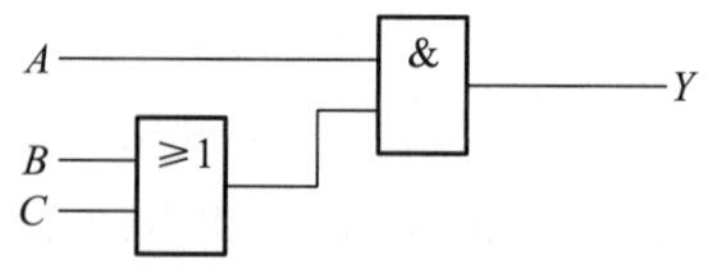

图 4.3.2 举重裁判电路的逻辑电路图

个确定的逻辑函数只有一个真值表与之对应，如果两个函数的真值表相同，则可以认定这两个函数相等。

表 4.3.1 为举重裁判电路的真值表(truth table)。这是一个具有3输入1输出的3变量真值表，按照传统，输入组合按二进制计数递增顺序写在各行，相应的输出写在相邻的列上，输出列中的不同**0**、**1**值构成了不同的3输入函数，共有 2^3 种这样的模式。表中的 F 输出是 2^3 种三变量函数输出之一。对应于二进制组合，各行的行号为0~7，实际真值表中行号可以不写。

表 4.3.1 举重裁判电路的真值表

行	A	B	C	F
0	**0**	**0**	**0**	**0**
1	**0**	**0**	**1**	**0**
2	**0**	**1**	**0**	**0**
3	**0**	**1**	**1**	**0**
4	**1**	**0**	**0**	**0**
5	**1**	**0**	**1**	**1**
6	**1**	**1**	**0**	**1**
7	**1**	**1**	**1**	**1**

n 变量函数的真值表有 2^n 行。下面定义一些真值表中的信息。

因子(literal)是一个变量或变量的**非**，例如：X、Y、X'、Y'。

乘积项(product term)是单个因子或几个因子的逻辑积，例如：Z，$A' \cdot B' \cdot C$，$W \cdot X' \cdot Y$。

积之和表达式(sum-of-products expression)是几个乘积项的逻辑和，例如：$A' \cdot B' \cdot C+D'$，$X \cdot Y+W \cdot X' \cdot Y+W \cdot Y' \cdot Z'$。

求和项(sum term)是单个因子或几个因子的逻辑和，例如：Z'，$A'+B'+C$，$W'+X'+Y$。

和之积表达式(product-of-sums expression)是求和项的逻辑积，例如$(A'+B'+C) \cdot D \cdot (A+B+C'+D')$。

标准项(normal term)是一个乘积项或求和项，其中每个变量都以原变量或反变量出现，且每个变量只出现一次。满足上述条件的乘积项也称为标准积(canonical product)，满足上述条件的求和项也称为标准和(canonical sums)。标准项的例子有：对于三变量 ABC 的函数有 $A' \cdot B \cdot C$ 和 $A \cdot B \cdot C$ 等，对于四变量 $WXYZ$ 的函数有：$W+X'+Y'+Z$、$W+X+Y+Z$ 等。

视频 4.3.1

不满足上述条件的乘积项或求和项称为非标准项(non-normal term)，非标准项总可以根据定理被转换为常量(constant)或标准项。非标准项的例子有：$A' \cdot B \cdot B \cdot C$，$W+X+X'+Y'+Z$，$A \cdot C'$等。

4.3.2 最小项与最大项

1. 最小项

n 变量最小项(n-variable minterm)是指具有 n 个因子的标准乘积项。例如，一个包含 A、

B、C 三个变量的函数，$A'\cdot B'$ 这个乘积项不是最小项，因为它缺少变量 C。又如 $A\cdot A'\cdot B'\cdot C$ 这个乘积项也不是最小项，因为变量 A 出现了两次。对于 A、B、C 三个变量的函数，共有 8 个(即 2^3 个)最小项：$A'\cdot B'\cdot C'$、$A'\cdot B'\cdot C$、$A'\cdot B\cdot C'$、$A'\cdot B\cdot C$、$A\cdot B'\cdot C'$、$A\cdot B'\cdot C$、$A\cdot B\cdot C'$、$A\cdot B\cdot C$。n 变量有 2^n 个最小项。

在 n 变量真值表中，若第 i 行的 n 变量输入取值，使得 n 个因子的标准乘积项中有一项的值为 **1**，则称这个标准乘积项为第 i 行对应的最小项，可以用这一行输入组合对应的十进制整数来作为最小项编号 m_i。例如表 4.3.2 中，以二进制表示的第 6 行(i=6)，其二进制值的输入组合是 **110**，则对应的最小项是 $A\cdot B\cdot C'$，其最小项编号写为 m_6。可见，在 m_6 中，若某位二进制值为 **0**，则在最小项中相应的变量取反；若某位二进制值为 **1**，则在最小项中相应的变量用原变量。可以认为最小项表达了一种特定的输入组合，例如用 $m_0=A'\cdot B'\cdot C'$ 来表达输入为 **000** 的情况，此时将 **000** 代入最小项表达式 m_0，m_0 的值为 **1**。

表 4.3.2 三变量函数的最小项与最大项

行	A B C	F	最小项	最小项编号	最大项	最大项编号
0	**0 0 0**	$F(\mathbf{0,0,0})$	$A'\cdot B'\cdot C'$	m_0	$A+B+C$	M_0
1	**0 0 1**	$F(\mathbf{0,0,1})$	$A'\cdot B'\cdot C$	m_1	$A+B+C'$	M_1
2	**0 1 0**	$F(\mathbf{0,1,0})$	$A'\cdot B\cdot C'$	m_2	$A+B'+C$	M_2
3	**0 1 1**	$F(\mathbf{0,1,1})$	$A'\cdot B\cdot C$	m_3	$A+B'+C'$	M_3
4	**1 0 0**	$F(\mathbf{1,0,0})$	$A\cdot B'\cdot C'$	m_4	$A'+B+C$	M_4
5	**1 0 1**	$F(\mathbf{1,0,1})$	$A\cdot B'\cdot C$	m_5	$A'+B+C'$	M_5
6	**1 1 0**	$F(\mathbf{1,1,0})$	$A\cdot B\cdot C'$	m_6	$A'+B'+C$	M_6
7	**1 1 1**	$F(\mathbf{1,1,1})$	$A\cdot B\cdot C$	m_7	$A'+B'+C'$	M_7

根据同样的道理，可以把 A、B、C 这 3 个变量对应的 8 个最小项记作 m_0~m_7。

从最小项的定义出发可以证明它具有如下的重要性质：

(1) 在输入变量的任何取值下必有一个最小项，而且仅有一个最小项的值为 **1**。

(2) 全部最小项之和为 **1**。

(3) 任意两个不相同的最小项的乘积(product)为 **0**。

若两个最小项只有一个因子不同，则称这两个最小项具有逻辑相邻性(logic adjacent)。例如，$A'\cdot B\cdot C'$ 和 $A\cdot B\cdot C'$ 这两个最小项仅第一个因子不同，所以它们具有逻辑相邻性。这两个最小项相加时定能合并成一项并将一对不同的因子消去，即

$$A'\cdot B\cdot C'+A\cdot B\cdot C'=(A'+A)\cdot B\cdot C'=B\cdot C'$$

2. 最大项

n 变量最大项(n-variable maxterm)是指具有 n 个因子的标准求和项。例如，三变量 A、B、C 共有 8 个(即 2^3 个)最大项：$(A+B+C)$、$(A+B+C')$、$(A+B'+C)$、$(A+B'+C')$、$(A'+B+C)$、$(A'+B+C')$、

$(A'+B'+C)$、$(A'+B'+C')$。而$(A+C)$或$(A+B')$这样的和项由于没有包含所有的变量，则不是最大项。对于 n 个变量函数则有 2^n 个最大项。

对任何一个最大项，有且只有一组变量的取值组合使得它的值为**0**。例如在三变量A、B、C 的最大项中，只有当 A=**1**、B=**0**、C=**1** 时，$A'+B+C'$ =**0**。能使最大项的值为 **0** 的取值组合，称为与该最大项对应的取值组合；若把与最大项对应的取值组合看成二进制数，则对应的十进制数就是该最大项的编号，称为最大项编号（maxterm number），比如$(A'+B+C')$可记作 M_5，对应的输入组合是 **101**。可见，在 M_5 中，若某位二进制值为 **1**，则在最大项中相应的变量取反；若某位二进制值为 **0**，则在最大项中相应的变量用原变量。

根据最大项的定义同样也可以得到它的主要性质如下：

(1) 在输入变量的任何取值中必有一个最大项，而且只有一个最大项的值为 **0**。

(2) 全部最大项之积为 **0**。

(3) 任意两个不同的最大项之和为 **1**。

(4) 只有一个变量不同的两个最大项的乘积等于各相同变量之和。

在前面的描述中我们知道，每一种输入变量组合分别对应一个最小项和一个最大项。对于某一个输入变量组合，写它的最小项时，见 **0** 写反变量，见 **1** 写原变量。写最大项时则相反，见 **0** 写原变量，见 **1** 写反变量。比如，变量组合 ABC=**110** 对应的最小项为 $A\cdot B\cdot C'$，最大项为 $A'+B'+C$，这一对最小项和最大项互为反函数（inverse function）。

4.3.3 逻辑函数的标准形式

1. 积之和的标准形式

根据真值表和最小项的对应关系，很容易从真值表生成逻辑函数的代数表达式。一个函数的标准和（canonical sum）也称为积之和的标准形式，标准和是标准的**与或**表达式，相或的每个**与**项都是最小项，即最小项之和（sum of minterms）的形式，是使输出为 **1** 的真值表行所对应的最小项之和。

例如表 4.3.3 所示真值表所表示的逻辑函数的标准和为

$$F=A'B'C+A'BC+AB'C+ABC'+ABC$$
$$=m_1+m_3+m_5+m_6+m_7=\sum_{A,B,C}(1,3,5,6,7)$$

其中，符号 $\sum_{A,B,C}(1,3,5,6,7)$ 称为最小项列表（minterm list），意思是“变量 A、B、C 的 1、3、5、6、7 这几个最小项的和”；最小项列表也称为逻辑函数的开集（on-set），可以形象地认为，每个最小项在其对应的输入组合下能使输出“打开”，即使输出为 **1**。

表 4.3.3 真 值 表

行	A	B	C	F
0	**0**	**0**	**0**	**0**
1	**0**	**0**	**1**	**1**
2	**0**	**1**	**0**	**0**
3	**0**	**1**	**1**	**1**
4	**1**	**0**	**0**	**0**
5	**1**	**0**	**1**	**1**
6	**1**	**1**	**0**	**1**
7	**1**	**1**	**1**	**1**

利用互补律 $A+A'=\mathbf{1}$ 可以把任何一个逻辑函数化为最小项之和的标准形式。这种标准形式在逻辑函数的化简以及计算机辅助分析和设计中得到了广泛的应用。

例如,给定逻辑函数的积之和形式为

$$F=A+B'C$$

则可将其化为积之和的标准形式

$$\begin{aligned}F&=A+B'C=A(B+B')(C+C')+(A+A')B'C\\&=ABC+ABC'+AB'C+AB'C'+AB'C+A'B'C\\&=m_7+m_6+m_5+m_4+m_5+m_1=\textstyle\sum_{A,B,C}(1,4,5,6,7)\end{aligned}$$

2. 和之积的标准形式

和之积的标准形式[又称为标准积(canonical product)]是最大项之积(product of maxterms)的形式,是输出为 **0** 的行对应的全部最大项之积。在标准积中的每个和项(sum term)都是最大项(maxterm)。

例如表 4.3.3 所示真值表所表示的逻辑函数的标准积为

$$\begin{aligned}F&=(A+B+C)\cdot(A+B'+C)\cdot(A'+B+C)\\&=M_0\cdot M_2\cdot M_4\\&=\textstyle\prod_{A,B,C}(0,2,4)\end{aligned}$$

符号 $\prod_{A,B,C}(0,2,4)$ 称为最大项列表,意思是“变量 A、B、C 的 0、2、4 这几个最大项的积”;最大项列表也可称为逻辑函数的闭集(off-set),可以形象地认为,每个最大项在其对应的输入组合下能使输出“关闭”,即使输出为 **0**。

利用互补律 $A\cdot A'=\mathbf{0}$,在缺少某一变量的和项中加上该变量,然后利用分配律 $A=A+B\cdot B'=(A+B)(A+B')$ 展开,就可以把任何一个逻辑函数化为最大项之积的标准形式。

[例 4.3.1] 试将逻辑函数 $F=(A+B')\cdot(B+C)$ 变换成和之积的标准形式。

解:

$$\begin{aligned}F&=(A+B')\cdot(B+C)=(A+B'+CC')\cdot(AA'+B+C)\\&=(A+B'+C)\cdot(A+B'+C')\cdot(A+B+C)\cdot(A'+B+C)\\&=M_2\cdot M_3\cdot M_0\cdot M_4\\&=\textstyle\prod_{A,B,C}(0,2,3,4)\end{aligned}$$

4.3.4 逻辑函数不同表达方式之间的关系

1. 用最小项和最大项表示的函数之间的关系

最小项和最大项都称为标准项,它们之间的关系如下:

(1) 编号相同的最小项和最大项互为反函数,即 $M_i=m_i'$, $m_i=M_i'$。

例如,$m_0=A'B'C'$,则 $m_0'=(A'B'C')'=A+B+C=M_0$。

(2) 某逻辑函数 F，若用 P 项最小项之和(sum of minterms)表示，则其反函数 F' 可用 P 项最大项之积(product of maxterms)表示，两者标号完全一致。

(3) 一个 n 变量函数，既可用最小项之和表示，也可用最大项之积表示，两者标号互补。

(4) 一个 n 变量函数的最小项 m_i，其对偶为

$$(m_i)^{\mathrm{D}} = M_{(2^n-1)-i}。$$

2. 几种表示方法间的相互转换

既然同一个逻辑函数可以用几种不同的方法描述，那么这几种方法之间必定能够互相转换。

(1) 从逻辑式列出真值表(from logic expression to truth table)

将输入变量取值的所有组合状态逐一代入逻辑式求出函数值，列成表格，即可得到真值表。一般在列真值表时，将输入变量所有可能的取值组合按二进制数码顺序递增排列。

(2) 从真值表写出逻辑函数式(from truth table to logic expression)

[例4.3.2] 已知一个奇偶判别函数的真值表如表4.3.4所示，试写出它的逻辑函数式。

表4.3.4　例4.3.2真值表

行	A	B	C	F	行	A	B	C	F
0	**0**	**0**	**0**	**0**	4	**1**	**0**	**0**	**0**
1	**0**	**0**	**1**	**0**	5	**1**	**0**	**1**	**1**
2	**0**	**1**	**0**	**0**	6	**1**	**1**	**0**	**1**
3	**0**	**1**	**1**	**1**	7	**1**	**1**	**1**	**0**

解：可以用前面介绍的由真值表到标准表达式(最小项列表或最大项列表)的方法，直接由真值表得到

$$\begin{aligned}F&=\textstyle\sum_{A,B,C}(3,5,6)=m_3+m_5+m_6=A'\cdot B\cdot C+A\cdot B'\cdot C+A\cdot B\cdot C'\\&=\textstyle\prod_{A,B,C}(0,1,2,4,7)=M_0\cdot M_1\cdot M_2\cdot M_4\cdot M_7\\&=(A+B+C)\cdot(A+B+C')\cdot(A+B'+C)\cdot(A'+B+C)\cdot(A'+B'+C')\end{aligned}$$

(3) 从逻辑式画出逻辑图(from logic expression to logic circuit)

用逻辑符号代替逻辑式中的运算符号，就可以画出逻辑图。

[例4.3.3] 已知逻辑函数为 $F=(A+B'\cdot C)'+A'\cdot B\cdot C'+C$，画出对应的逻辑图。

解：将一系列逻辑符号按照系统的逻辑关系联接起来即构成逻辑图，构造的基本要领是见什么逻辑就用什么符号，按运算顺序从左到右连接。由此得到的逻辑图如图4.3.3。

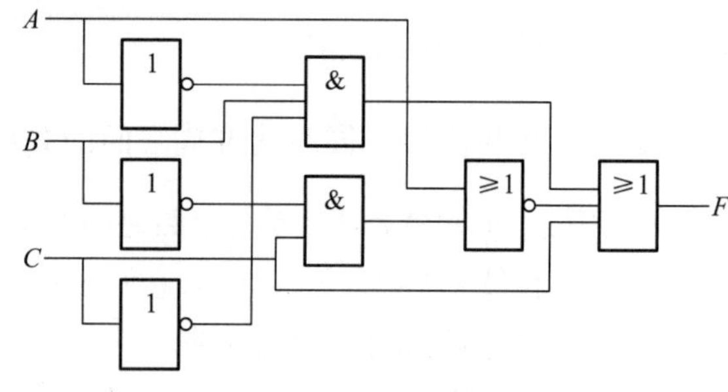

图4.3.3　例4.3.3逻辑图

(4) 逻辑函数之间的运算关系

［例 4.3.4］ 已知两个逻辑函数 F_1,F_2。F_1 的标准和为

$$F_1=\sum_{A,B,C,D}(1,5,7,9,13)$$

F_2 的标准和为

$$F_2=\sum_{A,B,C,D}(2,6,9,13,15)$$

求：$F_1+F_2, F_1\cdot F_2, F_1', F_1^{D}$。

解：根据函数表达式的含义得：$F_1+F_2=\sum_{A,B,C,D}(1,2,5,6,7,9,13,15)$，$F_1\cdot F_2=\sum_{A,B,C,D}(9,13)$，$F_1'=\sum_{A,B,C,D}(0,2,3,4,6,8,10,11,12,14,15)$，$F_1^{D}=\prod_{A,B,C,D}(2,6,8,10,14)$。

4.4 逻辑函数的化简

化简就是将逻辑函数化为其最简形式（minimization forms of logic functions）。化简逻辑函数的准则是：**与 – 或**表达式或者**或 – 与**表达式包含的乘积项或者求和项的项数最少，而且每个乘积项或者求和项里的因子数也最少。

逻辑函数化简的方法通常有公式法、卡诺图法、列表法。本章主要介绍前两种方法。

4.4.1 利用逻辑代数公式化简

公式法的原理就是反复使用逻辑代数的公理和定理消去函数式中多余的乘积项和多余的因子，以求得函数式的最简形式。

公式法没有固定的步骤，现将经常使用的方法归纳如下。

1. 并项法（combining）

利用合并律 $A\cdot B+A\cdot B'=A$，将两项合并为一项，并消去 B 和 B' 这一对因子。而且，根据代入定理可知，A 和 B 都可以是任何复杂的逻辑式。

［例 4.4.1］ 试用并项法化简下列逻辑函数：

$$F_1=A\cdot B'\cdot C+A\cdot B'\cdot C'$$

$$F_2=A\cdot B\cdot C'+A\cdot(B\cdot C')'$$

$$F_3=AB'+ACD+A'B'+A'CD$$

$$F_4=BC'D+BCD'+BC'D'+BCD$$

解：

$$F_1=A\cdot B'\cdot C+A\cdot B'\cdot C'=A\cdot B'$$

$$F_2=A\cdot B\cdot C'+A\cdot(B\cdot C')'=A$$

$$F_3=AB'+ACD+A'B'+A'CD=(AB'+A'B')+(ACD+A'CD)=B'+CD$$

$$F_4=BC'D+BCD'+BC'D'+BCD=B$$

2. 吸收法(covering)

利用吸收律 $A+A\cdot B=A$ 可将 $A\cdot B$ 项消去。A 和 B 同样也可以是任何一个复杂的逻辑式。

[例 4.4.2] 试用吸收法化简下列逻辑函数：

$F_1=AB'+AB'CD(E+F)$

$F_2=B'+AB'D$

$F_3=A+[A'(BC)']'[A'+(B'C'+D)']+BC$

解：$F_1=AB'+AB'CD(E+F)=AB'$

$F_2=B'+AB'D=B'$

$F_3=A+[A'(BC)']'[A'+(B'C'+D)']+BC$

$=A+[A+BC][A'+(B'C'+D)']+BC$

$=(A+BC)+[A+BC][A'+(B'C'+D)']$

$=A+BC$

3. 消因子法(remove literals)

利用吸收律 $A+A'\cdot B=A+B$,可将 $A'\cdot B$ 中的 A' 消去。A、B 均可以是任何复杂的逻辑式。

[例 4.4.3] 试利用消因子法化简下列逻辑函数：

$F_1=AB+A'C+B'C$

$F_2=AB'+A'B+ABCD+A'B'CD$

解：$F_1=AB+A'C+B'C=AB+(A'+B')C=AB+(AB)'C=AB+C$

$F_2=AB'+A'B+ABCD+A'B'CD=AB'+A'B+(AB+A'B')CD$

$=(AB'+A'B)+(A'B+AB')'CD=AB'+A'B+CD$

4. 消项法(removing terms)

利用添加律 $A\cdot B+A'\cdot C+B\cdot C=A\cdot B+A'\cdot C$,将 $B\cdot C$ 项消去。其中 A、B、C 都可以是任何复杂的逻辑式。

[例 4.4.4] 用消项法化简下列逻辑函数：

$F_1=AB'+AC+ADE+C'D+AD$

$F_2=AB'CD'+(AB')'E+A'CD'E$

$F_3=A'B'C+ABC+A'BD'+AB'D'+A'BCD'+BCD'E'$

解：$F_1=AB'+AC+ADE+C'D+AD=AB'+AC+C'D+AD=AB'+AC+C'D$

$F_2=AB'CD'+(AB')'E+A'CD'E=AB'(CD')+(AB')'E+CD'E+A'CD'E$

$=AB'(CD')+(AB')'E+CD'E=AB'CD'+(AB')'E$

$F_3=A'B'C+ABC+A'BD'+AB'D'+A'BCD'+BCD'E'$

$=(A'B'+AB)C+(A'B+AB')D'+(A'+E')BCD'$

$=(A\oplus B)'C+(A\oplus B)D'+[(A'+E')B]CD'$

$=(A\oplus B)'C+(A\oplus B)D'$

5. 配项法(consensus)

(1) 利用添加律公式 $A\cdot B+A'\cdot C=A\cdot B+A'\cdot C+B\cdot C$,可以在逻辑函数式中添加一项,消去更多的项,从而达到化简的目的。其中 A、B、C 都可以是任何复杂的逻辑式。

(2) 利用 $A+A=A$ 和 $A+A'=\mathbf{1}$,人为地加入一些多余项,以便消去更多的项。

[例 4.4.5] 试化简逻辑函数 $F=AB'+A'B+BC'+B'C$。

解:利用配项法有

$$F=AB'+A'B+BC'+B'C=AB'+BC'+(A'B+B'C+A'C)$$
$$=AB'+BC'+A'B+B'C+A'C+A'C=(AB'+A'C+B'C)+(BC'+A'C+A'B)$$
$$=AB'+A'C+BC'+A'C=AB'+A'C+BC'$$

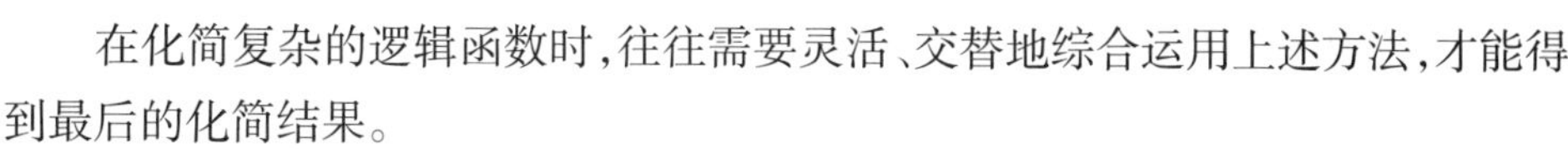
在化简复杂的逻辑函数时,往往需要灵活、交替地综合运用上述方法,才能得到最后的化简结果。

视频 4.4.1

4.4.2 卡诺图法化简逻辑函数

1. 卡诺图(Karnaugh map)

卡诺图是逻辑函数真值表的图形表示,n 变量的卡诺图含有 2^n 个方格单元,每个方格代表一个可能的输入组合或最小项。每个方格都有一个编号,编号按格雷码排列,这样保证了相邻的格子代表的最小项只有一个变量不同。这样的最小项称为相邻最小项。

图 4.4.1 中画出了 2~4 变量最小项的卡诺图。

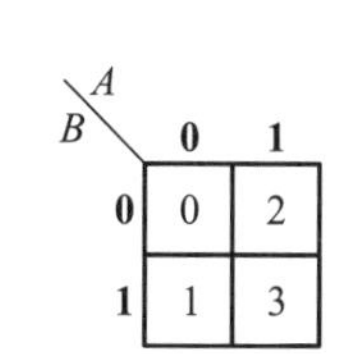

B \ A	0	1
0	0	2
1	1	3

(a) 2 变量 (A、B) 的卡诺图

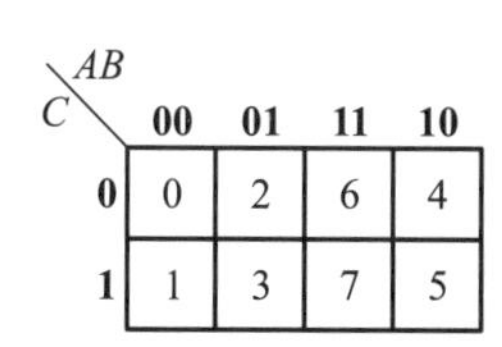

C \ AB	00	01	11	10
0	0	2	6	4
1	1	3	7	5

(b) 3 变量 (A、B、C) 的卡诺图

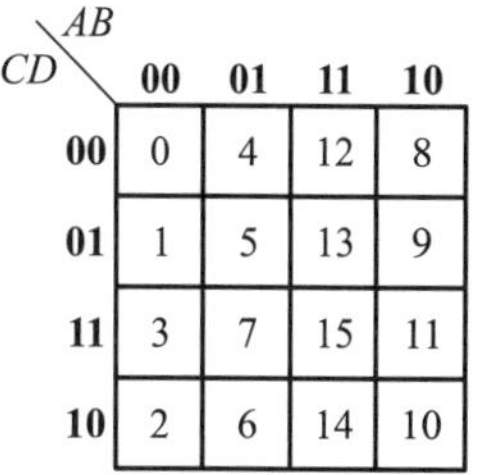

CD \ AB	00	01	11	10
00	0	4	12	8
01	1	5	13	9
11	3	7	15	11
10	2	6	14	10

(c) 4 变量 (A、B、C、D) 的卡诺图

图 4.4.1 2 到 4 变量最小项的卡诺图

图形两侧标注的 **0** 和 **1** 表示该单元对应的输入组合,同时,单元格内的数字是真值表中对应的最小项编号。要在卡诺图上表示逻辑函数,则在填写卡诺图时,如真值表中对应输入组合的函数输出值为 **0**,则在对应的单元格内填 **0**,否则填 **1**,由于 2 位二进制输出值只有 **0** 和 **1** 两种,通常只填输出值为 **1** 的单元格,其他空着的单元格输出值默认为 **0**,反之亦然。

从图 4.4.1 还可以看到,卡诺图的最上面和最下面,最左面和最右面都具有逻辑相邻性。因此,从几何位置上应当把卡诺图看成是上下、左右闭合的图形。

变量数每增加一个，卡诺图的方格数就成倍地增加，当函数的变量数超过 6 个时，卡诺图的方格数变得过多，卡诺图也过于复杂。因此，用卡诺图法化简函数，一般用于 6 变量以内的情况。

2. 逻辑函数的卡诺图表示（Karnaugh map expression of logic function）

既然任何一个逻辑函数都能表示为若干最小项之和的形式，那么自然也就可以设法用卡诺图来表示任意一个逻辑函数。具体的方法是：首先把逻辑函数化为最小项之和的形式，然后在卡诺图上与这些最小项对应的位置上填入 **1**，在其余的位置上填入 **0**，就得到了表示该逻辑函数的卡诺图。也就是说，任何一个逻辑函数都等于它的卡诺图中填入 **1** 的那些最小项之和。

［例 4.4.6］ 用卡诺图表示逻辑函数

$$F=A'B'C'D+A'BD'+ACD+AB'$$

解：首先将 F 化为最小项之和的形式：

$$\begin{aligned}F&=A'B'C'D+A'BD'+ACD+AB'\\&=A'B'C'D+A'B(C+C')D'+A(B+B')CD+AB'(C+C')(D+D')\\&=A'B'C'D+A'BCD'+A'BC'D'+ABCD+AB'CD+AB'C'D'+AB'C'D+AB'CD'+AB'CD\\&=m_1+m_6+m_4+m_{15}+m_{11}+m_8+m_9+m_{10}+m_{11}\\&=\textstyle\sum_{A,B,C,D}(1,4,6,8,9,10,11,15)\end{aligned}$$

画出 4 变量最小项的卡诺图，在对应于函数式中各最小项的位置上填入 **1**，其余位置上填入 **0**，就得到如图 4.4.2 所示的 F 的卡诺图。

［例 4.4.7］ 已知逻辑函数的卡诺图如图 4.4.3 所示，试写出该函数的标准和表达式。

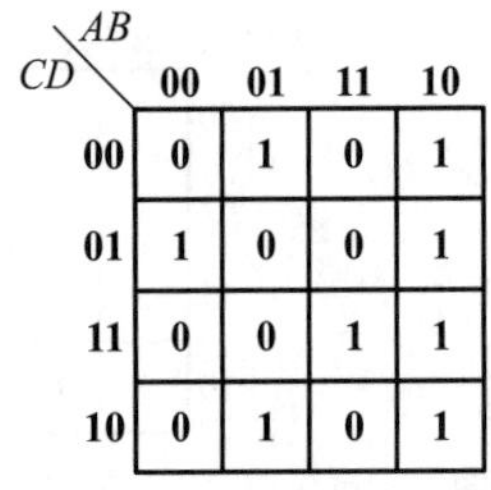

CD \ AB	00	01	11	10
00	0	1	0	1
01	1	0	0	1
11	0	0	1	1
10	0	1	0	1

图 4.4.2　例 4.4.6 的卡诺图

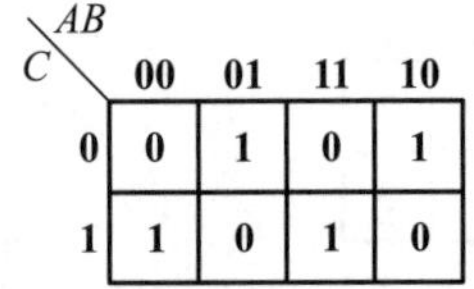

C \ AB	00	01	11	10
0	0	1	0	1
1	1	0	1	0

图 4.4.3　例 4.4.7 的卡诺图

解：因为函数 F 等于卡诺图中填入 **1** 的那些最小项之和，所以有

$$F=m_1+m_2+m_4+m_7=A'B'C+A'BC'+AB'C'+ABC$$

根据最小项和真值表的关系可知：卡诺图中的每一个小方格（small check）对应一个输入组合；对相应的输入组合，函数值为 **1** 即在卡诺图对应方格中填 **1**，函数值为 **0** 时填 **0**。

3. 用卡诺图化简逻辑函数（simplification using Karnaugh map）

利用卡诺图化简逻辑函数的方法称为卡诺图化简法或图形化简法。化简时依据的基本原理就是具有相邻性的最小项可以合并,并消去不同的因子(literals)。由于在卡诺图上几何位置相邻与逻辑上的相邻性(adjacency)是一致的,所以从卡诺图上能直观地找出那些具有相邻性的最小项或最大项并将其合并化简。

化简的依据是:如果 n 变量函数中,有 i 个变量具有所有 2^i 种组合,则相邻的 2^i 个"**1**"单元可以圈起后被合并,合并后的乘积项中会减少 i 个变量。例如 4 变量函数中,若想去掉 2 个变量,最大可以圈 4 个单元,若想去掉 3 个变量,最大可以圈 8 个单元。如圈的是输出为 **1** 的区域,则函数表达为积之和形式,每个乘积项会去掉圈中有变化的变量,剩余变量在乘积项中保持原有形式。如圈的是输出为 **0** 的区域,则函数表达为和之积的形式,每个求和项中会去掉圈中有变化的变量,剩余变量在求和项中保持原有形式。

用卡诺图化简逻辑函数可按以下步骤进行。

(1) 填写卡诺图:可以先将函数化为最小项之和(或最大项之积)的形式。若化为最小项之和的形式,则在对应每个最小项的卡诺图方格中填 **1**;若化为最大项之积的形式,则在对应于每个最大项的卡诺图方格中填 **0**。

(2) 圈组:找出可以合并的最小项(或最大项)。

圈组原则如下:

① 若圈 **1**,将得化简"**与或**式"。要求所有的"**1**"都必须圈定。

② 若圈 **0**,将得化简"**或与**式"。要求所有的"**0**"都必须圈定。

③ 在每个圈组中 **1**(或 **0**)的个数须为 2^i 个,i 为 0,1,2, …,即自然数。

首先,保证圈组数最少;其次,圈组范围尽量大;方格可重复使用,但每个圈组至少要有一个 **1**(或 **0**)未被其他组圈过。

圈组步骤如下:

① 先圈孤立的 **1** 格(或 **0** 格)。

② 再圈只能按一个方向合并的分组,要求圈子尽量大。

③ 圈其余可任意方向合并的分组,要求圈数尽量少。

(3) 读图:将每个圈组写成**与**项(或者**或**项),再进行逻辑加(或乘)。

① 消掉既能为 **0** 也能为 **1** 的变量,保留始终为 **0** 或 **1** 的变量。

② 对于乘积项,**0** 对应写出反变量,**1** 对应写出原变量;对于求和项,**0** 对应写出原变量,**1** 对应写出反变量。

[例 4.4.8] 用卡诺图法化简逻辑函数 $F(A,B,C,D)=\sum m(0,1,3,5,6,9,11,12,13)$。

解:首先,填写函数 F 的卡诺图,在对应每个最小项的方格中填入 **1**,如图 4.4.4 所示。

其次,圈组,找出可以合并的最小项。将可能合并的最小项用线圈出。

(1) 先圈孤立的 1 格,圈出不能与其他 1 格进行合并的最小项 m_6 对应的 **1** 格。

(2) 再圈只能按一个方向合并的分组,找出只能以一种圈法与一个相邻的 1 格合并的

1 格,并从它出发,将这两个相邻的 1 格圈起来。在本例中,这样的 1 格有 m_0 、m_{12},从 m_0 出发,可将 m_0、m_1 圈起来;从 m_{12} 出发,可将 m_{12}、m_{13} 圈起来。找出只能以一种圈法,并能与三个相邻的 1 格合并的 1 格,将这四个相邻的 1 格圈起来。在本例中,能将四个 1 格圈在一起的有 m_1、m_5、m_9、m_{13} 和 m_1、m_3、m_9、m_{11},如图 4.4.4 所示。至此,所有的 1 格均被圈定。

最后,读图,写出各个圈对应的与项表达式(消掉既能为 **0** 也能为 **1** 的变量,保留始终为 **0** 或 **1** 的变量;不变的变量中 **0** 对应写出反变量,**1** 对应写出原变量),将所得到的**与项相或**,得到该函数的最简**与或**式为

$$F(A,B,C,D)=A'BCD'+A'B'C'+ABC'+C'D+B'D$$

[**例 4.4.9**] 用卡诺图化简法将下式化简为最简**与或**函数式:

$$F=AC'+A'C+BC'+B'C$$

解:首先,填写函数 F 的卡诺图,如图 4.4.5 所示。

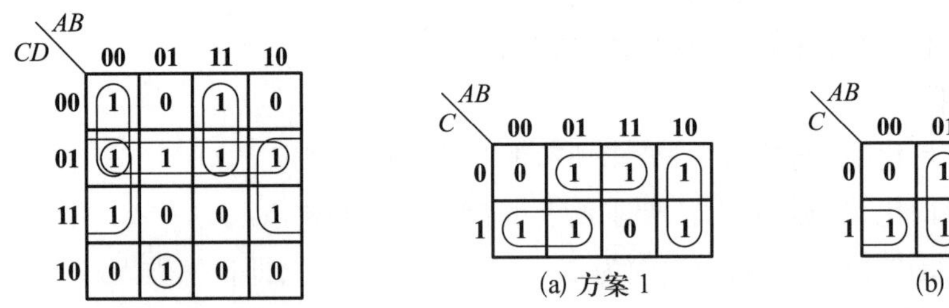

图 4.4.4 例 4.4.8 的卡诺图

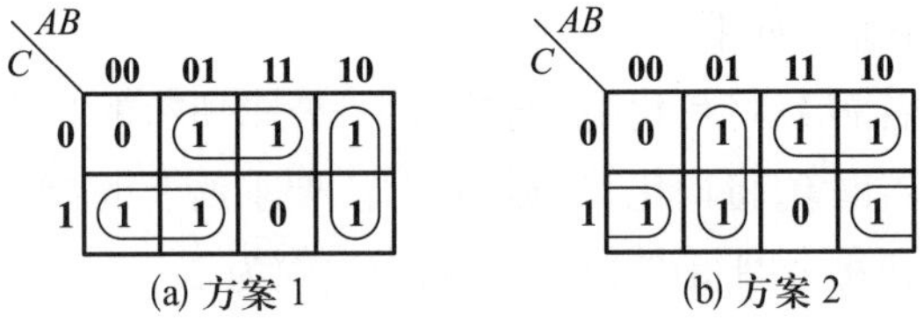

(a) 方案 1 (b) 方案 2

图 4.4.5 例 4.4.9 的卡诺图

其次,圈组。由图 4.4.5(a) 和(b) 可见,有两种可能的合并最小项的方案。如果按图 4.4.5(a)的方案合并最小项,则得到

$$F=AB'+A'C+BC'$$

而按图 4.4.5(b)的方案合并最小项,则得到

$$F=AC'+B'C+A'B$$

两个化简结果都符合最简**与或**式的标准(standard)。此例也说明了逻辑函数的化简结果并不一定是唯一的。

圈 **0** 的结果是得到最简积的表达式。二者是对偶的。在用卡诺图化简时,我们可以引入下面一些概念,应用这些概念对卡诺图化简时遇到的问题可以进行说明。下面将以圈 **1** 为例对几个相关的概念进行解释。

蕴含项(implicant):对于逻辑函数 $P(X_1,\cdots,X_n)$ 和 $F(X_1,\cdots,X_n)$,若对任何使 P=**1** 的输入组合,也能使 F 为 **1**,则称 P 隐含 F,或者 F 包含 P。P 为 F 的蕴含项,在卡诺图上对应的是 F 中只包含 **1** 的一个矩形圈。

主蕴含项(prime implicant):逻辑函数 $F(X_1,\cdots,X_n)$ 的主蕴含项,是隐含 F 的常规乘积项 P,如果从 P 中移去任何变量,则所得的乘积项不隐含 F。在卡诺图上 F 的主蕴含项 P 就是能够圈出的最大圈所对应的表达式。

奇异 **1** 单元(distinguished 1-cell):输出为 **1** 且只被单一主蕴含项覆盖的输入组合。

质主蕴含项(essential prime implicant):覆盖 1 个或者多个奇异 **1** 单元的主蕴含项。

最简和(又称为最小和,minimal sum):利用卡诺图化简,圈 **1** 的结果是得到最简和的表达式,最简和的表达式也称为最小和,就是在积之和表达式中有最少的乘积项和在满足乘积项个数最少的前提下,每个乘积项中变量的个数也是最少。最小和是主蕴含项之和。

完全和(complete sum):逻辑函数中所有主蕴含项之和。

在用卡诺图化简圈组时,应从合并奇异"**1**"单元(distinguished 1-cell)开始,圈质主蕴含项,再圈其他项。这与我们前面的化简步骤实质上是相同的。

需要注意的是:

(1) 质主蕴含项必定存在于最简和中,但最简和中不一定必须有质主蕴含项;

(2) 奇异 **1** 单元的数量与质主蕴含项的数量之间没有对应关系。

利用上面的这些概念,总结利用卡诺图圈 **1** 化简的步骤如下:

(1) 填卡诺图(Karnaugh map);

(2) 找到奇异 **1** 单元,圈出对应的质主蕴含项;

(3) 若未圈完全部 **1** 方格,则从包含剩余的 **1** 的主蕴含项中找出最简的。

(4) 写出各圈所对应的**与**项表达式。(取值发生变化的变量不写,取值无变化的变量保留,取值为 **0** 写反变量,取值为 **1** 写原变量)

(5) 将所得到的**与**项相**或**,即为化简结果。

化简的原则是:圈 **1** 不圈 **0**,每个输出为 **1** 的方格至少被圈 1 次,圈数越少越好,圈越大越好。

在用门电路实现逻辑函数时,通常需要使用**与**门、**或**门和**非**门三种类型的器件。我们知道,**与非**运算和**或非**运算是完备的逻辑运算。如果只有**与非**门一种器件,就必须将**与或**逻辑函数式变换成全部由**与非**运算组成的逻辑式。为此,可用摩根定理将逻辑函数式进行变换。如

$$F=A\cdot C+B'\cdot C=[(A\cdot C+B'\cdot C)']'=[(A\cdot C)'\cdot(B'\cdot C)']'$$

上面全部由**与非**运算表示的式子称为**与非**－**与非**(NAND-NAND)逻辑式。同理,如果只有**或非**门(NOR gate)一种器件,就必须将**或与**逻辑函数式变换成**或非**－**或非**(NOR-NOR)逻辑式。如

$$F=(A'+B)\cdot(B'+C)=[((A'+B)\cdot(B'+C))']'=[(A'+B)'+(B'+C)']'$$

由于逻辑代数的公理和定理多以**与或**(AND-OR)形式给出,化简**与或**逻辑函数比

较方便，所以下面主要讨论**与或**逻辑函数式的化简。有了最简**与或**式以后，再通过公式变换就可以得到其他类型的函数式了。究竟应该将函数式变换成什么形式，要视所用门电路的功能类型而定。但必须注意，将最简**与或**式直接变换为其他类型的逻辑式时，得到的结果不一定也是最简的。**与非 – 与非**式一般可以由**与或**式直接转换得到，并且由最简**与或**式得到的**与非 – 与非**式也是最简的；同样的，**或非 – 或非**逻辑式可以由**或与**式直接转换得到。

在实际电路设计中，多采用**与非**门，因此需要采用在卡诺图上圈 **1** 的方式先将函数化为最简**与或**式，再将表达式取**非**再取**非**，转化为**与非 – 与非**式；在需要将函数化为最简**或非**（NOR）式时，采用合并 **0** 的方式得到最简**或与**表达式后再进行转换；在需要将函数 F 化为最简与**或非**式时，则可以将 F' 圈 **1** 得到最简与**或**式，然后再取**非**既可。

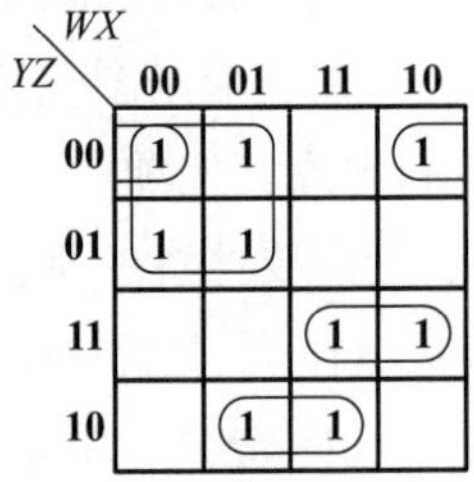

［例 4.4.10］ 求 $F=\sum_{W,X,Y,Z}(0,1,4,5,6,8,11,14,15)$ 的最简**与非 – 与非**表达式。

YZ \ WX	00	01	11	10
00	1	1		1
01	1	1		
11			1	1
10		1	1	

图 4.4.6　例 4.4.10 对应的卡诺图

分析：最简**与非 – 与非**表达式可以由最简**与或**表达式（最小和）得到。

解：卡诺图如图 4.4.6 所示。

化简可得

$$
\begin{aligned}
F&=W'Y'+X'Y'Z'+WYZ+XYZ'\\
&=[(W'Y'+X'Y'Z'+WYZ+XYZ')']'\\
&=[(W'\cdot Y')'\cdot(X'\cdot Y'\cdot Z')'\cdot(W\cdot Y\cdot Z)'\cdot(X\cdot Y\cdot Z')']'
\end{aligned}
$$

［例 4.4.11］ 求 $F=\prod_{(W,X,Y,Z)}(0,2,8,10,11,15)$ 的最小和、完全和、最小积、最简**与或非**表达式。

分析：完全和是卡诺图中所有主蕴含项的和。

解：包含了全部主蕴含项的卡诺图如图 4.4.7（a）所示，其中有 3 个方格表示为奇异“**1**”单元。所以，最小和表达式为：$F=W'Z+Y'Z+XZ'$；完全和表达式为：$F=W'Z+Y'Z+XZ'+W'X+XY'$。

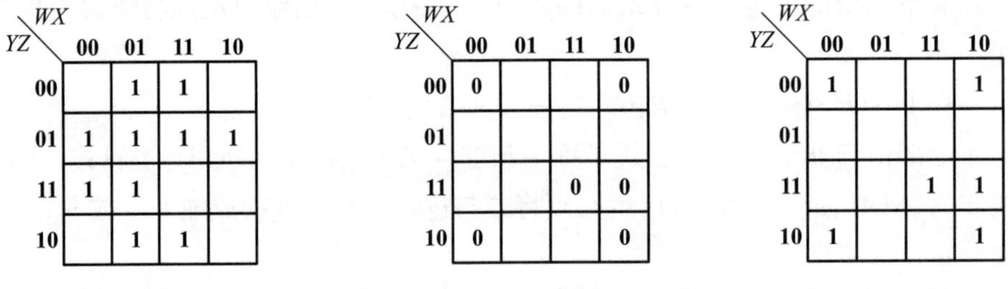

YZ \ WX	00	01	11	10
00		1	1	
01	1	1	1	1
11	1	1		
10		1	1	

(a) 包含全部主蕴含项的卡诺图

YZ \ WX	00	01	11	10
00	0			0
01				
11			0	0
10	0			0

(b) 用于化简得到最小积的卡诺图

YZ \ WX	00	01	11	10
00	1			1
01				
11			1	1
10	1			1

(c) F' 的卡诺图

图 4.4.7　例 4.4.11 对应的卡诺图

用于化简得到最小积的卡诺图如图 4.4.7(b)所示,所以最小积表达式为:$F=(X+Z)(W'+Y'+Z')$。

最简**与或非**式可先求 F' 的最简与或式,然后求非得到。F' 的卡诺图如图 4.4.7(c)所示,可得 $F'=X'Z'+WYZ$。所以,最简**与或非**表达式为 $F=(F')'=(X'Z'+WYZ)'$。

4. 卡诺图运算(operations of Karnaugh map)

利用卡诺图可以完成逻辑函数的逻辑加(**或**)、逻辑乘(**与**)、反演(**非**),**异或**(XOR)等运算。进行这些运算时,要求参加运算的两个卡诺图需要具有相同的变量数。

(1) 卡诺图相加(addition)

两函数做逻辑加(或)运算时,只需将卡诺图中编号相同的各相应方格中的 **0**、**1** 按逻辑加的规则相**或**,而得到的卡诺图,应包含每个相加卡诺图所出现的全部 **1** 项。

(2) 卡诺图相乘(multiplication)

两函数做逻辑乘(**与**)运算时,只需将卡诺图中编号相同的各相应方格中的 **0**、**1** 按逻辑乘的规则相**与**,所得到的卡诺图中的 **1** 方格,是参加相乘的卡诺图中都包含的 **1** 格。

(3) 反演(complement)

卡诺图的反演(**非**),是将函数 F 的卡诺图中各个为 **1** 的方格变换为 **0**,将各个为 **0** 的方格变换为 **1**。

(4) 卡诺图**异或**(XOR)

两函数做**异或**运算,只需将卡诺图中编号相同的各相应方格中的 **0**、**1** 按**异或**运算的规则进行运算,所得到的卡诺图中的 **1** 方格,是进行**异或**运算的卡诺图中取值不同的方格。

4.4.3 多输出函数的化简

大多数实际的组合逻辑电路都要求有多个输出,这种多输出函数的化简,仍然是建立在单输出函数化简的基础之上。在化简时要求如下:

(1) 每个输出函数最简;

(2) 各个已经被化简了的输出函数,应尽可能地共用**与**项(**或**项),以求整体最简。

由于多输出函数的简化需要寻求各函数间所有可能的共用项,所以对每个单独的逻辑函数来讲结果不一定是最简的。

[例 4.4.12] 化简多输出函数

$$F_1(A,B,C)=\sum m(2,5,7)$$

$$F_2(A,B,C)=\sum m(2,6,7)$$

解:(1) 画出函数 F_1、F_2 的卡诺图,如图 4.4.8(a)、(b)所示。

(2) 按单个函数化简方法可得

$$F_1(A,B,C)=AC+A'BC'$$

$F_2(A,B,C)=AB+BC'$

如果用**与非**门实现该函数，则需要六个**与非**门。

(3) 观察比较图 4.4.9，若 F_1、F_2 共用**与**项 $A'BC'$，则有

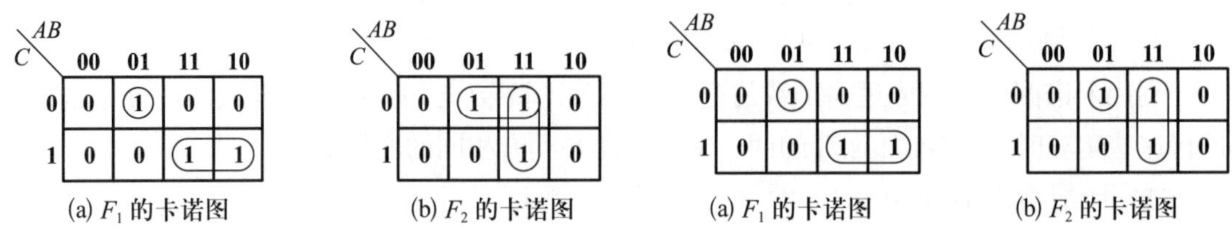

(a) F_1 的卡诺图　(b) F_2 的卡诺图　(a) F_1 的卡诺图　(b) F_2 的卡诺图

图 4.4.8 例 4.4.12 的卡诺图(1)　　图 4.4.9 例 4.4.12 的卡诺图(2)

$F_1(A,B,C)=AC+A'BC'$

$F_2(A,B,C)=AB+A'BC'$

虽然对于单个函数而言，F_2 不是严格最简式，但从总体而言，**与**项 $A'BC'$ 却可以和 F_1 共用，这样就减少了一个逻辑门，如果用**与非**门(NAND gate)实现该函数，则只需要五个**与非**门。

对于多输出函数的化简，可以在寻找共用的**与**项(**或**项)时，以不增加新项为原则，找出合理的设计方案。

4.4.4 具有无关项的逻辑函数的化简

在逻辑电路的输入中，有些输入组合不会出现，则相应的输出就未被定义我们将这样的不会出现的输入组合称为无关项(don't care terms)。

例如，用四个逻辑变量 A、B、C、D 表示的 8421BCD 码，只允许 **0000~1001** 这十个输入组合出现，而 **1010~1111** 这六个输入组合不允许出现，A、B、C、D 是一组具有约束的变量，可以用约束条件(constraint condition)来描述约束的具体内容。上面例子中对输入的约束条件可以表示为

$$AB'CD'+AB'CD+ABC'D'+ABC'D+ABCD'+ABCD=\mathbf{0}$$

所有"允许出现的输入组合"都将使上式成立，即满足此约束条件。

有时还会遇到另一种情况，即在输入变量的某些取值下函数值是 **1** 还是 **0** 皆可，并不影响电路的功能。在这些变量取值下，最小项的值等于 **1** 的那些最小项称为任意项(arbitrary term)。

例如，由四盏灯组成的输入系统，规定至少有一盏灯要亮，则可以用 4 个输入变量 $WXYZ$ 各表示一盏灯，要求 4 个变量中至少有一个是 **1**，那么 $W+X+Y+Z=1$ 为约束条件，则对于 **0000** 的输入就变成了任意项或无关项，输出就可为任意值。

在化简逻辑函数时，既可以把任意项写入函数式中，也可以不写，因为输入变量的取值使这些任意项为 **1** 时，函数值是 **1** 还是 **0** 无所谓。因此，又把约束项和任意项统称为逻辑函数式中的无关项，这里所说的无关是指是否把这些最小项写入逻辑函数式无关紧要，可以写

入也可以删除。由无关项组成的输入组合称为 D 集(D-set)。

在用卡诺图表示逻辑函数时,如要化简成最小和,则首先应将函数化为标准和的形式,然后在卡诺图中这些最小项对应的位置上填入 **1**,其他位置上填入 **0**。在卡诺图中用 d(或 Ø, ×)表示无关项的输出,在化简逻辑函数时既可以认为无关项的输出是 **1**,也可以认为它的输出是 **0**,即可根据需要将 d 任意当作 **1** 或 **0** 处理,有利于减少电路成本(cost)。

化简具有无关项的逻辑函数时,如果能合理利用这些无关项,一般都可得到更加简单的化简结果。

化简最小和时,究竟把卡诺图上的 d 作为 **1**(即认为函数式中包含了这个最小项)还是作为 **0**(即认为函数式中不包含这个最小项)对待?如果以得到的相邻最小项的圈最大、而且圈的数目最少为原则,这样的化简称为最小成本法;如果以电路输入出现无关项则输出一定为零为原则,则将所有无关项的输出都认为是 **0**,无关项不会出现在函数表达式中,这样的化简称为最小风险法。

[例 4.4.13] 化简具有约束的逻辑函数

$$F=A'B'C'D+A'BCD+AB'C'D'$$

给定约束条件为

$$A'B'CD+A'BC'D+ABC'D'+AB'C'D+ABCD+ABCD'+AB'CD'+AB'CD=\mathbf{0}$$

解:用卡诺图化简法,则只要将表示 F 的卡诺图画出,就能从图上直观地判断对这些约束项应如何取舍。

图 4.4.10 是例 4.4.13 的逻辑函数的卡诺图。从图上不难看出,为了得到最大的相邻最小项的圈,应取无关项 m_3、m_5 为 **1**,与 m_1、m_7 组成一个圈。同时取无关项 m_{10}、m_{12}、m_{14} 为 **1**,与 m_8 组成一个圈。将两组相邻的最小项合并后得到的化简结果与上面推演的结果相同。卡诺图中没有被圈进去的无关项(m_9、m_{11} 和 m_{15})是被当作 **0** 对待的。

化简后 $F=A'D+AD'$。

[例 4.4.14] 试化简逻辑函数

$$F=A'CD'+A'BC'D'+AB'C'D'$$

已知约束条件为

$$AB'CD'+AB'CD+ABC'D'+ABC'D+ABCD'+ABCD=\mathbf{0}$$

解:画出函数 F 的卡诺图,如图 4.4.11 所示。

由图可见,若认为其中的约束项 m_{10}、m_{12}、m_{14} 为 **1**,而约束项 m_{11}、m_{13}、m_{15} 为 **0**,则可将 m_4、m_6、m_{12} 和 m_{14} 合并为 BD',将 m_8、m_{10}、m_{12} 和 m_{14} 合并为 AD',将 m_2、m_6、m_{10} 和 m_{14} 合并为 CD',于是得到

$$F=CD'+BD'+AD'$$

含无关项的逻辑函数在化简时,无关项既可以作为"**0**"处理,也可以作为"**1**"处理,以使

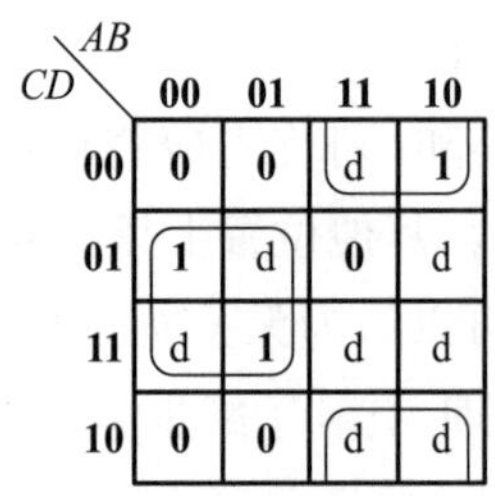

图 4.4.10 例 4.4.13 的卡诺图

CD \ AB	00	01	11	10
00	0	1	d	1
01	0	0	d	0
11	0	0	d	d
10	1	1	d	d

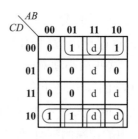

图 4.4.11 例 4.4.14 的卡诺图

化简结果最简为目的。因此在化简时须注意:卡诺图画圈时圈中不能全是无关项;不必为圈无关项而画圈。

无关项参与运算时,应遵循下列运算规则:

d+**0**=d,d·**0**=**0**;

d+**1**=**1**,d·**1**=d;

d+d=d,d·d=d。

4.5 组合逻辑电路中的定时冒险

前面分析和设计组合逻辑电路时,只考虑了输入与输出稳定状态(steady state)之间的关系。实际的逻辑电路,从输入改变到相应的输出改变是有延迟的,这个延迟时间使得输出在得到稳定值之前可能会有尖峰(glitch),从而可能产生瞬间的错误输出,造成逻辑功能的瞬时出错。这种现象就象瞬时冒出来的危险动作一样,因而被称为逻辑电路的“冒险(hazard)”。若电路可能产生尖峰,就认为电路存在冒险,电路设计者应在设计时考虑消除冒险的措施。冒险分为静态冒险(static hazard)和动态冒险(dynamic hazard)两类。静态冒险是指对电路的输入组合进行静态分析后电路的输出为固定的 **0** 或 **1**,但由于延迟作用,输出出现短暂的与固定输出反相的尖峰电路的可能性。因为若电路从变化的输入到变化的输出存在具有不同延迟的多个通路,则输出可能会发生多次变化,动态冒险是指一个输入转变一次而引起输出变化多次的可能性。静态冒险根据产生条件的不同,分为功能冒险和逻辑冒险两大类。当有两个或两个以上输入信号同时产生变化时,在输出端产生毛刺,这种冒险称为功能冒险。只有一个变量产生变化时出现的冒险则是逻辑冒险。功能冒险是由电路的逻辑功能引起的,只要输入信号不是按照循环码的规律变化,组合逻辑就可能产生功能冒险,且不能通过修改设计加以消除,只能通过对输出采用同步时钟取样来消除。功能冒险的消除将在第 8 章举例说明。在本章中只详细讨论静态逻辑冒险,简称静态冒险。

4.5.1 静态冒险

静态冒险分为"静态 –**1** 型冒险"和"静态 –**0** 型冒险"。"静态 –**1** 型冒险(static–**1** hazard)"定义为当预期电路有静态 **1** 输出时却产生"**0** 尖峰"的可能性。"静态 –**0** 型冒险"(static–**0** hazard)定义当预期电路有静态 **0** 输出时却产生"**1** 尖峰"的可能性。

在图 4.5.1 中,**或**门的输入端 $A=1$, $B=A'=0$, $F=A+B=A+A'=\mathbf{1+0=1}$,若**与**门的输入端 $A=0$, $B=A'=\mathbf{1}$, $F=A+B=A+A'=\mathbf{0+1=1}$。所以电路的静态输出恒为"**1**"。但当 A 由 **1** 变为 **0** 时,由于**非**门的延迟,当 B 还未从 **0** 变成 **1** 时,**或**门的输入端在某个时间内会出现 $A=\mathbf{0}$, $B=\mathbf{0}$ 的时刻,此时输出 $F=\mathbf{0}$ 就是尖峰或毛刺,这种现象就称为静态 –**1** 型冒险(static–**1** hazard)。

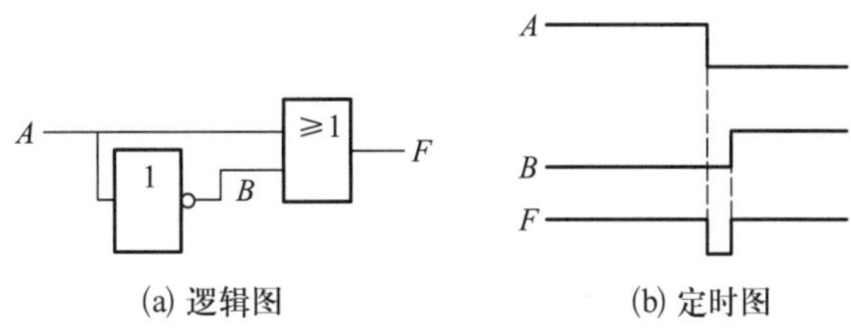

图 4.5.1 存在静态 –**1** 型冒险的电路

在图 4.5.2 中,**与**门的输入端 $A=\mathbf{0}$, $B=A'=\mathbf{1}$, $F=A\cdot B=A\cdot A'=\mathbf{0\cdot 1=0}$,若**与**门的输入端 $A=\mathbf{1}$, $B=A'=\mathbf{0}$, $F=A\cdot B=A\cdot A'=\mathbf{1\cdot 0=0}$。所以电路的静态输出恒为"**0**"。但当 A 由 **0** 变为 **1** 时,由于**非**门的延迟,当 B 还未从 **1** 变成 **0** 时,**与**门的输入端在某个时间内会出现 $A=\mathbf{1}$, $B=\mathbf{1}$ 的时刻,此时输出 $F=\mathbf{1}$ 就是尖峰或毛刺,这种现象就称为静态 –**0** 型冒险(static–**0** hazard)。

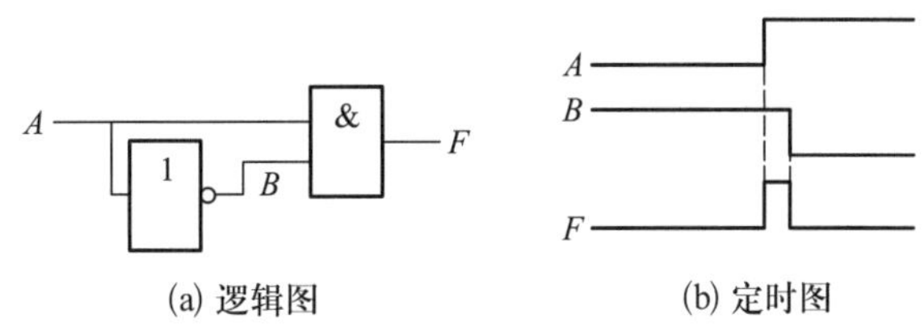

图 4.5.2 存在静态 –**0** 型冒险的电路

视频 4.5.1

4.5.2 利用代数法发现静态冒险

判断组合逻辑电路是否存在冒险的方法有代数法和卡诺图法。当某个变量 A 同时以原变量(original variable)和反变量(complemented variable)的形式出现在逻辑函数表达式中,且在一定条件下该逻辑函数表达式可以简化为 $A+A'$ 或 $A\cdot A'$ 的形式时,则该逻辑函数表达式对应的电路在变量 A 发生变化时,可能产生冒险。

[例 4.5.1] 已知描述某组合逻辑电路(combinational logic circuit)的逻辑函数表达式(logic function expression)为 $F=A'\cdot C'+A'\cdot B+A\cdot C$,试判断该逻辑电路是否可能产生冒险(hazard)。

解:观察逻辑函数表达式可知,这是一个用两级**与或**电路设计的逻辑电路,当满足一定输入条件时,如果一个变量及其反变量都输入到同一个**或**门电路中,这个电路就可能存在静态 –**1** 型冒险。在这个逻辑表达式中,变量 A 和 C 都具备这种条件,下面对这两个变量分别进行分析。

对于变量A,将变量B和C的各种取值组合分别代入到逻辑函数表达式中,可得如下结果:

$BC=00, F=A'\cdot 0'+A'\cdot 0+A\cdot 0=A'\cdot 1+0=A'$

$BC=01, F=A'\cdot 1'+A'\cdot 0+A\cdot 1=0+A=A'$

$BC=10, F=A'\cdot 0'+A'\cdot 1+A\cdot 0=A'\cdot 1+0=A$

$BC=11, F=A'\cdot 1'+A'\cdot 1+A\cdot 1=A'\cdot 0+A'\cdot 1+A=A'+A$

由此可见,当$B=C=1$时,静态时F恒为1,但当A由1到0变化时,由于延迟可能使输出在某一时间内为0,电路产生静态-1型冒险。

同样对于变量C,将变量A和B的各种取值组合分别代入到逻辑函数表达式中,可得如下结果:

$AB=00, F=0'\cdot C'+0'\cdot 0+0\cdot C=1\cdot C'+0=C'$

$AB=01, F=0'\cdot C'+0'\cdot 1+0\cdot C=1\cdot C'+1+0=C'+1=1$

$AB=10, F=1'\cdot C'+1'\cdot 0+1\cdot C=0\cdot C'+0+C=C$

$AB=11, F=1'\cdot C'+1'\cdot 1+1\cdot C=0\cdot C'+0+C=C$

由此可见,变量C的变化不会使电路产生静态-1型冒险。

[**例4.5.2**]　试判断逻辑函数表达式$F=(A+B)(A'+C)(B'+C)$描述的逻辑电路是否可能产生冒险。

解:观察逻辑函数表达式可知,这是一个用两级**或与**电路设计的逻辑电路,当满足一定输入条件时,如果一个变量及其反变量都输入到同一个**与**门电路中,这个电路就可能存在静态-0型冒险。在这个逻辑表达式中,变量A和B都具备这种条件,下面对这两个变量分别进行分析。

对于变量A,将变量B和C的各种取值组合分别代入到逻辑函数表达式中,可得如下结果:

$BC=00, F=(A+0)\cdot(A'+0)\cdot(0'+0)=A\cdot A'\cdot 1=A\cdot A'$

$BC=01, F=(A+0)\cdot(A'+1)\cdot(0'+1)=A\cdot 1\cdot 1=A$

$BC=10, F=(A+1)\cdot(A'+0)\cdot(1'+0)=1\cdot A'\cdot 0=0$

$BC=11, F=(A+1)\cdot(A'+1)\cdot(1'+1)=1\cdot 1\cdot 1=1$

由此可见,当$B=C=0$时,F在静态是恒为0的,但当A由1到0变化时,由于延迟可能使输出在某一时间内为1,电路产生静态-0型冒险。

同理对于变量B,将变量A和C的各种取值组合分别代入逻辑函数表达式中,可得如下结果:

$AC=00, F=(0+B)\cdot(0'+0)\cdot(B'+0)=B\cdot 1\cdot B'=B\cdot B'$

$AC=01, F=(0+B)\cdot(0'+1)\cdot(B'+1)=B\cdot 1\cdot 1=B$

$AC=10, F=(1+B)\cdot(1'+0)\cdot(B'+0)=1\cdot 0\cdot B'=0$

$AC=11, F=(1+B)\cdot(1'+1)\cdot(B'+1)=1\cdot 1\cdot 1=1$

由此可见，当 $A=C=\mathbf{0}$ 时，F 在静态是恒为 **0** 的，但当 B 由 **1** 到 **0** 变化时，由于延迟可能使输出在某一时间内为 **1**，电路产生静态 -**0** 型冒险。

可见，在两级**与或**电路中，如果有冒险，也只可能存在静态 -**1** 型冒险。与之成对偶关系的结论是：在两级**或与**电路中，如果有冒险，也只可能存在静态 -**0** 型冒险。

4.5.3 利用卡诺图发现静态冒险

在卡诺图判断方法中，首先在卡诺图中按照逻辑函数表达式中各“**与**”项（“**或**”项）圈出对应的 **1** 或者 **0**，然后观察各个圈是否有“相切”的现象，即两圈的边界处各有一个最小项是相邻的，如有，则该电路可能产生冒险。“切点”处变量中没有改变的变量是发生冒险的输入前提条件，发生改变的变量即为可能使电路产生冒险的变量。

[例 4.5.3] 已知某逻辑电路对应的逻辑函数表达式为：$F=A'\cdot D+A'\cdot C+A\cdot B\cdot C'$，试判断该逻辑电路是否可能产生冒险。

解：这是一个两级“**与或**”表达式，根据前面分析可知如有冒险存在，只会是静态 -**1** 型冒险。首先作出给定逻辑函数的卡诺图如图 4.5.3 所示，并画出逻辑函数表达式中各“**与**项”对应的卡诺图，式中有 3 个**与**项，所以有与之对应的 3 个圈。

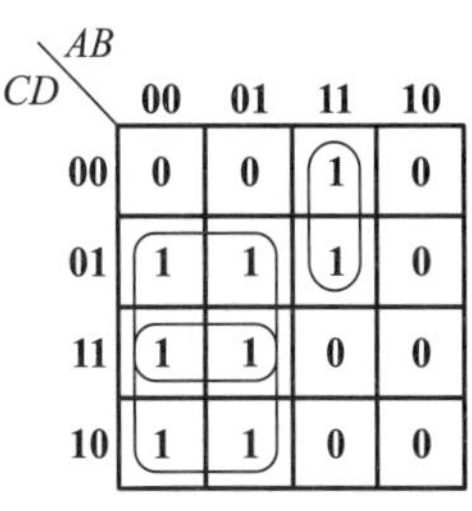

AB
CD
00 01 11 10
00 0 0 1 0
01 1 1 1 0
11 1 1 0 0
10 1 1 0 0

图 4.5.3 例 4.5.3 的卡诺图

观察卡诺图发现，表示 ABC' 的圈（包含最小项 m_{12}、m_{13}）和表示 $A'D$ 的圈（包含最小项 m_1、m_3、m_5、m_7）相切了，因为相邻最小项 m_{13} 和 m_5 分别在两个圈的边界上且不被同一圈所包含，所以这两个圈“相切”，即相应电路可能产生冒险，此时 $B=D=\mathbf{1}$，$C=\mathbf{0}$。也就是说，当 $B=D=\mathbf{1}$，$C=\mathbf{0}$ 时，相应电路表达式变为了 $F=A+A'$，由于变量 A 的变化可能产生静态 -**1** 型冒险。

发现了冒险后，可以采用增加一个乘积项（**与**门）来覆盖冒险的两个相邻最小项的方法来消除冒险。如图 4.5.4 所示，增加一项 $BC'D$。此时函数变为：$F=A'\cdot D+A'\cdot C+A\cdot B\cdot C'+B\cdot C'\cdot D$，则当 $B=D=\mathbf{1}$，$C=\mathbf{0}$ 时，相应电路表达式变为了 $F=A+A'+\mathbf{1}$，无论 A 变量变化通过多少延迟，输出始终恒为 **1**，消除了静态 -**1** 型冒险。

添加的一项 $BC'D$，正是两个相邻最小项 $m_{13}(ABC'D)$ 和 $m_5(A'BC'D)$ 的一致项，所以消除冒险，需要增加一个一致项。

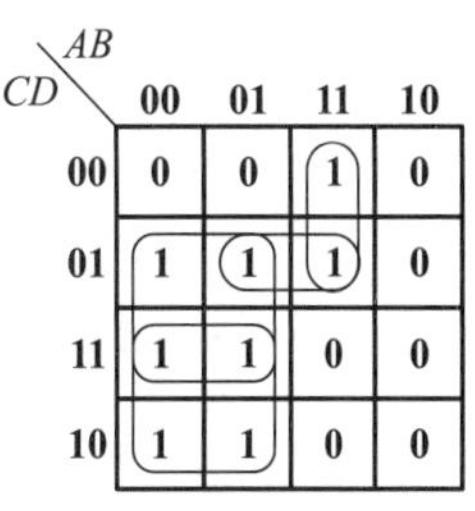

图 4.5.4 例 4.5.3 消除冒险的卡诺图

4.5.4 动态冒险

动态冒险指一个输入发生 1 次变化，输出产生多次变化的情况，往往是由于变化的信号到输出有多个路径，且各个路径的延迟时间不同造成的。例如图 4.5.5 所示电路，从输入 X 到输出 F 有 3 条不同的通路，第 1 条是 X 经门 1、门 3、门 5 至输出 F，第 2 条是 X 经门 6、门2、门3、门5至输出F,第3条是X经门6、门4、门5至输出F。门的速度各不相同,若门2最慢,门1较慢,其他门速度快些,则会出现如图4.5.6所示的情况,当W=Y=**0**,Z=**1**,X由**0**变为**1**时,第3条路X经门6、门4、门5至输出F变化最快,使输出F出现第一次变化,由**1**变**0**;然后X经门1、门3、门5至输出F的第1条路才会使F出现第二次变化,由**0**变**1**;速度最慢的第2条路X经门6、门2、门3、门5至输出F,最后使F出现第三次变化,由**1**变**0**。

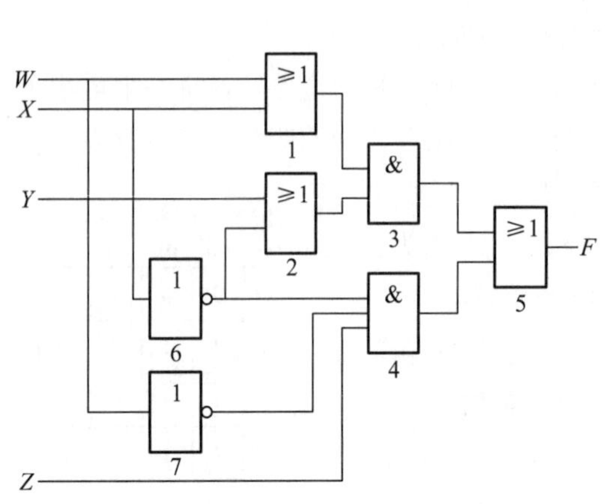

图4.5.5　电路中的动态冒险实例

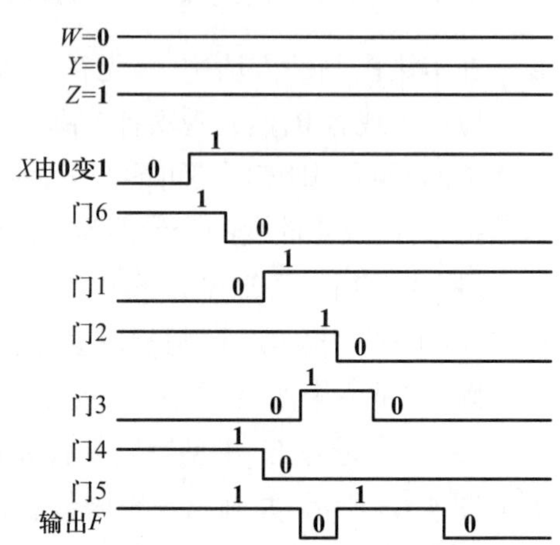

图4.5.6　电路中的动态冒险分析

在适当设计的两级"**与或**"或者"**或与**"电路中,如果任何变量或反变量不同时接到同一个第一级门上,是不会发生动态冒险的。若避开成本不谈,使用完全和,即所有主蕴含项之和设计的电路是没有冒险的。

单元测验

一、单选题

1. 下面逻辑运算正确的是(　　)。

   A. $X \cdot X \cdot X = X^3$　　　　B. 如果$X+Y=X+Z$,那么$Y=Z$

   C. 如果$X \cdot Y=X \cdot Z$,那么$Y=Z$　　　　D. $X+Y \cdot Z=(X+Y) \cdot (X+Z)$

2. 已知$F=(A+B')'+C \cdot D$,那么它的反函数F'的表示式为(　　)。

   A. $A' \cdot B \cdot (C+D)$　　　　B. $(A+B') \cdot (C+D)$

   C. $(A+B') \cdot C+D$　　　　D. $A' \cdot B \cdot C+D$

3. 有一个真值表,输入变量是A,B,C,输出函数是F,该表中当且仅当A=**1**,B=**1**,C=**0**

时 F 值为 **1**，那么 F 的逻辑表达式是(　　)。

A. $A+B+C'$　　B. $A'+B'+C$　　C. ABC'　　D. $A'B'C$

4. 两个四变量的逻辑函数为 $F_1=\sum_{ABCD}(0,3,5,7,11,14)$ 和 $F_2=\prod_{ABCD}(1,4,8,10,12,15)$，则这两个逻辑函数之间的关系是(　　)。

A. 香农展开定理　　B. 同一函数　　C. 对偶关系　　D. 反演关系

5. 下列表达式中存在静态 -**1** 型冒险的有(　　)。

A. $(A'+AB+B'D)$　　B. $(A'+B)(B'+C')$

C. $(C+B+B'C)$　　D. $(A'+B')(A'+C)$

6. 已知 $F=\sum_{ABC}(1,4,5)$，那么 F' 表达式为(　　)。

A. $\Pi_{ABC}(1,4,5)$　　B. $\Pi_{ABC}(0,2,3,6,7)$

C. $\sum_{ABC}(0,2,3,6,7)$　　D. $\sum_{ABC}(2,3,6,7,8)$

7. 已知有二输入逻辑门，当输入 X 和 Y 都为 **1** 或都为 **0** 时，输出 F 才为 **1**，则 X、Y 与 F 的逻辑关系为(　　)。

A. XOR　　B. XNOR　　C. AND　　D. OR

8. 已知函数 $F(A,B,C,D)=(AB')'+(C'D+B'C)'$，则其最简表达式为(　　)。

A. $A'+B+C'D'$　　B. $A'+B+C'$

C. $A'+B+B'C'D'$　　D. $A'+B$

二、问答题

1. 写出逻辑函数 $F=W'X+Y'X'$ 的真值表。

2. 写出下面逻辑函数的标准和式及标准积式：

(1) $F(A,B,C)=\sum_{(A,B,C)}(2,6)$

(2) $F(X,Y,Z)=X'+YZ$

3. 写出下列逻辑函数的反函数和对偶式：

(1) $F(A,B,C)=AB+C(A'+B)$;

(2) $F=\sum_{(A,B,C)}(1,2,5)$。(用最小项列表表示答案即可)

4. 将逻辑函数 $Y=AB'+BC+A'C$ 改写为**与非 – 与非**形式。

5. 一个四输入变量的素数检测逻辑函数 $F(A,B,C,D)$，当输入是素数时，输出 F=**1**，否则，输出 F=**0**(假设"**1**"不是素数)。写出函数 F 的最小项列表形式。

三、讨论题

1. 对于一个确定的逻辑功能，它的逻辑函数有哪些表达形式？哪些是唯一形式？

2. 给定一个类似黑盒子的组合逻辑电路，已知其输入端口和输出端口，如何知道该电路的逻辑功能？电路设计自动化 EDA 软件的功能仿真是如何进行的？

3. 逻辑函数化简为最小和形式、最小积形式时，虽然减少了逻辑门的成本，但可能存在因为静态冒险而带来的可靠性问题。在实际电路设计中,如何权衡成本和可靠性的关系?

第4章 答案

第5章 硬件描述语言及FPGA基础

随着可编程逻辑电路的发展,相对于使用分立元件实现数字逻辑电路,使用硬件描述语言HDL(hardware description language)来描述数字逻辑电路和使用可编程器件实现数字逻辑电路逐渐成为了主流。相对于使用原理图来描述硬件,使用HDL更易于实现复杂的功能,并且更容易理解和分享。使用HDL还可以将系统做到一个芯片上,例如可以将CPU系统或单片机系统做到一个芯片上,而这个系统可以和由硬件实现的其他逻辑电路在芯片内通信和协调工作,更有效地完成复杂的功能。

本章为描述这样的芯片,选择了目前流行的Xilinx系列FPGA作为具体的对象。首先简单介绍FPGA、HDL语言及FPGA的实验开发环境,然后选择Verilog HDL语言讲解HDL语言,之后给出组合逻辑电路设计及时序逻辑电路设计的实例。

本书后续章节的电路设计实现内容,都可以使用这种方法来设计和实现,以及进行仿真和验证。

5.1 FPGA及HDL简介

学习FPGA从认识FPGA开始,而硬件描述语言HDL是目前设计FPGA必须掌握的核心工具。

5.1.1 FPGA简介

FPGA(field-programmable gate array),即现场可编程门阵列,它是作为专用集成电路(ASIC)领域中的一种半定制电路而出现的,既解决了定制电路的不足,又克服了原有可编程器件门电路数有限的缺点。

在一些应用量不是特别大的场合,例如开发磁场记录仪、示波器、逻辑分析仪等情况,高速采集及处理部分就可以采用FPGA实现。FPGA可以实现将A/D转换的数据进行处理和存储。如果不这样做,而是设计专用的集成电路来实现,就需要花费大量的资金,而在设计失败的情况下就会造成极大的浪费。而且,在研发成功后,如果后续可以进行量产,也可以将FPGA的设计转为ASIC的设计。

以硬件描述语言(Verilog HDL或VHDL)所完成的电路设计,可以经过综合与实现,生成目标代码,快速下载至FPGA电路板上进行测试和验证。一般来说,数字逻辑电路中的任何电路模块,都可以用FPGA来实现;能够使用其他方法构建的任何数字逻辑电路,都可以在FPGA上实现。

本节以Xilinx spartan-II系列及Artix_7系列FPGA作为具体分析的对象。

与FPGA类似,另一种常用的可编程逻辑器件是复杂可编程逻辑器件CPLD(complex programmable logic device)。两者相比较,FPGA目前的应用更为广泛。

CPLD和FPGA的主要区别如下:

(1) 制造工艺不同

FPGA使用查找表技术,基于SRAM工艺;CPLD使用的是乘积项技术,Flash/EEPROM工艺。

(2) 实现功能不同

FPGA更适合复杂时序逻辑电路的设计,而CPLD更适合组合逻辑电路的设计。CPLD逻辑能力强而寄存器少,适用于控制密集型系统;FPGA逻辑能力较弱但寄存器多,适用于数据密集型系统。

(3) 集成度不同

一般FPGA的集成度更高。

使用FPGA或CPLD设计电路的优点主要如下:

规模越来越大,实现功能越来越强,同时可以实现系统集成;

研制开发费用低,不承担投片风险,使用方便;

通过开发工具在计算机上完成设计,电路设计周期短;

不需要设计人员了解很深的IC知识,EDA软件易学易用;

通过FPGA和CPLD开发的系统成熟后,可以进行ASIC设计,形成批量生产。

当使用FPGA的时候,需要初步了解FPGA内部的逻辑结构。Xilinx FPGA采用了逻辑单元阵列LCA(logic cell array)概念,内部主要包括可配置逻辑模块CLB(configurable logic block)、输入输出模块IOB(input output block)和内部连线三个部分。

Xilinx spartan-Ⅱ系列FPGA采用了逻辑片(slice)为基本单位,一个逻辑片可以由以下单元构成:2个查找表LUT,2个触发器FF,2个进位和控制逻辑电路。

由图5.1.1可见,Xilinx spartan-Ⅱ系列FPGA的每个逻辑片(slice)都包含了2个4输入的查找表,2个进位和控制逻辑电路及2个具有置位和清零端的D触发器。使用触发器可以实

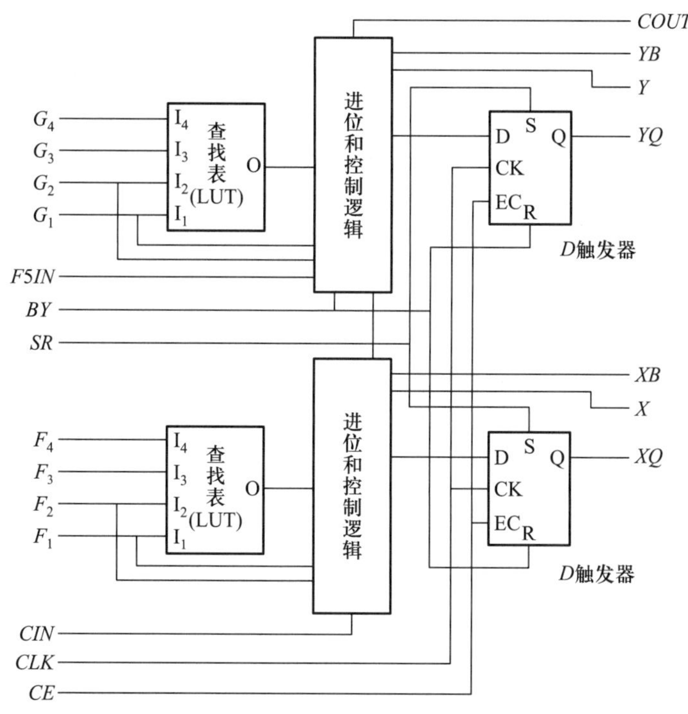

图 5.1.1 Xilinx spartan-Ⅱ系列 FPGA 的逻辑片(slice)

现时序功能,那么,假设要实现一个组合逻辑函数 F,应该在 FPGA 内部如何进行设计呢?

这就需要使用查找表。查找表的本质是随机存储器 RAM。

FPGA 的逻辑是通过向内部静态存储单元 RAM(查找表)加载编程数据来实现的,存储在存储器单元中的值决定了逻辑单元的逻辑功能以及各模块之间或模块与 I/O 间的连接方式,并最终决定了 FPGA 所能实现的功能。

如图 5.1.2 所示,这个查找表实现的逻辑电路是一个 4 输入的**与**门,左下的真值表表示

实际逻辑电路		LUT的实现方式	
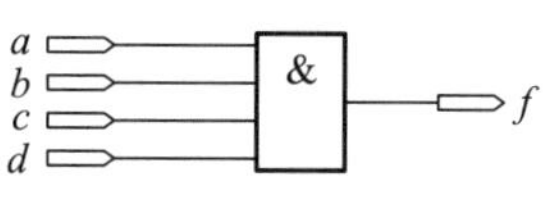 a, b, c, d → & → f		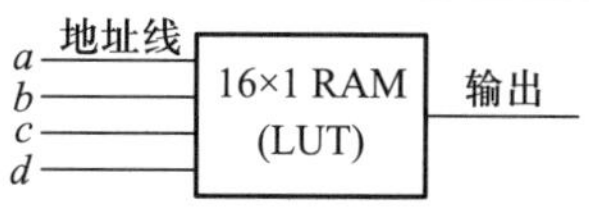 地址线 a, b, c, d → 16×1 RAM (LUT) → 输出	
a,b,c,d 输入	逻辑输出f	地址	RAM中存储的内容
0000	**0**	**0000**	**0**
0001	**0**	**0001**	**0**
…	**0**	**…**	**0**
1111	**1**	**1111**	**1**

图 5.1.2 查找表实现 4 输入逻辑

的其实就是 $f=abcd$。

这个查找表一共有 16 个单元，地址从 **0000** 到 **1111**，每个单元填写的值可以是 **0** 或 **1**，这就对应着 1 个 4 输入的真值表。因此，可以将任何 1 个 4 输入的真值表写入这个查找表。真值表和逻辑函数又有着一一对应的关系，因此这个 4 输入的查找表，通过配置可以实现任何的 4 输入逻辑函数。这样的配置就叫作对 FPGA 进行编程。

查找表 LUT 实质上是一个 RAM，n 位地址线可以配置为 $n \times 1$ 的 RAM。

当用户使用 HDL 或其他方法描述了一个逻辑电路后，软件会计算所有可能的结果，并写入 RAM（编程）。

对信号进行逻辑运算，就等于输入一个地址进行查找，找出地址对应的内容，输出结果。

现在我们知道了 1 个逻辑片可以包含多个查找表和进位逻辑电路及触发器。在 FPGA 中比逻辑片更大的逻辑单元叫可配置逻辑块 CLB，在 spartan-Ⅱ中，一个 CLB 包括 2 个逻辑片。

另外，要与外界进行输入输出，就要有输入输出端口，这些端口就是输入输出块 IOB。除此之外，FPGA 中还包含了独立的块 RAM、DSP 单元等，这些根据 FPGA 的型号不同有很大差别。例如，在 Artix-7 系列的 FPGA 中，还包含了独立的 XADC 单元，因为提供了模数转换器。

内部连线是通过开关对布线资源进行配置连接，也叫可编程连线，用于连通 FPGA 内部所有单元。连线的长度和工艺决定着信号在连线上的驱动能力和传输速度。布线资源的划分如下：

(1) 全局性的专用布线资源：以完成器件内部的全局时钟和全局复位 / 置位的布线；

(2) 长线资源：用以完成器件 Bank 间的一些高速信号和时钟信号的布线；

(3) 短线资源：用来完成基本逻辑单元间的逻辑互连与布线；

(4) 其他：在逻辑单元内部还有着各种布线资源和专用时钟、复位等控制信号线。

视频 5.1.1

5.1.2 HDL 简介

HDL（hardware description language）即硬件描述语言是对硬件电路进行行为描述、寄存器传输描述或者结构化描述的一种语言。Verilog HDL 和 VHDL 是世界上最流行的两种硬件描述语言，它们都是在 20 世纪 80 年代中期开发出来的，均为 IEEE 标准。Verilog HDL 和 VHDL 都有大范围的应用。Verilog HDL 更适合有 C 语言学习基础的读者入门，本章选择 Verilog HDL 。

假设设计一个数字逻辑电路实现逻辑函数或其他的功能，例如多数表决器、编码器、加法器、计数器或序列发生器等电路，可以通过画电路图来实现，然后使用分立元件来搭建电路实现功能。但是在使用 FPGA 来实现的时候，更方便的方法不是画电路图，而是使用硬件描述语言HDL来实现。

硬件描述语言HDL是对数字逻辑电路进行行为描述、寄存器传输描述或者结构化描述的一种语言。电路图可以描述电路，真值表、状态转移图、波形图等工具可以描述电路的功能，而硬件描述语言HDL也可以。通过HDL语言可以对FPGA要实现的逻辑功能进行描述。HDL源代码，通过开发工具进行加工处理，进行综合和实现，最后生成目标文件。这个目标文件是二进制的比特流文件，使用目标文件可以实现对FPGA进行配置，而配置后的FPGA实现了HDL语言描述的功能。因此，硬件描述语言HDL本身是软件，但是它实现的目标是硬件。

本章选择的是Verilog HDL的核心内容，适合快速入门。数字逻辑设计及应用课程上的所有实例，都可以在ISE等开发工具下，使用Verilog HDL进行验证。

视频 5.1.2

5.1.3 FPGA开发环境简介

目前最大两个主流FPGA开发公司是Xilinx和Intel，Xilinx FPGA的开发环境包括ISE和VIVADO。Intel FPGA的开发环境是QuartusII。

ISE全称为integrated software environment，即“集成软件环境”，是Xilinx公司的硬件设计工具。它能够将先进的技术与灵活性、易使用性的图形界面结合在一起。图5.1.3为ISE

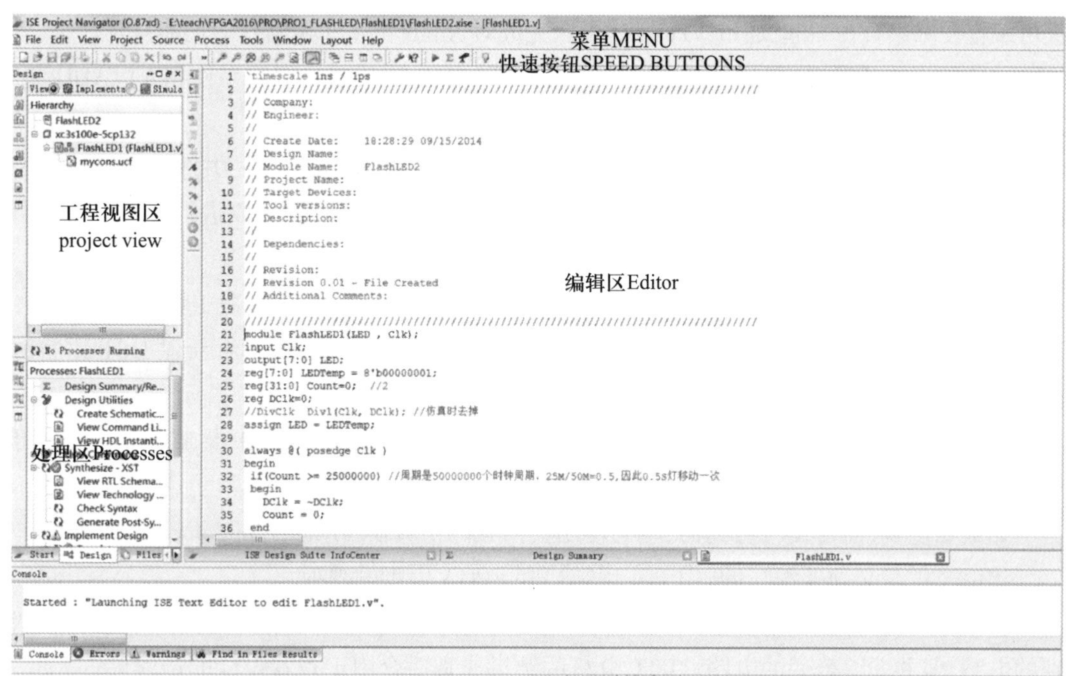

图 5.1.3 ISE运行界面

运行界面。ISE运行界面由菜单、快速按钮、工程视图区、处理区、主工作区(以页框的形式显示被编辑的代码、仿真结果等)、信息区(底部编译结果,控制台等)等组成。

通过ISE可以创建工程,单击“File”“New Project…”命令。创建工程时需要对工程进行配置,选择器件,设置仿真工具等。

之后在工程中创建源文件,选择源文件类型为源文件。

可以新建仿真文件,仿真文件也可以采用Verilog HDL语言编写,然后可以运行仿真进行设计验证。

编写所有源文件,所有源文件中只有1个是顶层文件。顶层文件可以是HDL语言文件,也可以是原理图文件。顶层文件的输入输出是整个电路的输入输出,要将输入输出进行约束,即编写约束文件实现将输入输出引脚对应到FPGA芯片的引脚。保存依次对工程进行综合Synthesize、实现Implement及生成比特流文件,之后可以下载到FPGA进行硬件验证。

ISE支持Xilinx spartan-II系列FPGA的开发。

VIVADO可以看作ISE的升级版本。VIVADO设计套件,是FPGA厂商Xilinx公司2012年发布的集成设计环境,包括高度集成的设计环境和新一代从系统到IC级的工具,这些均建立在共享的可扩展数据模型和通用调试环境基础上。这也是一个基于AMBA AXI4互联规范、IP-XACT IP封装元数据、工具命令语言(TCL)、Synopsys系统约束(SDC)以及其他有助于根据客户需求量身定制设计流程并符合业界标准的开放式环境。Xilinx构建的VIVADO工具把各类可编程技术结合在一起,通过VIVADO可以完成对Xilinx的FPGA器件的功能开发。

VIVADO的开发界面和ISE区别并不大,如果有ISE的基础是很容易使用VIVADO的。其运行界面如图5.1.4所示。

VIVADO运行界面包含上部的菜单项、快捷按钮,左部的流程向导,中部的工程窗口及占据空间最大的主窗口,下部的信息窗口。通过菜单或流程向导,都可以进行开发。流程向导窗口的内容就是FPGA开发的一般流程。

首先通过PROJECT MANAGMENT工程管理器,可以创建工程,设置工程,例如使用什么芯片,多少个引脚,速度等级等,或者添加代码,设置IP核路径等,然后新建HDL语言源文件进行编辑。

如果要使用IP核,例如时钟魔术师,就要打开IP INTEGRATOR(IP集成器),然后选择和配置IP核。

如果要仿真,需要编写仿真器,本文使用其内置的仿真器Vivado Simulator进行仿真。

约束文件是必须要编写的,用于实现端口和FPGA引脚的映射。

RTL分析是对Verilog HDL源文件代码进行寄存器传输级别的分析,生成寄存器传输级别的电路,但并非综合后的电路。RTL分析的结果非常适合用于查看设计的错误。

之后就是综合(SYNTHESIS)。综合类似于编程中的编译,将高层次的寄存器传输级别

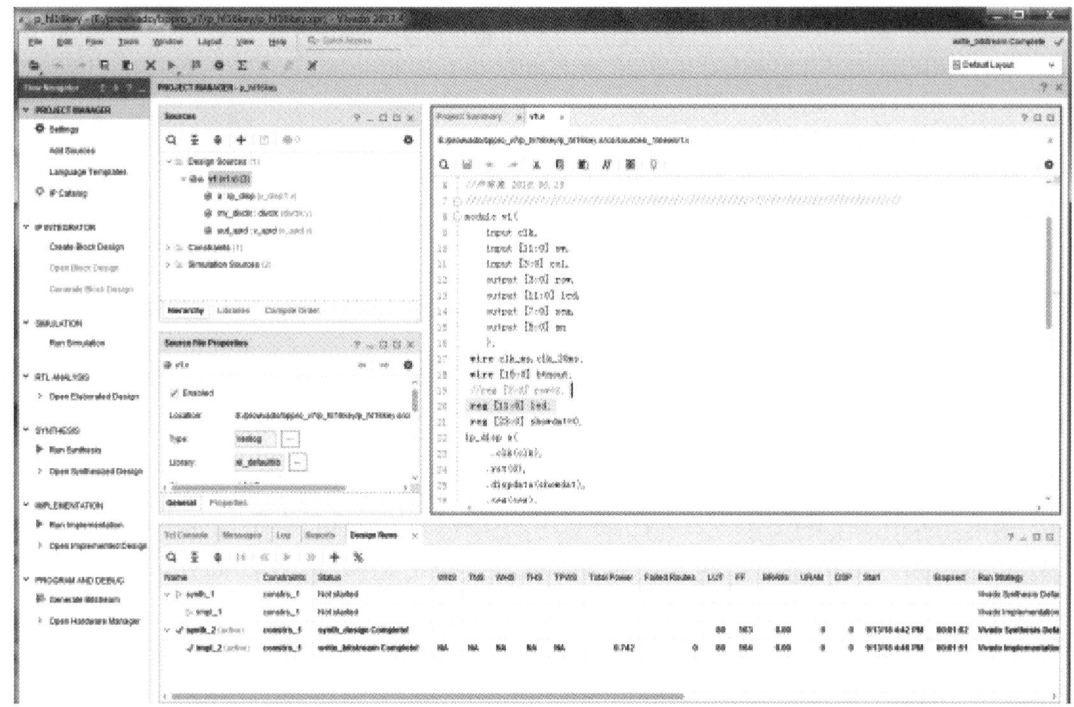

图 5.1.4 VIVADO 运行界面

的 HDL 设计转化为优化的低层次的逻辑网表。

然后是实现(IMPLEMENTATION)。在综合后,根据工程设置的硬件和约束文件等,以及综合的结果,就可以进行实现的过程,实现后就可以有条件生成目标文件。

最后是编程和调试(PROGRAM AND DEBUG)。在实现后,就可以通过“PROGRAM AND DEBUG”下的“Generate Bitstream”生成支持 JTAG 调试的比特流文件及最终的 bin 目标文件,并可通过“Open Hardware Manager”打开硬件管理器,连接目标板下载代码进行测试及最终下载到 FPGA 硬件。

视频 5.1.3

本章的下一节进入硬件描述语言 Verilog HDL 部分。

5.2 Verilog HDL

5.2.1 Verilog HDL 基本结构

1. 实例

本节从简单的实例开始,引领读者进入 Verilog HDL 的世界。8 位全加器程序实例如下。

程序实例 5.2.1　8 位全加器

```
module adder8(cout,sum,a,b,cin);
 output cout;// 输出端口 1 位
 output[7:0] sum; // 输出端口 8 位
 input[7:0] a,b;// 两个 8 位输入端口
 input cin; // 输入端口 1 位
 assign{cout,sum}=a+b+cin; //assign 语句,描述组合逻辑
endmodule
```

首先,整个 Verilog HDL 程序嵌套在 module 和 endmodule 声明语句中。

模块的名字叫 adder8。这个名字只要符合 Verilog HDL 的命名规范就可以,简单来说就是不能是中文,不能用特殊字符开头,不能使用关键词(例如模块名不能叫 module)。

之后是输入输出的说明部分。例如,cout 是 1 位的输出(output),sum 是 8 位的输出(output[7:0]),a 和 b 都是 8 位的输入。

assign {cout,sum}=a+b+cin; 语句描述了一种逻辑连接关系,就是将 a+b+cin 的结果的低 8 位(位 7 到 0)赋值给 sum, 进位位(位 8)送给 cout。

之后是 endmodule,表示这个模块结束了。

这样,模块 adder8 就实现了一个 8 位的加法器。

通过 RTL 分析,可以得到如图 5.2.1 所示的电路图。

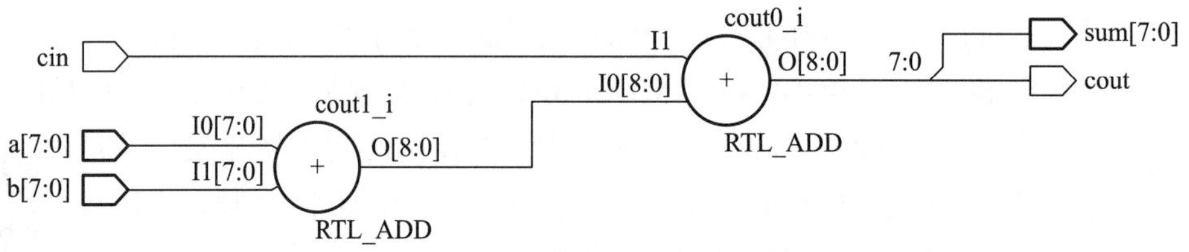

图 5.2.1　对 8 位全加器代码 RTL 分析后的电路图

在程序实例 5.2.1 中应注意:每条语句相对 module 和 endmodule 最好缩进 2 格或 4 格, // …… 表示注释部分,一般只占据一行,对编译不起作用。

下面的程序实例 5.2.2 是计数器,计数器属于时序逻辑电路,对时钟进行计数。8 位的计数器,计数值从 0 到 255,当计数值为 255 的时候输出一个时钟周期的高电平。计数值还可以进行装载。

程序实例 5.2.2 8 位计数器

```
   module  counter8 ( out,data,load,clk,cout );
           output [7:0] out;
           output cout;
           input [7:0] data;
           input load, clk ;
           reg[7:0] out=0;
           assign cout=(out==8'hFF);
           always @(posedge clk)
           begin
                  if(load)
                      out <= data;                  // 执行装载功能
                  else
                      out < = out + 1;        // 加 1 计数
           end
 endmodule
```

这个计数器的名字叫 counter8。

输入 1 位的时钟 clk,1 位的装载信号 load,8 位的装载值 data。

输出 8 位的 out,1 位的 cout。

设置 8 位的寄存器变量 out。这个 out 与输出端口 out 同名,隐含了一种连接关系,就是将寄存器 out 的输出连接到端口 out。

assign 语句实现组合逻辑,当计数值 out 为 0xff(计数值为 255 的时候),cout 变为高电平。

后面的 always 语句在这里描述了一种时序逻辑(注意 always 未必一定描述时序逻辑),表示在时钟的上升边沿,如果装载 load 有效,就执行装载(out <= data),否则,执行的是计数(out < = out + 1)。

通过 RTL 分析,可以得到如图 5.2.2 所示的电路图。

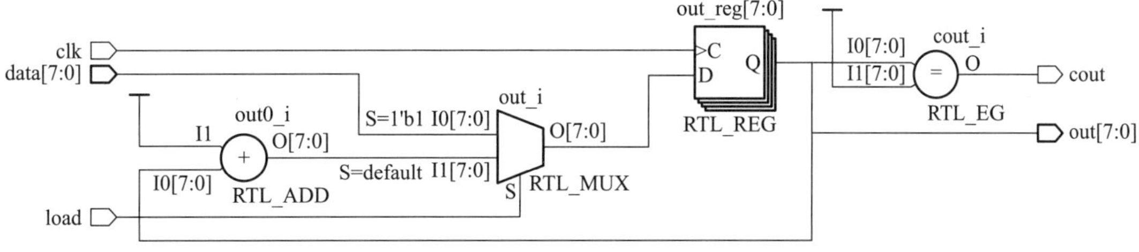

图 5.2.2 对 8 位计数器代码 RTL 分析后的电路图

2. 基本要求

Verilog HDL 程序的基本要求如下：

(1) Verilog HDL 程序是由模块构成的，每个模块嵌套在 module 和 endmodule 声明语句中。模块是可以进行层次嵌套的。

(2) 每个 Verilog HDL 源文件中只有一个顶层模块，其他为子模块。每个模块要进行端口定义，并说明输入输出端口，然后对模块的功能进行行为逻辑描述。

(3) 程序书写格式自由，一行可以写几个语句，一个语句也可以分多行写。

(4) 除了 endmodule 语句、begin_end 语句和 fork_join 语句外，每个语句和数据定义的最后必须有分号。

(5) 可用 /*.....*/ 和 //...... 对程序的任何部分作注释。加上必要的注释，可以增强程序的可读性和可维护性。

3. 模块结构

Verilog 的基本设计单元是“模块 (block)”。

Verilog 模块的结构由在 module 和 endmodule 关键词之间的 4 个主要部分组成。

(1) 端口定义

说明模块的端口有哪些。

(2) I/O 说明

说明模块的每个端口是输入还是输出，位数是多少。

(3) 变量定义及说明

定义线网型变量或寄存器变量的位数。

(4) 功能及行为描述

描述电路的时序逻辑和组合逻辑。例如采用 assign 语句描述组合逻辑，使用 always 块描述组合或时序逻辑。

4. 逻辑功能定义

在 Verilog 模块中有 3 种方法可以描述电路的逻辑功能。

(1) 用 assign 语句描述一种组合逻辑，下面的语句描述的是 $x=bc'$ 。

```
assign x = ( b & ~c );
```

(2) 用元件例化（instantiate），这个元件就是我们前面定义的模块，模块定义后可以反复使用，例如我们使用前面实现的 adder8 做 8 位的加法。

```
adder8 myadder8(
    .cout(cout1),
    .sum(sum1),
    .a(a1),
```

```
            .b(b1),
            .cin(cin)
        );
```

调用前面定义的模块 adder8,实例化为 myadder8,将输出 cout 端口送到线网型变量 cout1,将输出 8 位的 sum 送到 8 位的线网型变量 sum1。将输入 a1 送到 a 端口,将输入 b1 送到 b 端口,将输入 cin 送到 cin 端口。

(3) 用 "always" 块语句,示例如下。

```
always @(posedge clk) // 每当时钟上升沿到来时执行一遍块内语句
 begin
    if(load)
      out = data;     // 同步预置数据
    else
      out = data + 1 ; // 加 1 计数
 end
```

注意,if 语句等只能在 always 等结构块内使用。

5. 关键字

关键字是事先定义好的确认符,用来组织语言结构,或者用于定义 Verilog HDL 提供的门元件(如 and,not,or,buf)等。与 C 语言一样,用户程序中的变量名、模块名等名称不能用关键字。

Verilog HDL 是区分大小写的,Verilog HDL 中关键字都用小写字母定义。

例如:always,assign,begin,case,casex,else,end,for,function,if,input,output,repeat,table,time,while,wire 等都是关键字。

6. 标识符

在 Verilog HDL 语言中,描述的变量、模块、实例等都通过名字来识别,这个名字被称为标识符,如文件名、模块名、端口名、变量名、常量名、实例名等。

标识符可由字母、数字、下划线和 $ 符号构成,但第一个字符必须是字母或下划线,不能是数字或 $ 符号;另外,标识符不能含有中文。

例如,合法的名字有 Book_1、_Reset、_5411111111111$、Module、eNd,不合法的名字有 1abc、#book、module、end、天 abcd。

视频 5.2.1

5.2.2 逻辑值及常量、变量

Verilog HDL 有线网类型及寄存器类型两种常用的数据类型。另外,Verilog HDL 还有常量,常量的值通常是不能够被改变的,即在运行的过程中不能修改常量的值,但是有一个特例,就是模块内的符号常量在模块被实例化的时候是可以重新赋值的,这样才能实现对模块的各种参数的灵活配置。例如在 ISE 下调用 IP 核,在设置 IP 核的时候就允许修改各种参数,IP 核的代码是不能够被改变的,但是 IP 核的实例却通过用户的配置得到不同的功能。

变量的值是可以被改变的,即在运行的过程中可以修改变量的内容。线网类型的重点是 wire 型变量,变量类型的重点是寄存器 reg 类型。

1. 逻辑值

Verilog HDL 逻辑值有 4 种,如表 5.2.1 所示。除了 0 和 1,还有 x 表示未知的逻辑值,z 表示高阻。逻辑值是不分大小写的,也就是说,h1z 和 h1Z 是相同的逻辑值。

表 5.2.1　Verilog HDL 逻辑值

逻辑值	含义
0	逻辑 **0**
1	逻辑 **1**
x	逻辑值未知
z	高阻

(1) 整数的表达

Verilog HDL 整数的表达是有严格的规范的,如表 5.2.2 所示。

表 5.2.2　Verilog HDL 整数的表达

表达方式	说明	举例
<位宽>'<进制><数字>	完整的表达方式	4'b0101 或 4'h5
<进制><数字>	缺省位宽,则位宽由机器系统决定,至少为 32 位	h05
<数字>	缺省进制为十进制,位宽默认为 32 位	5

这里位宽指对应二进制数的宽度,而不是表达为十六进制的数字个数。例如 4'h5 实际上就是 4'b0101,而不是 16'h005。h 表示的是十六进制,也是不区分大小写的,二进制是 b,八进制是 o。但是,Verilog HDL 的其他部分都是区分大小写的,除非特殊指出。

8'hfx 是 8 位二进制数,对应二进制数的值是 8'b1111xxxx,低 4 位是不确定的。

(2) 浮点数的表达

浮点数表达可以使用十进制或科学计数法。

十进制:例如 1.2345678。

科学计数法:0.311 的科学计数表示是 3.11e-1。

(3) 字符串的表达

Message="u are welcome" // 将字符串 "u are welcome" 赋给变量 Message。

(4) 负数的表示

在位宽前加一个减号,即表示负数。

例如:-8'd5//5 的相反数的补码为 8'b11111011。

减号不能放在位宽与进制之间,也不能放在进制与数字之间,例如 8'd-5 是非法格式。

2. 常量及 parameter 常量

1′b1 明显是一个常量,它就是一个数值。

assign a=1′b1 就是将线 a 拉到高电平,如果 a 是输出端口,就将高电平送到输出端口。

同理,assign a=1′b0 就是将输出端口接地。

用 parameter(参数)来定义一个标识符,代表一个常量,该常量称为符号常量。虽然说常量一般是不能够被改变的,但是对于一个模块内部的符号常量来说,当模块被调用的时候(模块实例化的时候)可以让每个实例有不同的参数。这样,假设我们设计一个串口,定义 parameter 常量 raut 的值是 19200,但是在实际调用模块的时候可以根据需求将 raut 修改为 9600 或其他的波特率,这样这个模块就是可以被配置的。

parameter width=3;// 符号常量 width 的值是 3,如果未进行重定义,当在程序中出现 width 时就用 3 代替。

parameter idle=1,one=2,two=3,stop=4; // 定义了 4 个符号常量。如果未进行重定义,当代码中出现 idle 就用 1 代替,出现 one 就用 2 代替,出现 two 就用 3 代替,出现 stop 就用 4 代替。

如果定义了 parameter width=3; 那么 width 就一定是 3 吗? 这是不一定的,因为使用 parameter 定义的常量,仍然可以重定义。虽然模块名称后面跟着的是输入和输出,但如果向模块传递参数,是不能通过输入输出来传递的,只能通过符号常量来传递。另外,在定义 IP 核的时候经常使用 parameter,通过对符号常量的重新定义来配置 IP 核。参数型常数常用于定义延迟时间和变量宽度,或者其他的信息。在模块和实例引用时,可通过参数传递改变在被引用模块或实例中已定义的参数。参数传递的方法如程序实例 5.2.3 所示。

程序实例 5.2.3 parameter 参数传递

```
module adder(sum,a,b);
  parameter time_delay=5,time_count=10;
            ......
endmodule
module top;
  wire[2:0] a1,b1;
  wire[3:0] a2,b2,sum1;
  wire[4:0] sum2;
  adder  #(4,8)  AD1(sum1,a1,b1);//time_delay=4,time_count=8
  adder  #(12)   AD2(sum2,a2,b2);//time_delay=12,time_count=10
endmodule
```

首先定义一个adder模块，然后定义两个参数型常量time_delay和time_count，然后在top模块中调用模块的时候，可以通过参数传递(#)改变参数型常量的值，从而更为灵活地调用模块adder。也就是说，模块top使用了模块adder实现加法，在调用的时候还改变了adder实例中符号常量的值。

3. 变量

线网(net)型变量最常用的就是wire，最大的问题就是怎么去理解wire。可以将wire直接理解为连线。例如一个*D*触发器reg1的输出是*Q*，这个*Q*连接到端口out1上，那么out1的值始终跟随着reg1的值的变化而变化。这个out1就是wire类型的，它是不能够保存值的，不能直接对其赋值。同样，一个2输入**与**门的输入是wire，输出也是wire，我们只能将其连接到某处，而不能直接对其赋值。

wire主要起信号间连接作用，用以构成信号的传递或者形成组合逻辑。因为没有时序限定，wire的赋值语句通常和其他块语句并行执行。

wire不保存状态，它的值可以随时改变，不受时钟信号限制。

除了可以在模块module内声明，所有模块的输入input和输出output默认都是wire型的。

wire型信号的定义格式如下：

定义一个*n*位的wire型变量：wire [n–1:0] 变量名；

定义*m*个*n*位的wire型变量：wire [n–1:0] 变量名1，变量名2，…，变量名m;

wire是组合逻辑的赋值，因此要在时序控制always块外进行赋值，并使用assign语句进行赋值。能在always块内进行赋值的是随后要讲的寄存器型变量。

在程序实例5.2.2中，有wire类型的变量的赋值如下：

```
assign cout=(out==8'hFF);
```

这条assign赋值语句将out与255进行比较，如果是out等于255就将1赋给输出cout，否则将0赋给输出cout。这里，cout不能是寄存器类型，必须是线网类型。

另一种重要的数据类型是reg型，也叫寄存器类型。

回忆数字电路中的触发器，触发器只在时钟有效边沿到来的时候，保存的值才能够发生改变。如果时钟信号一直不来，那么触发器的值就不会变。因此，对reg型用assign语句来赋值是没有道理的。

触发器是可以存储值的，32个*D*触发器就可以构成32位计算机系统CPU使用的寄存器。寄存器是昂贵的存储设备。

回忆C语言里面的变量，如果定义一个无符号的字节型变量：

unsigned char a;

a=10;

那么这个 a 是可以保存值的，保存值的范围是 0~255 的 8 位二进制数。现在 a 的值是 8′b00001010。实际上在 PC 机系统中这个值是保存到内存中的。

在 Verilog HDL 中，reg 型变量也是可以保存值的，但是使用的存储设备是寄存器。与前面学习的 FPGA 结构相联系，使用的应该是逻辑片中的触发器。

寄存器是数据存储单元的抽象，通过寄存器的赋值语句可以改变寄存器存储的值。reg 型数据常用来表示时序控制 always 块内的指定信号，代表触发器，因为触发器只能在时钟的有效边沿改变值。通常在设计中要由 always 块通过使用行为描述语句来表达逻辑关系。在 always 块内被赋值的每一个信号都必须定义为寄存器型的变量或功能等同于寄存器型的变量。

reg 型信号的定义格式如下：

定义一个 n 位的寄存器变量：reg [n−1:0] 变量名；

定义 m 个 n 位的寄存器变量：reg [n−1:0] 变量名 1，变量名 2，…，变量名 m;

下面给出 2 个例子：

reg [7:0] a, b, c; // a, b, c 都是位宽为 8 位的寄存器

reg d; //1 位的寄存器 d

reg 型数据的缺省值是未知的，但是可以在定义的时候赋予初值或是用 initial 块赋予初值，例如 reg d=1。

寄存器如果组成了数组，就成了存储器类型。因此，存储器实际上是一个寄存器数组。存储器使用如下方式定义：

reg [msb: lsb] memory1 [upper1: lower1] // 从高到低或从低到高均可 (msb 是最高有效位，lsb 是最低有效位)。

下面给出 2 个例子：

reg[3:0] mymem1[63:0] //mymem1 为 64 个 4 位寄存器的数组。

reg dog [1:5] //dog 为 5 个 1 位寄存器的数组。dog[1] 到 dog[5]。

虽然这种存储器是寄存器数组，但它并不允许二维数组。

这种存储器实际上是寄存器变量的集合，因此除在 always 块赋值外，还可以在 initial 块赋值或在定义的时候赋予初值。

以下是合法的赋值：

```
dog[4] = 1;      // 合法赋值语句 , 对其中一个 1 位寄存器赋值。
dog[1:5] =0;// 合法赋值语句 , 对存储器大范围赋值。
```

5.2.3 运算符

要想使用 Verilog HDL 完成基本的运算，就必须使用运算符。

1. 算术运算符

表 5.2.3 中为 Verilog HDL 基本的算术运算符。使用算术运算符就可以实现基本的算术运算。

表 5.2.3　Verilog HDL 基本的算术运算符

算术运算符	说明	算术运算符	说明
+	加	/	除
-	减	%	取余数
*	乘		

在进行整数的除法运算时,结果要略去小数部分,只取整数部分;而进行取模运算时(%,亦称作取余数运算符)结果的符号位采用模运算符中第一个操作数的符号。

例如,-10%3 结果为 -1,11%-3 结果为 2。

取余数要求 % 两侧均为整型数据。

在进行算术运算时,如果某一个操作数有不确定的值 x,则整个结果也为不确定值 x。

使用乘法或除法的时候,实际上系统会使用乘法器或除法器等硬件来实现这些功能,如果对精度、位数等有要求,或者追求效率,可以使用 IP 核实现或自己设计。

2. 逻辑运算符

表 5.2.4 中为 Verilog HDL 逻辑运算符。通常使用逻辑运算符进行逻辑运算。注意要与按位运算相区别。

表 5.2.4　Verilog HDL 逻辑运算符

逻辑运算符	说明	逻辑运算符	说明
&&(双目)	逻辑**与**	!(单目)	逻辑**非**
||(双目)	逻辑**或**		

逻辑运算只区分真假,而不管是什么数值。逻辑运算的输入 4′ha1 和 4′h01 是没有区别的,都是逻辑真,而 0 为逻辑假。一般来说,逻辑运算的结果要么为真(1)要么为假(0)。特例是如果有一个输入为未知 x,那么结果也是 x。

例如,4′ha1&&4h01 是 1,4′ha1&&4h00 是 0。

只有两个输入都是 0 的时候,逻辑**或**的结果才是 0。对于逻辑**非**,若输入为非 0 值,输出就是 0。

逻辑运算最常用于条件判断语句。

3. 按位运算符

表 5.2.5 中为 Verilog HDL 按位运算符。通常使用按位运算符完成基本的**与**、**或**、**非**、**异**

或及**同或**逻辑运算。使用这些位运算符进行组合，很容易完成其他的逻辑运算。

表 5.2.5 Verilog HDL 按位运算符

位运算符	说明	位运算符	说明
~	按位取反	^	按位**异或**
&	按位**与**	^~,~^	按位**同或**
|	按位**或**		

在不同长度的数据进行位运算时，开发软件会自动将两个数右端对齐，位数少的操作数会在相应的高位补 0。位运算结果与操作数位数相同。

按位运算要求对两个操作数的相应位逐位进行运算。例如 0101&1100=0100，0101|1100=1101。

用按位运算符实现**与非**运算很简单，例如有寄存器变量 c、b、a，我们定义 c 应为 a 和 b 的**与非**，那么应该写成 c=~(a&b)。

4. 关系运算符

表 5.2.6 中为 Verilog HDL 关系运算符。关系运算符和逻辑运算符一般用于条件判断语句。

关系运算时，若关系为真，则返回值为 **1**；若关系为假，则返回值为 **0**；若某操作数为不定值 x，则返回值也一定为 x。

表 5.2.6 Verilog HDL 关系运算符

关系运算符	说明	关系运算符	说明
<	小于	>	大于
<=	小于或等于	>=	大于或等于

关系运算符的优先级别低于算数运算符。因此 a<size-1 与 a<(size-1)是相同的。

5. 等式运算符

表 5.2.7 中为 Verilog HDL 等式运算符。等式运算符一般也用于条件判断语句。

表 5.2.7 Verilog HDL 等式运算符

等式运算符	说明	等式运算符	说明
==	等于	===	全等
!=	不等于	!==	不全等

“==”和“! =”称作逻辑等式运算符，其结果由两个操作数的值决定。由于操作数可能是 x 或 z，其结果可能为 x。

“===”和“！ ==”常用于 case 表达式的判别，又称作 case 等式运算符。其结果只能为 0 和 **1**。如果操作数中存在 x 和 z，那么操作数必须完全相同结果才为 **1**，否则为 **0**。

“==”和“=”是完全不同的，“=”是对寄存器变量采用阻塞赋值时使用的，而“==”是判断 2 个值是否相等时使用的。

6. 缩减运算符

表 5.2.8 中为 Verilog HDL 缩减运算符。

缩减运算符运算规则与位运算相似，不过出现的位置不同，功能也不同。对变量的每一位逐步运算，最后的运算结果是 1 位的二进制数。

表 5.2.8　Verilog HDL 缩减运算符

缩减运算符	说明	缩减运算符	说明
&	与	~|	或非
~&	与非	^	异或
|	或	^~，~^	同或

举例说明二者的区别，例如有 4 位的变量 b，则 c=&b 的含义是 c=((b[0]&b[1]) &b[2]) & b[3]。

7. 移位运算符

表 5.2.9 中为 Verilog HDL 移位运算符，包括左移和右移。

表 5.2.9　Verilog HDL 移位运算符

移位运算符	说明
>>	右移
<<	左移

a>>n 中 a 代表要进行向右移位的操作数，n 代表要移几位。同理，a<<n 表示将 a 逻辑左移 n 位。这两种移位运算都用 0 来填补移出的空位。

如果移出的数不包含 1，那么左移相当于乘以 2。例如 4 位的寄存器变量 a 的值是 6，即 a=4′b0110。执行 a=a<<1 后，a=4′b1100，即 12。再次左移后，可得 a=4′b1000，即 8，而不是 12 的 2 倍，这是因为 1 被移出了，发生了溢出。

右移总是得到除以 2 的结果，不管有没有 1 被移出。例如，现在 a 的值是 6，即 a=4′b0110。执行 a=a>>1 后得到 4′b0011，即 3，再右移得到 1，然后是 0。

需要说明的是：4′b1001<<1 = 5′b10010 是正确的，那么为什么位数发生了改变呢？这是因为 4′b1001 本身是一个常量，一般我们是将常量赋给变量来使用的，在移位时没必要限制常

量的位数。例如 a 是一个 5 位的寄存器，那么 a=4′b1001<<1,a 的结果就是 5′b10010。但是当 a 是一个 4 位的寄存器时，那么 a=4′b1001<<1,a 的结果就是 5′b0010。

移位运算经常用来实现乘法、除法等运算，还可以实现移位寄存器。

8. 条件运算符

条件运算符是书写效率非常高的运算符。条件运算符为“?”，很像 C 语言里面的“?”运算符。它实现的是组合逻辑，或者说就是多路复用器。

条件运算符用法如下：assign wire 类型变量 = 条件？ 表达式 1 ：表达式 2 ；

例如 assign out = sel? in1:in0 ；描述了当 sel 为 1 的时候，out 就等于 in1，就是将 in1 接到 out。否则，将 in0 接到 out。这个就是多路选择逻辑。

如果想对寄存器赋值，不能使用条件运算符，而要在 always 块中使用条件判断语句。

9. 拼接运算符

拼接运算符是非常有意思且非常高效率的运算符。使用拼接运算符可以将变量任意组合后输出或送给另一个变量。

拼接运算符为“{ }”，用于将两个或多个信号的某些位拼接起来，表示一个整体信号。

拼接运算符用法如下：{ 信号 1 的某几位，信号 2 的某几位， …，信号 n 的某几位 } 。

将某些信号的某些位列出来，中间用逗号分开，最后用大括号括起来表示一个整体的信号。为安全起见，在拼接运算符的表达式中不允许存在没有指明位数的信号。

```
{a,b[3:0],w,3′b101}      // 等同于 {a,b[3],b[2],b[1],b[0],w,1b′1,1′b0,1′b1}
{4{w}}                   // 等同于 {w,w,w,w}
{b,{3{a,b}}}             // 等同于 {b,a,b,a,b,a,b}，这里面的 3、4 必须是常量表达式
```

例如变量 r1 定义为 reg[8:0] r1，并且 a,b 都是 8 位的变量。

```
r1={a[3:0],b[3:0]}// 表示 r1 的 r[7]=a[3],r[6]=a[2]…r[0]=b[0]
```

如果 a=17 即 8′b00010001，b=138 即 8′b10001010，那么 r1=8′b00011010。

甚至，可以这样写：r1={1′b0,a[2:0],1′b0,b[2:0]}，那么 r1=00010010。

10. 运算符的优先级

在一个表达式中可能包含多个由不同运算符连接起来的、具有不同数据类型的数据对象。由于表达式有多种运算，所以不同的运算顺序可能得出不同结果。当表达式中含多种运算时，必须按一定顺序进行结合，才能保证运算的合理性和结果的正确性、唯一性。

表 5.2.10 中，优先级从上到下依次递减，“!”和“~”具有最高的优先级，条件运算符“?”具有最低的优先级。表达式的结合次序取决于表达式中各种运算符的优先级。优先级高的运算符先结合，优先级低的运算符后结合，同一行中的运算符的优先级相同。

表 5.2.10　Verilog HDL 运算符的优先级

类别	运算符	优先级
逻辑、位运算符	! ~	高
算术运算符	* / %	↑
	+ -	
移位运算符	<< >>	
关系运算符	< <= > >=	
等式运算符	= = ! = === !==	
缩减、位运算符	& ~&	
	^ ^~	
	| ~|	
逻辑运算符	&&	
	||	
条件运算符	?	低

为提高程序的可读性，建议使用括号来控制运算的优先级。例如(a>b)&&(b>c) 与 a>b&&b>c 虽然在功能上是相同的，但是前者看起来更清楚直接，且不容易出错。多使用括号是良好的编程习惯，C 语言是这样，Verilog HDL 也是这样。

5.2.4　语句

语句是 Verilog HDL 的核心内容之一，通过语句可以描述电路的行为、逻辑、时序关系等。

1. 赋值语句和 always 块语句

(1) 连续赋值语句

assign 语句，用于对 wire 型变量赋值，是描述组合逻辑最常用的方法之一。举例如下：

assign c=a&b;　　//c=ab，c 为 wire 型变量，a 和 b 可以是 wire 或 reg。

(2) 过程赋值语句

过程赋值语句用于对 reg 型变量赋值，有如下两种方式。

阻塞(blocking) 赋值方式：

　　　　赋值符号为 =，如 b = a ;

非阻塞(non-blocking) 赋值方式：

　　　　赋值符号为 <=，如 b <= a ;

阻塞的概念:在一个块语句中,如果有多条阻塞赋值语句,那么在前面的赋值语句没有完成之前,后面的语句就不能被执行,就像被阻塞了一样,因此称为阻塞赋值方式。

非阻塞的概念:多条非阻塞赋值在过程块内同时完成赋值操作,多条语句相当于同时执行。

(3) always 块语句

always块语句包含一个或一个以上的语句(如:过程赋值语句、条件语句和循环语句等),在运行的全过程中,该语句在时钟控制下被反复执行。也就是说,时钟有效边沿来了就执行。

在 always 块语句中被赋值的只能是寄存器 reg 型变量。

always 块语句的写法是 :always @ (敏感信号表达式)

例如:

always @(clk)// 只要 clk 发生变化就触发

always @(posedge clk)//clk 上升沿触发

always @(negedge clk)//clk 下降沿触发

always @(negedge clk1 or posedge clk2)// clk1 下降沿触发,clk2 上升沿也触发

always @(*)// 该语句所在模块的任何输入信号变化了都触发。

(4) 举例

程序实例 5.2.4 使用 always 块语句,并使用阻塞赋值。

视频 5.2.4

程序实例 5.2.4 always 块语句,阻塞赋值

```
module ifblock1(clk,i_a,o_b,o_c);
input clk,i_a;
output o_b,o_c;
reg b=0,c=0;
assign o_b=b;
assign o_c=c;
always @(posedge clk)
    begin
        b=i_a; // 阻塞赋值
        c=b;
    end
endmodule
```

程序实例 5.2.5 使用 always 块语句,并使用非阻塞赋值。

程序实例 5.2.5 always 块语句,非阻塞赋值

```
module ifblock2(clk,i_a,o_b,o_c);
input clk,i_a;
output o_b,o_c;
reg b=0,c=0;
assign o_c=c;
assign o_b=b;
always @(posedge clk)
    begin
        b<=i_a; //非阻塞赋值
        c<=b;
    end
endmodule
```

两个模块 ifblock1 和 ifblock2 都有 2 个 1 位的输入端口 clk 和 i_a,有 2 个 1 位的输出端口 o_b 和 o_c。clk 是同步时钟信号。智能电子设备都需要有时钟,例如手机的主频是 2G,那么这个手机的主频就是 2 GHz。时钟信号可以分频或倍频成多种频率和相位的信号,给系统的各个部位提供时钟。这个代码中的 clk 是接到实验板的时钟输入引脚的,本书实验使用的实验板的时钟是 50 MHz。

程序实例 5.2.5 定义了寄存器变量 b 和 c,并且给予初值 0,使用 assign 将寄存器变量 b 和 c 的值送到输出 o_b,o_c。使用 always @(posedge clk) 进入 always 块,在时钟的上升沿(posedge 表示正边沿,上升沿),将执行随后的 begin 和 end 之间的代码。

模块 ifblock1 代码中用了“=”,为阻塞赋值。

模块 ifblock2 代码中用了“<=”,为非阻塞赋值。

对两个模块分别进行 RTL 分析,得到了不同的电路,分别如图 5.2.3 和图 5.2.4 所示。

可见,采用阻塞赋值的时候,是将 i_a 阻塞地赋值给 b,将 b 阻塞地赋值给 c,是有先后的。

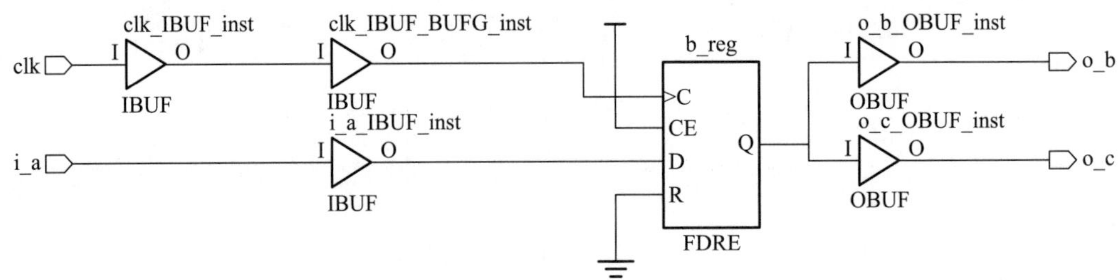

图 5.2.3 模块 ifblock1 的 RTL 分析结果

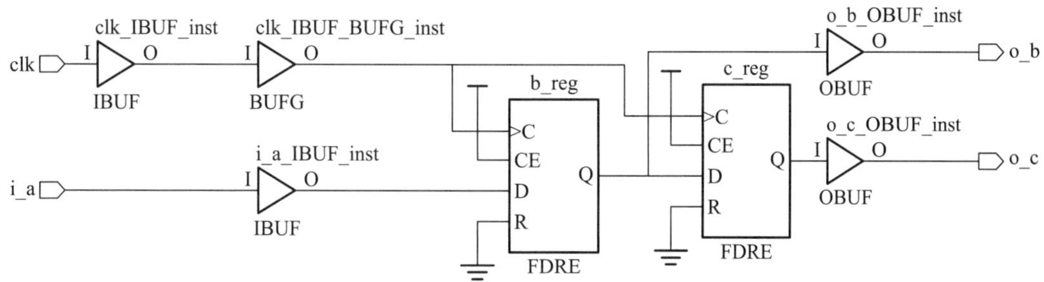

图 5.2.4 模块 ifblock2 的 RTL 分析结果

因此在时钟到来的时候,i_a 的值先赋值给 b,b 的值更新为 i_a,再将 b 的值赋值给 c。因此 c 和 b 的值是一样的,在进行 RTL 分析的时候就认为可以用 1 个寄存器 b_reg 实现了,两个输出 o_b 和 o_c 就是一样的寄存器 b_reg 的输出。

当采用非阻塞的时候,时钟来了,将 i_a 的值非阻塞的赋值给 b,同时,将 b 的值非阻塞的赋值给寄存器 c,因此寄存器 c 得到的是 b 的旧值,得到的电路是图 5.2.4 所示的移位寄存器的结构。

2. 条件语句

(1) 条件语句 if

if-else 语句用于判定所给条件是否满足,根据判定的结果(真或假)决定执行给出的两种操作之一。if-else 语句有以下 3 种形式。

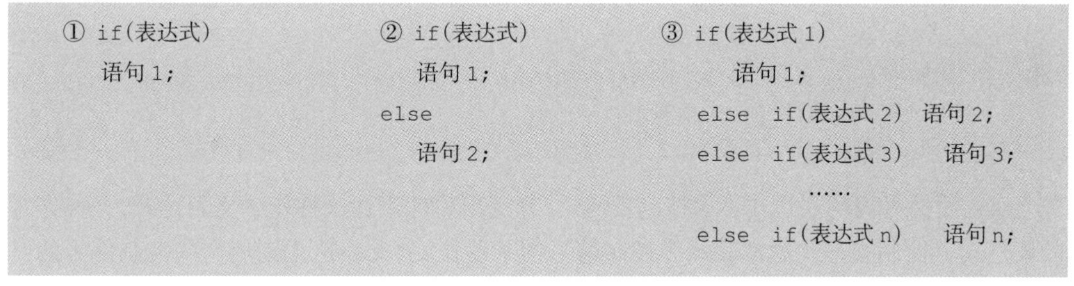

```
① if(表达式)          ② if(表达式)          ③ if(表达式 1)
     语句 1;               语句 1;                  语句 1;
                        else                    else  if(表达式 2)  语句 2;
                           语句 2;              else  if(表达式 3)   语句 3;
                                                          ......
                                                else  if(表达式 n)   语句 n;
```

如果语句有多条组成,则必须包含在 begin 和 end 之内。

3 种形式的 if 语句后面都有表达式,一般为逻辑表达式或关系表达式。当表达式的值为 1,按真处理,若为 0、x、z,按假处理。

else 语句不能单独使用,它是 if 语句的一部分。

if 和 else 后面都可以包含一个语句,也可以有多个语句。如果是多个语句,必须用 begin_end 将它们包含起来成为一个复合块语句。

if 语句可以嵌套,即 if 语句中可以再包含 if 语句,但是应该注意 else 总是与它上面的最近的 if 进行配对。

如果不希望 else 与最近的 if 配对，可以采用 begin 和 end 进行分割，例如：

```
if( )
 begin
   if( ) 语句 1 ;
 end
else
    语句 2 ;
```

这里的 else 与第一个 if 配对，因为第二个 if 被限制在了 begin 和 end 内部。

在设计的时候需要注意，如果只有 if 而没有 else，会生成无用的锁存器，因此最好配对使用。

(2) 分支选择语句 case

case 语句是一种多分支选择语句，if 只有两个分支可以选择，但是 case 可以直接处理多分支语句，这样程序看起来更直观简洁。case 语句有以下 3 种形式。

```
① case(表达式)      <case 分支项 >   endcase
② casex(表达式)     <case 分支项 >   endcase
③ casez(表达式)     <case 分支项 >   endcase
```

case 分支项的一般格式如下：

```
分支表达式:              语句;
默认项(default)         语句;
```

case 后括号内的表达式称为控制表达式，分支项后的表达式称作分支表达式，又称作常量表达式。控制表达式通常表示为控制信号的某些位，分支表达式则用这些控制信号的具体状态值来表示。当控制表达式和分支表达式的值相等时，就执行分支表达式后的语句。

default 项可有可无，一个 case 语句里只准有一个 default 项。每一个 case 的表达式必须各不相同，执行完 case 分支项的语句后，立即会跳出 case 块。

case 语句的所有表达式的值的位宽必须相等。

在 case 语句中，分支表达式每一位的值都是确定的（或者为 0，或者为 1）；

在 casez 语句中，若分支表达式某些位的值为高阻值 z，则不考虑对这些位的比较；

在 casex 语句中，若分支表达式某些位的值为 z 或不定值 x，则不考虑对这些位的比较。

在分支表达式中，可用“？”来标识 x 或 z。

表 5.2.11 为 case 语句真值表。

表 5.2.11 Verilog HDL 的 case 语句真值表

case	0 1 x z	casez	0 1 x z	casex	0 1 x z
0	**1 0 0 0**	0	**1 0 0 1**	0	**1 0 1 1**
1	**0 1 0 0**	1	**0 1 0 1**	1	**0 1 1 1**
x	**0 0 1 0**	x	**0 0 1 1**	x	**1 1 1 1**
z	**0 0 0 1**	z	**1 1 1 1**	z	**1 1 1 1**

程序实例 5.2.6 中，当输入的最低位即位 0 为 1 时，将输入 a 送到输出；当输入的位 1 为 1 时，将输入 b 送到输出；当输入的位 2 为 1 时，将输入 c 送到输出；当输入的最高位即位 3 为 1 时，将输入 d 送到输出。当任何输入发生变化的时候都会触发输出的变化，综合的结果是组合逻辑的多路复用器。

程序实例 5.2.6 case 语句实现多路复用器

```
module mux4to1(out,a,b,c,d,select);
      output out;
      input a,b,c,d;
      input[3:0] select;
      reg out; //该寄存器名称与输出信号 out 同名,实际将其输出送 out 端口
     always@ (select[3:0] or a or b or c or d)
     begin
         casex (select)
             4'b???1: out = a;
             4'b??1?: out = b;
             4'b?1??: out = c;
             4'b1???: out = d;
         endcase
     end
endmodule
```

使用 always 语句不一定非要综合成时序逻辑，在组合逻辑可以实现的时候，开发软件一样会综合成组合逻辑。

3. 循环语句

在 Verilog 中存在着 4 种类型的循环语句，用来控制执行语句的执行次数。这些语句在 C 语言中很常见，也是必须的，但在 FPGA 设计中，很难被综合，多用于仿真代码生成仿真激

励信号。

(1) forever 语句:连续执行的语句

格式:forever begin 语句块 end

forever 常用于仿真代码中,如程序实例 5.2.7 所示。

程序实例 5.2.7　forever 实现驱动波形

```
forever                                         【1】
begin
#10 clk=1;
#10 clk=0;
end
always #10 clk=~clk                                 【2】
```

程序实例 5.2.7 中【1】和【2】是等价的,都是产生 20 个时间单位的方波,占空比为 50%。至于仿真的时间单位,可以在系统中设置,也可以在仿真文件的开始加上。

'timescale 1ns / 1ps // 时间单位 1ns, 精度 1ps

(2) repeat 语句:连续执行 *n* 次的语句

格式:repeat(表达式) begin 语句块 end

其中“表达式”用于指定循环次数,可以是一个整数、变量或者数值表达式。如果是变量或者数值表达式,其数值只在第一次循环时得到计算,从而得到确定循环次数。repeat 语句也常用于仿真。

(3) while 语句:执行语句直至某个条件不满足

格式:while(表达式) begin 语句块 end

表达式是循环执行条件表达式,代表了循环体得到继续重复执行时必须满足的条件,通常是一个逻辑表达式。在每一次执行循环体之前,都需要对这个表达式是否成立进行判断。“语句块”代表了被重复执行的部分,可以为单句或多句。 while 语句在执行时,首先判断循环执行条件表达式是否为真,如果为真,执行后面的语句块, 然后再重新判断循环执行条件表达式是否为真,直到条件表达式不为真为止退出循环。因此,在执行语句中,必须有改变循环执行条件表达式的值的语句,否则循环就变成死循环。

(4) for 语句

for(表达式 1;表达式 2;表达式 3),即 for(循环变量赋初值;循环执行条件;循环变量增值)。例如 for(i=1; i<=6; i=i+1)。

如果要让系统能够综合,那么循环的次数一定是固定的。程序实例 5.2.8 实现了统计输入的 8 位数据中 1 的个数,每个时钟上升沿统计一次。

程序实例 5.2.8 使用 for 统计输入 8 位数据中 1 的个数

```
module cnt2(in,clk,cnt);
    output[3:0] cnt;
    input [7:0] in;
    input clk;
    reg[3:0] i;
    reg[3:0]  cnt;
    always@(posedge clk)
    begin
        cnt = 0;                         //cnt 初值为 0
        for (i=0;i<=7;i=i+1)              // 循环 8 次
        begin
            if(in[i]) cnt = cnt+1;  // 如果位 i 为 1,则 cnt 加 1
        end
    end
endmodule
```

一般来说,如果循环次数是不确定的,例如是 N 次循环,就不能够被综合。什么时候结束循环,跳出循环状态,应该用计数器对循环次数进行计数,并使用检测电路来判断是否应该结束循环,而不是单纯用循环语句来执行。Verilog HDL 中没有 break、countinue、go to 这些语句,也是这个道理。for 这种语句可以被综合,但它一定是循环次数固定的,才能是可以被综合的,即 Verilog HDL 语言表示的语句有实际电路可以对应。而且,Verilog HDL 追求的是生成电路最简单,而不是程序代码最简单,因为程序代码简单时电路可能更复杂,两者并没有必然的联系。因此能不使用循环语句尽量不使用。

下面的程序实例 5.2.9 使用 while 循环,而循环的次数是不定的,结果是没有综合成功。

程序实例 5.2.9 使用 while 统计输入 8 位数据中 1 的个数

```
module  cnt1 (in,clk,cnt );
        output[3:0] cnt;
        input [7:0] in;
        input clk;
        reg[3:0]  cnt;
        reg[7:0] temp;          // 用作循环执行条件表达式
        always @(posedge clk)
        begin
            cnt = 0;                    //cnt 初值为 0
```

```
                temp = in;     //  tempreg 初值为 rega
                while(temp>0)          // 若 tempreg 非 0,则执行以下语句
                begin
                    if(temp[0])cnt=cnt+1;  // 只要 tempreg 最低位为 1,则 count 加 1
                    temp=temp>>1;   // 右移 1 位
                end
            end
endmodule
```

因为输入的 temp 不定,如果输入的是 00000000,循环不会执行;而当输入的是 1xxxxxxx,那么要循环 8 次,因此综合失败。

VIVADO 给出的信息是:

//[Synth 8-3380] loop condition does not converge after 2000 iterations ["E:/provivado/bppro/p_LearnHDL/p_LearnHDL.srcs/sources_1/imports/new/cnt1.v":33]

迭代次数不定,无法设计电路实现。

而程序实例 5.2.8 使用 for 循环完成了综合,综合后的电路如图 5.2.5 所示。这是因为循

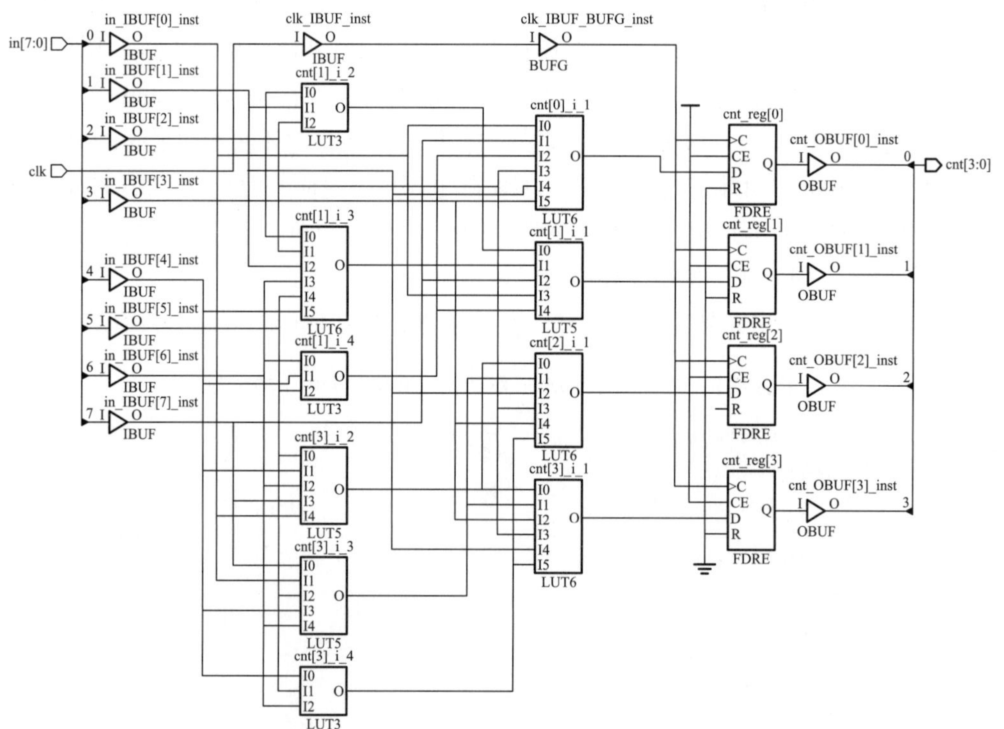

图 5.2.5 程序实例 5.2.8 使用 for 循环实现 1 的个数统计,综合后的电路

环次数是固定的,VIVADO 可以实现综合。

4. 结构说明语句

这里描述 initial 块、task 块、function 块。程序实例 5.2.10 为使用 initial 向寄存器变量赋予初值。

程序实例 5.2.10 使用 initial 向寄存器变量赋予初值

```
initial
begin
        b=0;c=0;
end;
```

task 和 function 语句分别用来由用户定义任务和函数。

任务和函数往往是大的程序模块中在不同地点多次用到的相同的程序段。

利用任务和函数可将一个很大的程序模块分解为许多较小的任务和函数,便于理解和调试。输入、输出和总线信号的值可以传入、传出任务和函数。

当希望能够对一些信号进行一些运算并输出多个结果(即有多个输出变量)时,宜采用任务结构。常常利用任务来帮助实现结构化的模块设计,将批量的操作以任务的形式独立出来,使设计简单明了。

任务就是一段封装在 task 和 endtask 之间的程序。任务是通过调用来执行的,而且只有在调用时才执行,如果定义了任务,但是在整个过程中都没有调用它,那么这个任务是不会执行的。调用某个任务时可能需要它处理某些数据并返回操作结果,所以任务应当有接收数据的输入端和返回数据的输出端。另外,任务可以彼此调用,而且任务内还可以调用函数。

在调用任务时,需要注意以下几点:

(1) 任务调用语句只能出现在过程块内;

(2) 任务调用语句和一条普通的行为描述语句的处理方法一致;

(3) 当调用输入、输出或双向端口时,任务调用语句必须包含端口名列表,且信号端口的顺序和类型必须和任务定义结构中的顺序和类型一致。需要说明的是,任务的输出端口必须和寄存器类型的数据变量对应。

程序实例 5.2.11 的代码使用了 task 来实现 1 位全加器,通过 RTL 分析查看结果,得到如图 5.2.6 所示的电路图。

程序实例 5.2.11 任务代码实例

```
module ADDER4 (A, B, CIN, S, COUT); //4 位加法器
input [3:0] A, B;          // 输入 4 位的 A 和 B
input CIN;                 // 进位输入
output [3:0] S;            //A 与 B 相加的和
output COUT;               // 进位输出
reg [3:0] S;               // 寄存器 S,S 的输出送引脚 S
reg COUT;                  // 寄存器 COUT,COUT 的输出送引脚 COUT
reg [1:0] S0, S1, S2, S3;  //2 位的寄存器变量 S0,S1,S2,S3
task ADD; // 定义任务,实现 1 位的加法
input A, B, CIN;
output [1:0] C;
reg [1:0] C;
reg S, COUT;
begin
S = A ^ B ^ CIN;
COUT = (A&B) | (A&CIN) | (B&CIN);
end
endtask
always @(A or B or CIN) begin // 当输入发生变化的时候
  ADD (A[0], B[0], CIN, S0);
  ADD (A[1], B[1], S0[1], S1);
  ADD (A[2], B[2], S1[1], S2);
  ADD (A[3], B[3], S2[1], S3);
  S = {S3[0], S2[0], S1[0], S0[0]};
  COUT = S3[1];
end
endmodule
```

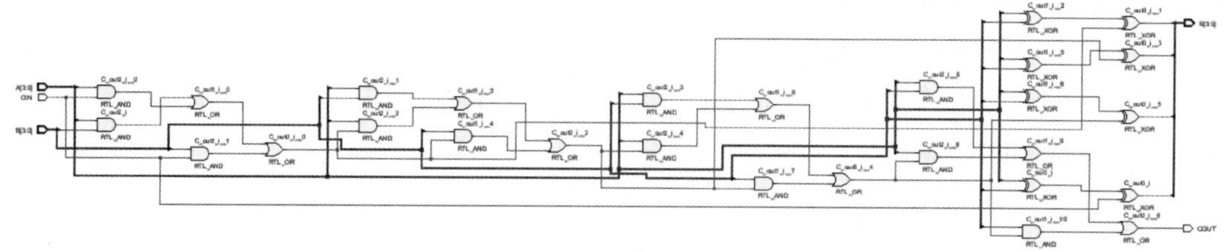

图 5.2.6 使用 task 实现 1 位全加器设计的 4 位加法器电路图

程序实例 5.2.12 的代码使用模块调用的方法实现 4 位加法器。

程序实例 5.2.12 使用模块调用方法实现的 4 位加法器代码

```
module ADD_1(A, B, CIN, S, COUT); //1 位加法模块
input A, B, CIN;
output S, COUT;
assign S=A^B^CIN;
assign COUT = (A&B) | (A&CIN) | (B&CIN);
endmodule
module ADDER_4 (A, B, CIN, S, COUT); //4 位加法器
input [3:0] A, B;          // 输入 4 位的 A 和 B
input CIN;                 // 进位输入
output [3:0] S;            //A 与 B 相加的和
output COUT;
wire[2:0] tem_c;
ADD_1 A1(.A(A[0]),.B(B[0]),.CIN(CIN),.S(S[0]),.COUT(tem_c[0]));
ADD_1 A2(.A(A[1]),.B(B[1]),.CIN(tem_c[0]),.S(S[1]),.COUT(tem_c[1]));
ADD_1 A3(.A(A[2]),.B(B[2]),.CIN(tem_c[1]),.S(S[2]),.COUT(tem_c[2]));
ADD_1 A4(.A(A[3]),.B(B[3]),.CIN(tem_c[2]),.S(S[3]),.COUT(COUT));
endmodule
```

使用模块调用的方法实现 4 位加法器的 RTL 分析电路图如图 5.2.7 所示。

对两种方式设计的 4 位加法器进行仿真,都得到了正确的仿真结果。仿真代码为程序实例 5.2.13。

程序实例 5.2.13 仿真代码

```
module SIM1(    );
reg [3:0] A,B;
reg CIN;
wire [3:0] S;
wire COUT;
ADDER_4 a(A,B,CIN,S,COUT);
initial
begin
   A=0;B=1;CIN=0;
end
```

```
always #10
begin
   A=A+1;
   B=B+1;
end;
endmodule
```

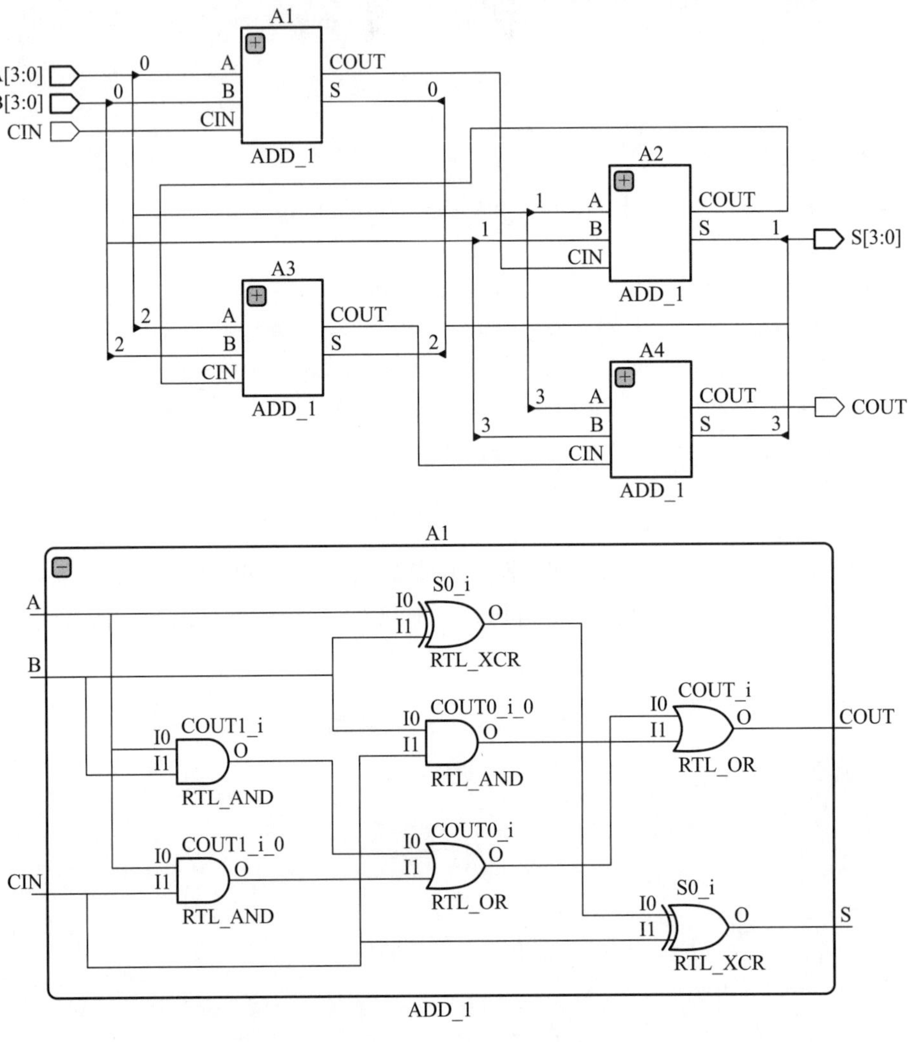

图 5.2.7　使用模块调用的方法实现的 4 位加法器的 RTL 分析电路图

4 位加法器进行仿真结果如图 5.2.8 所示。

和任务一样，Verilog HDL 的函数也是一段可以完成特定操作的程序，这段程序处于关

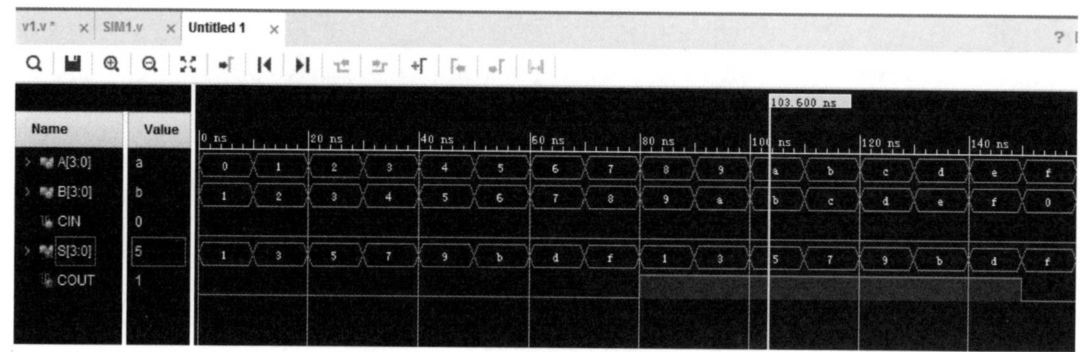

图 5.2.8 4 位加法器的仿真结果

键词 function 和 endfunction 之间。函数与任务的不同之处如下：

(1) 函数定义只能在模块中完成，不能出现在过程块中；

(2) 函数至少要有一个输入端口；不能包含输出端口和双向端口；

(3) 在函数结构中，不能使用任何形式的时间控制语句（#、wait 等），也不能使用 disable 中止语句；

(4) 函数定义结构体中不能出现过程块语句（always 语句）；

(5) 函数内部可以调用函数，但不能调用任务。

下面通过程序实例 5.2.14 理解函数的定义和调用，该程序实例仍然是实现 4 位全加器代码。

程序实例 5.2.14 使用模块调用方法实现的 4 位加法器代码

```
module ADDER_f4 (A, B, CIN, S, COUT); //4 位加法器使用函数
input [3:0] A, B;          // 输入 4 位的 A 和 B
input CIN;                 // 进位输入
output [3:0] S;            //A 与 B 相加的和
output COUT;               // 进位输出
wire [1:0] S0, S1, S2, S3;  //2 位的寄存器变量 S0,S1,S2,S3
function [1:0] ADD; // 定义函数,实现 1 位的加法,返回值是 2 位的
input A, B, CIN;
reg S, COUT;
begin
S =A^B^CIN;
COUT=(A&B)|(A&CIN)|(B&CIN);
ADD={COUT,S}; // 函数的返回值,与函数名相同的名称
end
endfunction
```

```
assign S0=ADD(A[0], B[0], CIN);
assign S1=ADD(A[1], B[1], S0[1]);
assign S2=ADD(A[2], B[2], S1[1]);
assign S3=ADD(A[3], B[3], S2[1]);
assign S = {S3[0], S2[0], S1[0], S0[0]};
assign COUT = S3[1];
endmodule
```

代码仿真通过,RTL 分析结果和使用任务相同。对于初学者,建议仍优先使用模块。

5. 编译预处理语句

“编译预处理”是 Verilog HDL编译系统的一个组成部分。编译预处理语句以西文符号“'”开头。在编译时,编译系统先对编译预处理语句进行预处理,然后将处理结果和源程序一起进行编译。以下为常见的编译预处理语句:

'define add1 ina+inb // 在编译预处理的时候将宏名 add1 替换为 ina+inb

'include “v1.v” // 本文件包含了 v1.v 的全部

'timescale 1ns / 1ps // 仿真的时间延时单位是 1ns,而精度是 1ps

Verilog HDL 的内容告一段落。实践是掌握语言的最好工具,下面进入组合逻辑和时序逻辑电路的设计实践部分。

5.3 组合电路设计实例

5.3.1 译码器设计

3–8 译码器 74×138 的真值表如表 5.3.1 所示。

表 5.3.1 3–8 译码器 74×138 的真值表

输入						输出							
g_1	g_{2a}_l	g_{2b}_l	a_2	a_1	a_0	y_0_l	y_1_l	y_2_l	y_3_l	y_4_l	y_5_l	y_6_l	y_7_l
0	∅	∅	∅	∅	∅	**1**	**1**	**1**	**1**	**1**	**1**	**1**	**1**
∅	**1**	∅	∅	∅	∅	**1**	**1**	**1**	**1**	**1**	**1**	**1**	**1**
∅	∅	**1**	∅	∅	∅	**1**	**1**	**1**	**1**	**1**	**1**	**1**	**1**
1	**0**	**0**	**0**	**0**	**0**	**0**	**1**	**1**	**1**	**1**	**1**	**1**	**1**
1	**0**	**0**	**0**	**0**	**1**	**1**	**0**	**1**	**1**	**1**	**1**	**1**	**1**
1	**0**	**0**	**0**	**1**	**0**	**1**	**1**	**0**	**1**	**1**	**1**	**1**	**1**

续表

输入						输出							
g_1	g_{2a}_l	g_{2b}_l	a_2	a_1	a_0	y_0_l	y_1_l	y_2_l	y_3_l	y_4_l	y_5_l	y_6_l	y_7_l
1	**0**	**0**	**0**	**1**	**1**	**1**	**1**	**1**	**0**	**1**	**1**	**1**	**1**
1	**0**	**0**	**1**	**0**	**0**	**1**	**1**	**1**	**1**	**0**	**1**	**1**	**1**
1	**0**	**0**	**1**	**0**	**1**	**1**	**1**	**1**	**1**	**1**	**0**	**1**	**1**
1	**0**	**0**	**1**	**1**	**0**	**1**	**1**	**1**	**1**	**1**	**1**	**0**	**1**
1	**0**	**0**	**1**	**1**	**1**	**1**	**1**	**1**	**1**	**1**	**1**	**1**	**0**

新建一个 v74 × 138.v 文件，根据表 5.3.1 编写译码器的实现代码如程序实例 5.3.1 所示。

程序实例 5.3.1 译码器的实现代码

```
module v74x138(g1,g2a_l,g2b_l,a,y_l);
input g1,g2a_l,g2b_l;
input [2:0] a;
output [7:0] y_l;
reg [7:0] y_l=0;
always @ (g1 or g2a_l or g2b_l or a)
begin
      if (g1 && ~g2a_l && ~g2b_l)
      case (a)
           7:y_l=8'b01111111;
           6:y_l=8'b10111111 ;
           5:y_l=8'b11011111;
           4:y_l=8'b11101111;
           3:y_l=8'b11110111;
           2:y_l=8'b11111011;
           1:y_l=8'b11111101;
           0:y_l=8'b11111110;
           default:y_l=8'b11111111;
      endcase
      else
           y_l=8'b11111111;

end
endmodule
```

程序实例代码中定义了模块 v74×138，三个使能输入 g1,g2a_l,g2b_l 都是一位的。输入 a 是编码输入端。输出 y_l 是 8 位的低有效的输出。

定义了一个和输出端口 y_l 同名字的 8 位的寄存器变量 y_l，将寄存器变量 y_l 的输出送到 y_l 端口。

程序实例 5.3.1 代码中 always 块语句所在行表示当有任何一个输入发生变化的时候，都要触发 always 块内的逻辑。注意 always 块语句并不一定必须生成时序逻辑，在这里就会生成组合逻辑，因为这里并没有时钟驱动，always 块语句内的代码描述的是在输入变化的情况下，输出要发生怎样的变化，所以会用组合逻辑实现。

代码中 if 所在的行的条件判断语句能够判断使能是否有效，如果使能无效，那么输出 y_l 为全 1。如果使能有效，进入 case 语句。在 case 语句中，根据输入 a 的值决定输出 y_l 的取值。这里的取值和功能表完全对应。

译码器设计完成后，进行仿真验证，编写仿真代码如程序实例 5.3.2 所示。

程序实例 5.3.2　译码器的仿真代码

```
'timescale 1ns / 1ps
module sim1;
reg g1;
reg g2a_l;
reg g2b_l;
reg [2:0] a;
wire [7:0] y_l;
v74x138 uut (g1, g2a_l, g2b_l, a, y_l);
initial begin
  g1 = 0;
  g2a_l = 0;
  g2b_l = 0;
  a = 0;
  #100;
  g1 = 1;
  g2a_l = 0;
  g2b_l = 0;
end
   always # 100 a=a+1;
endmodule
```

译码器 v74×138 仿真结果如图 5.3.1 所示。从仿真结果可见，当使能无效时，输出都无效。使能有效的时候，译码结果正确。

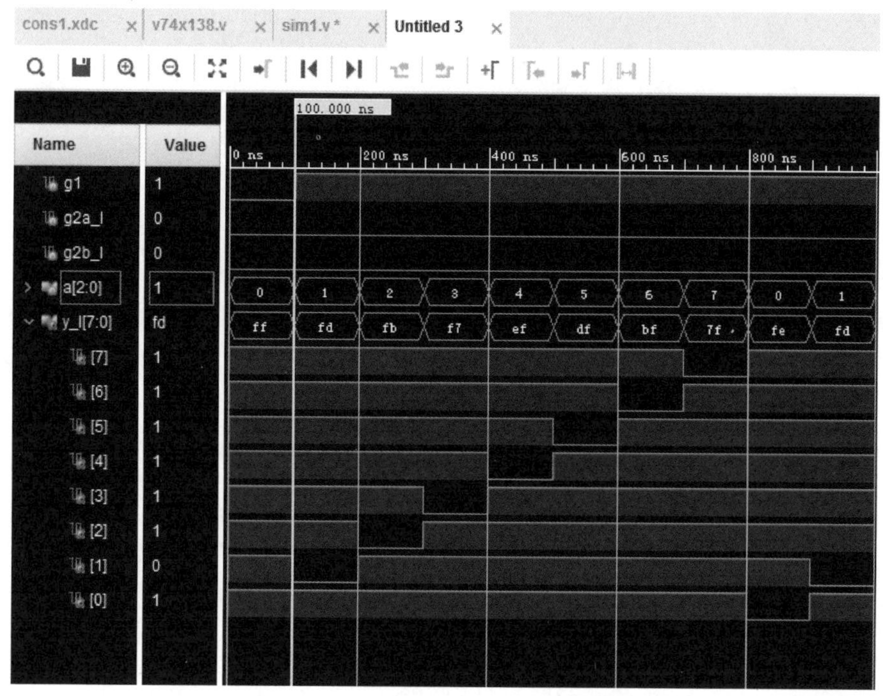

图 5.3.1 译码器 v74×138 仿真结果

之后，可以使用实验电路板进行验证。设置工程芯片与实验板的芯片 xc7a35tftg256-1 相同，编写约束文件以对应所做的 v74×138 模块与 FPGA 的引脚之间的对应关系。根据附录的引脚功能说明，使用拨码开关作为输入，使用 LED 作为输出。编写译码器的约束文件如程序实例 5.3.3 所示。

程序实例 5.3.3 译码器的约束文件

```
## Switches
set_property PACKAGE_PIN P5 [get_ports g1]
set_property IOSTANDARD LVCMOS33 [get_ports g1]
set_property PACKAGE_PIN P6 [get_ports g2a_l]
set_property IOSTANDARD LVCMOS33 [get_ports g2a_l]
set_property PACKAGE_PIN R6 [get_ports g2b_l]
set_property IOSTANDARD LVCMOS33 [get_ports g2b_l]
set_property PACKAGE_PIN T7 [get_ports {a[2]}]
```

```
set_property IOSTANDARD LVCMOS33 [get_ports {a[2]}]
set_property PACKAGE_PIN T8 [get_ports {a[1]}]
set_property IOSTANDARD LVCMOS33 [get_ports {a[1]}]
set_property PACKAGE_PIN T9 [get_ports {a[0]}]
set_property IOSTANDARD LVCMOS33 [get_ports {a[0]}]
##led
set_property PACKAGE_PIN P9 [get_ports {y_l[0]}]
set_property PACKAGE_PIN R8 [get_ports {y_l[1]}]
set_property PACKAGE_PIN R7 [get_ports {y_l[2]}]
set_property PACKAGE_PIN T5 [get_ports {y_l[3]}]
set_property PACKAGE_PIN N6 [get_ports {y_l[4]}]
set_property PACKAGE_PIN T4 [get_ports {y_l[5]}]
set_property PACKAGE_PIN T3 [get_ports {y_l[6]}]
set_property PACKAGE_PIN T2 [get_ports {y_l[7]}]
set_property IOSTANDARD LVCMOS33 [get_ports {y_l[0]}]
set_property IOSTANDARD LVCMOS33 [get_ports {y_l[1]}]
set_property IOSTANDARD LVCMOS33 [get_ports {y_l[2]}]
set_property IOSTANDARD LVCMOS33 [get_ports {y_l[3]}]
set_property IOSTANDARD LVCMOS33 [get_ports {y_l[4]}]
set_property IOSTANDARD LVCMOS33 [get_ports {y_l[5]}]
set_property IOSTANDARD LVCMOS33 [get_ports {y_l[6]}]
set_property IOSTANDARD LVCMOS33 [get_ports {y_l[7]}]
```

set_property PACKAGE_PIN P5 [get_ports g1] 表示将 P5 引脚和模块的使能端 g1 相对应。查看附录中的表 1 可知，P5 引脚连接的是拨码开关 SW5。当 SW5 拨动到高位的时候，g1 获得高电平。

视频 5.3.1

set_property IOSTANDARD LVCMOS33 [get_ports g1] 表示 g1 引脚的电平标准是 LVCMOS，高电平是 3.3V。

之后经过综合、实现、生成比特流文件，下载到实验板进行验证，结果正确。

5.3.2 使用译码器实现逻辑函数

假设多数表决器的三个输入分别是 a、b、c，输出是 f。根据问题的描述，当输入有 2 个以上的 **1** 的时候，输出为 **1**。填写真值表，可以得到最小项表达式 $f=\sum_{abc}(3,5,6,7)$。

使用 v74×138 可以实现任何 3 变量的逻辑函数，使用 v74×138 实现多数表决器的真值表和电路图如图 5.3.2 所示。

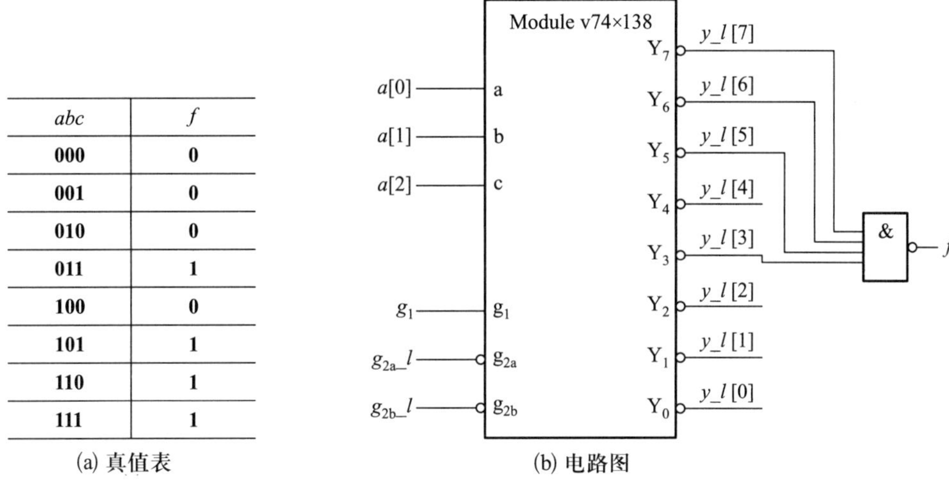

abc	f
000	0
001	0
010	0
011	1
100	0
101	1
110	1
111	1

(a) 真值表 (b) 电路图

图 5.3.2 使用 v74 × 138 实现多数表决器的真值表和电路图

新建工程，源文件如程序实例 5.3.4 所示，设计模块 dsbjq，输入为 a、b、c，输出为 f。

调用模块 v74 × 138，将使能端赋值为全部有效(1,0,0)，模块的输入 a[2:0] 连接到 cba。使用 assign 语句实现 f=(y_l[7]y_l[6]y_l[5]y_l[3])′。

程序实例 5.3.4 调用 138 模块实现多数表决器的源文件

```
module dsbjq_useip(input  a,input b,input c, output f);
wire[7:0] y_l;
assign f=~(y_l[7]&y_l[6]&y_l[5]&y_l[3]);
v74x138_0 uut_0(
  .g1(1),
  .g2a_l(0),
  .g2b_l(0),
  .a({c,b,a}),
  .y_l(y_l)
);
endmodule
```

仿真文件如程序实例 5.3.5 所示。

程序实例 5.3.5 多数表决器仿真文件

```
'timescale 1ns / 1ps
module sim1;
```

```
        reg a,b,c;
        wire f;
        dsbjq_useip uut( a,b,c,f );                        【1】
         initial begin
               a=0;b=0;c=0;
          end
          always #10 {a,b,c}={a,b,c}+1;
   endmodule
```

仿真结果如图5.3.3所示。

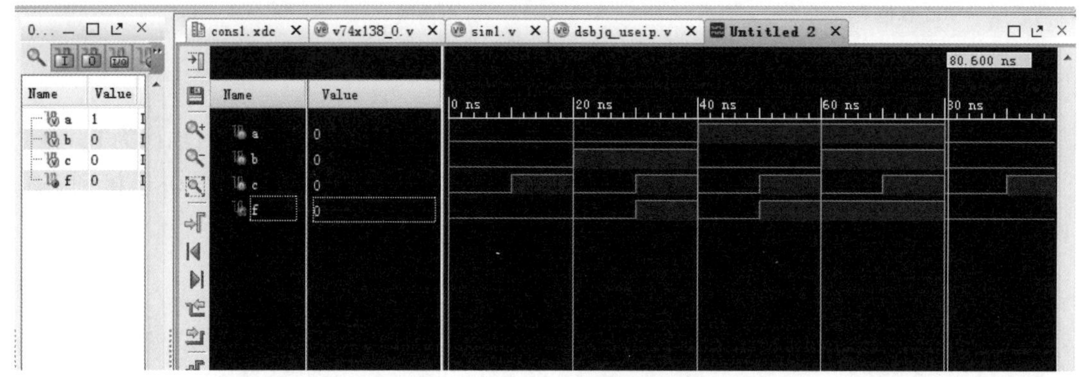

图5.3.3　多数表决器仿真结果

编写约束文件,使用LED作为输出,使用三位拨码开关做为输入。综合、实现、生成比特流文件后下载到实验板可以进行验证。如果不使用语言来编写,在ISE或VIVADO下都可以使用直接绘制框图工具进行开发,但是效率较低。

以上使用Verilog HDL实现了组合逻辑的设计。下一小节将使用Verilog HDL实现时序逻辑电路的设计。

5.4　时序逻辑电路设计实例

本节的内容包含最常用的时序逻辑电路计数器和移位寄存器的Verilog HDL语言设计。

5.4.1　同步计数器 74×163 的实现

最常用的一种 MSI 计数器是图 5.4.1 所示的 4 位二进码同步加法计数器 74×163。74×163 的功能表如表 5.4.1 所示，它具有低电平有效 (active-low) 的清零输入信号 *clr_l* 和置数输入信号 *ld_l*，高电平有效 (active-high) 的使能输入信号 *ent* 和 *enp*。

从功能表可以看出，*clr_l* 的优先级最高，只要它有效，74×163 在时钟上升沿直接清零；只有 *clr_l* 无效而 *ld_l* 有效时输入端才能实现置数功能。当 *clr_l* 和 *ld_l* 均无效时，可由 *enp* 和 *ent* 对 74×163 进行使能，*rco* 为进位输出，当 *q*[0]、*q*[1]、*q*[2]、*q*[3] 的值均为 **1** 且 *ent* 有效时，*rco*=**1**。

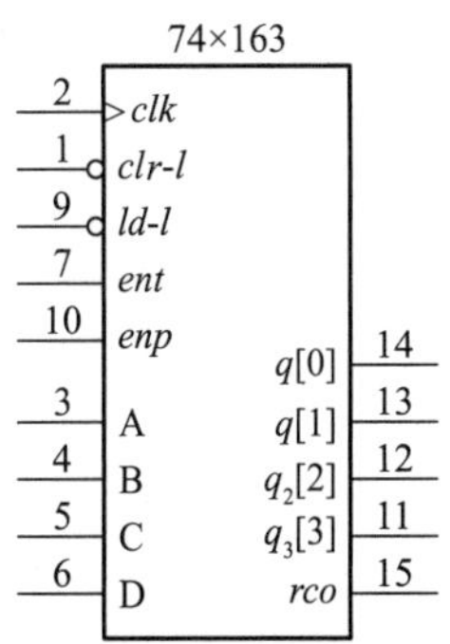

图 5.4.1　74×163 的逻辑符号

表 5.4.1　74×163 功能表

clk	*clr_l*	*ld_l*	*enp*	*ent*	工作状态
↑	**0**	×	×	×	同步清零
↑	**1**	**0**	×	×	同步置数
×	**1**	**1**	**0**	×	保持
×	**1**	**1**	×	**0**	保持，*rco*=**0**
↑	**1**	**1**	**1**	**1**	计数

根据 74×163 的功能描述，新建工程，编写 Verilog HDL 文件 p74×163.v 如程序实例 5.4.1 所示。

程序实例 5.4.1　p74×163.v 程序实例

```
module p74x163(clk,clr_l,ld_l,enp,ent,d,q,rco);
input clk,clr_l,ld_l,enp,ent;
input[3:0] d;
output [3:0] q;
output rco;
reg [3:0] q=0;
reg rco=0;
always @ (posedge clk)
begin
   if (clr_l==0)  q<=0;
```

```
      else if (ld_l==0) q<=d;
      else if ((enp==1) && (ent==1)) q<=q+1;
      else q<=q;
   end
   always @ (q or ent)
   begin
      if ((ent==1) && (q==15)) rco=1;
      else rco=0;
   end
```

程序实例5.4.1描述了p74×163的功能，第一个always块使用if语句描述了在时钟的驱动下，只要清零有效，执行清零。否则，如果置数有效，执行装载；如果使能有效则计数，将q加1，使能无效将q保持。

第二个always块描述了*rco*的设置，当*ent*有效并且计数值为**1111**的时候，*rco*为**1**，否则*rco*为**0**。

代码保存后执行综合，如果综合成功，编写仿真文件如程序实例5.4.2所示。

程序实例5.4.2　仿真文件

```
'timescale 1ns / 1ps
module sim1;
   reg clk=0;
   reg clr_l=1;
   reg ld_l=1;
   reg enp=1;
   reg ent=1;
   reg[3:0] d=0;
   wire [3:0] q=0;
    wire rco;
    p74x163 uut(clk,clr_l,ld_l,enp,ent,d,q,rco);
    always # 10 clk=~clk;
endmodule
```

视频5.4.1

之后执行仿真，结果如图5.4.2所示。

由结果可知，在时钟的上升沿，触发器的状态发生变化，计数值递增，当计数值为**1111**时*rco*有效。

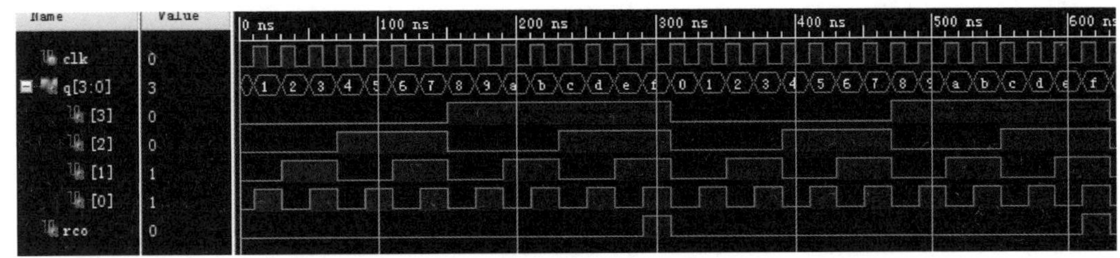

图 5.4.2 p74×163 工作于自由运行模式仿真结果

5.4.2 移位寄存器 74×194 的实现

共用一个时钟输入信号的多个触发器组合在一起就称为寄存器。移位寄存器 (shift registers) 除了具有存储的功能之外,还具有移位功能,寄存器里存储的代码能在移位脉冲的作用下依次左移(left shift)或右移 (right shift)。

本小节使用 Verilog HDL 实现的移位寄存器是 74×194。

图 5.4.3 所示为 74×194 的逻辑符号及功能表。移位寄存器 74×194 在输入 *s*[1]*s*[0] 的作用下,实现保持、左移、右移和装载功能。另外,还可清零。

(a) 逻辑符号

功能	输入			下一状态			
	clr_l	*s*[1]	*s*[0]	*q*[3]	*q*[2]	*q*[1]	*q*[0]
清零	**0**	×	×	**0**	**0**	**0**	**0**
保持	**1**	**0**	**0**	*q*[3]	*q*[2]	*q*[1]	*q*[0]
右移	**1**	**0**	**1**	*rin*	*q*[3]	*q*[2]	*q*[1]
左移	**1**	**1**	**0**	*q*[2]	*q*[1]	*q*[0]	*lin*
装载	**1**	**1**	**1**	*d*[0]	*d*[1]	*d*[2]	*d*[3]

(b) 功能表

图 5.4.3 74×194 元件符号及功能表

新建工程 p_74×194, 新建文件 p74×194.v 代码如程序实例 5.4.3 所示。

程序实例 5.4.3 p74x194.v 代码

```
module p_74x194(clk,clr_l,rin,lin,s,d,q );
input clk,clr_l,rin,lin;
input [1:0] s;
input [3:0] d;
```

```
output [3:0] q;
reg [3:0] q;
always @ (posedge clk or negedge clr_l)
   if (clr_l==0) q<=0;
   else case (s)
          0:q<=q;              //保持
       1:q<={rin,q[3:1]};      //右移
       2:q<={q[2:0],lin};      //左移
       3:q<=d;                 //装载
          default q<=8'bx ;
   endcase
endmodule
```

这里的清零是不需要时钟同步的,是异步清零。因此always块中的敏感信号包含了清零信号的下降边沿(negedge clr_l),只要清零信号有效就进行清零。如果清零无效,此时是时钟的上升边沿触发,则使用case语句根据s的值决定是保持、右移、左移或装载。

作　业

1. 编写模块实现2输入**与非**门NAND2。调用NAND2模块实现4输入**与**门。
2. 编写模块实现4位2进制数转格雷码。
3. 编写模块实现逻辑函数$f=\sum_{ABCD}(0,3,5,6,11,12)$。
4. 使用case语句,编写模块实现4位BCD码转2421码。
5. 使用for循环,实现判断输入的8位二进制数中**1**的个数。
6. 编写模块实现8选1的多路选择器。输入为8位的D,3位选择输入S,输出为1位的Y。当S的值为n的时候,输出$Y=Dn$。
7. 使用Verilog HDL语言编写模块实现32位的计数器,要求可以向上或向下计数,同步清零。当向上计数,计数值为0xFFFFFFFF时,rco为**1**。当向下计数,计数值为**0**时,rco为**1**。
8. 使用Verilog HDL语言编写模块实现比较器74×85,并使用该模块实现12位二进制数的比较。
9. 输入时钟是50 MHz,要求编写Verilog HDL实现分频,输出1 kHz及200 Hz的时钟信号。
10. 编写1位全加器模块。之后要求设计时序逻辑电路,使用设计好的1个1位全加

器及触发器或锁存器，实现串行输入串行输出的32位加法。时钟频率为10 MHz。

11. 编写代码实现1,2,3,5,7序列发生器，序列的每一位的输出时间是1 ms，模块有1个50 MHz的时钟输入。

12. 某模块有1个串行输入，每1 ms输入一位，模块有一个50 MHz时钟输入。编写代码实现当输入序列为**11001**时输出1 ms的高电平。

13. 系统有100 MHz的时钟输入。编写模块实现接收1 MHz输入的串行信号，每接收8位信号，将这8位中的**1**的个数输出。

14. 已知有设备A，设备A有2个串行输出端口X和Y，有1路时钟信号输出端口C_1，1路同步信号C_2。设备A将2个8位二进制数分别串行送出到X和Y，先送低位，并且在每个C_1的上升沿改变X和Y的值。当且仅当发送位0的时候，C_2为高电平。现在设计接收模块B接收设备A的输出，并在每接收8位的数据后，计算接收到的两个8位数的和，并送到9位的端口OUT。使用Verilog HDL实现模块B，并进行仿真验证。

15. 编写代码实现乘法器模块和加法器模块，进而调用乘法器和加法器模块实现$Y=\sum X_iY_i(i=0\sim15)$，并进行仿真验证。

单元测验

一、选择题

1. 大规模可编程逻辑器件主要有FPGA和CPLD两类，下列对FPGA结构原理描述正确的是(　　)。

A. FPGA全称为复杂可编程逻辑器件

B. FPGA是基于乘积项结构的可编程逻辑器件

C. 基于SRAM的FPGA器件，在每次上电后必须进行一次配置

D. FPGA基于LUT结构，上电下载程序，掉电后程序不丢失

2. 关于Verilog语言与C语言的区别，下面描述不正确的是(　　)。

A. Verilog语言可实现并行计算，C语言只是串行计算

B. Verilog语言源于C语言，包括它的逻辑和延迟

C. Verilog语言可以描述电路结构，C语言仅仅描述算法

D. Verilog语言可以编写测试向量进行仿真和测试

3. Inout端口可以定义成下列哪种数据类型？(　　)

A. net类型　　B. reg类型

C. reg或net类型　　D. 整数类型

4. 下列数组描述中不正确的代码是(　　)。

A. Integer a [3:0]　　B. reg b [8:0]

C. integer c[4:0][0:63]　　D. reg[8*8] d

5. 下列描述中采用时钟 clk 正边沿触发且 rst 异步低电平复位的代码描述是(　　)。

A. always @ (posedge clk, negedge rst)

　if (rst)

B. always @ (posedge clk, rst)

　if (!rst)

C. always @ (posedge clk, negedge rst)

　if (!rst)

D. always @ (negedge clk, posedge rst)

　if (rst)

二、填空题

1. IEEE 标准的硬件描述语言是________和________。

2. 写出你所知道的可编程逻辑器件(至少两种):________________。

3. 假定某 4 比特位宽的变量 a 的值为 4'b1101,计算下列运算表达式的值:

&a =________ ; ~a =________ ; {2{a}} = ________;

{a[2:0],a[3]} =________;!a =________;(a<4'd3) || (a>=a) =________。

4. 写出图题 5.2.4 所示电路对应的输入输出逻辑功能。

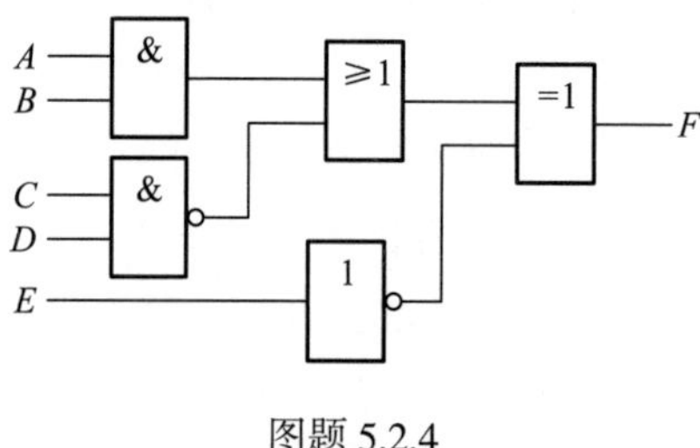

图题 5.2.4

5. 根据图题 5.2.5 中端口模型表达的输入输出关系将 Verilog 模块定义补充完整,其中信号 F 为 8 比特宽度,其余信号为 1 比特宽度。

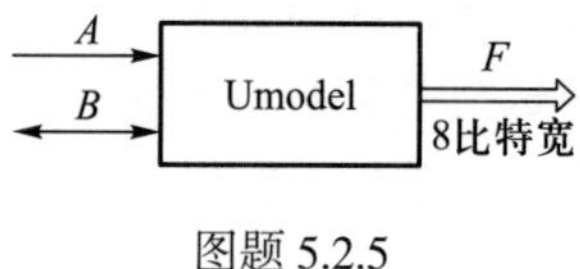

图题 5.2.5

```
module Umodel (          ) ;
               F;
input          A;
               C;
……
endmodule;
```

三、设计题

1. 设计一个 3–8 译码器，规定模块定义为 module decoder3_8 (y, d, en)，其中 y 为译码器的输出，d 为译码器的输入，en 为译码器的使能输入，高电平有效。要求：写出 3–8 译码器完整的 Verilog 设计程序。

2. 用 Verilog 设计一个模 10 计数器，规定模块定义为 module counter10(dout,clr,clk)，其中 clk 为时钟输入，clr 为同步清零输入，低电平有效，dout 为计数器输出。写出模 10 计数器的 Verilog 设计程序和测试程序。

第 5 章　答案

附录　实验板资源

实验板的主要信息如下：

FPGA: xc7a35tftg256–1,FTG256 脚。具备 33 280 个逻辑单元、5 200 个 SLICE、41 600 个触发器。可以分配 400 kbit 的分布式 RAM，具有 50 个 36 kbit 的 BRAM(1 800 kbit)。另外具备 Artix–7 系列都具有的 XADC 及 DSP 功能，支持 DDR3、高达 16 路 6.6 GHz 收发器、930 GMAC、1.2 Gbit/s LVDS 。

该实验板具备以下功能和接口。

(1) 6 位数码管。

(2) 12 位 LED。

(3) 4×4 行列按键。

(4) 串口转 USB，可通过 USB 线连接电脑实现异步串行通信。

(5) 1 个 VGA 接口。

(6) 24 位独立的 I/O 接口引出。

(7) 4 路差分或 4 路单端输入的 ADC 接口。

(8) 2 路 DAC 输出。

(9) 1 个 JTAG 调试和下载接口，1 个 MacroUSB 供电接口。通过 USB 可直接连接到电脑供电和下载、调试。

(10) 采用 64 Mbit 的 S25FL064 作为 Flash 存储器，用于对 FPGA 通过 SPI×4 接口进行配置。

口袋实验板正面和背面照片如图附 5.1 和图附 5.2 所示。实验板管脚按功能分配表如

图附 5.1　口袋实验板正面照片

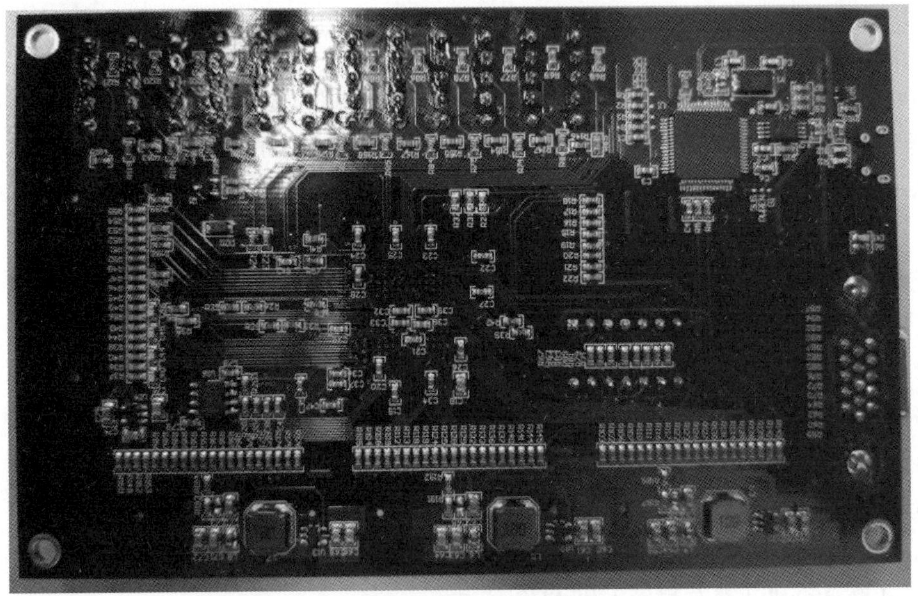

图附 5.2　口袋实验板背面照片

表附 5.1 所示。

表附 5.1 实验板管脚按功能分配表

功能	引脚	名称	类型	方向	备注
CLK	D4	Global Clock	IO/MRCC	输入	全局时钟输入
Buzzer	L2	Buzzer Driver	IO	输出	蜂鸣器驱动
LED	P9	LED0	IO	输出	高有效
	R8	LED1	IO	输出	高有效
	R7	LED2	IO	输出	高有效
	T5	LED3	IO	输出	高有效
	N6	LED4	IO	输出	高有效
	T4	LED5	IO	输出	高有效
	T3	LED6	IO	输出	高有效
	T2	LED7	IO	输出	高有效
	R1	LED8	IO	输出	高有效
	G5	LED9	IO	输出	高有效
	H3	LED10	IO	输出	高有效
	E3	LED11	IO	输出	高有效
拨码开关	T9	SW0	IO	输入	
	T8	SW1	IO	输入	
	T7	SW2	IO	输入	
	R6	SW3	IO	输入	
	P6	SW4	IO	输入	
	R5	SW5	IO	输入	
	P4	SW6	IO	输入	
	R3	SW7	IO	输入	
	R2	SW8	IO	输入	
	N4	SW9	IO	输入	
	H4	SW10	IO	输入	
	F3	SW11	IO	输入	
4×4 矩阵键盘	R10	ROW1	IO	输入 / 输出	行线 1
	P10	ROW2	IO	输入 / 输出	行线 2
	M6	ROW3	IO	输入 / 输出	行线 3
	K3	ROW4	IO	输入 / 输出	行线 4

续表

功能	引脚	名称	类型	方向	备注
4×4 矩阵键盘	T10	COL1	IO	输入 / 输出	列线 1
	R11	COL2	IO	输入 / 输出	列线 2
	T12	COL3	IO	输入 / 输出	列线 3
	R12	COL4	IO	输入 / 输出	列线 4
数码管	N11	DIG0	IO	输出	位码 0
	N14	DIG1	IO	输出	位码 1
	N13	DIG2	IO	输出	位码 2
	M12	DIG3	IO	输出	位码 3
	H13	DIG4	IO	输出	位码 4
	G12	DIG5	IO	输出	位码 5
	P11	A	IO	输出	段码 0
	N12	B	IO	输出	段码 1
	L14	C	IO	输出	段码 2
	K13	D	IO	输出	段码 3
	K12	E	IO	输出	段码 4
	P13	F	IO	输出	段码 5
	M14	G	IO	输出	段码 6
	L13	DP	IO	输出	段码 7
VGA	F5	vgaRed[0]	IO	输出	红色位 0
	F4	vgaRed[1]	IO	输出	红色位 1
	M16	vgaRed[2]	IO	输出	红色位 2
	M15	vgaRed[3]	IO	输出	红色位 3
	R16	vgaBlue[0]	IO	输出	蓝色位 0
	T15	vgaBlue[1]	IO	输出	蓝色位 1
	P14	vgaBlue[2]	IO	输出	蓝色位 2
	T14	vgaBlue[3]	IO	输出	蓝色位 3
	N16	vgaGreen[0]	IO	输出	绿色位 0
	P15	vgaGreen[1]	IO	输出	绿色位 1
	P16	vgaGreen[2]	IO	输出	绿色位 2
	R15	vgaGreen[3]	IO	输出	绿色位 3
	R13	Hsync	IO	输出	水平同步信号
	T13	Vsync	IO	输出	垂直同步信号

续表

功能	引脚	名称	类型	方向	备注
串口	F12	TXD	IO	输出	数据发送
	F13	RXD	IO	输入	数据接收
DAC (TLC7528)	H1	$\overline{\text{WR}}$	IO	输出	写使能,低有效
	H2	$\overline{\text{CS}}$	IO	输出	片选,低有效
	J3	$\overline{\text{DACA}}$/DACB	IO	输出	数据选通输入: 低:DACA,高:DACB
	G1	DB0	IO	输出	DAC 数据 data0
	G2	DB1	IO	输出	DAC 数据 data1
	F2	DB2	IO	输出	DAC 数据 data2
	E1	DB3	IO	输出	DAC 数据 data3
	L3	DB4	IO	输出	DAC 数据 data4
	K1	DB5	IO	输出	DAC 数据 data5
	K2	DB6	IO	输出	DAC 数据 data6
	J1	DB7	IO	输出	DAC 数据 data7
模数转换 (JD 插座)	VOB	DACB Output		输出	DACB 输出
	VOA	DACA Output		输出	DACA 输出
	B2	XADC1P	AD14P	输入	JD_3,模拟输入通道 14 高
	A2	XADC1N	AD14N	输入	JD_4,模拟输入通道 14 低
	C1	XADC2P	AD7P	输入	JD_3,模拟输入通道 7 高
	B1	XADC2N	AD7N	输入	JD_4,模拟输入通道 7 低
	C3	XADC3P	AD6P	输入	JD_5,模拟输入通道 6 高
	C2	XADC3N	AD6N	输入	JD_6,模拟输入通道 6 低
	E2	XADC4P	AD15P	输入	JD_7,模拟输入通道 15 高
	D1	XADC4N	AD15N	输入	JD_8,模拟输入通道 15 低
JD 插座	M4	自定义	自定义	自定义	JD_9
	L4	自定义	自定义	自定义	JD_10
	N3	自定义	自定义	自定义	JD_11
	M1	自定义	自定义	自定义	JD_12
	M2	自定义	自定义	自定义	JD_13
	N1	自定义	自定义	自定义	JD_14
	N2	自定义	自定义	自定义	JD_15
	P1	自定义	自定义	自定义	JD_16
	P3	自定义	自定义	自定义	JD_17
	P5	自定义	自定义	自定义	JD_18

续表

功能	引脚	名称	类型	方向	备注
JC插座	A3	自定义	自定义	自定义	JC_1
	D3	自定义	自定义	自定义	JC_2
	B4	自定义	自定义	自定义	JC_3
	A4	自定义	自定义	自定义	JC_4
	B5	自定义	自定义	自定义	JC_5
	A5	自定义	自定义	自定义	JC_6
	B6	自定义	自定义	自定义	JC_7
	B7	自定义	自定义	自定义	JC_8
	A7	自定义	自定义	自定义	JC_9
	C4	自定义	自定义	自定义	JC_10
	E5	自定义	自定义	自定义	JC_11
	D5	自定义	自定义	自定义	JC_12
	D6	自定义	自定义	自定义	JC_13
	C6	自定义	自定义	自定义	JC_14
	E6	自定义	自定义	自定义	JC_15
	C7	自定义	自定义	自定义	JC_16
	D8	自定义	自定义	自定义	JC_17
	D9	自定义	自定义	自定义	JC_18
	C9	自定义	自定义	自定义	JC_19
	D10	自定义	自定义	自定义	JC_20
JB插座	A8	自定义	自定义	自定义	JB_1
	C8	自定义	自定义	自定义	JB_2
	B9	自定义	自定义	自定义	JB_3
	A9	自定义	自定义	自定义	JB_4
	B10	自定义	自定义	自定义	JB_5
	A10	自定义	自定义	自定义	JB_6
	B11	自定义	自定义	自定义	JB_7
	B12	自定义	自定义	自定义	JB_8
	A12	自定义	自定义	自定义	JB_9

续表

功能	引脚	名称	类型	方向	备注
JB 插座	C12	自定义	自定义	自定义	JB_10
	A13	自定义	自定义	自定义	JB_11
	B14	自定义	自定义	自定义	JB_12
	A14	自定义	自定义	自定义	JB_13
	E11	自定义	自定义	自定义	JB_14
	C11	自定义	自定义	自定义	JB_15
	D11	自定义	自定义	自定义	JB_16
	C13	自定义	自定义	自定义	JB_17
	D13	自定义	自定义	自定义	JB_18
	E13	自定义	自定义	自定义	JB_19
	E12	自定义	自定义	自定义	JB_20
JA 插座	A15	自定义	自定义	自定义	JA_1
	B15	自定义	自定义	自定义	JA_2
	B16	自定义	自定义	自定义	JA_3
	C14	自定义	自定义	自定义	JA_4
	C16	自定义	自定义	自定义	JA_5
	D15	自定义	自定义	自定义	JA_6
	D16	自定义	自定义	自定义	JA_7
	D14	自定义	自定义	自定义	JA_8
	E16	自定义	自定义	自定义	JA_9
	E15	自定义	自定义	自定义	JA_10
	F15	自定义	自定义	自定义	JA_11
	G16	自定义	自定义	自定义	JA_12
	G15	自定义	自定义	自定义	JA_13
	H16	自定义	自定义	自定义	JA_14

续表

功能	引脚	名称	类型	方向	备注
JA 插座	J15	自定义	自定义	自定义	JA_15
	J16	自定义	自定义	自定义	JA_16
	F14	自定义	自定义	自定义	JA_17
	G14	自定义	自定义	自定义	JA_18
	H12	自定义	自定义	自定义	JA_19
	H14	自定义	自定义	自定义	JA_20

第6章 组合逻辑设计实践

所有组合逻辑电路都可以通过**与**、**或**、**非**门互连而实现。对于实际的组合逻辑电路，如果其输入端和输出端的数量较大，则其真值表可能有很多行，其“积之和”表达式可能由很多个乘积项组成，这样庞大的系统仅依靠**与**、**或**、**非**门来描述则太复杂。所以设计了一些简单的功能构件，例如译码器、编码器、多路复用器、比较器、全加器等，这些功能构件既有通用的 74 系列元件，也可以通过可编程逻辑器件实现。

数字设计的正确性、可维护性都是非常重要的，设计者通过文档标准确保设计的规范化，使得描述系统的工作过程具有可阅读性。

6.1 组合逻辑电路的文档标准

文档的基本要求是能够说明系统的工作原理及工作过程并且使得系统具有可维护性。下面我们介绍文档中最常包含的 6 项内容。

(1) 说明书(specification)。描述所有输入和输出接口的连接及功能，说明电路或系统可以实现的功能的文档。

(2) 方框图(block diagram)。表达系统的输入、输出、功能模块、数据通路和控制信号的图示。

(3) 原理图(schematic diagram)。全部电路细节的图示描述。

(4) 定时图(timing diagram)。描述了随时间变化的输入输出值以及各个信号之间的因果延迟关系。

(5) 结构化逻辑器件描述(structured logic device description)。用硬件描述语言等形式描述可编程逻辑器件(PLD)、现场可编程门阵列(FPGA)、专用集成电路(ASIC)的内部功能。

(6) 电路描述(circuit description)。对整个系统进行描述，包括设计特色、潜在风险、工作原理以及专业术语、参考文献等。

视频 6.1

需要注意的是，任何文档都必须满足“可读性”。具体说就是，电路文档中的符号必须符合通用标准，如电气和电子工程师协会（IEEE）制定的逻辑信号的标准集（可以参考 ANSI/IEEE Std 91-1984），或者我们国家制定的集成电路记忆法与符号（可以参考 GB/T 20296-2006）。

6.1.1　方框图

方框图必须展示最重要的系统元件以及之间的连接。图 6.1.1 是移位 – 累加乘法器的方框图示例，图中每个方框都表示一个功能模块。在方框图中，用带箭头的线表示信号的方向，其中双线表示了信号线的集合，我们称之为总线，总线上有斜线，斜线旁边的数字表明了这条总线代表的信号线数量，也称为总线宽度。总线也可以用粗线或总线名表示，例如宽度为 32 的总线 INBUS，我们用 INBUS［31:0］表示。一般在方框图中不会把功能模块的具体组成芯片和电路再详细列出了。

6.1.2　原理图

原理图是电路最详细的正式说明图，许多原理图绘制程序可以通过原理图生成材料清

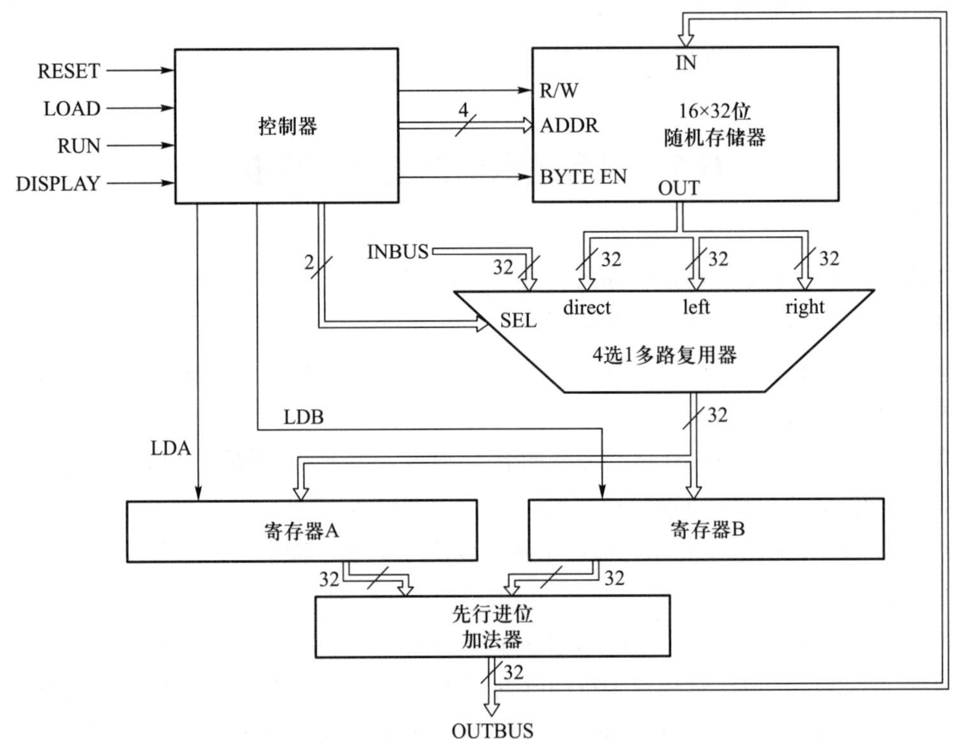

图 6.1.1　移位 – 累加乘法器方框图示例

单(bill of material,BOM)。图 6.1.2 是原理图的示例。

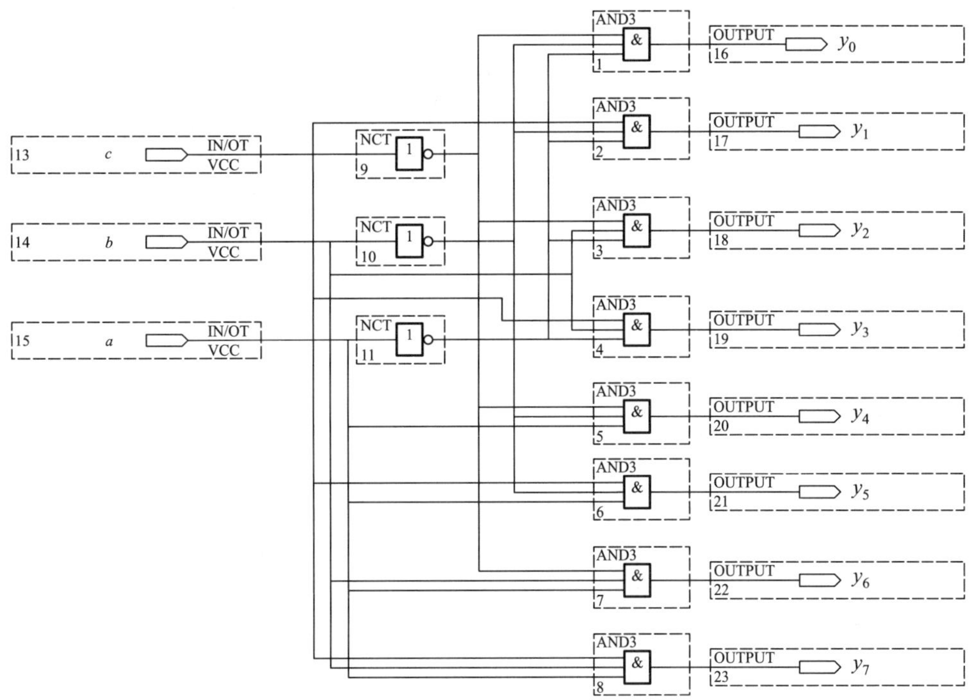

图 6.1.2 原理图示例

可见原理图中应包含 IC 类型、引脚数、信号名以及元件之间的连线等。

一般在原理图中,应以输入在左边、输出在右边的正常方位画门的符号等,要特别注意在原理图中交叉线的表示方法,通常只允许“T”形连接。如果一页纸画不下一个原理图时,可将原理图分几张图纸绘制,要求标记从一页到另一页的信号起源和目的地,也可以分层构造原理图。

6.1.3 门的符号

与门、**或**门和缓冲器的符号形状如图 6.1.3(a)所示。对于多个输入的逻辑门,可以像图 6.1.3(b)那样扩展**与**门和**或**门的输入端数。图 6.1.3(c)中的小圈,称作反相圈(inversion bubble),表示逻辑**非**或取反,用于**与非**门、**或非**门和反相器的符号中。

图 6.1.4 所示标准门的等效符号中,成对的两个符号表示相同的逻辑功能。利用广义德·摩根定理,就可以得到两种不同但等效的逻辑门符号。在逻辑图中选择哪一种符号并不是任意的,适当地选择信号名和逻辑门符号可以使得逻辑图更易于理解和使用。

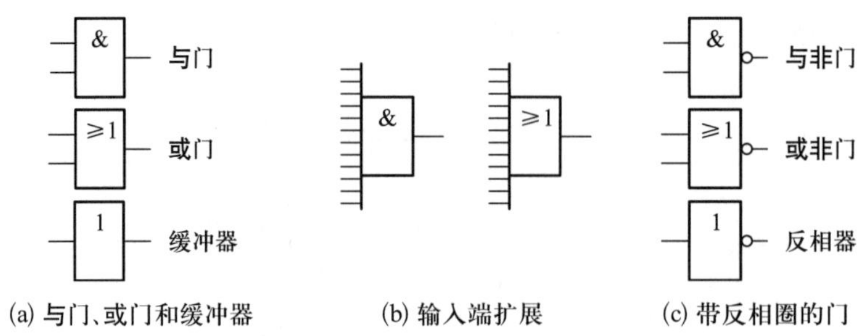

(a) 与门、或门和缓冲器　　(b) 输入端扩展　　(c) 带反相圈的门

图 6.1.3　基本逻辑门的符号形状

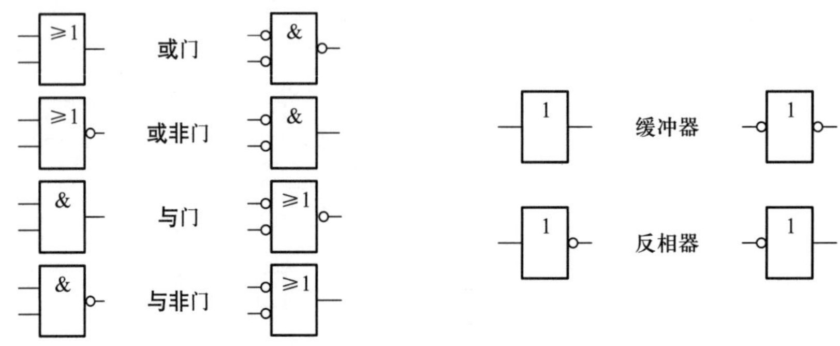

图 6.1.4　标准门的等效符号

6.1.4　信号名和有效电平

在逻辑电路中，每个输入和输出信号都应该有一个信号名。信号名通常用字母加数字的组合来标记。信号名可以是单纯的信号标识，例如用 *A*、*B* 等单字符表示。信号名也可以根据信号的特点选用具有一定意义的名称，便于其他阅读人员对信号作用的理解。例如，用信号名表示受控的动作(*GO*、*PAUSE*)、检测的条件(*READY*、*ERROR*)、传送的数据(*INBUS*[31:0])，等等。

每个信号名应该有其相关的有效电平(active level)。一个信号在高电平(高态)或“**1**”时完成命名的动作或表示命名的条件，则称为高电平有效(高态有效，active high)[在正逻辑约定下，在本书中，“高电平(高态)”和“**1**”是等效的]。一个信号如果在低电平(低态)和“**0**”时完成命名的动作或表示命名的条件，则称为低电平有效(低态有效，active low)。当信号处于有效电平时，称其为有效(asserted)；当信号不处于有效电平时，称其为无效(deasserted)或被取消(negated)。

在电路中每个信号的有效电平，依据某种约定，通常被指定为信号名的一部分。由于有效电平的标识是信号名的一部分，所以命名约定必须与将要处理信号名的计算机辅助设计工具如原理图编辑器、HDL 编译器、模拟器等的输入要求兼容。在本书中，我们采用的标识方式是低电平有效的信号名带后缀“_L”,而高电平有效的信号名不带后缀。

理解信号名、表达式和等式之间的区别是相当重要的。信号名(signal name)就是名字,一个字母数字标记;逻辑表达式(logic expression)是用开关代数的操作符(“**与**”“**或**”“**非**”)来连接信号名;逻辑等式(logic equation)是将逻辑表达式赋给另一个信号名或变量名,它描述了一个信号与其他信号的函数关系。

信号名和逻辑表达式之间的区别与在计算机编程语言中使用的概念有关:赋值语句的左边是变量名,右边是表达式,表达式的值赋给命名的变量。在编程语言中,不能把表达式放在赋值语句的左边。在逻辑设计中,不能用表达式作为信号名。

表 6.1.1 是常见的信号命名示例,逻辑信号可以有类似 *X*、*READY*、*GO_L* 的名字。在 *GO_L* 中,“_L”只是信号名的一部分,就如同在 C 语言中用于变量名的下划线。没有名为 *READY*' 的信号,因为“'”是操作符,即 *READY*' 是表达式;但是可以有两个分别命名为 *READY* 和 *READY_L* 的信号,在电路的正常工作中满足 *READY_L=READY*'。

表 6.1.1 信号命名示例

低电平有效	高电平有效	低电平有效	高电平有效
READY–	*READY+*	*ENABLE~*	*ENABLE*
ERROR.L	*ERROR.H*	*~GO*	*GO*
ADDR15(L)	*ADDR15(H)*	*/RECEIVE*	*RECEIVE*
*RESET**	*RESET*	*TRANSMIT_L*	*TRANSMIT*

一般当遇到**与**门或者**或**门符号的边框或表示大规模逻辑组件的矩形符号时,我们认为给定逻辑功能只在符号框的内部发生。图 6.1.5(a)所示为**与**门、**或**门和带使能 ENABLE 输入的大规模组件的逻辑符号。**与**门和**或**门的输入为高电平有效,输入端为 **1** 才能确保其输出有效;大规模组件的 ENABLE 输入为高电平有效,ENABLE 必须为 **1** 才能使器件工作,实现其功能。图 6.1.5(b)所示为同样的逻辑组件,只是其输入和输出引脚均为低电平

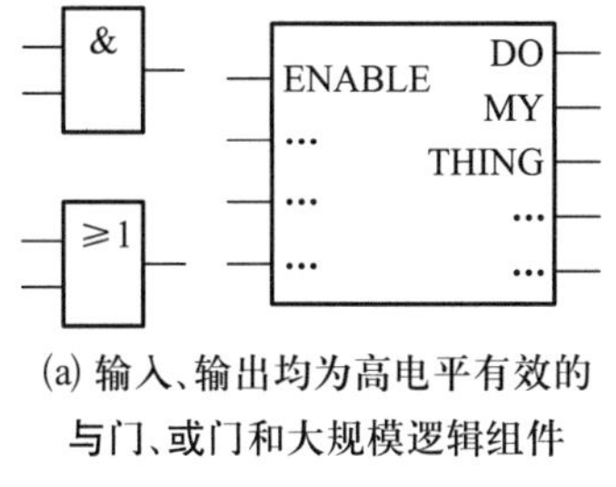

(a) 输入、输出均为高电平有效的与门、或门和大规模逻辑组件

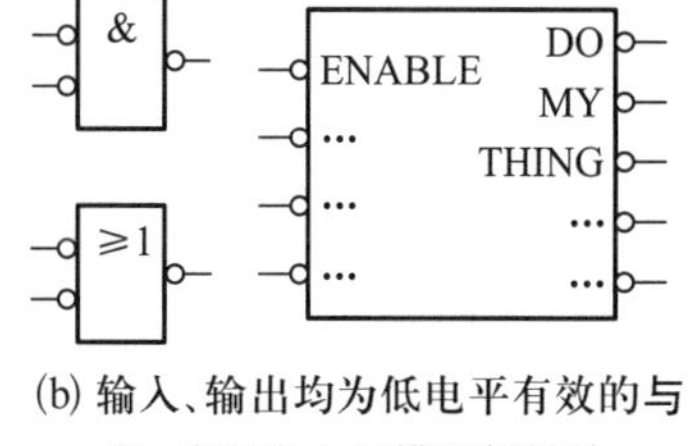

(b) 输入、输出均为低电平有效的与门、或门和大规模逻辑组件

图 6.1.5 逻辑符号和有效电平

有效，在符号框内部实现的是完全相同的逻辑功能。图 6.1.5(b) 的一个输入引脚若命名为 *ENABLE_L* 且低电平有效，则当 *ENABLE_L* 信号为低电平时，经过反相圈反相变为高电平后进入框内，对框内对应的高有效信号 ENABLE 是有效的，此时由 ENABLE 高有效产生的对应输出信号在框内为高电平有效，出了框后通过反相圈变为低有效的输出信号了，相应的框外输出信号名也应改为表征低有效的信号名，例如 *DO_L*。

因此，有效电平 (active level) 是跟门及大规模组件的输入输出引脚联系在一起的。我们用反相圈 (inversion bubble) 表示低电平有效的引脚，没有反相圈的引脚表示高电平有效 (active high)。图 6.1.6(a) 中的**与**门实现 2 个高电平有效输入的逻辑“**与**”，产生 1 个高电平有效的输出，即如果 2 个输入都有效 (为 **1**)，则输出有效 (为 **1**)。图 6.1.6(b) 中的与非门也实现“**与**”的功能，但是它产生的是低电平有效的输出。即使**或非**门和**或**门采用低电平有效 (active low) 的输入和输出，也可以构建完成**与**门功能，如图 6.1.6(c) 和 (d) 所示。可以说，图中的前 4 个门完成“**与**”的功能，只是门的有效电平不同。就每个门而言，如果 2 个输入电平都有效，输出电平就有效。图 6.1.6 (e)、(f)、(g)、(h) 对“**或**”功能表达了同样的意思：就每个门而言，如果 2 个输入电平中的任何一个有效，则输出电平就有效 (asserted)。

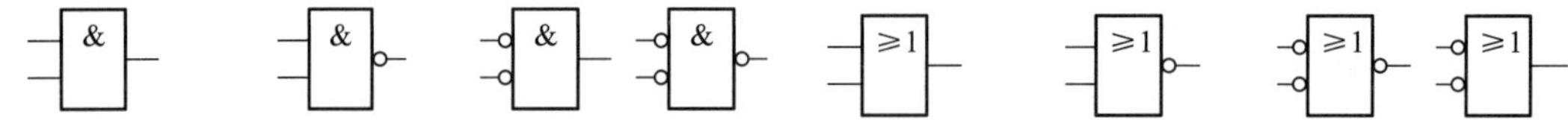

(a) **与**门(74 × 08) (b) **与非**门(74 × 00) (c) **或非**门 (d) **或**门 (e) **或**门(74 × 32) (f) **或非**门(74 × 02) (g) **与非**门 (h) **与**门

图 6.1.6 获得“**与**”和“**或**”功能的四种方式

非反相缓冲器有时只是用于提高逻辑信号的扇出，其功能不变。图 6.1.7 表明了反相器和非反相器的逻辑符号，根据有效电平，所有符号都实现同样的功能：当且仅当输入有效时，输出有效。

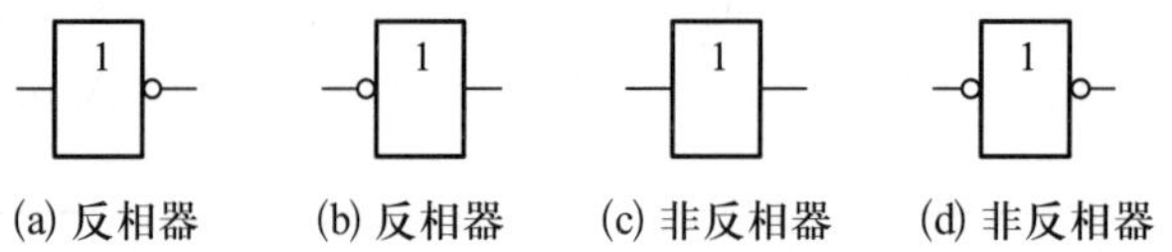

(a) 反相器 (b) 反相器 (c) 非反相器 (d) 非反相器

图 6.1.7 反相器和非反相器的逻辑符号

6.1.5 “圈到圈”逻辑设计

有经验的逻辑电路设计师根据符号框内部实现的逻辑功能画出电路，因此通常我们用高电平有效的名字表示逻辑信号及其相互作用。然而，由于反相门的速度快于非反相门，所以当用分立门电路设计时，从性能、价格上考虑，采用低电平有效的信号有时具有重大意义；

当用较大规模组件进行设计时,许多组件可能是现成的芯片或其他现有的部件,这些部件已经做成低电平有效的输入和输出了。

“圈到圈”逻辑设计是选择逻辑符号和信号名(包括有效电平标识)的习惯做法,它使得电路的功能更易于理解。通常,这意味着选择信号名、门类型、符号以使大多数反相圈“抵消”,且在将所有信号都当作高电平有效的情况下对逻辑图进行分析。

例如,假设当“*READY*”信号有效且收到“*REQUEST*”信号时,需要生成器件的“*GO*”信号。从问题的描述来看,很明显这是“**与**”函数,在开关代数中应写为 *GO*=*READY*·*REQUEST*。然而,根据 *GO* 信号要求的有效电平和可用输入信号的有效电平,也可以使用不同的门实现“**与**”函数。

图 6.1.8(a)所示是最简单的情形,*GO* 必须高电平有效且有效的输入信号也是高电平有效,可以使用**与**门。如果我们控制的器件要求低电平有效的 *GO_L* 信号,则可以使用**与非**门,如图 6.1.8(b)所示;如果可用的输入信号是低电平有效,则可以使用**或非**门或者**或**门,如图 6.1.8(c)和(d)所示。

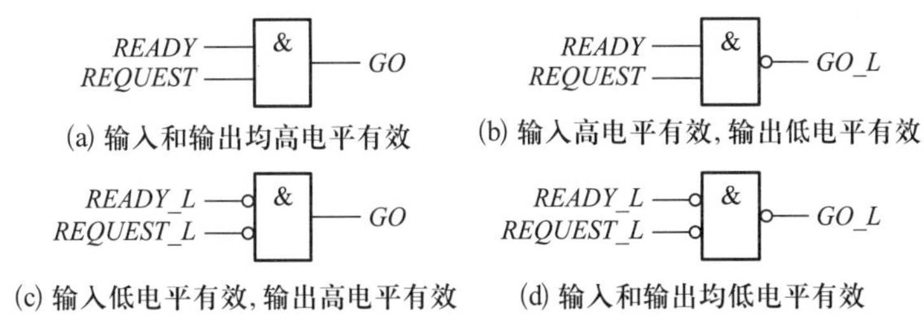

图 6.1.8 产生 *GO* 的方法

可用信号的有效电平不总是与可用门的有效电平相匹配。例如,假设给出输入信号 *READY_L*(低电平有效)和 *REQUEST*(高电平有效),图 6.1.9 显示了生成 *GO* 的两种不同方法,其中**与**门所需的有效电平用反相器生成。通常第二种方法更可取,因为反相门(如**或非**门)一般比非反相门(如**与**门)快。为使输出有效电平与信号名匹配,每种情况反相器的画法都不同。

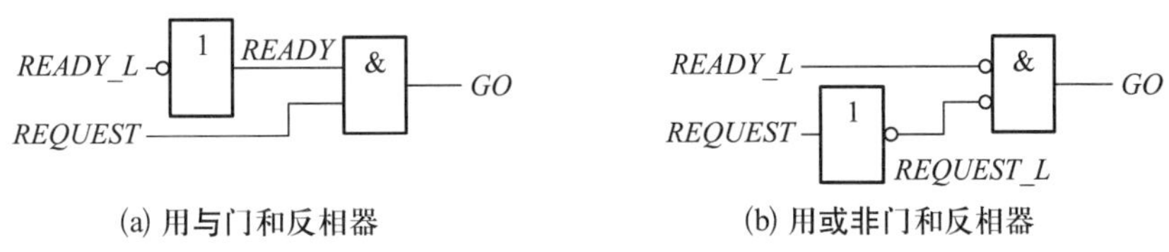

图 6.1.9 具有混合输入电平的两种产生 *GO* 的方法

由图 6.1.10 可以看到“圈到圈”逻辑设计的好处。分析图 6.1.10(a)电路,得到输出 *DATA* 的逻辑表达式需要用摩根定理展开后,才能得到最简式;而由图 6.1.10(b),可直接从

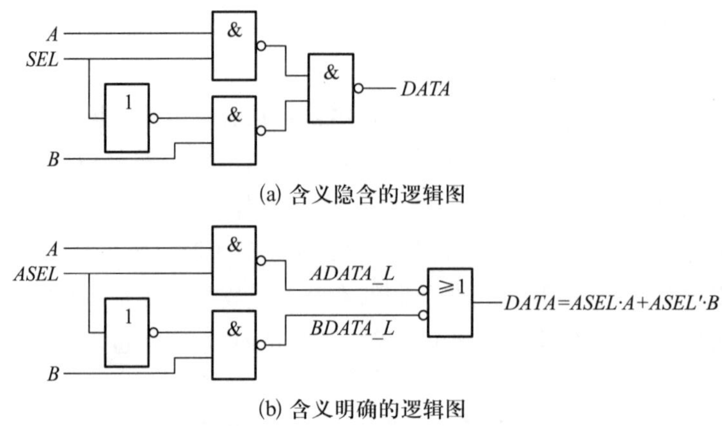

图 6.1.10 2输入多路选择器

逻辑图读出输出功能的最简式,该电路完成的是2输入多路选择器的功能。

下面是"圈到圈"逻辑设计的规则:

(1) 器件输出的信号名应该与器件输出引脚有相同的有效电平(active level)。也就是说,假如器件的符号在输出引脚有反相圈(inversion bubble),则低电平有效(active low),否则高电平有效(active high)。

(2) 如果输入信号的有效电平与所连接的输入引脚的有效电平相同,则当信号有效时,符号框内的逻辑功能有效(asserted)。这在逻辑图中是最普遍采用的情形。

(3) 如果输入信号的有效电平与所连接的输入引脚的有效电平相反,则当信号无效时,符号框内的逻辑功能有效。只要有可能就应避免这种情形,因为它迫使我们要特别留意逻辑取反才能读懂电路。

在本章和后面的章节,我们将会碰到更多"圈到圈"逻辑设计的例子,在使用大规模逻辑组件时尤其如此。

6.1.6 电路布局

绘制一个完整的电路框图或原理图页面时,布局时一般左侧是电路的输入,右侧是电路的输出。

两条或多条线路连接时,如果两根线交叉相连,必须以实心点表示两个电路的连接关系。若绘制电路图时,多条线路只交叉而未以实心点表示,则不能表示线路相连,如图6.1.11所示。

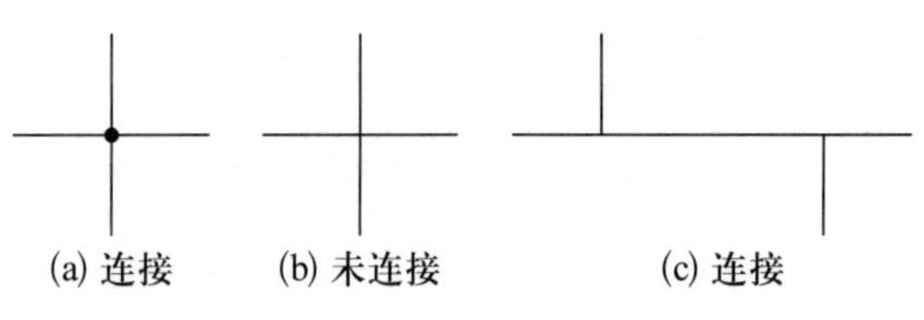

图 6.1.11 电路连接示意图

在图6.1.11中,图(a)的线路之间的连接点用实心圆点表示，表明线路之间进行了连接，图(b)的线路连接点没有用实心圆点表示，表示线路未连接，图(c)的线路不是交叉关系，所以不用画实心点也可表示线路连接。

页面布局包含平面布局以及层次布局，平面布局中每一个分页面都是平等的，不存在主次关系，整个分页面构成了一个大的平面电路图，平面布局结构图如图 6.1.12 所示。

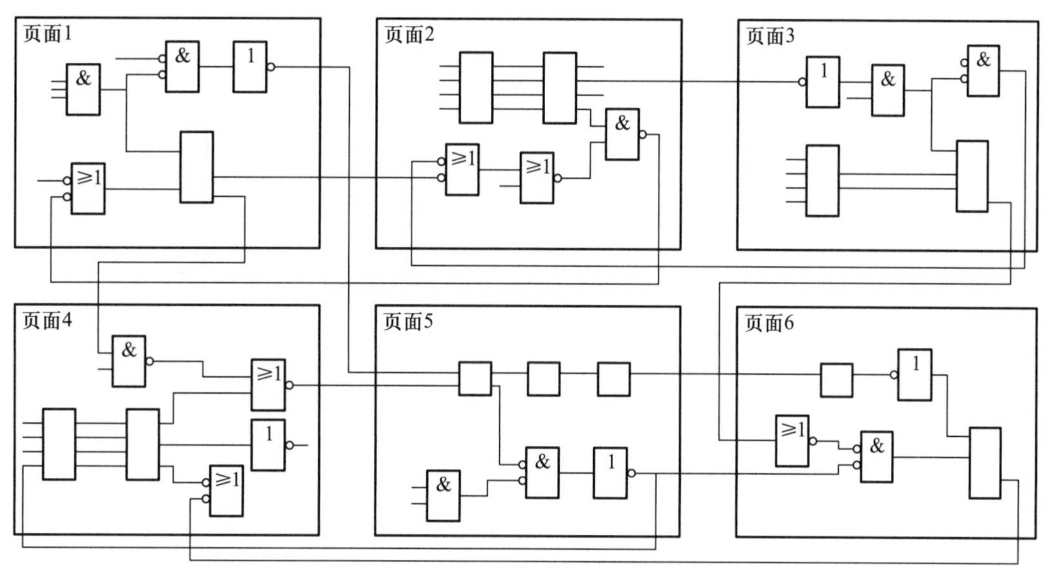

图 6.1.12 平面布局结构图

层次布局包含顶层电路原理图以及子电路图，顶层电路原理图所使用的部分模块由子电路图表示，层次布局存在主从关系，层次布局结构如图 6.1.13 所示。

在图 6.1.13 中，页面 1 的三个模块分别由页面 2、页面 3、页面 4 构成，而页面 3 中的两个模块与页面 4 中的一个模块都与页面 5 相关，页面 4 中的另一个模块与页面 6 相关，由图中可看出页面 1 属于最顶层的页面电路，整个电路图层次布局分明。

除此之外，在进行页面布局时，还需要添加附加信息，例如标注 IC 类型以及引脚数，如图 6.1.14 所示。

在图 6.1.14 所示的原理图中标注了 U_1、U_2 的 IC 类型 74HCT00，图中有四组**与非**门，加上电源和地，总共有 14 个引脚，在布局设计时，需要对每一个逻辑门的引脚数进行标注。

6.1.7 电路定时

在数字电路中，定时图(timing diagram)标明信号作为时间函数的行为。定时图是数字系统文档的重要组成部分。

图 6.1.15(a) 为一个组合逻辑电路的方框图，它有 2 个输入和 2 个输出。图 6.1.15(b)

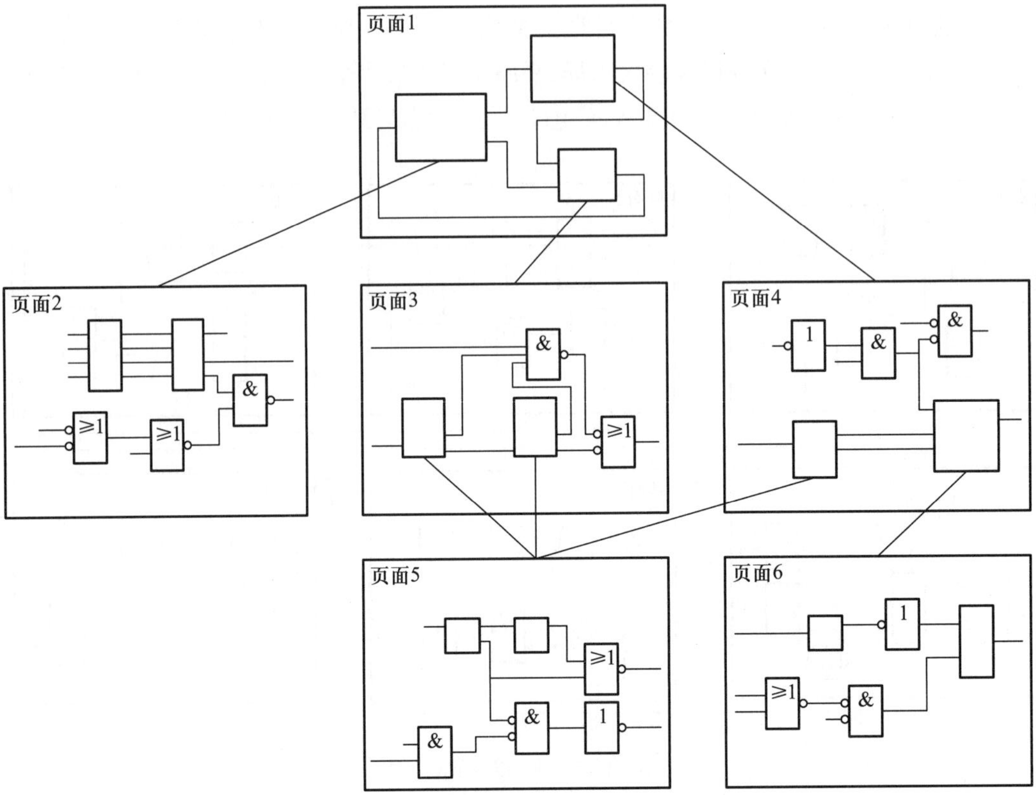

图 6.1.13 层次布局结构图

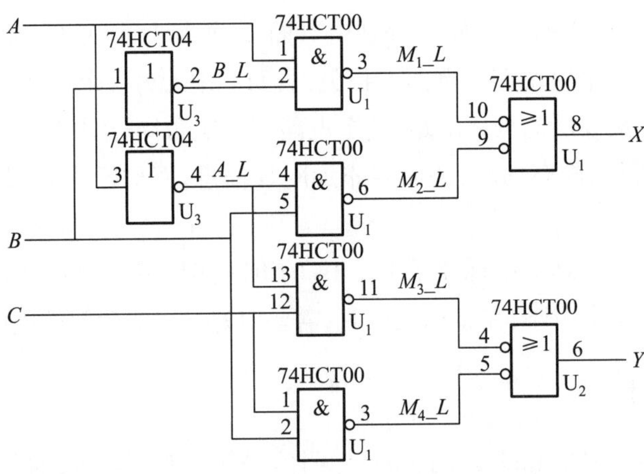

图 6.1.14 原理图附加信息标注

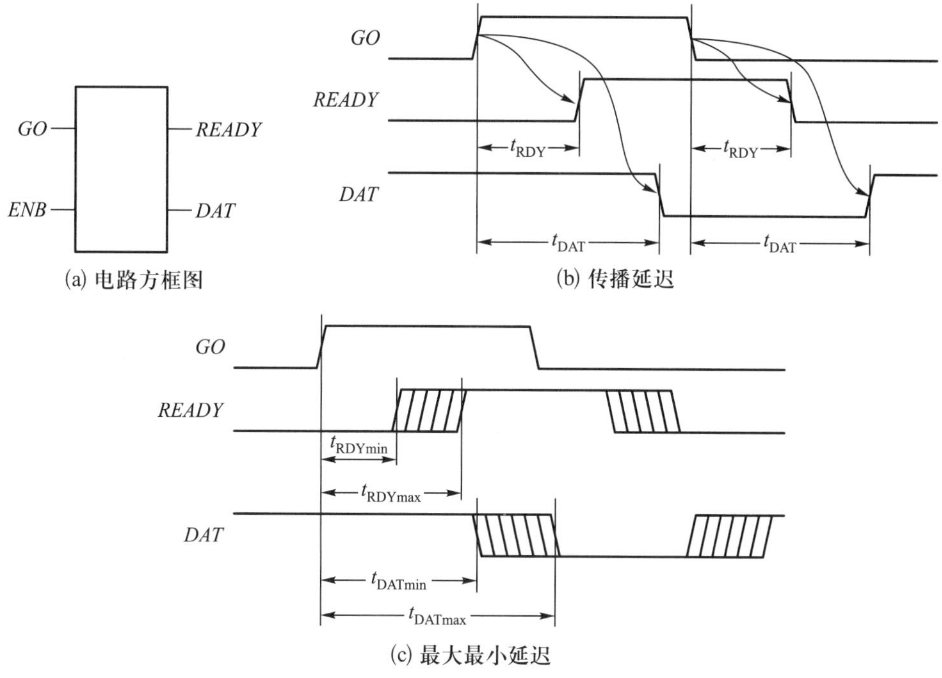

图 6.1.15 组合电路的定时图示例

表示 2 个输出相对于输入的延迟定时图。信号在电平转换时用多条斜线来表示,说明了信号转换也是需要一定时间的,在这段时间内信号的电平无法确定。

器件的定时规格说明可以对每个传播延迟和转换延迟给出最小值、最大值以及典型值。表 6.1.2 中给出了部分 74 系列 SSI 芯片的延迟参数。表中的传播延迟(propagation delay)是指电路输入端的变化引起输出端变化所需要的时间,当输出从低态到高态转换时的传播延迟称为 t_{pLH},当输出从高态到低态转换时的传播延迟称为 t_{pHL}。

表 6.1.2 部分 74 系列 SSI 芯片的延迟参数

部件编号	74HCT				74AHCT				74AHCT			
	典型值		最大值		典型值		最大值		典型值		最大值	
	t_{pLH}	t_{pHL}	t_{pLH}	t_{pHL}	t_{pLH}	t_{pHL}	t_{pLH}	t_{pHL}	t_{pLH}	t_{pHL}	t_{pLH}	t_{pHL}
'00,'10	11		35		5.5	5.5	9.0	9.0	9	10	15	15
'02	9		29		3.4	4.5	8.5	8.5	10	10	15	15
'04	11		35		5.5	5.5	8.5	8.5	9	10	15	15
'08,'11	11		35		5.5	5.5	9.0	9.0	8	10	15	20
'14	16		48		5.5	5.5	9.0	9.0	15	15	22	22

续表

部件编号	74HCT				74AHCT				74AHCT			
	典型值		最大值		典型值		最大值		典型值		最大值	
	t_{pLH}	t_{pHL}	t_{pLH}	t_{pHL}	t_{pLH}	t_{pHL}	t_{pLH}	t_{pHL}	t_{pLH}	t_{pHL}	t_{pLH}	t_{pHL}
'20	11		35						9	10	15	15
'21	11		35						8	10	15	20
'27	9		29		5.6	5.6	9.0	9.0	10	10	15	15
'30	11		35						8	13	15	20
'32	9		30		5.3	5.3	8.5	8.5	14	14	22	22
'86(2级)	13		40		5.5	5.5	10	10	12	10	23	17
'86(3级)	13		40		5.5	5.5	10	10	20	13	30	22

6.2 译 码 器

译码器(decoder)是多输入、多输出的组合逻辑电路,一般来说输入的位数少于输出位数,从输入码到输出码具有一一映射(one-to-one mapping)的关系,每个输入码字产生一个与之对应的、与其他输出不同的输出码字。译码器电路结构如图6.2.1所示。

视频6.2.1

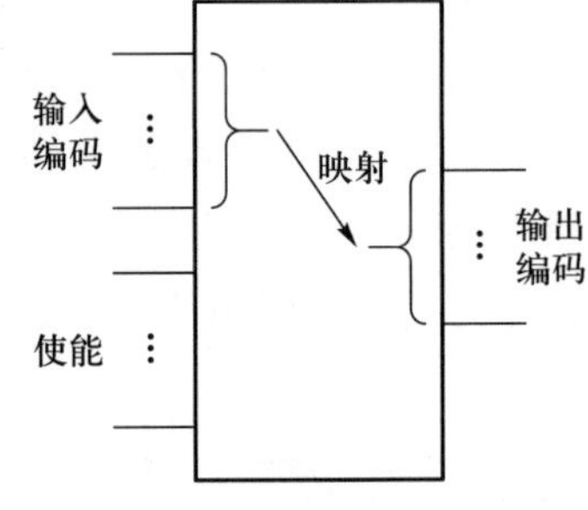

图6.2.1 译码器电路结构

6.2.1 二进制译码器

二进制译码器的输入是一组 n 位二进制代码,输出为 2^n 中取1码。如2–4译码器、3–8译码器等。2–4译码器是指由2位输入,4位输出,对应每一组输入,输出的4位中只有1位有效。其真值表如表6.2.1所示。可见这是一个高输入有效且高输出有效的2–4二进制译码器,输入端还有一个高有效的使能信号 EN,若使能信号 EN 无效,则输出全无效,即全为零。

输入码字 I_1 和 I_0 是以二进制表示的0~3范围内的整数。对于输出码字 Y_3~Y_0,当使能信号有效为**1**且输入码字是二进制数 I 时,Y_i 才为**1**。

表 6.2.1 2-4 二进制译码器的真值表

输入			输出			
EN	I_1	I_0	Y_3	Y_2	Y_1	Y_0
0	×	×	**0**	**0**	**0**	**0**
1	**0**	**0**	**0**	**0**	**0**	**1**
1	**0**	**1**	**0**	**0**	**1**	**0**
1	**1**	**0**	**0**	**1**	**0**	**0**
1	**1**	**1**	**1**	**0**	**0**	**0**

根据真值表可以得到的 2-4 译码器的逻辑表达式如下：

$$Y_3=EN\cdot I_1\cdot I_0$$

$$Y_2=EN\cdot I_1\cdot I_0'$$

$$Y_1=EN\cdot I_1'\cdot I_0$$

$$Y_0=EN\cdot I_1'\cdot I_0'$$

根据表达式可以得到用门电路构成的 2-4 译码器的逻辑电路图，如图 6.2.2 所示。

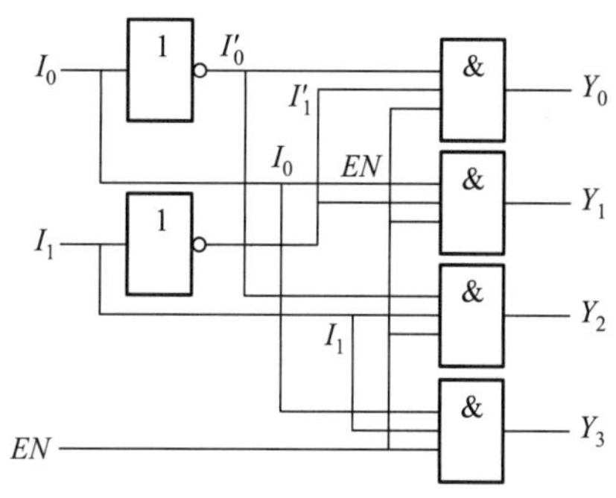

图 6.2.2 2-4 译码器逻辑电路图

有一些 MSI 的 74 系列的二进制译码器，例如 74×138 是一个商用中规模 3-8 二进制译码器，其逻辑电路图与逻辑符号如图 6.2.3 所示。通过逻辑符号的一致性画法，可知这个 3-8 二进制译码器的输入输出引脚的有效电平情况。

表 6.2.2 是 74×138 的真值表。由真值表可知，3-8 译码器的输入端 G_1、G_{2A}_L 和 G_{2B}_L 为使能控制信号(enable control signal)。只有当每个使能信号都有效时，才会有有效的(asserted)译码输出，否则，不论输入的二进制代码值如何，所有的译码输出都为无效的(deserted)电平。译码器的输入是 3 位二进制代码，分别用 C、B 和 A 来表示，输入有 8 种状态组合，分别为 **000**、**001**、**010**、…、**111**，共 8 个输出，分别为 Y_0_L、Y_1_L、Y_2_L、…、Y_7_L，对应一种输入组合，与输入组合对应的二进制数相同下标的输出有效，可以看出，74×138 译码器的输出为低电平有效(active low)。

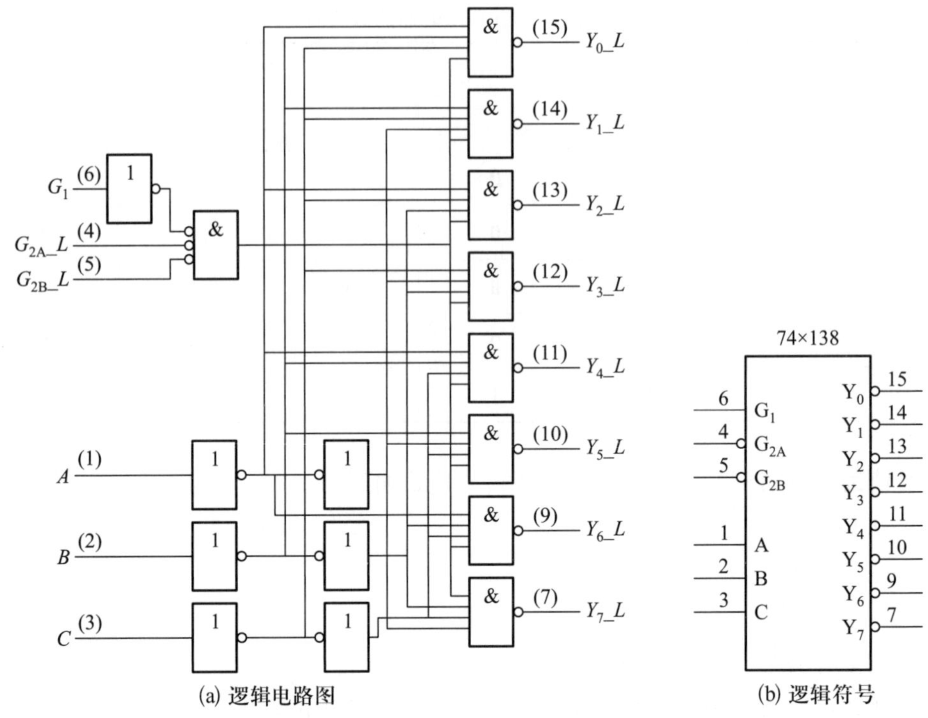

(a) 逻辑电路图　　(b) 逻辑符号

图 6.2.3　74 × 138 的逻辑电路图和逻辑符号

表 6.2.2　3–8 译码器 74 × 138 的真值表

输入						输出							
G_1	G_{2A}_L	G_{2B}_L	C	B	A	Y_0_L	Y_1_L	Y_2_L	Y_3_L	Y_4_L	Y_5_L	Y_6_L	Y_7_L
0	Ø	Ø	Ø	Ø	Ø	**1**	**1**	**1**	**1**	**1**	**1**	**1**	**1**
Ø	**1**	Ø	Ø	Ø	Ø	**1**	**1**	**1**	**1**	**1**	**1**	**1**	**1**
Ø	Ø	**1**	Ø	Ø	Ø	**1**	**1**	**1**	**1**	**1**	**1**	**1**	**1**
1	**0**	**0**	**0**	**0**	**0**	**0**	**1**	**1**	**1**	**1**	**1**	**1**	**1**
1	**0**	**0**	**0**	**0**	**1**	**1**	**0**	**1**	**1**	**1**	**1**	**1**	**1**
1	**0**	**0**	**0**	**1**	**0**	**1**	**1**	**0**	**1**	**1**	**1**	**1**	**1**
1	**0**	**0**	**0**	**1**	**1**	**1**	**1**	**1**	**0**	**1**	**1**	**1**	**1**
1	**0**	**0**	**1**	**0**	**0**	**1**	**1**	**1**	**1**	**0**	**1**	**1**	**1**
1	**0**	**0**	**1**	**0**	**1**	**1**	**1**	**1**	**1**	**1**	**0**	**1**	**1**
1	**0**	**0**	**1**	**1**	**0**	**1**	**1**	**1**	**1**	**1**	**1**	**0**	**1**
1	**0**	**0**	**1**	**1**	**1**	**1**	**1**	**1**	**1**	**1**	**1**	**1**	**0**

根据真值表，当使能信号都有效，输入信号对应的二进制值为 5 时，对应输出 Y_5_L 有效等于 **0**，可以写出输出的表达式为

$$Y_5\_L = Y_5' = (G_1 \cdot G_{2A}\_L' \cdot G_{2B}\_L' \cdot C \cdot B' \cdot A)' = G_1' + G_{2A}\_L + G_{2B}\_L + C' + B + A'$$

当使能信号都有效时，上式简化为

$$Y_5\_L = Y_5' = (C \cdot B' \cdot A)' = C' + B + A' = m_5' = M_5$$

可见，当使能控制信号 G_1、G_{2A}_L 和 G_{2B}_L 为 **1**、**0**、**0** 时，译码器才能正常工作，此时，每个译码器的输出 Y_i_L 为译码器输入变量 CBA 的一个最大项（maxterm）M_i（或最小项 m_i 的"**非**"，因为 $M_i = m_i'$）。

一般而言，译码器输出的有效电平（active level）为低电平时，每个译码输出端都是一个对应输入组合的最大项（maxterm）或者最小项的**非**，因此这种二进制译码器可以输出关于输入组合的最大项或最小项的**非**；而译码器输出的有效电平（active level）为高电平时，每个译码输出端都是一个对应输入组合的最小项或者最大项的**非**。有了关于输入组合的最小项或最大项，我们就可以根据函数的标准表达式构建相应的逻辑函数，译码器的这种特性，使得它可以实现输入变量与译码器输入位数相同的任意组合逻辑电路的函数。

[例 6.2.1] 使用二进制译码器 74×138 以及必要的门电路实现函数 $F = \sum_{X,Y,Z}(0,3,6,7)$。

解：将 F 的最小项列表形式的表达式写为 $F = m_0 + m_3 + m_6 + m_7$。

由于 74×138 是输出低有效的二进制译码器，所以输出对应输入组合最小项的**非**，即 $Y_0\_L = m_0'$，$Y_3\_L = m_3'$，$Y_6\_L = m_6'$，$Y_7\_L = m_7'$。

可以利用**非**门将输出变成对应的最小项，再利用**或**门求和即可实现要求的函数，如图 6.2.4 所示。

由于**非或**门也等于**与非门**，所以电路也可以用如图 6.2.5 的方式实现。

当然也可以将函数表达为最大项之积的形式，用输出对应的最大项和**与**门实现，

$F = \sum_{X,Y,Z}(0,3,6,7) = \prod_{X,Y,Z}(1,2,4,5)$，电路可以用如图 6.2.6 所示的方式实现。

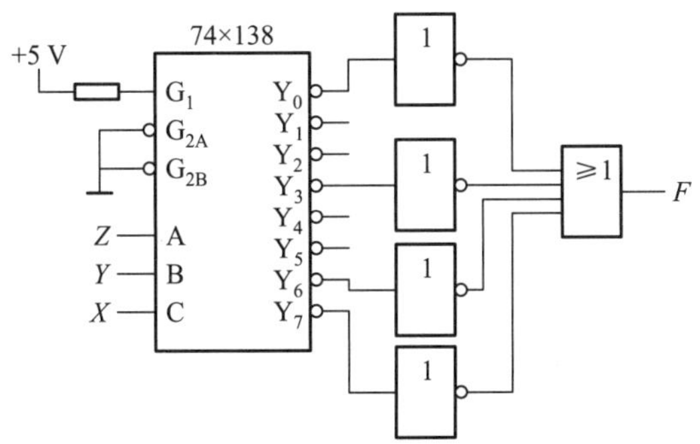

图 6.2.4 用二进制译码器和**非或**门实现逻辑函数

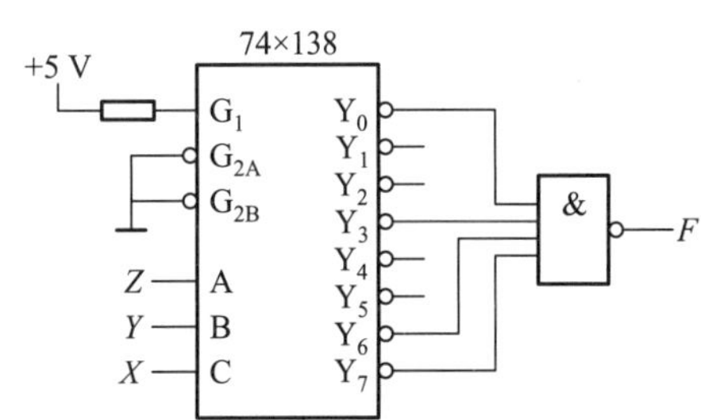

图 6.2.5 用二进制译码器和**与非**门实现逻辑函数

可见，3–8 译码器可以实现任意 3 变量的逻辑函数（random 3-variable logic function），而 4–16 译码器则可以实现任意 4 变量的逻辑函数（random 4-variable logic function）。利用译码器可以实现任何有限变量的组合逻辑电路设计。

3–8 译码器 74×138 有三个使能信号（enable signals），利用这些使能信号，在不需附加任何门电路的情况下，便可以扩展为 4–16 译码器（4-16 decoder），甚至 5–32 译码器（5-32 decoder）电路。

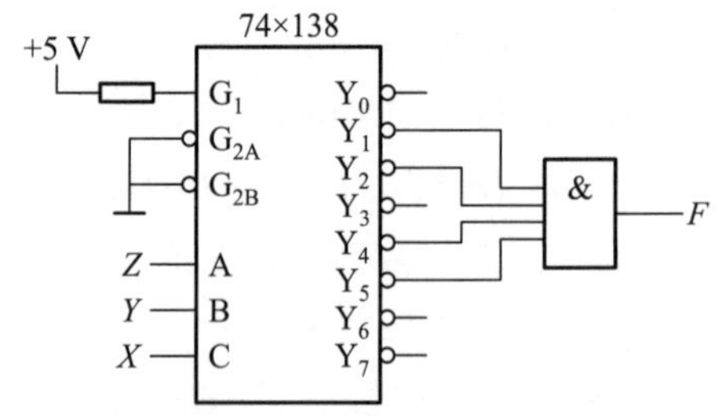

图 6.2.6　用二进制译码器和与门实现逻辑函数

6.2.2　BCD 码译码器

BCD 码译码器又称 4–10 译码器，是将输入的 4 位 BCD 代码译成 10 个高低电平输出的信号，分别代表十进制数：0、1、2、…、9。常见的 BCD 码译码器输出是低有效的，而且 4 位输入共有 16 种状态组合，但 **1010**、**1011**、…、**1111** 六种状态是不会出现的，所以这六种状态称为约束项（restriction terms）或者伪码。不过，即使出现约束项的输入组合，输出也会处理为全无效的电平（高电平）。也有的 BCD 码译码器将对应约束项输入组合的输出处理成任意项。

表 6.2.3 为一种 BCD 码译码器的功能表，从功能表可以看出，每个译码输出都是一个最大项（maxterm）。

表 6.2.3　BCD 码译码器的功能表

序号	输入				输出									
	A_3	A_2	A_1	A_0	Y_0_L	Y_1_L	Y_2_L	Y_3_L	Y_4_L	Y_5_L	Y_6_L	Y_7_L	Y_8_L	Y_9_L
0	**0**	**0**	**0**	**0**	**0**	**1**	**1**	**1**	**1**	**1**	**1**	**1**	**1**	**1**
1	**0**	**0**	**0**	**1**	**1**	**0**	**1**	**1**	**1**	**1**	**1**	**1**	**1**	**1**
2	**0**	**0**	**1**	**0**	**1**	**1**	**0**	**1**	**1**	**1**	**1**	**1**	**1**	**1**
3	**0**	**0**	**1**	**1**	**1**	**1**	**1**	**0**	**1**	**1**	**1**	**1**	**1**	**1**
4	**0**	**1**	**0**	**0**	**1**	**1**	**1**	**1**	**0**	**1**	**1**	**1**	**1**	**1**
5	**0**	**1**	**0**	**1**	**1**	**1**	**1**	**1**	**1**	**0**	**1**	**1**	**1**	**1**
6	**0**	**1**	**1**	**0**	**1**	**1**	**1**	**1**	**1**	**1**	**0**	**1**	**1**	**1**
7	**0**	**1**	**1**	**1**	**1**	**1**	**1**	**1**	**1**	**1**	**1**	**0**	**1**	**1**
8	**1**	**0**	**0**	**0**	**1**	**1**	**1**	**1**	**1**	**1**	**1**	**1**	**0**	**1**
9	**1**	**0**	**0**	**1**	**1**	**1**	**1**	**1**	**1**	**1**	**1**	**1**	**1**	**0**

续表

序号	输入				输出									
	A_3	A_2	A_1	A_0	Y_0_L	Y_1_L	Y_2_L	Y_3_L	Y_4_L	Y_5_L	Y_6_L	Y_7_L	Y_8_L	Y_9_L
伪码	**1**	**0**	**1**	**0**	**1**	**1**	**1**	**1**	**1**	**1**	**1**	**1**	**1**	**1**
	1	**0**	**1**	**1**	**1**	**1**	**1**	**1**	**1**	**1**	**1**	**1**	**1**	**1**
	1	**1**	**0**	**0**	**1**	**1**	**1**	**1**	**1**	**1**	**1**	**1**	**1**	**1**
	1	**1**	**0**	**1**	**1**	**1**	**1**	**1**	**1**	**1**	**1**	**1**	**1**	**1**
	1	**1**	**1**	**0**	**1**	**1**	**1**	**1**	**1**	**1**	**1**	**1**	**1**	**1**
	1	**1**	**1**	**1**	**1**	**1**	**1**	**1**	**1**	**1**	**1**	**1**	**1**	**1**

常见的 BCD 码译码器还有 CT4145,以及余 3 码(excess-3 code)4–10 译码器和格雷码(gray code)4–10 译码器等。

6.2.3 七段显示译码器

在数字系统中,常常需要将数字、符号甚至文字的二进制代码翻译成人们习惯的形式并直观地显示出来,供人们读取以监视系统的工作情况。能够完成这种功能的译码器就称为显示译码器(display decode)。

常用的显示译码器有半导体数码管和液晶数码管。按连接方式不同,数码管又分为共阴极(common cathode)和共阳极(common anode)两种。所谓共阴极是指数码管中所有发光二极管(LED)的阴极(cathode)连接在一起,而阳极分别由不同的信号驱动,并分别标识为 a、b、c、d、e、f、g、dp。显然当公共极 com 为低电平,而阳极(anode)为高电平时,相应发光二极管亮,如果阳极为低电平,则相应发光二极管不亮;而当公共极 com 为高电平,不管阳极为何种电平,所有发光二极管都不亮。所谓共阳极是指数码管中所有发光二极管的阳极连接在一起,而阴极分别由不同的信号驱动,并分别标识为 a、b、c、d、e、f、g、dp。显然当公共极 com 为高电平,而阴极为低电平时,相应发光二极管亮,如果阴极为高电平,则相应发光二极管不亮;而当公共极 com 为低电平,不管阴极为何种电平,所有发光二极管都不亮,如图 6.2.7 所示,图中数码管的输入信号为 a、b、c、d、e、f、g、dp,其中 a、b、c、d、e、f、g 称为七段码,用于控制输出的字符显示为何种字符,dp 为小数点。

七段显示译码器(seven-segment display decoder)可以将输入的二进制数转化为其对应十进制显示字符所需的七段码。表 6.2.4 是一种七段显示译码器的功能表。由表 6.2.4 可知,输出是高有效的,所以这个显示译码器是共阴极驱动的数码管。

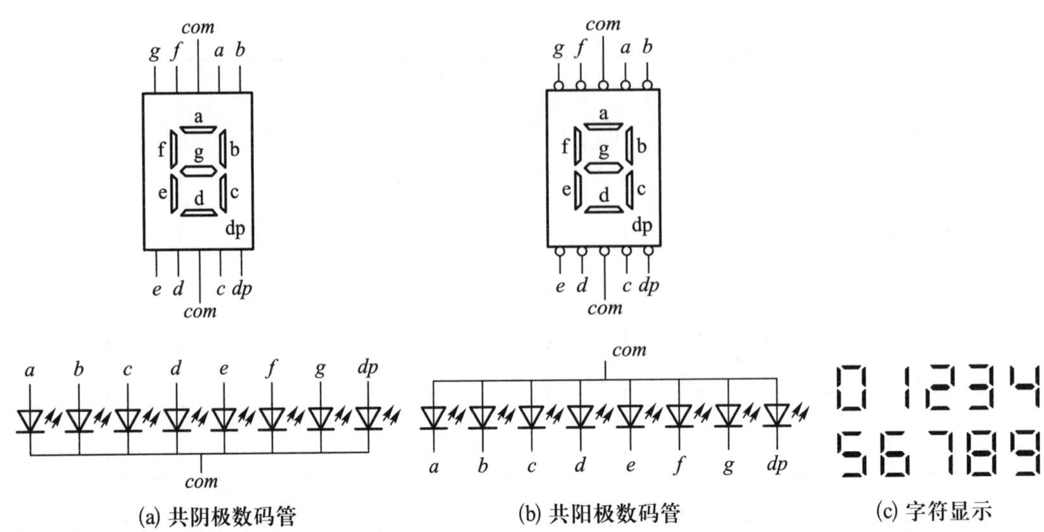

(a) 共阴极数码管　(b) 共阳极数码管　(c) 字符显示

图 6.2.7　七段数码管结构

表 6.2.4　一种七段显示译码器的功能表

	输入				输出						
十进制数	A_3	A_2	A_1	A_0	a	b	c	d	e	f	g
0	**0**	**0**	**0**	**0**	**1**	**1**	**1**	**1**	**1**	**1**	**0**
1	**0**	**0**	**0**	**1**	**0**	**1**	**1**	**0**	**0**	**0**	**0**
2	**0**	**0**	**1**	**0**	**1**	**1**	**0**	**1**	**1**	**0**	**1**
3	**0**	**0**	**1**	**1**	**1**	**1**	**1**	**1**	**0**	**0**	**1**
4	**0**	**1**	**0**	**0**	**0**	**1**	**1**	**0**	**0**	**1**	**1**
5	**0**	**1**	**0**	**1**	**1**	**0**	**1**	**1**	**0**	**1**	**1**
6	**0**	**1**	**1**	**0**	**0**	**0**	**1**	**1**	**1**	**1**	**1**
7	**0**	**1**	**1**	**1**	**1**	**1**	**1**	**0**	**0**	**0**	**0**
8	**1**	**0**	**0**	**0**	**1**	**1**	**1**	**1**	**1**	**1**	**1**
9	**1**	**0**	**0**	**1**	**1**	**1**	**1**	**0**	**0**	**1**	**1**
10	**1**	**0**	**1**	**0**	**0**	**0**	**0**	**1**	**1**	**0**	**1**
11	**1**	**0**	**1**	**1**	**0**	**0**	**1**	**1**	**0**	**0**	**1**
12	**1**	**1**	**0**	**0**	**0**	**1**	**0**	**0**	**0**	**1**	**1**
13	**1**	**1**	**0**	**1**	**1**	**0**	**0**	**1**	**0**	**1**	**1**
14	**1**	**1**	**1**	**0**	**0**	**0**	**0**	**1**	**1**	**1**	**1**
15	**1**	**1**	**1**	**1**	**0**	**0**	**0**	**0**	**0**	**0**	**0**

6.3 编 码 器

通常我们将输出码字比输入码字位数少的器件称为编码器(encoder)。编码器可以用更少位数的码字表达多种输入情况。最常见的编码器是二进制编码器或者称为 2^n-n 编码器。

6.3.1 二进制编码器

对于 m 个不同的输入,至少需要 n 位二进制数(binary number)对其编码,m 和 n 之间的关系为:$2^{n-1}<m\leqslant 2^n$,例如 0~9 十个数字符号至少要用 4 位二进制编码表示。

最简单的编码器可能是 2^n-n 或二进制编码器(binary encoder),其一般结构如图 6.3.1(a)所示,其输入编码是 2^n 中取 1 码,输出编码为 n 位二进制数。例如,现要对 8 个输入信号 I_0~I_7 进行编码(encode),由于输入 2^n 中取 1 码的特点是有且只有一个输入有效,多个输入同时请求编码的情况是不可能也是不允许出现的,这时的编码比较简单,对应输入端 I_0~I_7 依次有效,输出 Y_2~Y_0 分别为对应输入下标的 3 位二进制数 **000**、**001**、**010**、**011**、**100**、**101**、**110**、**111**。需注意,此编码器按照有效输入信号下标的对应二进制数输出时,输出信号中的 Y_2 是对应二进制的高位。该输入为 I_0~I_7、输出为 Y_2~Y_0 的 8–3 编码器的等式为

$$Y_0=I_1+I_3+I_5+I_7$$

$$Y_1=I_2+I_3+I_6+I_7$$

$$Y_2=I_4+I_5+I_6+I_7$$

对应的逻辑电路如图 6.3.1(b)所示。一般来说,2^n-n 编码器可由 n 个 2^{n-1} 输入的**或**门构建。

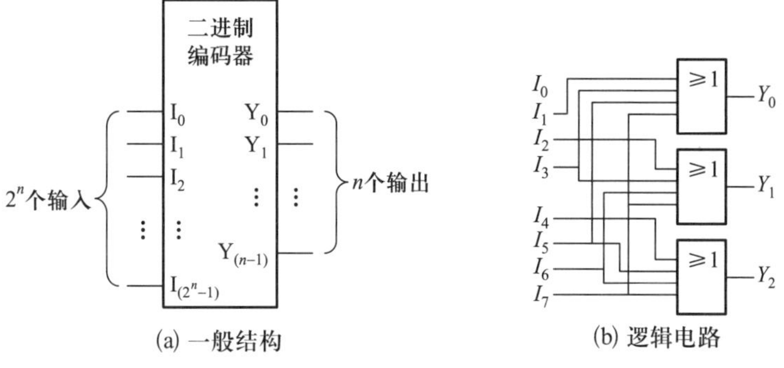

(a) 一般结构 (b) 逻辑电路

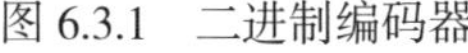

图 6.3.1 二进制编码器

视频 6.3.1

6.3.2 优先编码器

普通编码器在任意时刻只有一个输入要求编码,不允许两个或两个以上的输入信号同

时有效(active),一旦出现多个输入同时有效的情况,编码器将产生错误的输出。

优先编码器(priority encoder)规定了编码器全部输入信号各自的优先等级(priority),当多个输入信号同时有效(asserted)时,它能够根据事先安排好的优先顺序,只对优先级最高的有效输入信号进行编码。

74×148 就是完成该功能的 8-3 优先编码器。其电路结构与逻辑符号如图 6.3.2 所示。I_0_L、I_1_L、…、I_7_L 是编码器的输入引脚(input pins),Y_2_L、Y_1_L 和 Y_0_L 是编码器的输出引脚(output pins),其他引脚还有选通输入端[使能输入端(enable input)]*EI_L*、使能输出端 *EO_L*(enable output)和组选输出端(group select)*GS_L*。

74×148 的功能表(function table)如表 6.3.1 所示,描述了器件输入与输出之间的关系,即在芯片使能端 *EI_L* 有效期间,编码输入信号 I_7_L~I_0_L 中均为低电平(**0**)有效,且 I_7_L 的优先级最高,I_6_L 次之,I_0_L 的优先级最低。编码输出信号 Y_2_L、Y_1_L 和 Y_0_L 则为二进制反码(one's complement code)输出。如果要得到原码(signed-magnitude)输出,则需要对输出码取反。当 *EI_L*=**1** 时,编码器不工作,编码器的输出 Y_2_L、Y_1_L 和 Y_0_L 全为 **1**;当 *EI_L*=**0** 时,编码器按输入的优先级别(priority)对优先级最高的一个有效输入信号(active input signal)进行编码。例如当 I_7_L 为 **0** 时,无论 I_6_L~I_0_L 为何值,电路总是对 I_7_L 进行编码(encoder),其输出为"7"的二进制码(binary code)"**111**"的反码"**000**";当 I_7_L 的输入信号为 **1** 而 I_6_L 为 **0** 时,不管其他编码输入为何值,编码器只对 I_6_L 进行编码,输出为"6"的二进制码"**110**"的反码"**001**"。其余类推。

从功能表 6.3.1 还可以看到,有三种情况使得编码器输出 Y_2_L、Y_1_L 和 Y_0_L 均为 **1**:*EI_L*=**1** 时,编码器(encoder)不工作,此时 *EO_L* 和 *GS_L* 输出都为 **1**;*EI_L*=**0** 时,编码器工作,但无输入信号要求编码,此时 *EO_L*=**0**,*GS_L*=**1**;*EI_L*=**0** 时,编码器只对 I_0_L 编码,此时 *EO_L*=**1**,*GS_L*=**0**。利用编码器的使能输出端,可以方便地实现编码器的扩展。

表 6.3.1　8-3 优先编码器 74×148 的功能表

输入									输出				
EI_L	I_7_L	I_6_L	I_5_L	I_4_L	I_3_L	I_2_L	I_1_L	I_0_L	Y_2_L	Y_1_L	Y_0_L	*GS_L*	*EO_L*
1	Ø	Ø	Ø	Ø	Ø	Ø	Ø	Ø	1	1	1	1	1
0	1	1	1	1	1	1	1	1	1	1	1	1	0
0	0	Ø	Ø	Ø	Ø	Ø	Ø	Ø	0	0	0	0	1
0	1	0	Ø	Ø	Ø	Ø	Ø	Ø	0	0	1	0	1
0	1	1	0	Ø	Ø	Ø	Ø	Ø	0	1	0	0	1
0	1	1	1	0	Ø	Ø	Ø	Ø	0	1	1	0	1
0	1	1	1	1	0	Ø	Ø	Ø	1	0	0	0	1
0	1	1	1	1	1	0	Ø	Ø	1	0	1	0	1
0	1	1	1	1	1	1	0	Ø	1	1	0	0	1
0	1	1	1	1	1	1	1	0	1	1	1	0	1

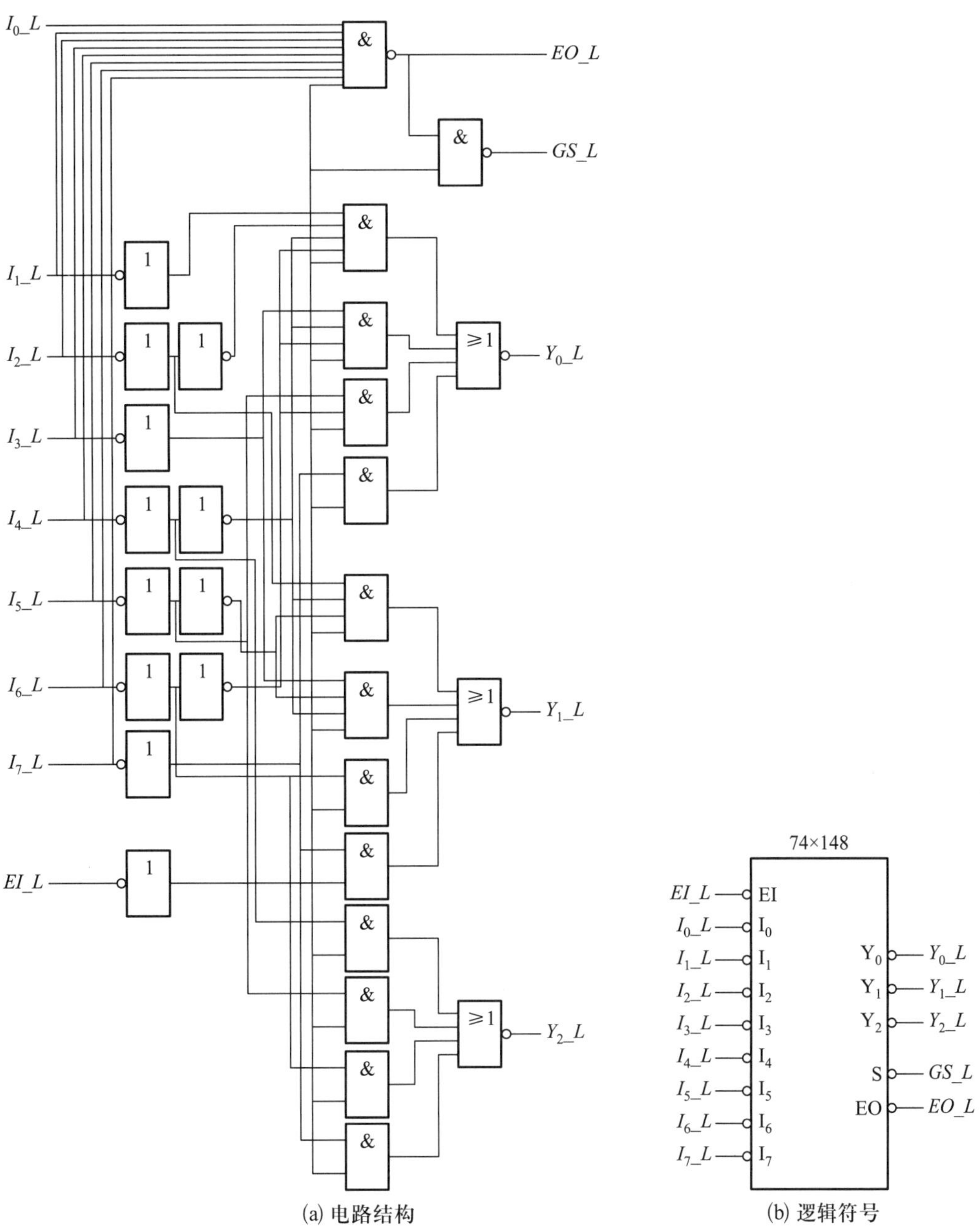

(a) 电路结构　　(b) 逻辑符号

图 6.3.2　8–3 优先编码器 74 × 148 的电路结构与逻辑符号

［例 6.3.1］ 以 8-3 优先编码器 74×148 为主要器件设计一个 16-4 优先编码器(16-4 priority encoder)。

解:16-4 优先编码器有 16 位输入信号,4 位编码输出信号。因此需要使用 2 片 74×148 芯片。

将高位编码器的编码使能端 *EI_L* 作为扩展编码器的总体使能端,低位编码器的输出 *EO_L* 作为扩展编码器的 *EO_L*。即当高位编码器编码时,低位编码器被禁止(forbid)编码;当高位编码器允许编码却没有输入信号要求编码时,则允许低位编码器对输入的信号进行编码。16-4优先编码器(16-4 priority encoder)如图 6.3.3 所示。

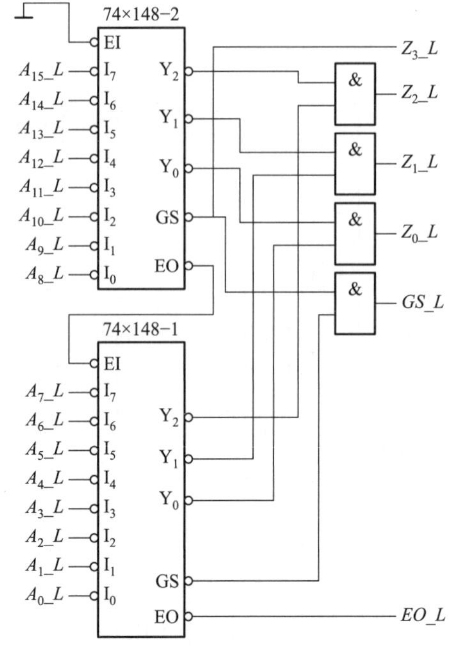

图 6.3.3 16-4 优先编码器

6.4 三态器件

三态器件的输出是 **0**、**1** 或高阻三个状态之一,下面将通过对三态器件特性的分析来学习如何使用三态器件。

6.4.1 三态缓冲器

三态缓冲器也被称为三态驱动器,常见的逻辑符号如图 6.4.1 所示,有非反相缓冲器和反相缓冲器,图中输出端带有反相圈的是反相缓冲器,符号顶端的信号输入端为三态使能输入(three state enable input),有反相圈的是低电平有效的,无反相圈的是高电平有效的。当使能输入信号有效时,三态缓冲器按照正常的缓冲器或反相器工作,输出为 **0** 或 **1**,当使能输入信号无效时,三态缓冲器输出为与输入信号断开的状态即输出悬空,则称此时的输出为高阻状态(hi-Z)。

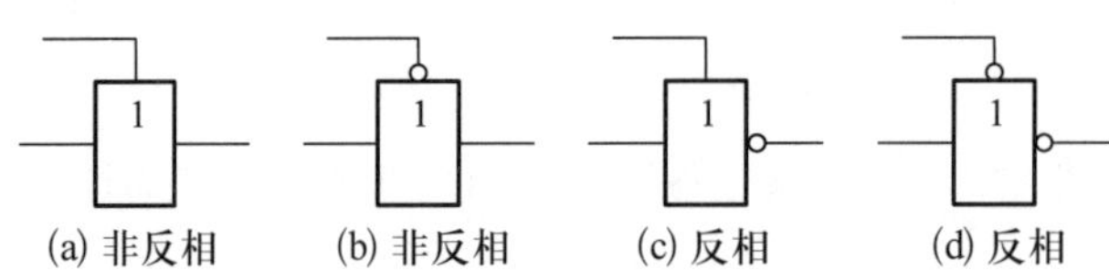

图 6.4.1 三态非反相缓冲器与三态反相缓冲器

6.4.2 三态缓冲器的应用

一般门电路的输出是不允许连在一起的，但如图 6.4.2 所示的三态缓冲器输出可以连在一起，实现多个数据共享单个同线(party line)，但要保证每一时刻仅有一个三态缓冲器使能有效。

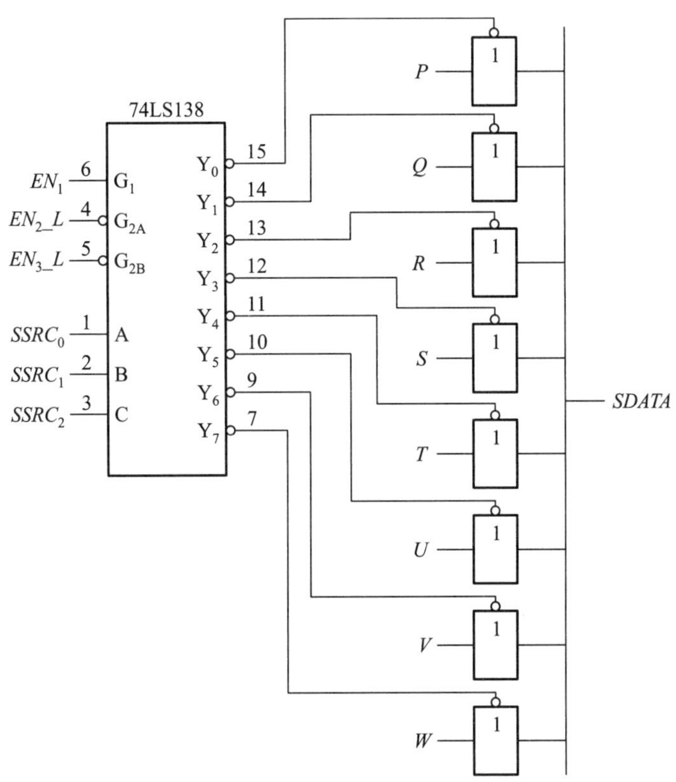

图 6.4.2 8 个信号共享 1 根三态同线

图 6.4.2 中 74LS138 在使能条件下其二进制输入 $SSRC_2$、$SSRC_1$、$SSRC_0$ 由 **000** 至 **111** 变化，Y_0 至 Y_7 将依次有效，即三态门使能将由上至下依次有效，则 8 个信号源的数据 P 至 W 将依次出现在 $SDATA$ 线上，注意每一时刻仅有一个三态门的使能有效，且在交换使能有效的时刻，只要三态器件可以保证进入高阻态比离开高阻态快，就不会出现同线上同时出现 **0** 和 **1** 两个相反的输出值的情况。例如当 $SSRC_2$、$SSRC_1$、$SSRC_0$ 为 **000** 时，P 信号源驱动三态门输出 $SDATA=P$，当 $SSRC_2$、$SSRC_1$、$SSRC_0$ 变为 **001** 时，$SDATA$ 将在 Q 进入同线之前先进入高阻状态，再将 Q 输出至 $SDATA$ 同线上，则不会出现 $SDATA$ 上 P 数据还未离开，Q 数据就输出的情况。

若74LS138使能条件不被满足，则74LS138的输出全为高电平，*SDATA*上是高阻，其逻辑值是未被定义的。

由图6.4.3可知，若同线上能有一段截止时间(dead time)，在截止时间内没有任何信号驱动同线，那么同线在截止时间内输出是断开的或者称为是高阻的。

视频6.4.1

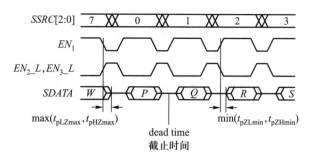

SSRC[2:0] 7 0 1 2 3

EN_1

EN_2_L, EN_3_L

SDATA W P Q R S

$\max(t_{pLZmax}, t_{pHZmax})$ $\min(t_{pZLmin}, t_{pZHmin})$

dead time 截止时间

图6.4.3 三态同线的定时图

6.4.3 标准中规模缓冲器的应用

常见的MSI部件包含带有公共使能端的三态器件，可以用多个三态器件同时驱动具有多个数据位的总线。例如在8位数据总线上，每次同时有8位数据，则可以通过公共使能端有效，同时将8个三态缓冲器使能，将数据送至8位总线上。图6.4.4是中规模非反相三态缓冲器74×541的逻辑电路图和逻辑符号。

由图6.4.4可见，74×541包含了8个独立的三态缓冲器，每个缓冲器都带有迟滞特性可以提高抗干扰的能力，当两个使能信号均有效时，才能允许三态器件正常输出。图6.4.5是74×541的应用电路举例。

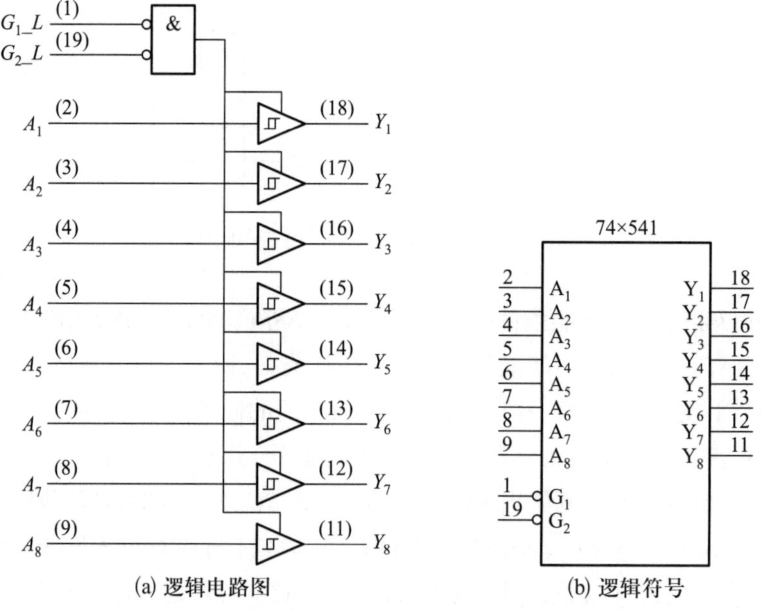

图6.4.4 中规模非反相三态缓冲器74×541的逻辑电路图和逻辑符号

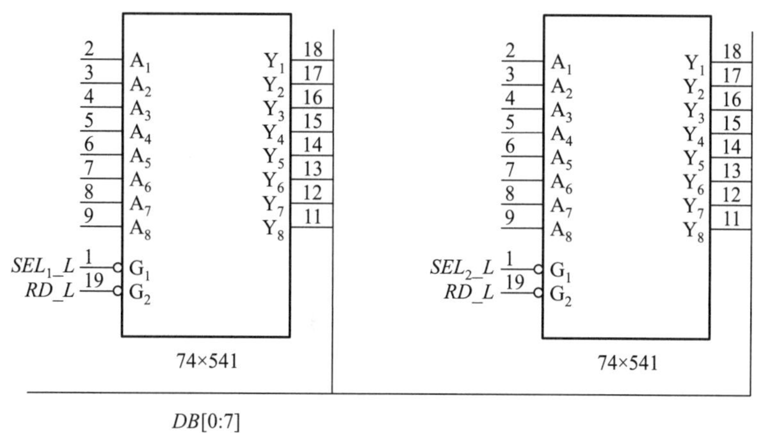

图 6.4.5 74 × 541 应用电路举例

图 6.4.5 中由 SEL_1_L 及 SEL_2_L 选择输入端口，通过 RD_L 有效，被选中的 74 × 541 将其输入数据（A_1~A_8）提供至总线 DB［0:7］上。

图 6.4.6 是双向 3 态缓冲器 74 × 245 的部分内部逻辑电路图和逻辑符号，可见其包含了 8 个三态缓冲器对，每对引脚以相反方向连接，当使能信号 G_L 有效时，若 DIR 信号为 **0**，则 B 向 A 方向传输，若 DIR 信号为 **1**，则 A 向 B 方向传输。此器件常应用于双向总线中。

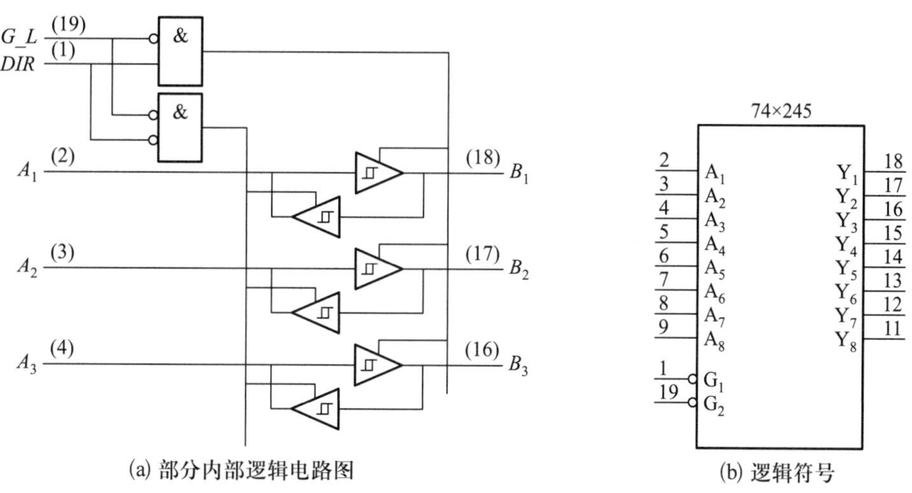

图 6.4.6 双向 3 态缓冲器 74 × 245 的部分内部逻辑电路图和逻辑符号

6.5　多路复用器

6.5.1　多路复用器

多路复用器(multiplexer)又称数据选择器或多路开关。若多路复用器有 n 路数据输入端，1 路数据输出端，我们称之为 n 选 1 的多路复用器，即可实现从 n 路数据中选择 1 路输出的功能。若要将 n 路数据区分开，首先将 $\log_2 n$ 向上取整后得到的整数作为二进制数的位数，用这个二进制数作为选择信号。图 6.5.1 显示了具有 n 个输入，b 位输出的多路复用器结构，即每个输入源都有 b 位数据，3 个输入用于选择 n 个数据源中的一个，所以 $S=\lceil \log_2 n \rceil$，使能信号有效是芯片能按数据选择器方式工作的必要条件。

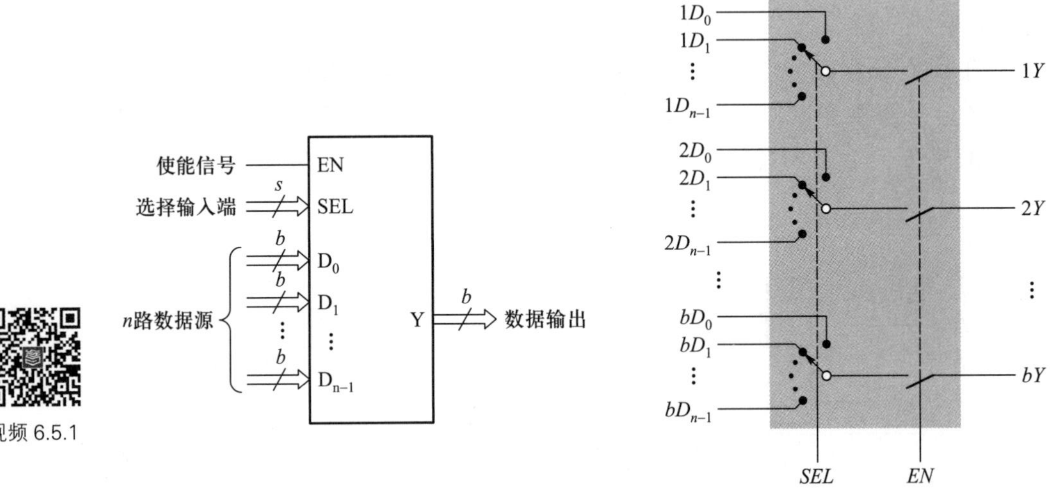

图 6.5.1　多路复用器结构

图 6.5.1 的多路复用器右侧的图，可以用逻辑函数描述为

$$iY=\sum_{j=0}^{n-1} EN\cdot m_j\cdot iD_j$$

多路复用器根据地址选择码从多路输入数据中选择一路到数据输出端输出，常用的多路复用器有 2 选 1(如 74×157、74×257 等)、4 选 1(如 74×153、74×253 等)、8 选 1(如 74×151、74×251)和 16 选 1(如 74×150 等)。具体情况如下：

74×151：8 选 1，1 位；

74×251：8 选 1，1 位，三态输出；

74×157:2 选 1,4 位;

74×153:4 选 1,2 位;

74×253:4 选 1,2 位,三态输出。

74×151 是 8 选 1 的 1 位多路复用器,逻辑符号如图 6.5.2 所示,功能表由表 6.5.1 所描述。由功能表也可以写出 8 选 1 多路复用器(8-1 multiplexer)的逻辑函数表达式为

$$Y=(EN')'(C'\cdot B'\cdot A'D_0+C'\cdot B'AD_1+C'BA'D_2+C'BAD_3$$

$$+CB'\cdot A'D_4+CB'AD_5+CBA'D_6+CBAD_7)=(EN')'\ (\sum_{i=0}^{7}m_iD_i)$$

多路复用器的标准逻辑函数为

$$Y=EN\sum_{i=0}^{n}m_iD_i$$

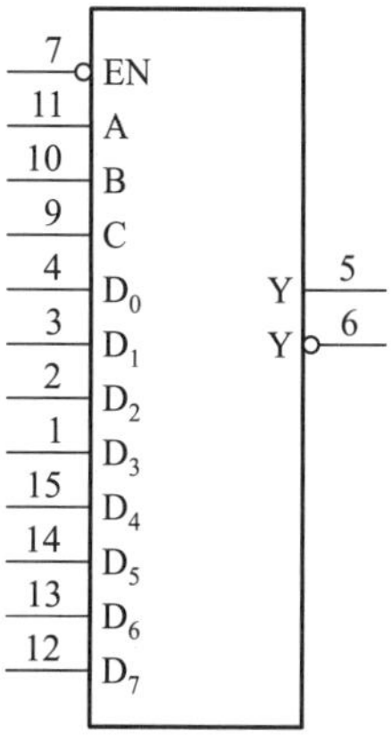

图 6.5.2 74×151 逻辑符号

表 6.5.1 多路复用器 74×151 功能表

EN	*C*	*B*	*A*	*Y*	*Y_L*
1	Ø	Ø	Ø	**0**	**1**
0	**0**	**0**	**0**	D_0	D_0'
0	**0**	**0**	**1**	D_1	D_1'
0	**0**	**1**	**0**	D_2	D_2'
0	**0**	**1**	**1**	D_3	D_3'
0	**1**	**0**	**0**	D_4	D_4'
0	**1**	**0**	**1**	D_5	D_5'
0	**1**	**1**	**0**	D_6	D_6'
0	**1**	**1**	**1**	D_7	D_7'

这个形式适合于表达最小项之和,*n* 输入的多路复用器可以实现 *n*+1 变量的逻辑函数。

74×157 是 2 选 1 的 4 位多路复用器,逻辑符号如图 6.5.3 所示,功能表由表 6.5.2 所描述。

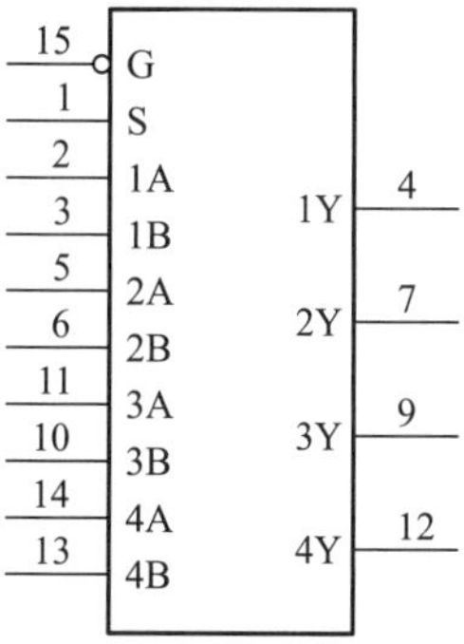

图 6.5.3 74×157 逻辑符号

表 6.5.2 多路复用器 74×157 功能表

G_L	*S*	1*Y*	2*Y*	3*Y*	4*Y*
1	Ø	**0**	**0**	**0**	**0**
0	**0**	1*A*	2*A*	3*A*	4*A*
0	**1**	1*B*	2*B*	3*B*	4*B*

74×153 是双 4 选 1 多路复用器（dual 4–1 multiplexer），其逻辑电路图和逻辑符号如图 6.5.4 所示，A_1、A_0 是两个 4 选 1 多路复用器的选择端（selection inputs），每个多路复用器有各自独立的使能控制端（enable control inputs）1*EN_L* 和 2*EN_L*。

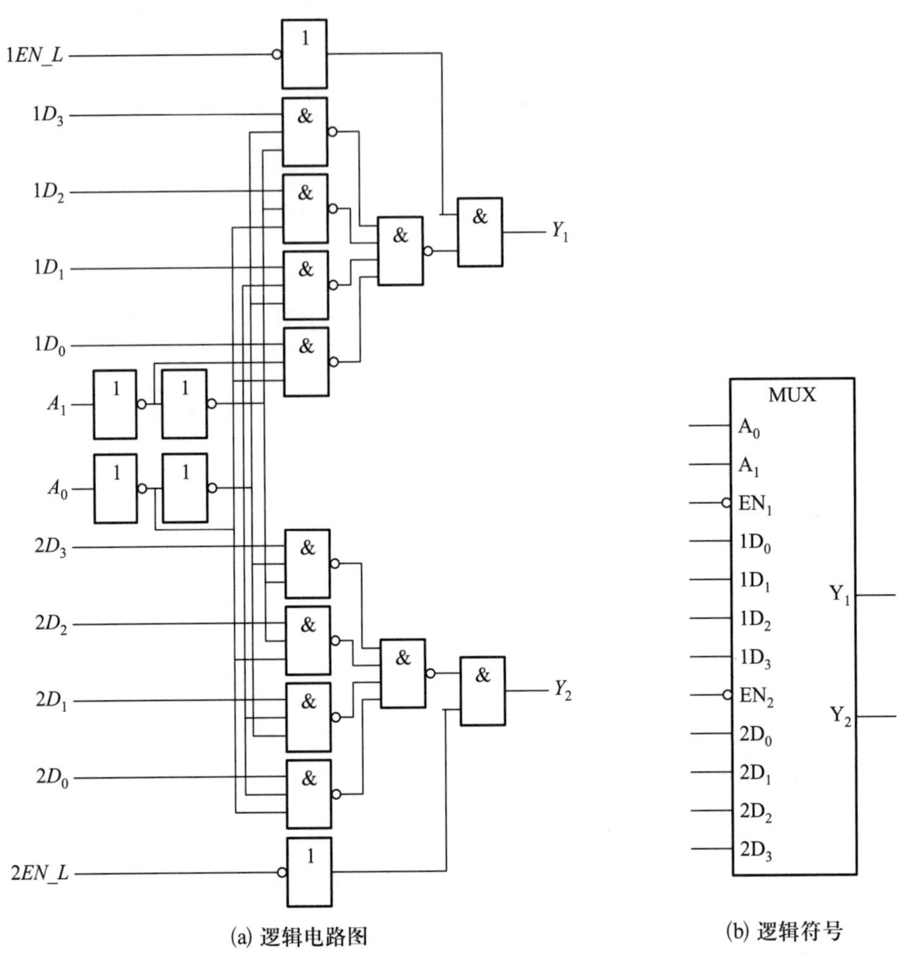

(a) 逻辑电路图　　(b) 逻辑符号

图 6.5.4　双 4 选 1 多路复用器 74×153

74×153 的功能表如表 6.5.3 所示。从功能表可以得到多路复用器（multiplexer）输出的逻辑函数表达式（logic function expression）为

$$Y=(EN\_L)'(A_1'A_0'D_0+A_1'A_0D_1+A_1A_0'D_2+A_1A_0D_3)$$

表 6.5.3　多路复用器 74×153 功能表

EN_L	A_1	A_0	Y
1	Ø	Ø	0
0	0	0	D_0
0	0	1	D_1
0	1	0	D_2
0	1	1	D_3

6.5.2　扩展多路复用器

可以通过级联多个多路复用器，实现位数的扩展或

选择路数的扩展。

例如，如何实现 32 输入，1 位多路复用器？这是一个选择路上扩展的问题，位数不变。

如果使用 74×151，因为该芯片是 8 选 1 的，所以需要 4 片。那么如何控制选择输入端呢？ 32 位需要 5 根输入线进行选择。低位的选择端连接到 74×151 的 C、B、A 选择输入，高 2 位用于选择 4 个芯片。2 个输入选择 4 个芯片，就需要使用 2–4 译码器。2–4 译码器的输出分别连接到 4 个 74×151 的使能输入端。

那么，如何实现 8 输入，16 位多路复用器呢？如果使用 74×151，因为该芯片是 8 选 1 的，所以需要 16 片。每片处理输入输出中的 1 位，选择端连接到每片的 C,B,A 即可。选择输入要驱动 16 个输入引脚，因此要注意选择端的扇出能力，需要时可以加缓冲器。

用双 4 选 1 数据选择器构成 8 选 1 数据选择器比较简单，只需要加一个反相器和 1 个**或**门就可以，如图 6.5.5 所示。

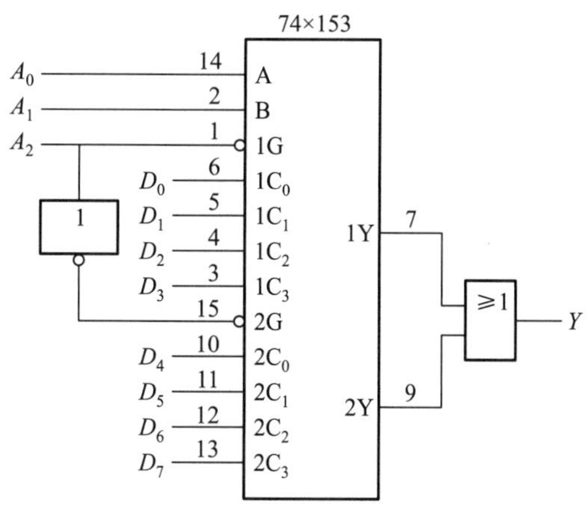

图 6.5.5 双 4 选 1 数据选择器构成 8 选 1 数据选择器

6.5.3 多路复用器实现逻辑函数

因为多路复用器的逻辑表达式为$Y=\sum_{i=0}^{n-1}EN\cdot m_i\cdot D_i$，所以它特别适合于实现任意变量的逻辑函数。多路复用器有数据端的输入，因此选择端个数为 n 的多路复用器，可以实现任意的 $n+1$ 输入的逻辑函数。

例如，要实现逻辑函数 $F=\Sigma_{A,B,C}(0,1,3,7)$，只需要将 74×151 的 C,B,A 分别连 A,B,C。然后将 D_0,D_1,D_3,D_7 接高电平（通过电阻接高电平），因为输入为 0，1，3，7 的时候输出为 **1**。将 D_2,D_4,D_5,D_6 接地，因为输入为 2，4，5，6 的时候输出为 **0**。

如果想要实现逻辑函数 $F=\Sigma_{A,B,C,D}(2,4,6,14)$，由于 $F=\Sigma_{A,B,C,D}(2,4,6,14)=D'\ \Sigma_{A,B,C}(1,2,3,7)$，所以只需要将 D 连接到图 6.5.6 的使能端就可以了。

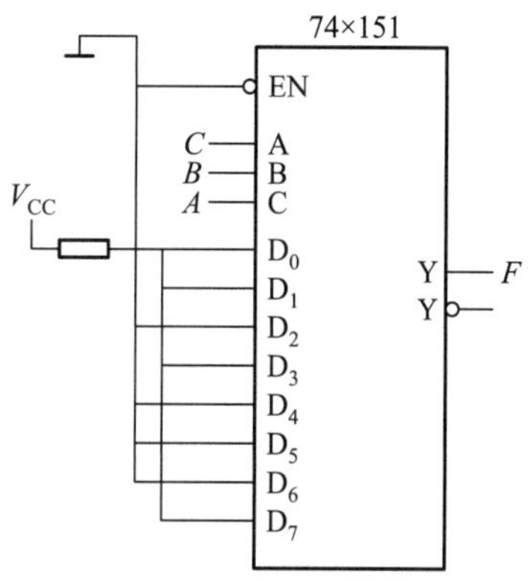

图 6.5.6 多路复用器实现逻辑函数 $F=\Sigma_{A,B,C}(0,1,3,7)$

其实，如果不将数据输入端仅仅连接高电平或低电平，而选择输入变量，就可以实现更多输入的逻辑函数。74×151 的选择输入端是 3 个，可以实现任意的 4 输入变量的逻辑函数，而不仅仅是如 $F=\Sigma_{A,B,C,D}(2,4,6,14)$ 这样的特殊的逻辑函数。采用的方法可以是真值表降维或卡诺图降维，而2种方法在原理上是一样的。下面使用74×151实现组合逻辑函数$F=\Sigma_{A,B,C,D}(1,2,4,6,8,9)$。

由表6.5.4所示，观察F和D的关系，可以得到当选择端为**000**的时候，输出F与D相同，所以将D连接到D_0，同理可得到最后的电路如图6.5.7所示。

使用如图6.5.8所示的卡诺图降维也是一样的道理。

表6.5.4　$F=\Sigma_{A,B,C,D}(1,2,4,6,8,9)$的真值表降维

A	*B*	*C*	*D*	*F*	
0	**0**	**0**	**0**	**0**	*D*
			1	**1**	
0	**0**	**1**	**0**	**1**	*D'*
			1	**0**	
0	**1**	**0**	**0**	**1**	*D'*
			1	**0**	
0	**1**	**1**	**0**	**1**	*D'*
			1	**0**	
1	**0**	**0**	**0**	**1**	**1**
			1	**1**	
1	**0**	**1**	**0**	**0**	**0**
			1	**0**	
1	**1**	**0**	**0**	**0**	**0**
			1	**0**	
1	**1**	**1**	**0**	**0**	**0**
			1	**0**	

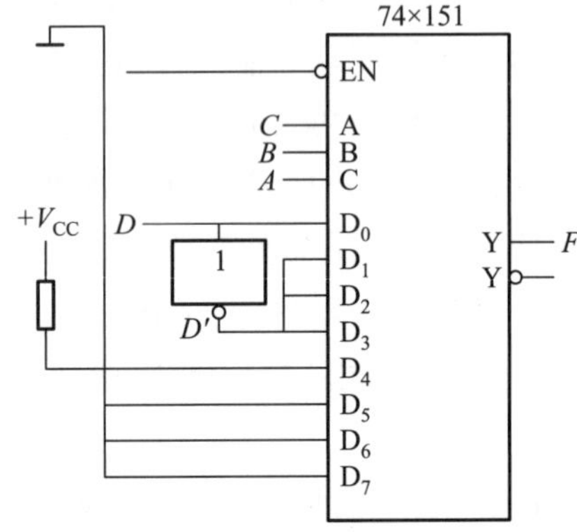

图6.5.7　实现逻辑函数$F=\Sigma_{A,B,C,D}(1,2,4,6,8,9)$

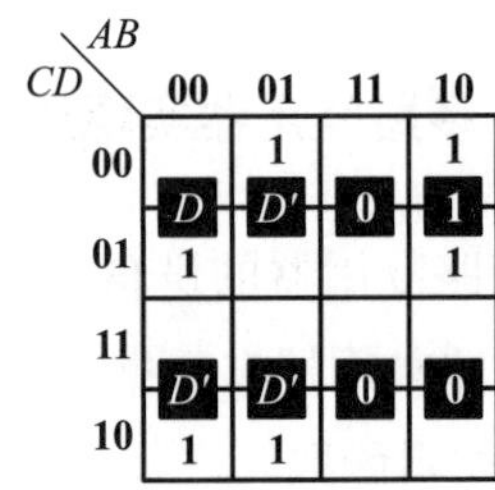

图6.5.8　实现逻辑函数$F=\Sigma_{A,B,C,D}(1,2,4,6,8,9)$的卡诺图降维

6.6　多路分配器和奇偶校验电路

数据分配器是将一路输入数据根据地址选择码分配给多路数据输出中的某一路输出，实现的是时分多路传输电路中接收端电子开关的功能。就是说，多路分配器与多路选择器相反，由选择端控制将一路输入数据送到多个输出之一。这里的选择端，不再是选择输入，而是选择输出。

如图6.6.1所示，源(SRC_A到SRC_Z)作为输入，通过多路复用器的选择端*SRCSEL*将选择其中的一路输入。通过BUS(1根线)进行远距离的传输后，再通过*DSTSEL*选择多路分配器上的输出(DST_A 到 DST_Z)中的一路作为输出。例如,当需要连接 SRC_B 到 DST_Z,只需要在多路复用器的选择端选择 SRC_B,在多路分配器的选择端选择 DST_Z,就建立了从 SRC_B 到 DST_Z 的连接。如果不这样设计,就需要 26 × 26 根线来连接,成本就会大幅度提高。

利用带使能端的二进制译码器可以实现多路分配器。使用 74 × 138 实现多路分配器的电路设计如图 6.6.2 所示。

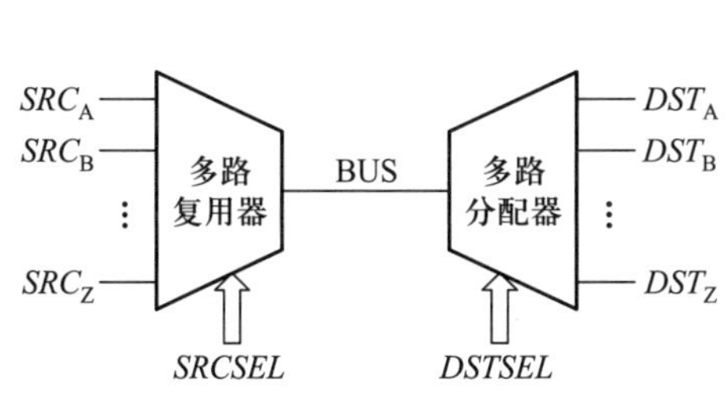

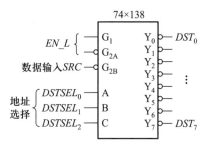

图 6.6.1 多路分配器的应用

图 6.6.2 使用 74 × 138 实现多路分配器的电路设计

图 6.6.2 中,假设使能 EN_L 有效,当地址选择输入为 i 的时候,输出 DST_i 的值与数据输入 SRC 相同,实现了数据分配器的功能。

视频 6.6.1

数据在长距离传送过程或者存储过程中均可能会发生各种错误,奇偶校验是一种最简单的数据校验方法之一。奇偶校验的实现方法是在每个被传送码的后面加上 1 位奇偶校验位。若采用奇校验,只需把每个编码中 **1** 的个数凑成奇数;若采用偶校验,只要把每个编码中 **1** 的个数凑成偶数。

实现奇校验功能的电路,就称为奇校验电路(odd-parity circuit),如果其输入有奇数个 **1**,则其输出为 **1**。对奇校验电路的输出取反,则可得到偶校验电路(even-parity circuit),当输入有偶数个 **1**,其输出为 **1**。

异或(XOR)门和**同或**(XNOR)门是实现奇偶校验最常用的基本单元。**异或**(XOR)运算结果取决于变量为 **1** 的个数:

若 $A_0 \oplus A_1 \oplus \cdots \oplus A_n = \mathbf{1}$,则 A_0~A_n 中,**1** 的个数是奇数(odd number);

若 $A_0 \oplus A_1 \oplus \cdots \oplus A_n = \mathbf{0}$,则 A_0~A_n 中,**1** 的个数是偶数(even number)。

同样,多变量**同或**(XNOR)运算,结果取决于 **0** 的个数:

若 $A_0 \odot A_1 \odot \cdots \odot A_n = \mathbf{1}$,则 A_0~A_n 中,**0** 的个数是偶数;

若 $A_0 \odot A_1 \odot \cdots \odot A_n = \mathbf{0}$,则 A_0~A_n 中,**0** 的个数是奇数。

图 6.6.3 是由 n 个**异或**门级联得到的奇校验电路。其中图 6.6.3(a)采用的结构是菊花链式连接,图 6.6.3(b)采用的结构是树状连接。

如果 I_1 到 I_n 中 **1** 的个数为奇数,输出为 **1**,否则为 **0**。采用图 6.6.3(b)设计的电路,延迟时间更短。

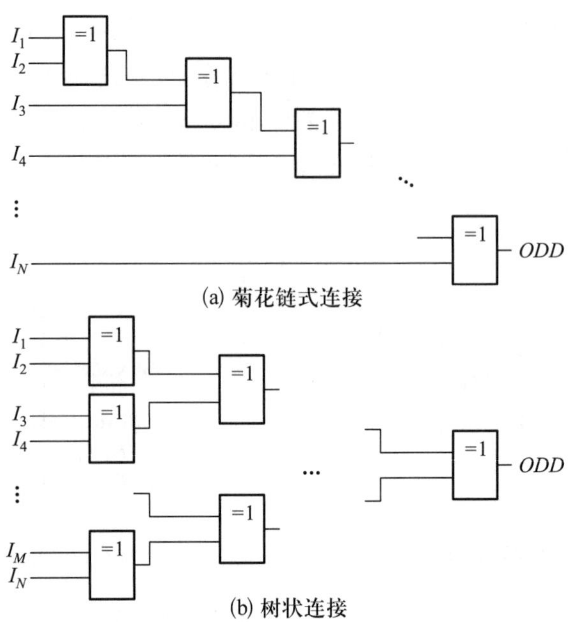

图 6.6.3 由 n 个**异或**门级联得到的奇校验电路

74×280 是集成的 9 位奇偶校验发生器,如图 6.6.4 所示。它有 9 个输入和 2 个输出,这 2 个输出分别指明输入包含奇数个 **1** 还是偶数个 **1**。

图 6.6.5 显示了微处理系统的存储电路的奇偶校验生成和校验。

发送端,由电路自动检测发送字符位中 **1** 的个数,并在奇偶校验位上添加 **1** 或 **0**,使得 **1** 的总和(包括奇偶校验位)为偶数(奇校验时为奇数)。接收端,由电路对字符位和奇偶校验位中 **1** 的个数加以检测。若 **1** 的个数为偶数(奇校验时为奇数),则表明数据传输正确;若 **1** 的个数变为奇数(奇校验时为偶数),则表明数据在传送过程中出现了错误。

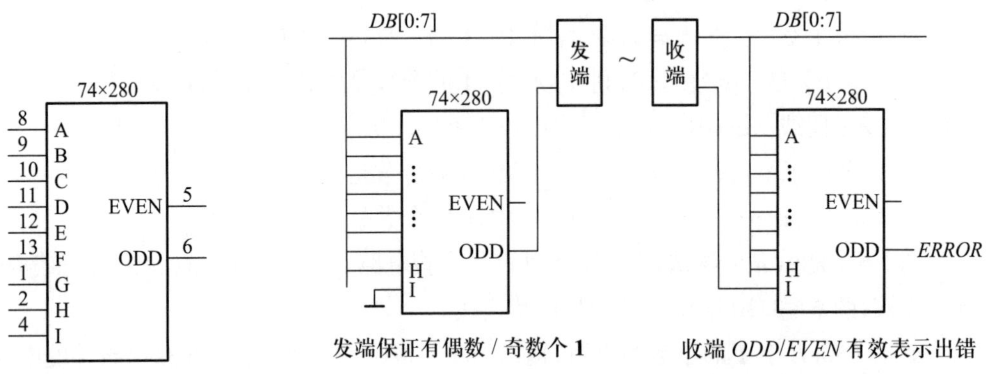

图 6.6.4 9 位奇偶校验发生器 74×280

图 6.6.5 微处理系统的存储电路的奇偶校验生成和校验

6.7 比 较 器

在计算机系统和其他电子设备中需要比较二进制数据是否相等，实现这种功能的电路称为数据比较器(comparator)，或者称为等值比较器。

基本比较器逐位比较两个二进制字符串，如果二者完全相等，输出为 **1**。**异或**门和**同或**门是比较二进制位是否相等的最简单的方式。图 6.7.1 为**异或**门和**同或**门构成的 1 位比较器。如果两个二进制位不相等，则**异或**门的输出为 **1**；如果两个二进制位相等，则**同或**门的输出为 **1**。

图 6.7.1　**异或**门和**同或**门构成的 1 位比较器

当进行多个二进制位比较时，需要使用多个**异或**门(或**同或**门)。图 6.7.2 为由**异或**门构成的 4 位二进制数比较器。4 个**异或**门的输出送入**或**门，表示只要有一个**异或**门的输出为 **1**，则输出 *Diff* 为 **1**，即两个比较的数不相等。

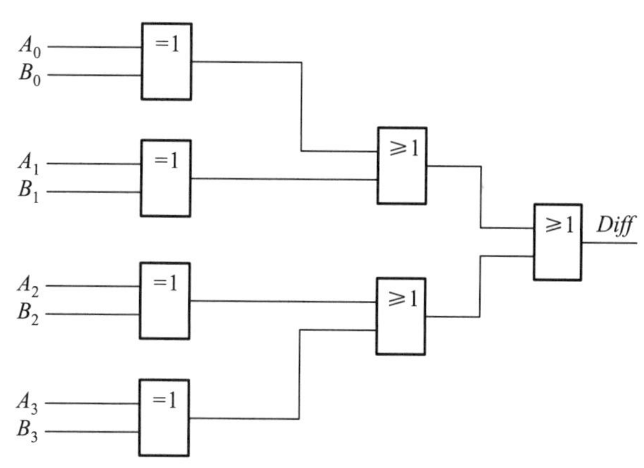

图 6.7.2　由**异或**门构成的 4 位二进制数比较器

图 6.7.2 中的 n 位比较器也可以称为并行比较器，给出足够的**异或**门和宽度足够的**或**门，可以搭建任意输入位数的等值比较器。

多位比较器可以采用迭代电路(iterative circuit)来实现。在迭代电路中，将前一级的运算结果传递给后一级运算电路。图 6.7.3 显示了相应的迭代电路。其中图 6.7.3(a)表示 1 位比较器模块，当 $X=Y$，且 EQ_I 为 **1** 时，EQ_O 输出为 **1**；图 6.7.3(b)表示一个完整的比较迭代电路。

与等值比较器相对应，数值比较器(magnitude comparator)是对两个位数相同的二进制数进行数值比较并判定其大小关系的算术运算电路。数值比较器中，最简单的就是 1 位数值比较器。

视频 6.7.1

图 6.7.4 为 1 位数值比较器。当 A 大于 B 的时候，GT_L 有效；当 A 小于 B 的时候，LT_L

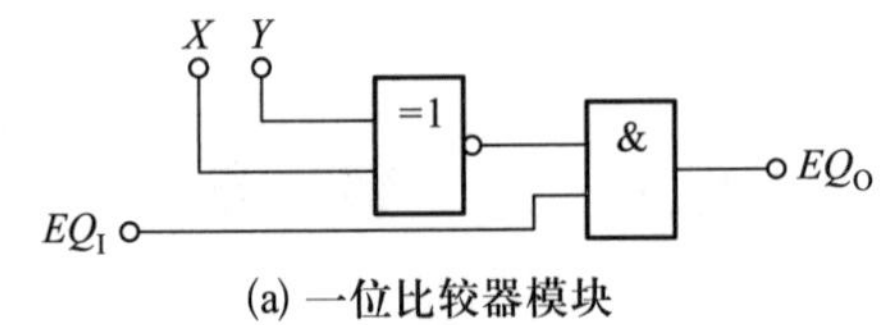

(a) 一位比较器模块

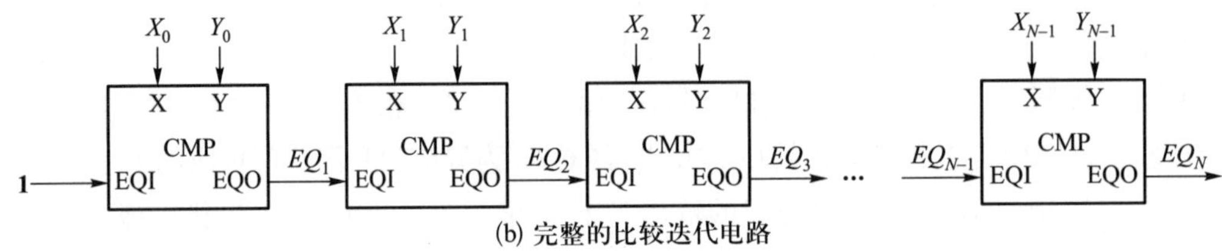

(b) 完整的比较迭代电路

图 6.7.3　迭代电路

有效;当 A 等于 B 的时候,EQ_L 有效。

表达式为

$$EQ\_L = A \cdot B' + A' \cdot B = A \oplus B = (A \odot B)'$$

$$LT\_L = (A'B)'$$

$$GT\_L = (AB')'$$

如果要设计 4 位比较器,即 $A(A_3A_2A_1A_0)$ 和 $B(B_3B_2B_1B_0)$ 自高向低逐位比较,那么,只有 4 位依次相等,两个数才相等,因此有

$$EQ = (A_3 \odot B_3) \cdot (A_2 \odot B_2) \cdot (A_1 \odot B_1) \cdot (A_0 \odot B_0)$$

要判断 A 大于 B 就比较复杂,公式为

$$GT = (A_3B_3') + (A_3 \odot B_3) \cdot (A_2B_2') + (A_3 \odot B_3) \cdot (A_2 \odot B_2) \cdot (A_1B_1') + (A_3 \odot B_3) \cdot (A_2 \odot B_2) \cdot (A_1 \odot B_1) \cdot (A_0B_0')$$

得到了 $A=B$ 和 $A>B$ 的表达式,就可以方便地得到 $A<B$ 的表达式为

$$LT = GT'EQ'$$

74×85 即为 4 位的数值比较器,逻辑符号如图 6.7.5 所示,$I_{A>B}$、$I_{A=B}$ 和 $I_{A<B}$ 是级连输入

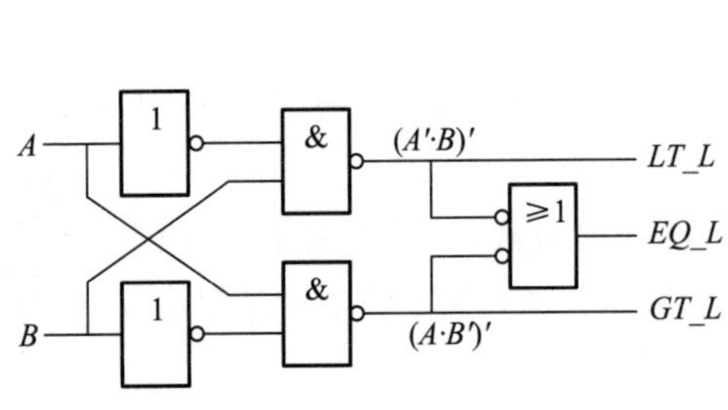

图 6.7.4　1 位数值比较器

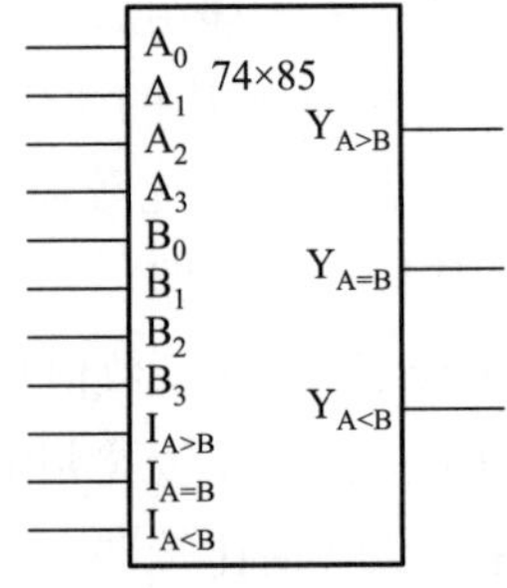

图 6.7.5　4 位数值比较器 74×85 逻辑符号

端，是为了实现 4 位以上的数码进行比较时，低位比较结果的输入而设置的。$A_3A_2A_1A_0$ 和 $B_3B_2B_1B_0$ 分别是待比较的两个 4 位二进制数的输入端，其中 A_3、B_3 是最高位，而 A_0、B_0 是最低位。而 $Y_{A>B}$、$Y_{A=B}$ 和 $Y_{A<B}$ 是三种不同比较结果的输出。

表 6.7.1 是 4 位数值比较器 74×85 的功能表，只要两数的最高位不相等，就知道两数的大小，而不需要再考察低位的情况，即，当 $A_3>B_3$ 时，数值 A 大于数值 B；否则数值 A 小于数值 B。当最高位相等时，需要比较次高位的情况。依次类推，如果每个位都相等，则两个数值相等。

表 6.7.1　4 位数值比较器 74×85 功能表

A_3,B_3	A_2,B_2	A_1,B_1	A_0,B_0	$I_{A>B}$	$I_{A<B}$	$I_{A=B}$	$Y_{A>B}$	$Y_{A<B}$	$Y_{A=B}$
$A_3>B_3$	X	X	X	X	X	X	H	L	L
$A_3<B_3$	X	X	X	X	X	X	L	H	L
$A_3=B_3$	$A_2>B_2$	X	X	X	X	X	H	L	L
$A_3=B_3$	$A_2<B_2$	X	X	X	X	X	L	H	L
$A_3=B_3$	$A_2=B_2$	$A_1>B_1$	X	X	X	X	H	L	L
$A_3=B_3$	$A_2=B_2$	$A_1<B_1$	X	X	X	X	L	H	L
$A_3=B_3$	$A_2=B_2$	$A_1=B_1$	$A_0>B_0$	X	X	X	H	L	L
$A_3=B_3$	$A_2=B_2$	$A_1=B_1$	$A_0<B_0$	X	X	X	L	H	L
$A_3=B_3$	$A_2=B_2$	$A_1=B_1$	$A_0=B_0$	H	L	L	H	L	L
$A_3=B_3$	$A_2=B_2$	$A_1=B_1$	$A_0=B_0$	L	H	L	L	H	L
$A_3=B_3$	$A_2=B_2$	$A_1=B_1$	$A_0=B_0$	L	L	H	L	L	H
$A_3=B_3$	$A_2=B_2$	$A_1=B_1$	$A_0=B_0$	X	X	H	L	L	H
$A_3=B_3$	$A_2=B_2$	$A_1=B_1$	$A_0=B_0$	H	H	L	L	L	L
$A_3=B_3$	$A_2=B_2$	$A_1=B_1$	$A_0=B_0$	L	L	L	H	H	L

根据功能表和表达式，可以进行设计得到 4 位数值比较器电路图如图 6.7.6 所示。

图 6.7.7 为使用三个 74×85 实现的 12 位串行比较器的电路图。最低位的 74×85 的级联端 $I_{A=B}$ 输入为 **1** 有效，其他两个无效。

从左向右，首先低 4 位进行比较，产生的结果 $Y_{A>B}$、$Y_{A=B}$ 和 $Y_{A<B}$ 分别送到中间的 74×85 的输入端 $I_{A>B}$、$I_{A=B}$ 和 $I_{A<B}$。中间的 74×85 实现中 4 位的比较，结果 $Y_{A>B}$、$Y_{A=B}$ 和 $Y_{A<B}$ 分别送到右边的 74×85 的输入端 $I_{A>B}$、$I_{A=B}$ 和 $I_{A<B}$。最后，右边的 74×85 实现高 4 位的比较，并在高 4 位相等的时候根据其输入端 $I_{A>B}$、$I_{A=B}$ 和 $I_{A<B}$ 的输入产生最后的输出结果。

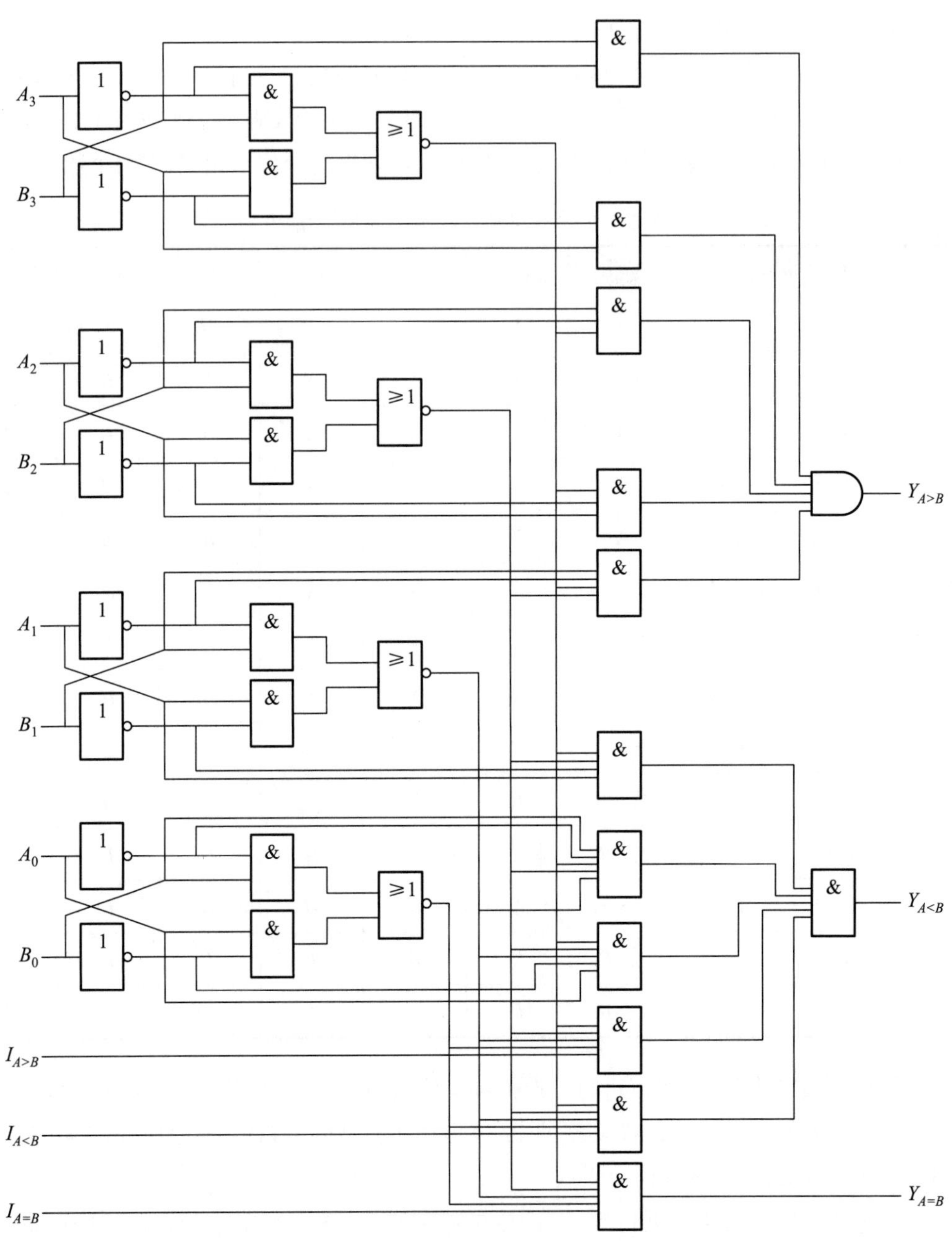

图 6.7.6　4 位数值比较器电路图

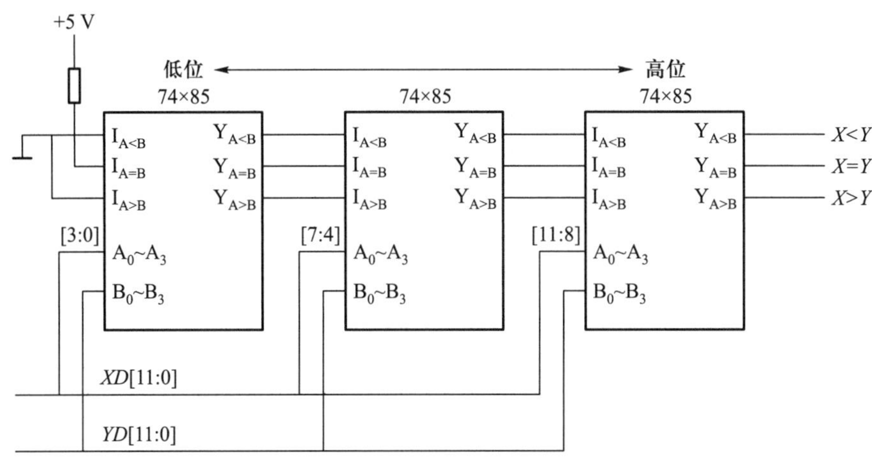

图 6.7.7 12 位串行比较器电路图

6.8 加 法 器

在数字系统中,二进制的加、减、乘、除等算术运算都可以化作加法进行。所以加法器是最重要的组合逻辑电路。

能对两个 1 位二进制数进行相加而求得和及进位的逻辑电路称为半加器。

能对两个 1 位二进制数进行相加并考虑低位来的进位,即相当于 3 个 1 位二进制数相加,求得和及进位的逻辑电路称为全加器。

表 6.8.1 是 1 位全加器的真值表,输入是 A_i、B_i 以及低位的进位 C_{i-1}。输出为本位的进位输出 C_i 以及本位和 S_i,进行逻辑函数化简,可以得到

$$C_i=A_iB_i+B_iC_{i-1}+A_iC_{i-1}=A_iB_i+C_{i-1}(A_i+B_i)$$

$$\begin{aligned}S_i&=A_i'\cdot B_i'C_{i-1}+A_i'B_iC_{i-1}'+A_iB_i'\cdot C_{i-1}+A_iB_iC_{i-1}\\&=A_i'(B_i\oplus C_{i-1})+A_i(B_i\oplus C_{i-1})'\\&=A_i\oplus B_i\oplus C_{i-1}\end{aligned}$$

表 6.8.1 1 位全加器真值表

输入			输出	
A_i	B_i	C_{i-1}	C_i	S_i
0	0	0	0	0
0	0	1	0	1
0	1	0	0	1
0	1	1	1	0
1	0	0	0	1
1	0	1	1	0
1	1	0	1	0
1	1	1	1	1

图 6.8.1 为二进制全加器 74×183 的电路结构(circuit structure)和逻辑符号(logic symbol)。“Σ”为加法器的定性符号(characterization label)。C_I 为低位送来的进位,而 C_O 为加法运算后产生的进位输出(output of carry)。

那么如何实现多位加法器呢?可以采用 1 位全加器级联(串行进位),或构建并行进位加法器。

多位加法器有串行进位和并行进位两种。串行进

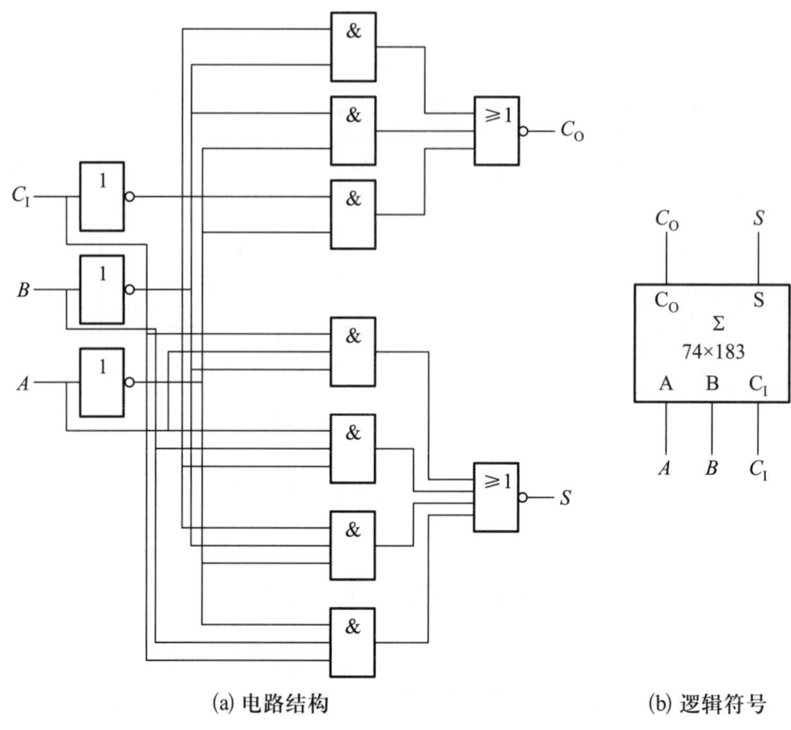

(a) 电路结构 (b) 逻辑符号

图 6.8.1 二进制全加器 74×183 的电路结构和逻辑符号

位的特点是低位的进位输出 C_{Oi} 依次加到下一个高位的进位输入 $C_{I(i+1)}$，如图 6.8.2 所示，串行进位加法器的电路结构简单，但由于高位的加法运算要等到低位加法运算完成并得到结果后才可以进行，所以串行加法器(ripple adder)的速度慢。

视频 6.8.1

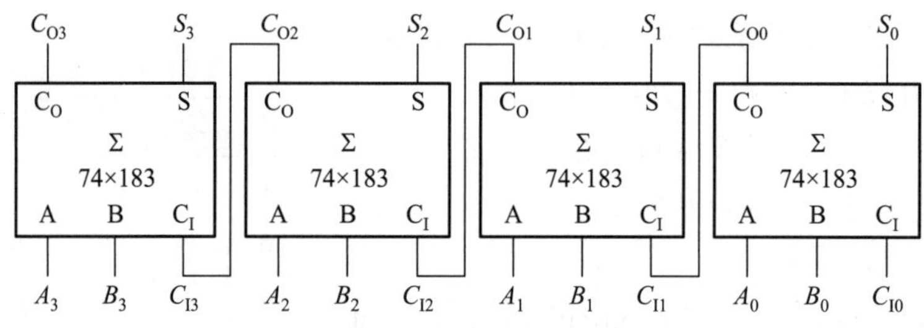

图 6.8.2 4 位串行进位加法器

并行进位加法器电路结构复杂，但速度快。并行进位加法器普遍采用超前进位法(carry lookahead)。超前进位是指本级的进位位并不要等待前一级的进位输出，而是由专门的进位电路(carry circuit)来"提前"获得。

设 $A_3A_2A_1A_0$ 为 4 位二进制加数 A，$B_3B_2B_1B_0$ 为 4 位二进制被加数 B，C_{0-1} 为最低位的进位值。$C_3S_3S_2S_1S_0$ 为数 A 与数 B 相加以后的结果，其中 C_3 为最高位相加运算后产生的进位。

根据前面一位加法器的分析，设中间变量 P_i、G_i 为

$$P_i=A_i+B_i$$

$$G_i=A_iB_i$$

$$S_i=A_i\oplus B_i\oplus C_{i-1}=((A_i+B_i)(A_i'+B_i'))\oplus C_{i-1}=(((A_i+B_i)')'\cdot(A_iB_i)')\oplus C_{i-1}$$

$$=((P_i')'\cdot G_i')\oplus C_{i-1}$$

$$C_i=A_iB_i+C_{i-1}(A_i+B_i)=G_i+P_iC_{i-1}$$

$$=(G_i'\cdot(P_i'+C_{i-1}'))'$$

当 $i=0$ 时，则

$$S_0=((P_0')'\cdot G_0')\oplus C_{0-1}$$

$$C_0=(G_0'\cdot(P_0'+G_{0-1}'))'$$

当 $i=1$ 时，则

$$S_1=((P_1')'\cdot G_1')\oplus C_0$$

$$C_1=G_1+P_1C_0=G_1+P_1(G_0+P_0C_{0-1})$$

$$=G_1+P_1G_0+P_1P_0C_{0-1}\text{（其中 }P_1=A_1+B_1,G_1=A_1B_1\text{）}$$

当 $i=2$ 时，则

$$S_2=((P_2')'\cdot G_2')\oplus C_1$$

$$C_2=G_2+P_2C_1=G_2+P_2(G_1+P_1G_0+P_1P_0C_{0-1})$$

$$=G_2+P_2G_1+P_2P_1G_0+P_2P_1P_0C_{0-1}\text{（其中 }P_2=A_2+B_2,G_2=A_2B_2\text{）}$$

当 $i=3$ 时，则

$$S_3=A_3\oplus B_3\oplus C_2=A_3\oplus B_3\oplus(G_2+P_2G_1+P_2P_1G_0+P_2P_1P_0C_{0-1})$$

$$=((P_3')'\cdot G_3')\oplus C_2$$

$$C_3=G_3+P_3C_2=G_3+P_3(G_2+P_2G_1+P_2P_1G_0+P_2P_1P_0C_{0-1})$$

$$=G_3+P_3G_2+P_3P_2G_1+P_3P_2P_1G_0+P_3P_2P_1P_0C_{0-1}\text{（其中 }P_3=A_3+B_3,G_3=A_3B_3\text{）}$$

……

当 $i=n$ 时，则

$$S_n=A_n\oplus B_n\oplus C_{n-1}=A_n\oplus B_n\oplus(G_{n-1}+P_{n-1}G_{n-2}+\cdots+P_{n-1}P_{n-2}\cdots P_2P_1G_0+P_{n-1}P_{n-2}\cdots P_2P_1P_0C_{0-1})$$

$$=((P_n')'\cdot G_n')\oplus C_{n-1}$$

$$C_n=G_n+P_nG_{n-1}+P_nP_{n-1}G_{n-2}+\cdots+P_nP_{n-1}\cdots P_2P_1G_0+P_nP_{n-1}\cdots P_2P_1P_0C_{0-1}$$

可见，虽然电路比较复杂，但每一位的本位和及进位输出都不需要等待低位的输入。

图 6.8.3 是 4 位超前进位加法器（4-bit carry lookahead adder）74×283 的电路结构图和逻辑符号。

将 4 个 4 位超前进位加法器串连可以得到 16 位加法器，如图 6.8.4 所示。这种结构虽然每 4 位是超前进位加法，但每片间的进位仍然是逐片传送的，速度仍然受到一定影响，但

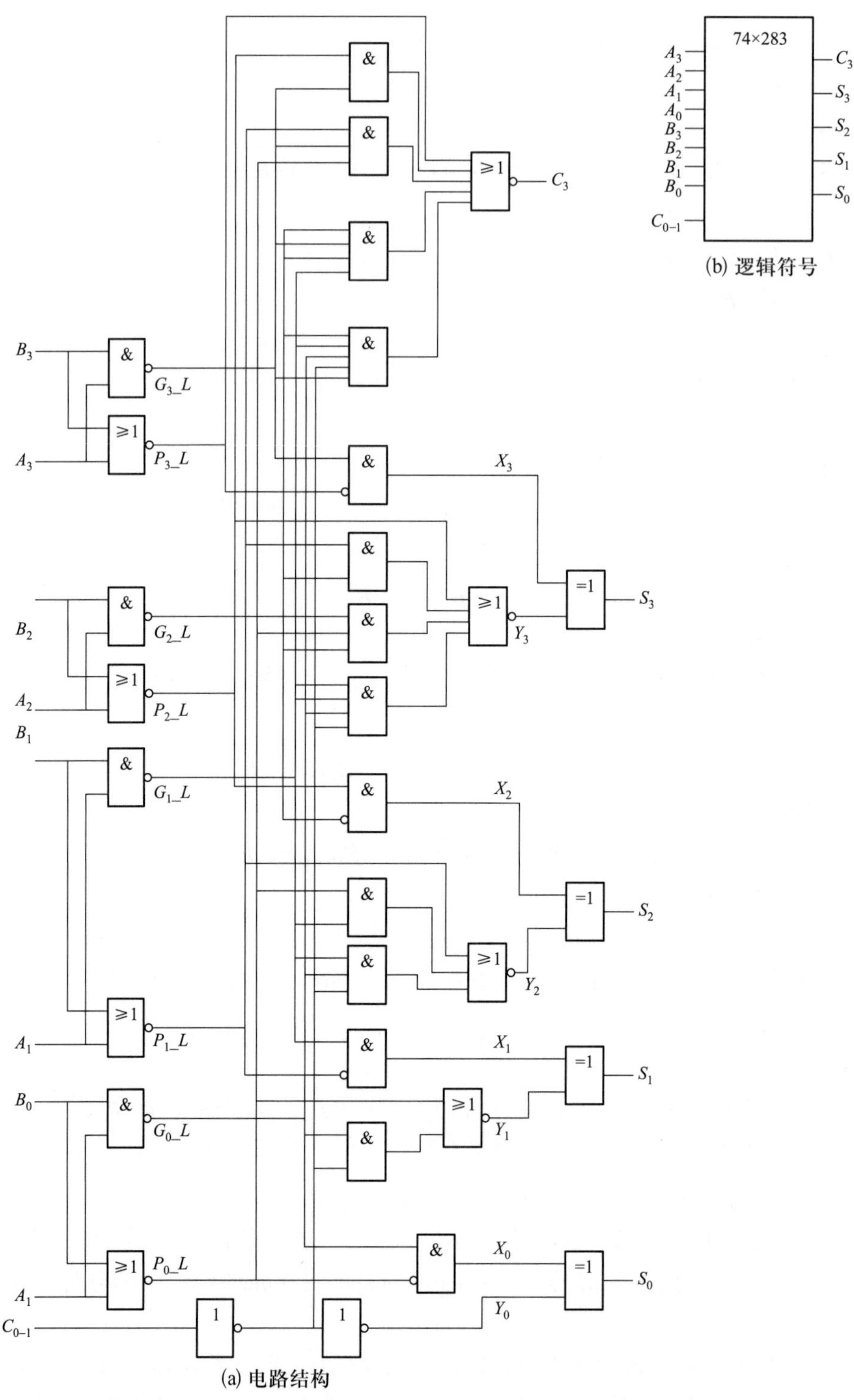

(a) 电路结构

(b) 逻辑符号

图 6.8.3 4 位超前进位加法器 74×283 的电路结构图和逻辑符号

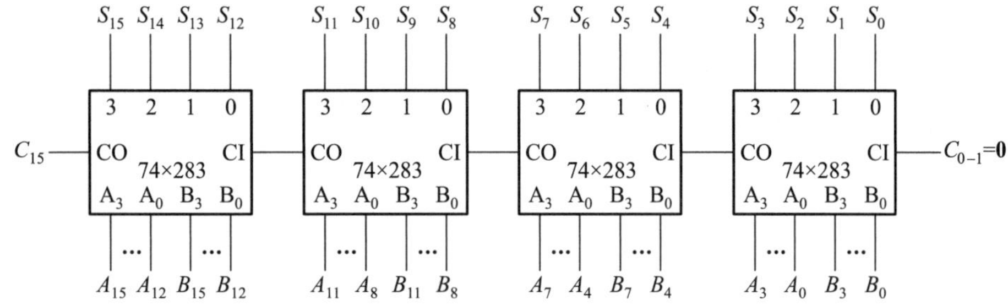

图 6.8.4 4 个 4 位超前进位加法器 74×283 串联成 16 位加法器

相比较 16 个全加器，串行速度大幅度提高。

单 元 测 验

一、随堂测试题

1. 用一片 74×138 和必要的逻辑门实现逻辑函数 $F(W,X,Y,Z)=\sum_{W,X,Y,Z}(2,4,6,14)$。

2. 优先编码器 74×148 的输入按优先级从高到低的顺序依次为 $I_7\_L, I_6\_L, I_5\_L, I_4\_L, I_3\_L, I_2\_L, I_1\_L, I_0\_L$，输出为 $A_2\_L, A_1\_L, A_0\_L, GS\_L, EO\_L$，输入和输出均为低电平有效。

(1) 当使能端 $EN\_L=\mathbf{1}$，且 $I_5\_L=I_3\_L=I_1\_L=\mathbf{0}$ 时，输出 A_2_L, A_1_L, A_0_L 为(　　)，GS_L 为(　　)，EO_L 为(　　)。

(2) 当使能端 $EN\_L=\mathbf{0}$，且 $I_5\_L=I_3\_L=I_1\_L=\mathbf{0}$ 时，输出 A_2_L, A_1_L, A_0_L 为(　　)，GS_L 为(　　)，EO_L 为(　　)。

(3) 当使能端 $EN\_L=\mathbf{0}$，且所有输入都为高电平时，输出 A_2_L, A_1_L, A_0_L 为(　　)，GS_L 为(　　)，EO_L 为(　　)。

3. 设 A_1、A_2 为 4 选 1 数据选择器的地址码，X_0~X_3 为数据输入，Y 为数据输出，则输出 Y 与 X_i 和 A_i 之间的逻辑表达式为(　　)。

A. $Y=A_1'\cdot A_0'\cdot X_0+A_1'\cdot A_0\cdot X_1+A_1\cdot A_0'\cdot X_2+A_1\cdot A_0\cdot X_3$

B. $Y=A_1\cdot A_0\cdot X_0+A_1\cdot A_0'\cdot X_1+A_1'\cdot A_0\cdot X_2+A_1'\cdot A_0'\cdot X_3$

C. $Y=A_1'\cdot A_0\cdot X_0+A_1'\cdot A_0'\cdot X_1+A_1\cdot A_0\cdot X_2+A_1\cdot A_0'\cdot X_3$

D. $Y=A_1\cdot A_0'\cdot X_0+A_1\cdot A_0\cdot X_1+A_1'\cdot A_0'\cdot X_2+A_1'\cdot A_0\cdot X_3$

4. 十六路数据选择器，其地址输入(选择控制输入)端有(　　)个。

A. 16　　B. 2　　C. 4　　D. 8

5. a_1、a_2、a_3、a_4 是 4 位二进制码，若电路采用奇校验，则监督码元(校验位)C 的逻辑表达式是(　　)。

A. $a_1+a_2+a_3+a_4+\mathbf{1}$　　　B. $a_1 \oplus a_2 \oplus a_3 \oplus a_4 \oplus \mathbf{1}$

C. $a_1 \cdot a_2 \cdot a_3 \cdot a_4+\mathbf{1}$　　　D. $a_1 \odot a_2 \odot a_3 \odot a_4 \odot \mathbf{0}$

6. 4位比较器(74LS85)的三个输出信号 $A>B$、$A=B$、$A<B$ 中，只有一个是有效信号，它呈现(　　)电平。

A. 高　　B. 低　　C. 高阻　　D. 任意

二、单元测验题

1. 用1片74×139和必要的逻辑门设计一个3位的原码到补码的转换电路。

2. 用2片74×148和必要的逻辑门设计一个8421BCD优先编码器。

3. 试用数据选择器74LS153实现如下逻辑函数：

$F(A,B,C,D)=\sum m(0,3,4,5,9,10,11,12,13)$

三、单元作业

1. 用74×139或74×138二进制译码器和必要的逻辑门实现下列逻辑函数：

(1) $F(W,X,Y,Z)=\sum_{W,X,Y,Z}(2,3,4,5,8,10,12,14)$

(2) $F(A,B,C)=\sum_{A,B,C}(2,6)$

$G(C,D,E)=\sum_{C,D,E}(0,2,3)$

2. 采用1片74×148和必要的逻辑门设计一个电路，要求8个输入 I_7~I_0 为高电平有效，I_7 的优先级最高，该电路应产生高电平有效的地址输出 A_2~A_0，以指示优先级最高的有效输入的编号。如果没有输入有效的编号，则 A_2~A_0 应为 **111** 且输出 *IDLE* 应有效，所有信号都以适当的有效电平命名。

3. 用数值比较器设计8421BCD码表示的1位十进制数的四舍五入电路。

四、讨论题

1. 二进制译码器74×138的扩展原理和方法是什么？

2. 优先编码器74×148的扩展原理和方法是什么？

3. 三态缓冲器在数字系统中有什么作用？举例说明。

4. 利用多路复用器，在数字系统中能实现哪些功能？

5. 奇偶校验电路有什么作用？能检验电路中的哪些差错？哪些差错不能由奇偶校验电路检测？

6. 比较器级联时采用串行级联方法简单，但是当扩展位数较多时常采用树形结构，为什么？

第7章 时序逻辑设计原理

7.1 概　　述

逻辑电路可分为“组合(combinational)”逻辑电路和“时序(sequential)”逻辑电路两类。组合逻辑电路(combinational logic circuit)的输出仅取决于它当前的输入。比如门铃的控制,按一下门铃的按钮,门铃便会响,再按一下门铃又会响。如果反复按门铃的按钮到明天,那么门铃会不断地响。门铃电路的输出(是否响)只与当前的输入值有关(按钮是否被按下)。

时序逻辑电路(sequential logic circuit)的输出不仅取决于当前的输入,还和过去的输入序列有关,在时间上可能要倒回到任意远去。比如电视机遥控器上的上下频道选择,最终输出的频道取决于以前的向上 / 向下按钮序列,可以从几个小时前的节目算起,一直追溯到开机。

如何使过去的输入影响现在的输出呢？如图 7.1.1 所示,在这个电路中,如果需要输出 Q 不仅和输入 S、R 当前的取值有关,还和它过去的信息有关,比如它上一时刻的值,那么在此电路中就需要引入一个反馈回路,如图 7.1.2 所示。这意味着时序逻辑电路从电路结构来讲必然包含着反馈回路。通常,我们将这种由普通的门加上反馈回路构成的电路称为反馈时序电路(feedback sequential circuit)。

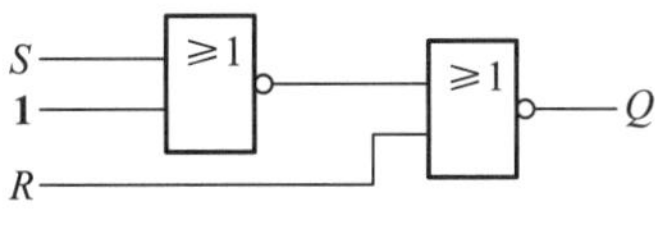

图 7.1.1　简单组合逻辑电路

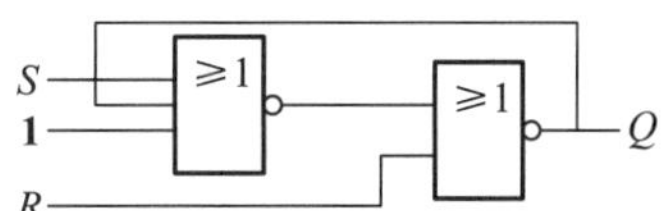

图 7.1.2　简单反馈时序电路

在时序电路中,如果把输出序列作为过去所有输入序列的逻辑函数,以此来表征电路的功能,往往是难以实现的,因为时间可以追溯到无限久远之前。因此需要引入时序逻辑电路中的一个基本概念——状态(state)。状态包含了为确定电路的未来行为而考虑的所有历史信息,状态信息通常存放在一组状态变量当中。状态变量可以有1个,它能代表两个不同的状态;也可以有多个,比如 n 个状态变量,能够表示 2^n 个不同的状态。尽管状态变量可能是一个很大的数目,但它总归是有限个,因此时序逻辑电路又称为有限状态机(finite state machine)。

如果电路比较复杂,存在很多状态变量,每个状态变量反馈到输入端可能走不同的通路,这意味着它们的延迟互不相同,那么电路中的这个状态和它以前的状态之间关联起来就非常困难,难以分析和设计,所以通常的做法并不是直接把状态变量反馈到输入端,而是把它先存在记忆器件(memory)中,然后在时钟(clock)信号的控制下进行反馈,使时序电路状态变化所发生的时间由统一的时钟信号规定,这样的电路结构称为时钟同步状态机(clocked synchronous state machine)。

视频 7.1

第7章是围绕时钟同步状态机的分析和设计展开的。首先介绍构成时序逻辑电路的基本元件:双稳态元件(bistable element),接着介绍锁存器(latch)和触发器(flip-flop)的各种电路结构、工作原理和实现的逻辑功能,以及时序特性等。然后从有限状态机的结构入手,讨论时钟同步状态机的分析与设计方法。

7.2 双稳态元件

存储电路是一种具有记忆功能(memory function)而且能够存储数字信号的基本单元电路(unit circuit)。存储电路的功能决定了其必须具备以下两个基本特点:

(1) 具有两个相对稳定的输出状态,称为双稳态(bistable),用来表示逻辑状态 **0** 和逻辑状态 **1**,称为 **0** 态和 **1** 态;

(2) 能够通过外加触发信号,设置或改变存储元件的状态。在外加触发信号之前,存储电路一直保持两个稳定状态中的一个(**0** 态或 **1** 态)。

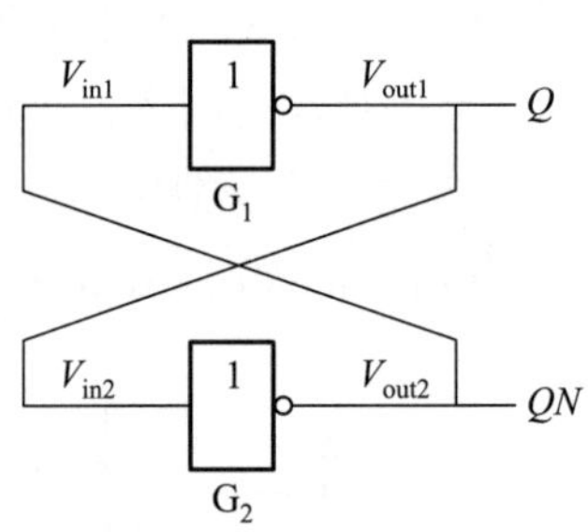

图 7.2.1 两个反相器组成的双稳态电路

图 7.2.1 所示的电路由一对反相器首尾相连形成的一个反馈回路构成,这个时序电路没有外部输入,只有两个输出 Q 和 QN。数字分析表明,该电路具有2个稳定状态,通常称为双稳态(bistable)电路。

7.2.1 数字分析

从数字的观点分析,图 7.2.1 所示电路具有 2 个稳定状态。

若 Q 为高电平,则反相器 G_2 的输入端为高电平,其输出端 QN 为低电平;这又使得反相器 G_1 的输出维持高电平,这是一种稳定状态,如图 7.2.2(a)所示。

若 Q 为低电平,则反相器 G_2 的输出 QN 为高电平,从而迫使 Q 继续维持低电平,这是另一种稳定状态,如图 7.2.2(b)所示。

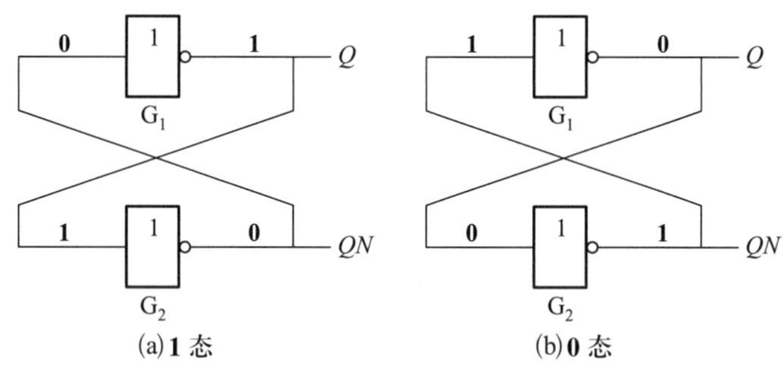

图 7.2.2 双稳电路的两个不同稳定状态

通常我们采用状态变量(state variable)来描述电路的状态,双稳态电路有两种可能的状态,可以用一个状态变量 Q 来表示,Q=**0**(QN=**1**)时,称为低态或 **0** 态,Q=**1**(QN=**0**)时称为高态或 **1** 态。

根据双稳态电路的反馈特点,以及反相器的非线性电压特性,接上电源时,电路会随机进入稳定状态中的一种,并且永久地保持这个状态。

双稳态元件没有外部输入,因此我们无法从外部决定或改变它的稳定状态。要使其能够成为时序电路的基本元件并应用于电路之中,必需加入输入控制端,我们将在 7.3 节讨论如何在双稳态电路的基础上添加输入端,构造 S–R 锁存器。

视频 7.2.1

7.2.2 模拟分析

从模拟的观点来看双稳态电路的工作过程,可参考图 7.2.3,其中实线为反相器 G_1 的稳态(直流)传输函数(transfer function)T,表示输出电压是输入电压的函数,即 $V_{out}=T(V_{in})$。当两个反相器首尾相连,形成一个反馈回路时,就有 $V_{in1}=V_{out2}$,$V_{in2}=V_{out1}$。图 7.2.3 同时画出了 2 个反相器的传输函数,实线为 G_1 的传输函数,虚线是 G_2 的传输函数。

现在只考虑双稳态反馈回路的稳态特性而不考虑其动态效应,若两个反相器的输入电压和输出电压是恒定的直流值,且该值与图中 G_1 和 G_2 的传递函数保持一致,那么这个回路就处于平衡状态。图 7.2.3 中两个传输函数曲线的相交点正是这些平衡点。需要注意的是:

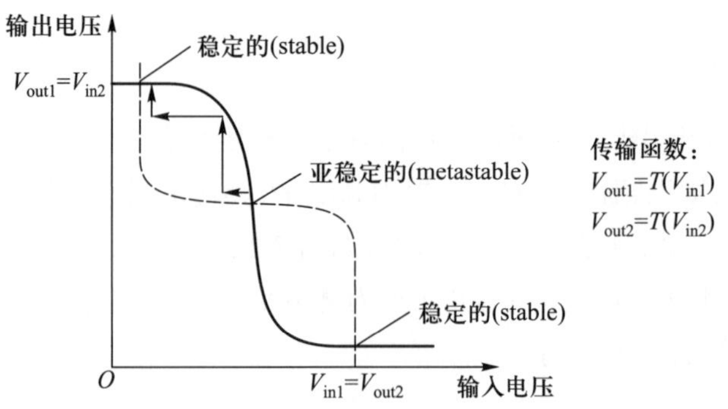

图 7.2.3 双稳态回路反相器的传输函数

平衡点不是 2 个而是 3 个。其中标有“稳定的(stable)”的 2 个平衡点对应着前面数字分析时所确定的 **0** 态或 **1** 态。

第 3 个平衡点在图中标为“亚稳定的(metastable)”，正好处在 V_{out1} 曲线和 V_{out2} 曲线的中间位置上，在这点上的 Q 和 QN 值不是有效的逻辑信号，但却满足回路方程，$V_{in1}=V_{out2}=T(V_{in2})=T(V_{out1})=T[T(V_{in1})]$。如果能够使电路工作于亚稳态点，那么从理论上说电路可以无限期地停留在该状态。

7.2.3 亚稳态特性

实际上，亚稳态点并不是真正稳定的，因为随机的噪声会驱使工作于亚稳态点的电路转移到一个稳定的工作点。这种情况类似于我们常常看到的“跷跷板”，虽然平行于地面的状态理论上是稳定的，但实际上因为易于受到周围环境的影响，我们看到的“跷跷板”总是斜向这边或那边。下面将对电路的这种情况进行说明。

假定双稳态电路正好准确地工作于如图 7.2.3 所示的亚稳定的点即亚稳态上。现在假设有少量的电路噪声使反相器 G_1 的输入端 V_{in1} 减少了一点点，根据反相器的电压传输特性，这一微量变化会得使 G_1 的输出 V_{out1} 快速增加。由于 $V_{out1}=V_{in2}$，这意味着反相器 G_2 的输入 V_{in2} 快速增加，从而导致其输出 V_{out2} 的电压大大降低，而 V_{out2} 就是 V_{in1}。现在又回到了起始的状况，只不过 V_{in1} 的变化要比最初由电路噪声所产生的变化大得多，并且工作点会继续变化。这一“再生”过程会持续进行，直到电路的工作点达到图 7.2.3 中左上角的稳态工作点为止。通过对稳态工作点进行“噪声”分析发现，反馈会使得电路朝着稳态工作点靠近。

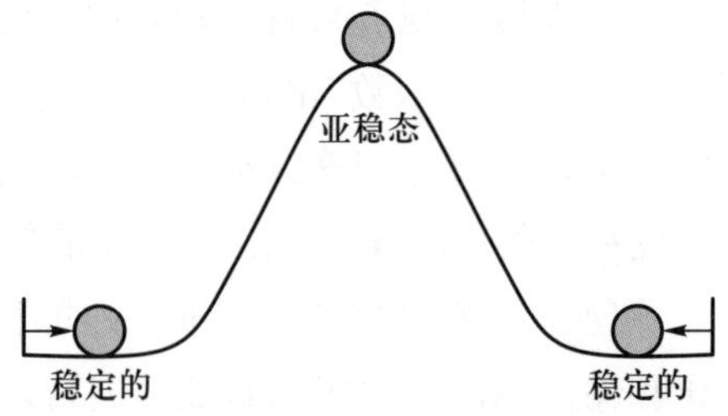

图 7.2.4 用“球与山”模拟亚稳态的特性

双稳态电路的亚稳态特性也可比喻成一个球放在山顶上的情况，如图 7.2.4 所示。如果我们在高处抛出一个球,那么球可能会立即滚到山的这边或者那边。但如果把球正好放在山顶上,在随机外力(风、动物、地震)驱动它滚下山之前,它可以不稳定地在那儿停留一会。正如在山顶上的球一样,双稳态电路在不确定进入哪一稳态之前,可能会在亚稳态状态停留一段不可预测的时间。

如果像双稳态电路这样最简单的时序电路都容易受到亚稳态特性的影响,可想而知,所有的时序电路对于亚稳态特性都是敏感的。而且,这一特性并不仅限于在加电源时才发生。

要把小球从山的一边踢到另一边时,需要给它一个力,如果踢的力量较强,那么球就会越过山顶而停在山的另一边的稳定点处;如果踢的力量较弱,那么球就会落回到最初的起始位置;但是如果踢的力量正好,那么球就会到达山顶,在那儿摇摇欲坠,并最终落回山的这一边或者那一边;因此要确保球从山的一边到另一边,需要一个“最小力量”的限制。

这意味着对于由双稳态电路构成的时序器件(锁存器和触发器)来说,驱动器件从一个稳态到另一个稳态,需要触发输入端有一定的脉冲宽度。

下面将要学习到的 *S*–*R* 锁存器,对 *S* 输入端有一个最小脉冲宽度(minimum-pulse-width)的限制。若所加脉冲的宽度与这一宽度限制相同或比这一宽度限制更宽的话,锁存器的状态立即变为 **1** 状态。若所加脉冲的宽度比这一脉冲宽度限制要小,则锁存器的下一状态无法预期。

7.3 *S*–*R* 锁存器

7.3.1 电路结构

双稳态器件虽然存在两个稳定状态,但却没有外部输入,不便于根据需要控制它的状态变成 **0** 或者 **1**。在实际使用中,如果要控制这个电路,便需要引入额外的控制输入端——比如在反相器的输入端再引入一个外部输入,当然这时的反相器也会采用**或非门**或者**与非门**来替换,我们把这样的电路称为基本 *S*–*R*(*S*′–*R*′)锁存器。

基本 *S*–*R* 锁存器(*S*–*R* latch)电路的物理结构有两种:一种是由两个**或非门**(NOR gates)交叉耦合(coupling)构成的,是高电平有效输入的 *S*–*R* 锁存器,如图 7.3.1 所示;另一种是由两个**与非门**(NAND gate)交叉耦合组成的,是低电平有效输入锁存器,又称为 *S*′–*R*′ 锁存器(*S*′–*R*′ latch)(读作“*S* 非 *R* 非锁存器”),如图 7.3.7 所示。

基本 *S*–*R* 锁存器又称置位复位锁存器,*S* 代表置位输入端(set input),*R* 代表复位输入端(reset input),是各种存储电路中结构形式最简单的一种。它是各种复杂存储电路结构的最基本组成单元,因此也称为基本存储电路(basic memory circuit)。

7.3.2　*S*–*R*锁存器的工作原理、功能描述和定时参数

1. 工作原理

由**或非**门构成的*S*–*R*锁存器电路结构如图7.3.1(a)所示。电路有两个输入*S*和*R*,均为高电平有效(active-high)。电路有两个输出*Q*和*QN*,其中*QN*通常是*Q*的反,*QN*有时也记为*Q*′或*Q_L*。

当*Q*=**0**,*QN*=**1**时,称*S*–*R*锁存器处于**0**态;当*Q*=**1**,*QN*=**0**时,称*S*–*R*锁存器处于**1**态。*S*–*R*锁存器未经输入信号*S*、*R*作用之前的状态称为原态*Q*,经*S*、*R*作用之后的状态称为新态*Q**。*S*–*R*锁存器的两个输入端*S*和*R*的输入组合有**00**、**01**、**10**、**11**四种情况,下面分别讨论四种情况下*S*–*R*锁存器的工作原理。

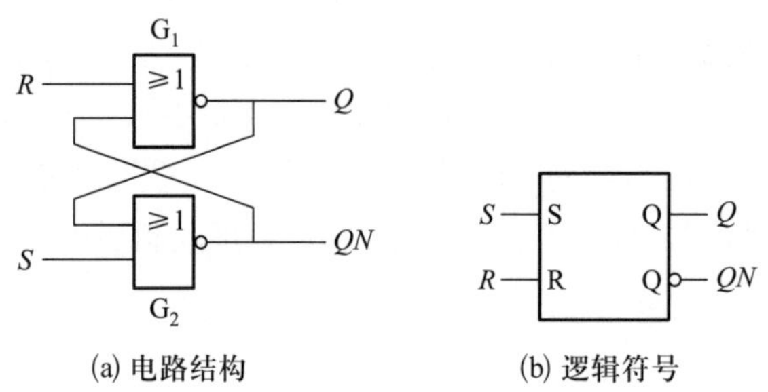

(a) 电路结构　　(b) 逻辑符号

图7.3.1　由**或非**门组成的*S*–*R*锁存器

(1) *S*=*R*=**0**

对于2输入**或非**门来说,当其中一个输入为**0**时,其功能相当于一个反相器。因此,当*S*、*R*都为**0**时(即输入端都无效),电路的特性就像一个双稳态电路,两个门G_1、G_2的状态由原来的*Q*和*QN*的状态决定,*S*–*R*锁存器维持原来状态不变。即:*Q*=last *Q*,*QN*=last *QN*,通常写为*Q**=*Q*,*QN**=*QN*。

(2) *S*=**0**、*R*=**1**

当*R*=**1**时(*R*端有效),无论原来是什么状态,都迫使**或非**门G_1的输出*Q*=**0**;将*Q*反馈到**或非**门G_2的输入端,此时*S*=**0**,*Q*=**0**,则*QN*=**1**。电路被强制性地清零,即*R*进行复位(reset)或清零(clear)。

如果此时*R*输入被取消(*R*由**1**变为**0**),电路回到*S*、*R*均无效的情况,锁存器保持在它被清零的那个状态。

(3) *S*=**1**、*R*=**0**

同样的,*S*=**1**(*S*端有效),将迫使**或非**门G_2的输出*QN*=**0**;通过反馈,使得**或非**门G_1的输出*Q*=**1**。这种情况下,*S*强制性地将*Q*置位(set)在**1**态。

在 S 输入无效后，锁存器保持它之前进入的状态。

(4) **S=R=1**

当 S 端、R 端都有效时，两个**或非**门的输出端 Q 和 QN 都强制为 **0**。一旦某个输入端无效，则输出 Q 和 QN 又重新恢复到通常的互补状态。

如果两个输入 S 和 R 同时无效(由 **11** 变为 **00**)，则电路特性还原成双稳态器件，而 Q 和 QN 都为 **0**，违反了输出基本上互为反相的运算，它们同时连接到另一个反相器的输入端，使下一时刻 Q 和 QN 趋向于变为 **1**。这时，S–R 锁存器的最终状态，由两个**或非**门 G_1、G_2 的延迟时间(delay time)t_{pd1} 和 t_{pd2} 决定。假设 $t_{pd1}=t_{pd2}$，则 G_1、G_2 的输出同时回到 **0**，经过反馈(feedback)后回到输入端，使输出又同时回到 1，如此反复，使输出在 **0**、**1** 之间来回振荡(swing)；但实际上，由于元件参数(parameter)的离散性，即使是同一个厂家的同一批产品，t_{pd1} 和 t_{pd2} 也不会完全相等，其中有一个门在转换中占据优势(速度更快一些)，它的输出抢先变成 **1**，反馈到另一个门的输入端后，迫使较慢的那个门的输出保持为 **0**。一般事先不知道两个门的延迟时间的大小，因此不能确定 S–R 锁存器的状态，这是我们不希望的，因此把 **S=R=1** 规定为禁止状态。

视频 7.3.1

图 7.3.2 用波形图(waveform)表示了 S–R 锁存器的典型操作，图中带箭头(arrow)的线表示哪些输入的变化会引起哪些输出的变化。当 S、R 同时由 **1** 回到 **0** 时，电路的状态不可预测。

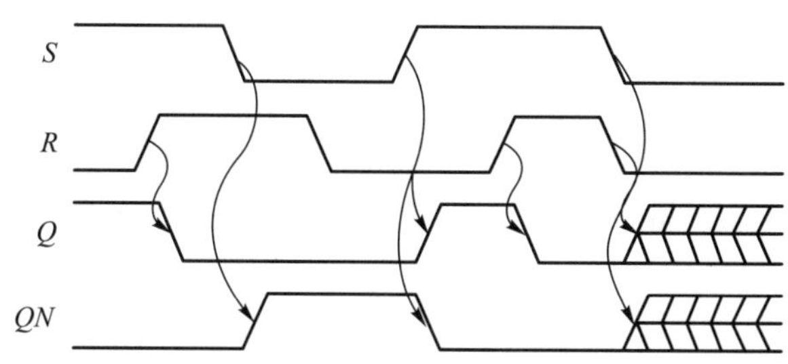

图 7.3.2 由**或非**门组成的 S–R 锁存器的波形图

锁存器(latch)的一个非常重要的特性是当输入值发生变化时，输出值也会跟着发生变化。新的输出值的延迟仅受门电路传输延迟(propagation delay)时间的影响。

2. 功能描述

为方便起见，我们在讨论基本 S–R 锁存器的功能时规定：在正常工作时，锁存器的输入信号 S 和 R 不能同时有效，电路应遵守约束条件。锁存器(latch)的功能(function)通常有功能表、特征方程、状态转移图等多种描述方式。

(1) 逻辑符号和功能表

图 7.3.3 中给出了表示 S–R 锁存器的三个不同的逻辑符号。这些符号的不同之处，主要是对反相输出端 QN 的处理方式不同。第一种符号把反向圈放在功能方框之外(低电平有

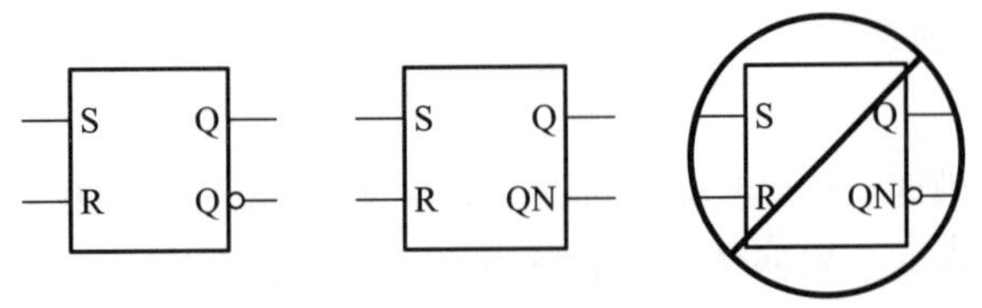

图 7.3.3 *S–R* 锁存器的逻辑符号

效),便于“圈到圈”的设计;第二种符号把反相信号端放在功能框里面;最后一种符号形式是错误的。

为了表明 *S–R* 锁存器(*S–R* latch)在输入信号作用下,下一个稳定状态 Q^*(新态)与输入信号 *S*、*R* 以及锁存器原来的稳定状态 *Q*(原态)之间的关系,可以将上述对 *S–R* 锁存器分析的结论用表格的形式来描述,称为功能表,如表 7.3.1 所示。表中的 * 号,用来指示 *S* 和 *R* 不应同时为 **1**。

表 7.3.1 *S–R* 锁存器的功能表

S	*R*	*Q* *QN*	*S*	*R*	*Q* *QN*
0	**0**	维持原态	**1**	**0**	**1 0**
0	**1**	**0 1**	**1**	**1**	**0* 0***

(2) 转移表和特征方程

将表 7.3.1 稍作变形,可得表 7.3.2 所示的 *S–R* 锁存器的状态转移真值表(state transition truth table),简称转移表(transition table)。表中的 d 表示当 *S*、*R* 同时从有效(asserted)变为无效(negated)时,新状态不能确定。

表 7.3.2 *S–R* 锁存器状态转移真值表

S	*R*	*Q*	*Q**	*S*	*R*	*Q*	*Q**
0	**0**	**0**	**0**	**1**	**0**	**0**	**1**
0	**0**	**1**	**1**	**1**	**0**	**1**	**1**
0	**1**	**0**	**0**	**1**	**1**	**0**	d
0	**1**	**1**	**0**	**1**	**1**	**1**	d

S 和 *R* 同时为 **1** 的状态是被禁止的,换句话说,在锁存器之前我们要约束 *S* 和 *R* 不同时为 **1**,即 *S* 和 *R* 必然有一个为 **0**,那么可以用逻辑表达式 $S \cdot R = \mathbf{0}$ 来表示这种关系,称为约束条件(constraint condition)。

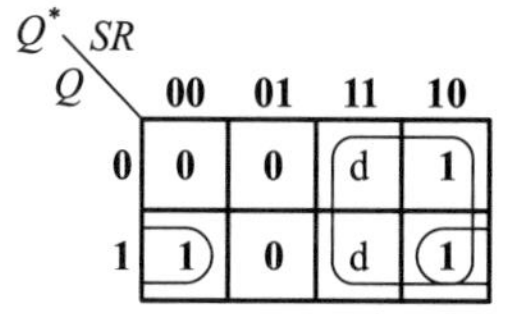

图 7.3.4 S–R 锁存器的卡诺图

在这个约束条件之下，当 SR 为 **11** 时，可以认为锁存器前面的电路已经约束该状态不能出现，为便于分析，将输出状态填为任意项。将 S–R 锁存器的状态转移真值表填到卡诺图中去，如图 7.3.4 所示。可以发现，此卡诺图和组合电路中的卡诺图的结构是一致的，唯一的区别是在输入当中不仅有外部的输入 S、R，还把电路的状态也作为输入，输出是下一个状态 Q^*。

对卡诺图进行圈组化简，可得到 S–R 锁存器的特征方程（characteristic equation）为：$Q^*=S+R'\cdot Q$。注意：在使用 S–R 锁存器时，特征方程和约束条件必需同时考虑。

(3) 状态转移图和激励表

描述基本 S–R 锁存器（S–R latch）的功能还可以采用图形的方法即状态转移图（state transition diagram）来描述。图 7.3.5 所示即为基本 S–R 锁存器的状态转移图。图中圆圈分别代表基本 S–R 锁存器的两个稳定状态（stable states），箭头表示在输入信号作用下状态转移的方向，箭头旁的标注表示状态转移时的条件。

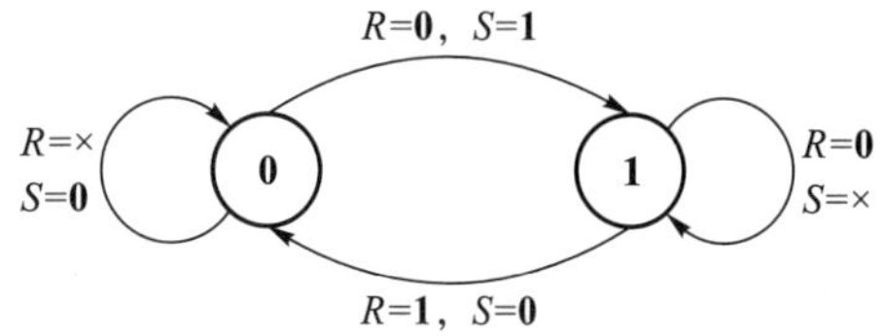

图 7.3.5 S–R 锁存器的状态转移图

在设计的时候我们往往会考虑，在什么样的输入条件下，能够驱动器件从一个状态，变化到另一个状态。对于基本 S–R 锁存器来说，若要使它从 **0** 态转至 **1** 态，需要进行置 **1** 操作，即令 S=**1**、R=**0**；反之，若要使它从 **1** 态转至 **0** 态，则需要进行清 **0** 操作，即 S=**0**、R=**1**。如果锁存器维持在 **0** 态，则既可以使 SR 都无效，也可以进行清零，即 SR=**00** 或 SR=**01**，通常记作 S=**0**、R=×，其中“×”表示 R 的取值既可以为 **1**，也可以为 **0**。同样的，如果锁存器维持在 **1** 态，SR 可以为 **00** 或 **10**（置 1），即 S=×、R=**0**。

由基本 S–R 锁存器的状态转移图，可以方便地列出表 7.3.3，该表表示了基本 S–R 锁存器由当前状态 Q 转移至所要求的下一状态 Q^* 时，对输入信号的要求，称为激励表（excitation table）或驱动表（driving table）。

表 7.3.3 S–R 锁存器激励表

状态转移	激励输入	状态转移	激励输入
$Q\to Q^*$	R S	$Q\to Q^*$	R S
0 0	× **0**	**1 0**	**1 0**
0 1	**0 1**	**1 1**	**0** ×

3. 定时参数

前面从静态角度分析了 S–R 锁存器（S–R latch）输入输出关系，指明输入如何发挥状态设置的作用，和组合器件一样，锁存器也存在动态特性，主要体现为传输延迟（propagation delay）和最小脉冲宽度（minimum-pulse-width）。

传输延迟时间通常描述为输入端信号发生变化，引起输出端电平从高到低变化时的传输延迟时间 t_{pHL} 和输出端电平从低到高变化时的传输延迟时间 t_{pLH}。这两个传输延迟时间通常是不相等的。图 7.3.6 所示为 S–R 锁存器（S–R latch）时序波形图，当 S 信号从低电平变为高电平时，引起输出信号 Q 从低电平变为高电平，所以传播延迟（transition delay）标记为 t_{pLH}(SQ)；类似地，当 R 信号从低电平变为高电平时，引起输出信号 Q 从高电平变为低电平，所以传播延迟标记为 t_{pHL}(RQ)。

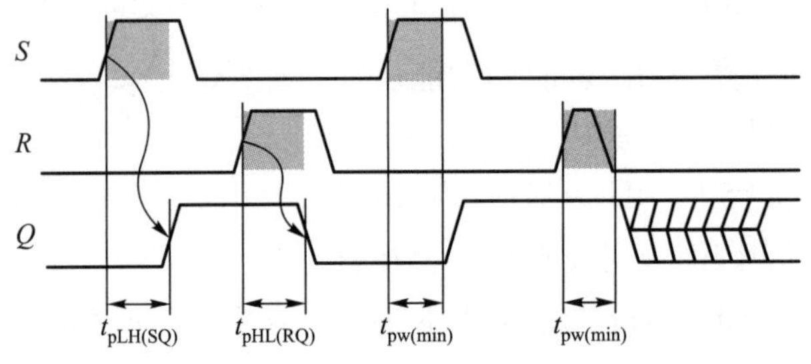

图 7.3.6 S–R 锁存器时序波形图

通常要对 S 和 R 端的输入信号规定最小脉冲宽度，如果加在输入端 S 和 R 上的信号脉宽小于最小脉宽 $t_{pw(min)}$，由于门电路的延迟，变化后的 S、R 信号有可能来不及传输到输出端 Q，使得电路的状态不能确定是 S、R 信号变化前的状态还是变化后的状态，锁存器就有可能进入亚稳态（metastable），并且停留在这一状态上的时间是随机的。因此，加在 S 和 R 上的信号脉宽一定要大于或等于最小脉宽 $t_{pw(min)}$。

7.3.3 *S′*–*R′* 锁存器

图 7.3.7（a）显示了由两个**与非**门组成的 S'–R' 锁存器，它具有低电平有效的置位输入端 S_L 和复位输入端 R_L，逻辑符号如图 7.3.7（b）所示。

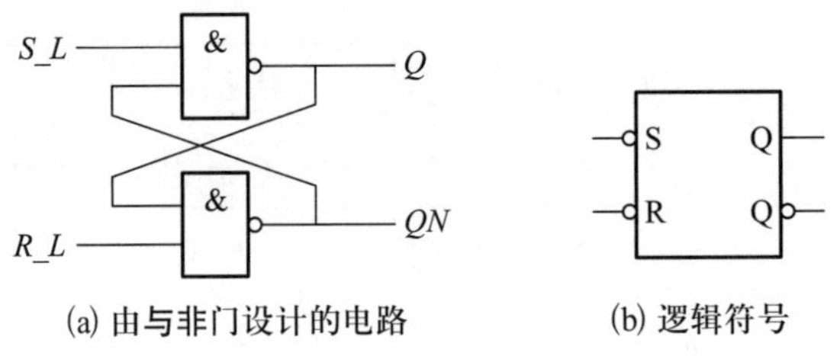

图 7.3.7 由**与非**门组成的 S'–R' 锁存器

可以采用相似的方法分析 S′-R′ 锁存器的工作原理和电路功能。

S_L=**1**、R_L=**1**，即 S 端和 R 端都无效，此时两个**与非**门的状态由原来的 Q 和 QN 的状态决定，锁存器维持原来状态不变。

S_L=**0**、R_L=**1**，即 S 有效。S_L=**0** 迫使 Q=**1**，Q 反馈到下面的**与非**门输入端，使得 QN=**0**，实现置 **1** 功能。

S_L=**1**、R_L=**0**，即 R 有效。R_L=**0**，迫使 QN=**1**，进一步使得 Q=**0**，实现清 **0**（复位）功能。

S_L=R_L=**0**，S 端和 R 端都有效，使得两个**与非**门的输出端 Q 和 QN 全为 **1**，不再满足互为反相的情况。此时如果 S 和 R 同时无效（由 **0** 到 **1**），则锁存器的下一状态将无法预期，因此 S_L=R_L=**0** 规定为禁止输入。

S′-R′ 锁存器的功能表如表 7.3.4 所示，与 S-R 锁存器相比，主要有两点不同：一是输入端的有效电平不同；二是当 S_L 和 R_L 同时有效时，锁存器的两个输出都为 **1**，而不是像 S-R 锁存器那样都为 **0**。除此之外，S′-R′ 锁存器的操作与 S-R 锁存器相同，就连时间参数和亚稳态方面的情况也都一样。

表 7.3.4　S′-R′ 锁存器的功能表

S_L	R_L	Q　QN	S_L	R_L	Q　QN
0	**0**	**1***　**1***	**1**	**0**	**0　1**
0	**1**	**1　0**	**1**	**1**	维持原态

表 7.3.4 中的 * 号，用来指示 S_L、R_L 不应同时为 **0**，S′-R′ 锁存器的输入端应遵守约束条件 S_L+R_L=**1**，其特征方程为

$$Q^*=S+R\_L\cdot Q$$

S′-R′ 锁存器的状态转换图和激励表分别如图 7.3.8 和表 7.3.5 所示。

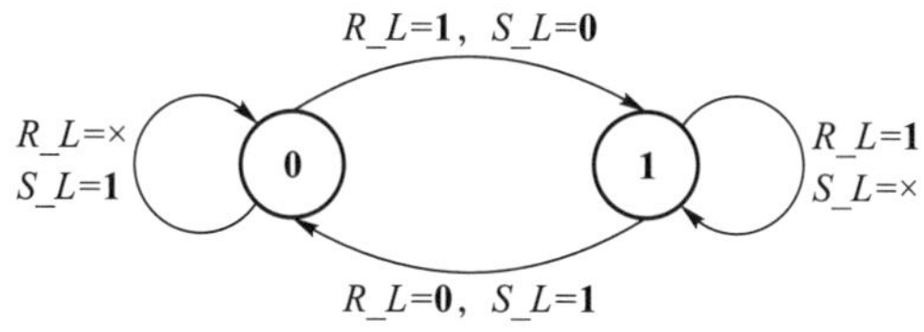

图 7.3.8　S′-R′ 锁存器的状态转移图

表 7.3.5　S′-R′ 锁存器激励表

状态转移	激励输入		状态转移	激励输入	
Q → Q*	R_L	S_L	Q → Q*	R_L	S_L
0　0	×	**1**	**1　0**	**0**	**1**
0　1	**1**	**0**	**1　1**	**1**	×

下面举例说明基本 $S\text{-}R$ 锁存器的应用。

[**例 7.3.1**] 图 7.3.9 所示为四只基本 $S\text{-}R$ 锁存器寄存 4 位二进制码的工作原理图，试分析其工作原理。

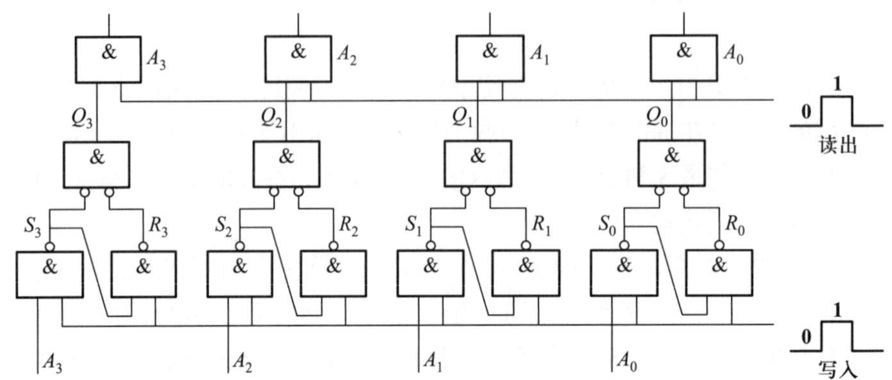

图 7.3.9 四只基本 $S\text{-}R$ 锁存器寄存 4 位二进制码的工作原理图

解：一只基本 $S\text{-}R$ 锁存器可以用来寄存 1 位二进制码信息，待存信息加在各基本 $S\text{-}R$ 锁存器的信号输入端。若在写入端加上正脉冲，以 Q_3 为例，则

$$S_3=A_3',R_3=A_3$$

由于 $S\text{-}R$ 锁存器的特征方程为

$$Q^*=S'+RQ$$

所以

$$Q_3^*=(A_3')'+A_3Q_3=A_3(\mathbf{1}+Q_3)=A_3$$

同样，其他信息分别存入 Q_2、Q_1、Q_0 中，只要不停电，各基本 $S\text{-}R$ 锁存器将永远保持原信息。需要使用时在读出端加上逻辑 **1**，基本 $S\text{-}R$ 锁存器中的信息就可以同时输出。

例 7.3.1 说明了 $S\text{-}R$ 锁存器具有存储记忆功能。

7.3.4 带使能端的 *S*–*R* 锁存器

在数字逻辑系统的实际应用中，常常需要使各基本 $S\text{-}R$ 锁存器的逻辑状态在同一时刻更新，为此需要引入同步信号（synchronous signal）来作为控制电路，这个同步信号也称为使能（enable）、门控（gate）信号或时钟（clock）信号。当使能信号有效时，该锁存器的功能与基本 $S\text{-}R$ 锁存器相同；当使能信号无效时，该锁存器的状态保持不变。这种受时钟控制的基本 $S\text{-}R$ 锁存器便称为具有使能端的 $S\text{-}R$ 锁存器（$S\text{-}R$ latch with enable），也称为同步 $S\text{-}R$ 锁存器（synchronous $S\text{-}R$ latch），或时钟 $S\text{-}R$ 锁存器（clock $S\text{-}R$ latch）。

带使能端的 $S\text{-}R$ 锁存器电路结构如图 7.3.10（a）所示。图中门 G_1 和 G_2 构成基本 $S'\text{-}R'$

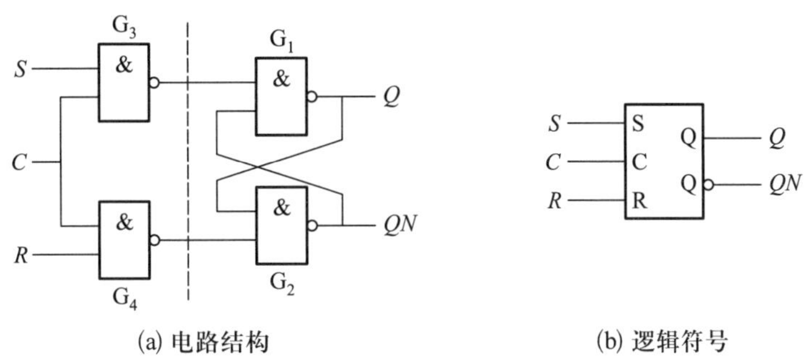

(a) 电路结构 (b) 逻辑符号

图 7.3.10 带使能端的 S–R 锁存器

锁存器，G_3 和 G_4 构成控制引导电路。带使能端的 S–R 锁存器的逻辑符号（logic symbol）如图 7.3.10（b）所示。

当 C=**0** 时，门 G_3 和 G_4 截止，输入信号 S 和 R 不会影响输出端的状态，故锁存器保持原状态不变。

当 C=**1** 时，S 和 R 通过门 G_3 和 G_4 反相后，加到由门 G_1 和 G_2 组成的 S'–R' 锁存器上，使 Q 和 QN 的状态跟随输入信号状态的变化而改变。

由于锁存器的透明性（transparent），在 C=**1** 期间，当输入信号发生变化时，输出值也会跟着发生变化。因此，为了得到正确的输出结果，带使能端的 S–R 锁存器在 C=**1** 期间，要求输入信号保持不变，或者只跳变一次。

当 S、R 都为 **1** 时，如果 C 从 **1** 变到 **0**，则电路的行为（behavior）就和 S–R 锁存器在 S 和 R 的信号同时取消时一样，下一个状态是不可预测的。

同步 S–R 锁存器的时序波形图(定时图)如图 7.3.11 所示。易知，当 C=**0** 时，同步 S–R 锁存器保持原状态不变，所以，只需要考虑 C=**1** 时的情况。需要说明的是，波形图最后 SR 为 **11**，Q 输出为 **1**，当 C 由 **1** 变为 **0** 时，电路的下一状态将无法预期。同步 S–R 锁存器定时图的动作特点可总结为：输入信号在时钟（使能端）有效期间，都能直接改变触发器状态。

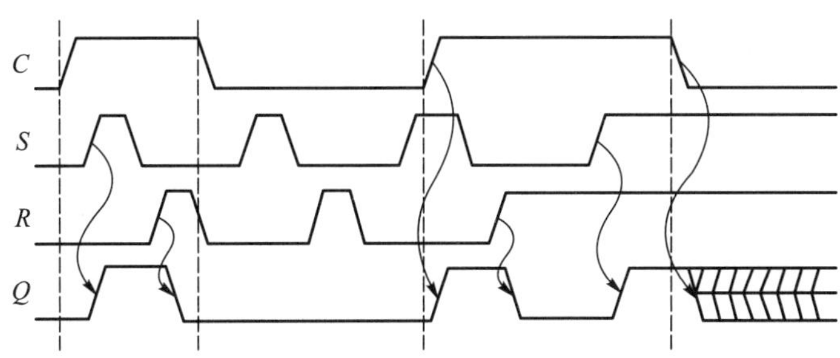

图 7.3.11 同步 S–R 锁存器的时序波形图

带使能端同步 S–R 锁存器的功能表如表 7.3.6 所示。

表 7.3.6　带使能端同步 S–R 锁存器的功能表

CP	*S*	*R*	*Q　QN*	*CP*	*S*	*R*	*Q　QN*
0	×	×	维持原态	**1**	**1**	**0**	**1　0**
1	**0**	**0**	维持原态	**1**	**1**	**1**	**1*　1***
1	**0**	**1**	**0　1**				

［**例 7.3.2**］ 已知同步 S–R 锁存器的电路结构如图 7.3.12(a)所示，输入信号 CP、S、R 的电压波形图如图 7.3.12(b)所示，试画出输出 Q、QN 端的电压波形。设同步 S–R 锁存器的初始状态为 Q=**0**。

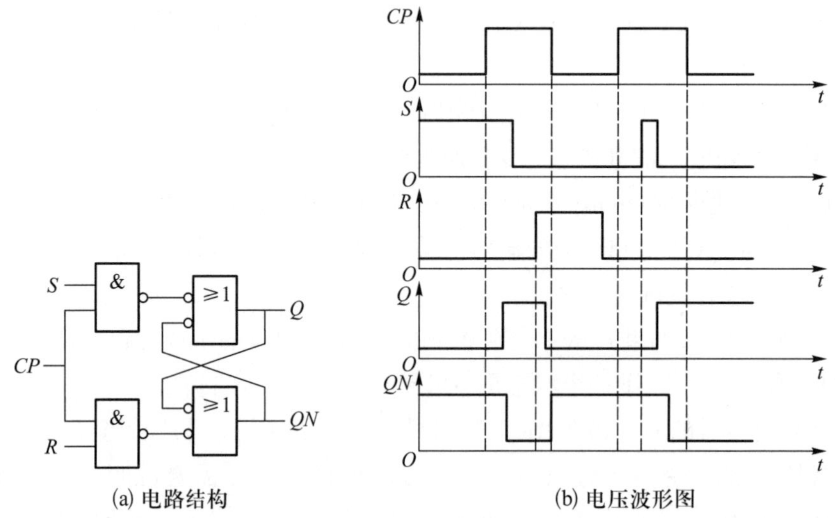

(a) 电路结构　　(b) 电压波形图

图 7.3.12　例 7.3.2 的电路结构和电压波形图

解：由图 7.3.12(b)可见，在 CP=**0** 时，Q、QN 维持状态不变。当 CP=**1** 时，在第一个 CP 高电平期间，先是 S=**1**、R=**0**，输出端经门电路延时后变为 Q=**1**、QN=**0**；随后输入变为 S=**0**、R=**0**，因而输出状态不变；最后输入又变为 S=**0**、R=**1**，输出端经门电路延时后被置为 Q=**0**、QN=**1**；在第二个 CP 高电平期间若 S=R=**0**，则 S–R 锁存器的输出状态应保持不变。但由于在此期间 S 端出现了一个干扰脉冲，所以 S–R 锁存器被置成了 Q=**1**。

例 7.3.2 通过波形图说明了锁存器的透明性(transparency)，即输出值会随着输入信号状态的变化而很快发生变化；同时也说明了时钟的作用(function of clock)，即在 CP 没有发生作用时，同步 S–R 锁存器维持原状态不变；在 CP 维持 **1** 期间，如果输入端 S、R 发生了变化或受到任何干扰，都将有可能引起输出端的变化。

从例 7.3.2 的波形图中我们还可以看到，输出 Q 相对于 CP 和 S 有一个延时(delay)，这是由两级**与非**门(NAND gate)引起的；QN 除了相对于 CP 和 R 有一个两级**与非**门的延时外，还有一个相对于 Q 的一级**与非**门的延时。

7.4 *D* 锁 存 器

7.4.1 *D* 锁存器的原理

在一些应用中，需要用锁存器简单地存储一些信息位串，如出现在信号线上的每一个二进制位，这时锁存器只需要一个数据输入端。最简单的实现电路就是以同步 S–R 锁存器的 S 端作为数据输入端，用一个反相器将输入信号反向后作为 R 端的输入信号，这种锁存器称为 D 锁存器(D latch)。图 7.4.1 显示了 D 锁存器的电路结构(circuit structure)和逻辑符号(logic symbol)。

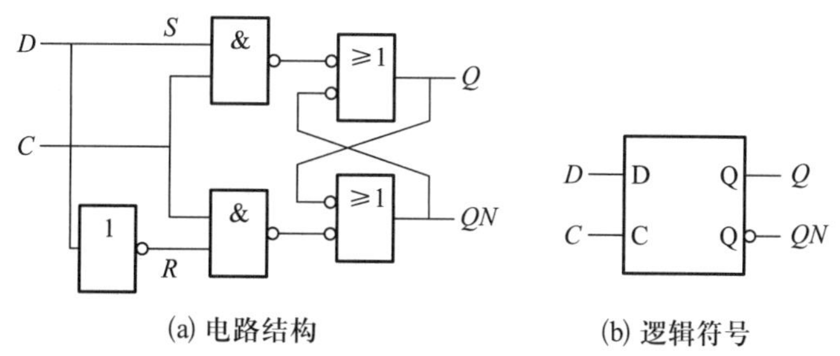

(a) 电路结构　　(b) 逻辑符号

图 7.4.1　D 锁存器

D 锁存器的逻辑图与带使能端的 S–R 锁存器相似，只是 S 和 R 输入是通过一个反相器由一个 D(data) 输入而产生，这样就避免了 S 端和 R 端同时有效的问题。D 锁存器的控制输入端 C，有时也称为使能端(enable)、时钟(CLK)或门控端(G)。

当控制输入端 C 有效时，若 D=**1**，相当于 S=**1**，R=**0**，实现置位功能，使 Q 为 **1**；D=**0**，相当于 S=**0**，R=**1**，实现清零功能，使 Q 为 **0**。也就是说 D 锁存器的输出 Q 与输入 D 一致，称锁存器"打开"，并且从 D 输入端到 Q 输出端的通道是"透明的"(transparent)，所以 D 锁存器又称透明锁存器。

当控制输入端 C 无效时，D 锁存器的输出 Q 将保持在之前的状态，不再对 D 端的输入做出响应，称锁存器"关闭"。

视频 7.4.1

由 D 锁存器的电路结构和同步 S–R 锁存器的特征方程，可以得到 D 锁存器的特征方程(characteristic equation)为

$$Q^*=D\,(C=\mathbf{1})$$

D 锁存器的功能表如表 7.4.1 所示。

表 7.4.1　*D* 锁存器功能表

C	*D*	*Q*　*QN*
1	**0**	**0　1**
1	**1**	**1　0**
0	×	维持原态

7.4.2　*D* 锁存器的时间参数

D 锁存器的传输延迟（propagation delay），指从输入信号（*D* 或 *C*）变化时开始，到输出端（*Q* 或 *QN*）出现相应的输出响应所持续的时间。图 7.4.2 中表示出了信号从 *C*（*CP*）端或 *D* 端传输到 *Q* 端的 4 个不同的延迟参数（delay parameter）。

尽管 *D* 锁存器消除了 *S–R* 锁存器的约束条件，但是亚稳定性（metastability）问题依然存在。回顾 7.2.3 节中讨论的小球过山模型，要确保球从山的一边到另一边，需要一个“最小力量”的限制。对于锁存器来说，为了确保它正常工作，必须控制锁存器信号输入时刻的时间和输入信号到达后的持续时间。如图 7.4.2 所示，在 *C* 信号的下降沿附近有一个时间窗（time window），包括建立时间（setup time）和保持时间（hold time），在这段时间内 *D* 输入一定不能发生变化；如果 *D* 输入发生变化，则 *D* 锁存器的输出就是不可预测的，可能进入亚稳态（metastable），如图 7.4.2 中最后一个锁存边沿处所示。

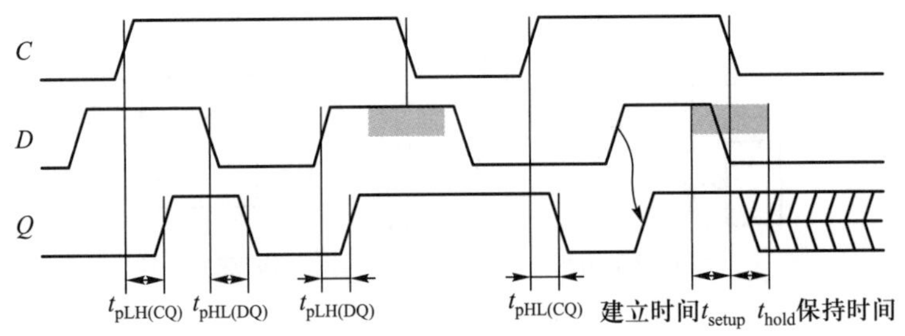

图 7.4.2　*D* 锁存器时序波形图

7.5　*D* 触 发 器

触发器与锁存器不同，对于锁存器来说，在时钟（使能）信号有效期间，锁存器的输入都会影响到输出；对于触发器来说，仅在时钟信号变化的瞬间即时钟触发沿，输出才会发生变化。

所谓时钟信号的触发沿如图 7.5.1 所示，可分为上升沿（rising-edge）和下降沿（falling-edge），也可以称为正边沿（positive-edge）和负边沿（negative-edge）。

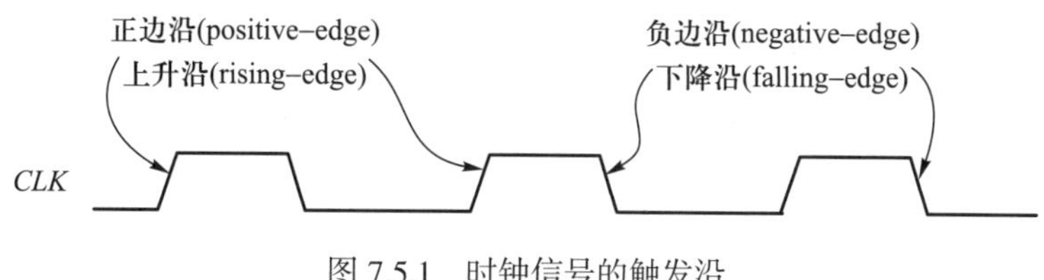

图 7.5.1 时钟信号的触发沿

7.5.1 边沿触发式 *D* 触发器

两个 *D* 锁存器(*D* latch)级联(cascade)可构成一个正边沿触发的 *D* 触发器(positive-edge-triggered *D* flip-flop),其电路结构如图 7.5.2(a)所示,这种结构又称为主从结构(master-slave structure)。左边的锁存器称为主锁存器(master latch),*CLK* 反相后作为主锁存器的钟控脉冲;右边的锁存器称为从锁存器(slave latch)。

图 7.5.2(b)是主从结构正边沿触发式 *D* 触发器的逻辑符号。*D* 触发器逻辑符号 *CLK* 输入端的三角形表示触发器的边沿触发特性,称为动态输入指示符(dynamic-input indicator)。

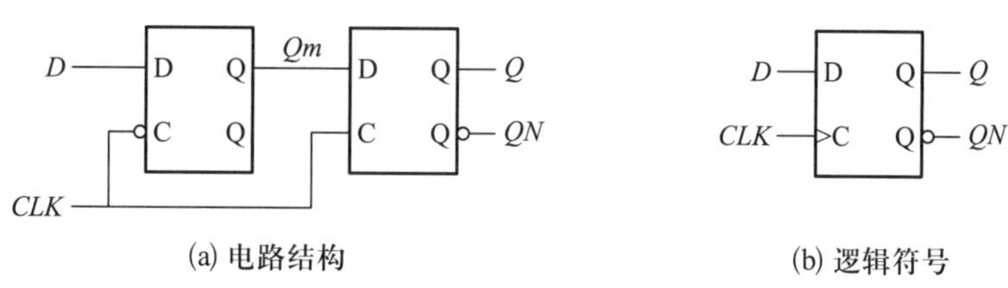

图 7.5.2 主从结构正边沿触发式 *D* 触发器

当 *CLK*=**0** 时,主锁存器打开,接受输入信号 *D* 的信息,其输出 *Qm*=*D*;从锁存器被封锁,输入信号 *D* 不会影响输出端的状态,故输出 *Q* 保持原状态不变。

当 *CLK*=**1** 时,主锁存器被封锁,其输出 *Qm* 传送到从锁存器;从锁存器打开,输出 *Q*=*Qm*。

由于主锁存器在 *CLK*=**1** 期间都处于关闭状态,其输出 *Qm* 保持不变,因此从锁存器的输出只在 *CLK* 从 **0** 变到 **1** 的时刻发生变化,体现出边沿触发(edge triggered)特性。

下面我们通过时序图更好地理解主从结构 *D* 触发器的特点。

图 7.5.3 显示了在几种输入变化的作用下,主从结构 *D* 触发器的时序波形图(sequential waveform)。由于锁存器的透明性(transparency),只有在 *CLK*=**0** 期间,主锁存器输出 *Qm* 才会发生变化。而从锁存器是在 *CLK*=**1** 后,接受主锁存器传送过来的 *Qm*,并且在 *CLK* 再次变为 **0** 之前,*Qm* 都不发生变化。

当我们把这个电路封装好以后,就只看到外部的引脚 *D*、*CLK*、*Q* 和 *QN*,而不再去关心它内部的 *Qm*,图 7.5.3 中,如果只观察 *CLK*、*D*、*Q* 的关系,可以发现,电路的输出 *Q* 只有在时钟

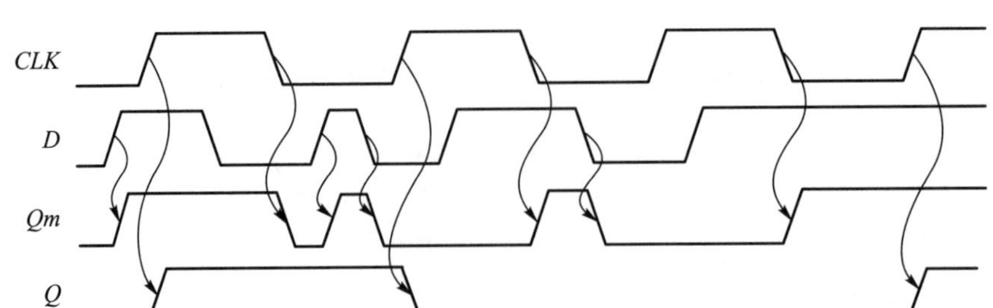

图 7.5.3 主从结构 D 触发器的时序波形图

上升沿到来的时刻，才随输入 D 变化且整个时钟周期只变化一次。因此，体现出边沿触发的特性。

表 7.5.1 主从 D 触发器的功能表

CLK	D	Q*
×	×	Q
↑	0	0
↑	1	1

由主从 D 触发器(master-slave D flip-flop)的工作原理可得其功能表如表 7.5.1 所示。根据功能表可得其特征方程(characteristic equation)为

$$Q^*=D$$

D 触发器的状态转移图(state transition diagram)与 D 锁存器的状态转移图相同。

正边沿触发 D 触发器的时间特性如图 7.5.4 所示。因为 D 触发器的输出只在时钟触发沿发生变化，它的传播延迟都是在 CLK 上升沿开始测量。它既有从低到高的传播延迟 t_{pHL} 也有从高到低的传播延迟 t_{pLH}，通常这两者的参数不一定一致。

和 D 锁存器一样，边沿触发式 D 触发器也存在建立时间(setup time)和保持时间(hold time)，在这段时间内 D 端的输入一定不能变化。这个建立和保持时间窗在 CLK 信号的触发沿附近，如图 7.5.4 中阴影部分所示。如果不满足建立时间和保持时间的要求，触发器的输出状态将不可预知，可能会振荡或进入亚稳态，可能是 **0** 或 **1**，如图 7.5.4 中倒数第二个时钟到最后一个时钟边沿的情况。如果触发器进入亚稳态，只有经过一个随机延迟之后，它才会自己随机回到一个稳定状态。也可以在时钟触发边沿加上一个满足建立时间和保持时间要求的 D 输入信号，迫使触发器进入一个稳定状态，如图 7.5.4 中最后一个时钟边沿所示。

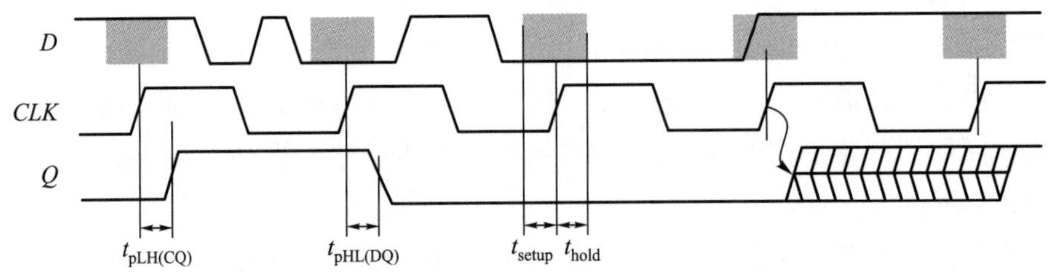

图 7.5.4 正边沿触发 D 触发器的时间特性

最后，我们再来讨论一下锁存器(latch)和触发器(flip-flop)相对于控制脉冲的输出响应。

图 7.5.5 所示为 D 锁存器和 D 触发器的输出波形图(waveform diagram)。由图中可见，输入信号 D 在 t_a 时刻以前，D 锁存器和 D 触发器输出端随输入信号变化的波形相同；在 t_a 时刻，CP=**1** 期间 D 发生了变化，D 锁存器的输出随着输入信号的变化而发生了变化，D 触发器则是在下一个时钟到来后输出状态才发生改变。这是由于触发器不具有传输透明性(transparency)，即触发器输入端发生变化并不会同步引起其输出端发生变化。触发器输出端的变化仅受控制输入(时钟)信号或异步置位复位信号的控制。在通常情况下，除了输入信号在 CP=**1** 期间发生变化以外，锁存器和触发器的输出响应是相同的。

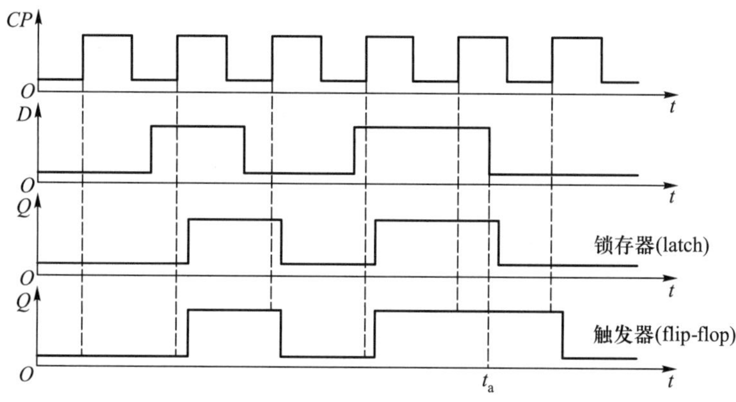

图 7.5.5　D 锁存器和 D 触发器的输出波形图

负边沿触发的 D 触发器(negatived-edge-triggered D flip-flop)的电路结构如图 7.5.6(a)所示，与正边沿触发的主从 D 触发器结构相似，只是简单地将时钟信号反相，使得所有的变化都发生在时钟信号 CLK 的下降沿。负边沿触发的 D 触发器的逻辑符号如图 7.5.6(b)所示，在 CLK 的输入端上有反向圈，表示负边沿或者是下降沿触发。

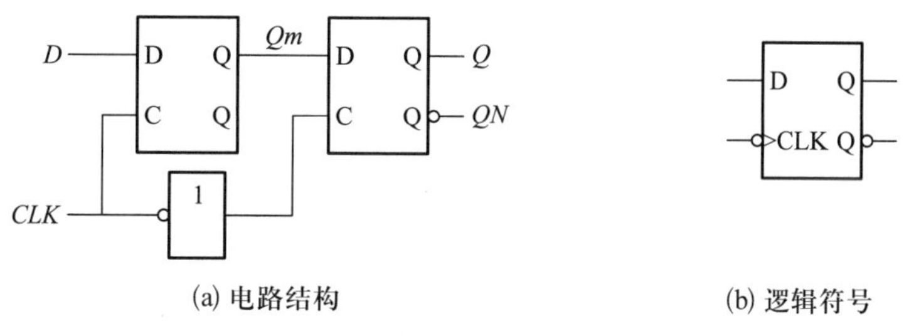

图 7.5.6　负边沿触发的 D 触发器

7.5.2　可复位触发器

可复位触发器指的是按下复位(reset)键时,可以实现清零功能的触发器,它可分为同步可复位触发器(synchronously resettable flip-flop)和异步可复位触发器(asynchronously resettable flip-flop)两种类型。同步可复位触发器受时钟控制,在时钟触发沿,当复位信号有效时,才会实现触发器清零;异步可复位触发器,只要复位/清零端有效,立即实现清零,不受时钟控制(参考7.5.3节)。

一个低电平有效的同步可复位触发器的电路如图7.5.7所示,在*D*触发器的输入端增加了一个**与**门,可控制电路实现复位的操作。

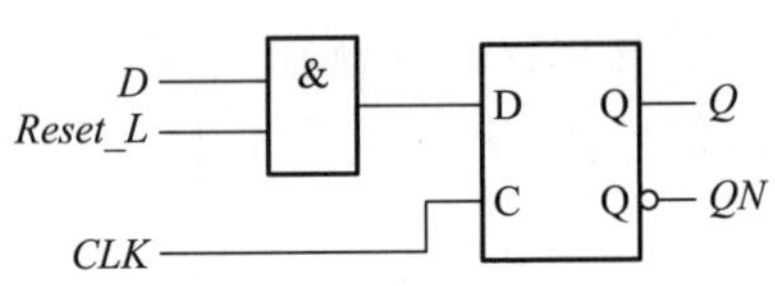

图7.5.7　低电平有效的同步可复位触发器的电路

当*Reset_L*为**0**时,**与**门输出为**0**,时钟触发沿来临时,电路就可以实现清零的操作。显然,触发器的复位操作要受到时钟控制,因此它是同步可复位触发器。

7.5.3　具有清零和预置端的*D*触发器

图7.5.8(a)显示了一个具有异步输入端(asynchrounous input)的边沿触发式*D*触发器的电路结构。它除了可以通过输入端*CLR_L*(清零,clear)迫使触发器清零,实现异步复位,也还具有异步置位输入端*PR_L*(预置,preset),因此又称为具有清零和预置端的正边沿触发*D*触发器(*D* flip-flop with preset and clear)。

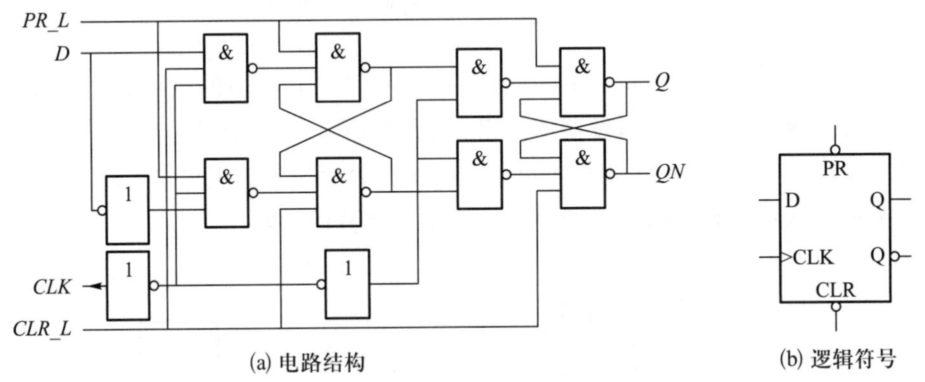

(a) 电路结构　　(b) 逻辑符号

图7.5.8　具有清零和预置端的正边沿触发*D*触发器

当*CLR_L*=**0**、*PR_L*=**1**时,即*CLR_L*有效,它直接迫使与之相接的3个**与非**门输出为**1**(*QN*=**1**),进一步使得电路输出*Q*=**0**,实现复位操作,这与时钟信号*CLK*和数据输入*D*无关;

当*PR_L*=**0**、*CLR_L*=**1**时,即*PR_L*有效,迫使与之相接的3个**与非**门输出为**1**,此时*Q*=**1**,进一步使得*QN*=**0**,电路实现置位操作。

注意，预置端（*PR_L*）和清零端（*CLR_L*）的特性与 *S–R* 锁存器的置位和复位相似，两者不能同时有效。

具有清零和预置端的 *D* 触发器，它的清零和预置端是独立于时钟信号异步工作的，其逻辑符号如图 7.5.8（b）所示。异步输入端主要用来进行初始化和测试，迫使时序电路进入一个预定的起始状态。

7.5.4 具有使能端的边沿 *D* 触发器

如果希望边沿触发的 *D* 触发器，在时钟触发沿能够保持最后一次存储的值（而不是加载新值），只要为它增加一个使能输入（enable input），又称为时钟使能（clock enable）。

具有使能端的边沿触发式 *D* 触发器的电路结构如图 7.5.9（a）所示，使能输入端用一个 2 输入多路复用电路来控制加在内部触发器 *D* 输入端的值。如果 *EN* 有效，则选择外部数据输入端 *D* 的输入；如果 *EN* 无效，则选择的是触发器现在的输出 *Q*。触发器的逻辑符号如图 7.5.9（b）所示，功能表如表 7.5.2 所示。有些触发器的使能端是低电平有效的，用使能输入端上的反相圈表示。

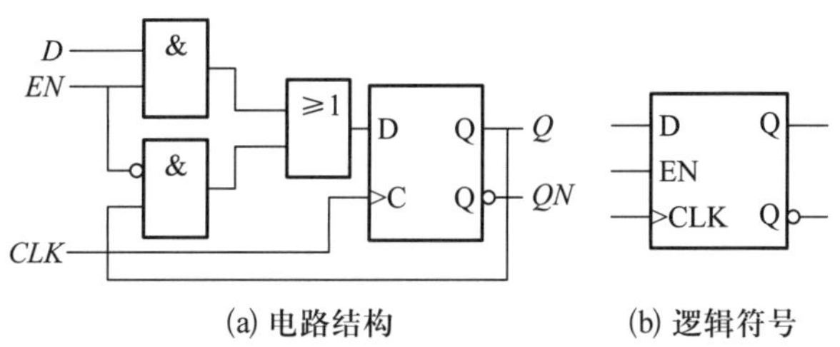

(a) 电路结构　　(b) 逻辑符号

图 7.5.9 具有使能端的边沿触发式 *D* 触发器

表 7.5.2 带使能端 *D* 触发器的功能表

D	*EN*	*CLK*	*Q*	*QN*
0	**1**	↑	**0**	**1**
1	**1**	↑	**1**	**0**
×	**0**	↑	维持原态	维持原态
×	×	**0**	维持原态	维持原态
×	×	**1**	维持原态	维持原态

7.6　J–K 触发器和 T 触发器

7.6.1　J–K 触发器

图 7.6.1 是由边沿 D 触发器构成的 J–K 触发器(edge-triggered J–K flip-flop)的功能等效结构图。其内部采用边沿触发式 D 触发器构成,它在时钟信号 CLK 的上升沿取输入信号。因为 $D=J\cdot Q'+K'\cdot Q$,根据 D 触发器的特征方程

$$Q_D{}^*=D$$

可知 J–K 触发器按照特征方程 $Q_{JK}{}^*=J\cdot Q'+K'\cdot Q$ 得到下一个状态。即：

$J=\mathbf{0}$、$K=\mathbf{0}$ 时,$Q^*=\mathbf{0}\cdot Q'+\mathbf{0}'\cdot Q=Q$,保持原态；

$J=\mathbf{0}$、$K=\mathbf{1}$ 时,$Q^*=\mathbf{0}\cdot Q'+\mathbf{1}'\cdot Q=0$,触发器清零；

$J=\mathbf{1}$、$K=\mathbf{0}$ 时,$Q^*=\mathbf{1}\cdot Q'+\mathbf{0}'\cdot Q=Q'+Q=\mathbf{1}$,触发器置 **1**；

$J=\mathbf{1}$、$K=\mathbf{1}$ 时,$Q^*=\mathbf{1}\cdot Q'+\mathbf{1}'\cdot Q=Q'$,触发器翻转。

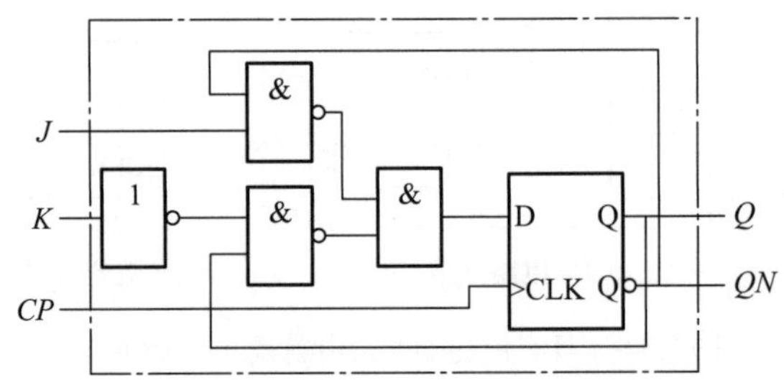

图 7.6.1　由边沿 D 触发器构成的 J–K 触发器的功能等效结构图

边沿触发式 J–K 触发器的功能表和逻辑符号如图 7.6.2 所示。同 D 触发器的 D 输入端一样,为保证触发器功能的正常实现,边沿触发式 J–K 触发器的 J 端和 K 端也需满足建立时间和保持时间的要求。

视频 7.6.1

J–K 触发器曾经常用于时钟同步状态机的设计,由 J–K 触发器设计的时钟同步状态机,其下一状态逻辑方程有时比 D 触发器设计得还要简单。如今,大多数可编程时序器件包含 D 触发器而不是 J–K 触发器,而且使用 D 触发器设计的方法更简单,因此大多数状态机的设计还是采用 D 触发器。

J	K	CLK	Q	QN
×	×	0	维持原态	维持原态
×	×	1	维持原态	维持原态
0	0	↑	维持原态	维持原态
0	1	↑	0	1
1	0	↑	1	0
1	1	↑	翻转	

(a) 功能表

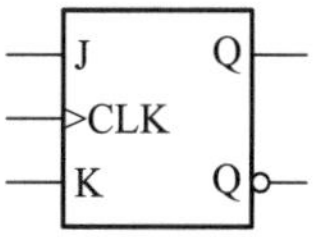

J Q
>CLK
K Q

(b) 逻辑符号

图 7.6.2 边沿触发式 *J–K* 触发器

7.6.2 *T* 触发器

在逻辑设计中，我们还会经常用到 *T*(toggle) 触发器，它的状态在每一个时钟的有效边沿都会翻转，即 $Q^*=Q'$，因此触发器的输出信号频率正好是输入信号频率的一半，*T* 触发器的时序波形图如图 7.6.3 所示。

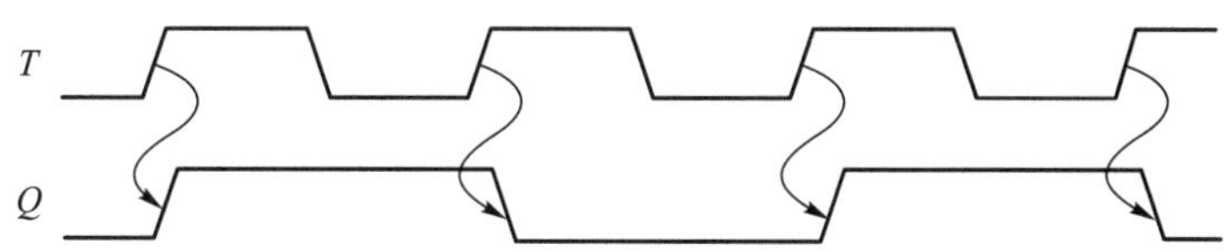

图 7.6.3 *T* 触发器的时序波形图

图 7.6.4 显示了如何用 *D* 触发器或 *J–K* 触发器来构造 *T* 触发器。各触发器的特征方程如下：

D 触发器特征方程： $Q^*=D$；

J–K 触发器特征方程： $Q^*=J\cdot Q'+K'\cdot Q$；

T 触发器特征方程： $Q^*=Q'$；

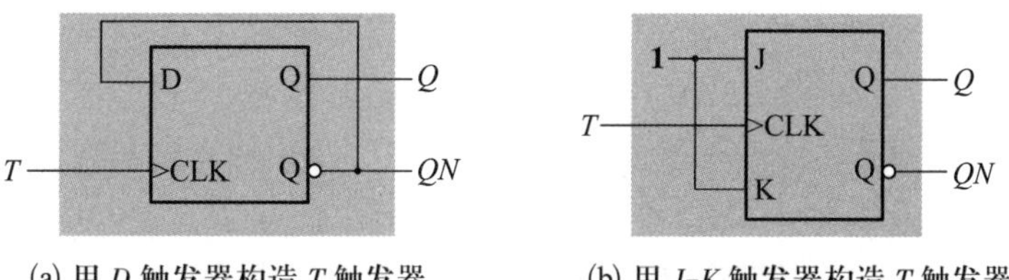

(a) 用 *D* 触发器构造 *T* 触发器　　(b) 用 *J–K* 触发器构造 *T* 触发器

图 7.6.4 利用 *D* 触发器或 *J–K* 触发器构成 *T* 触发器

通过观察可发现，只需使 *D* 触发器输入端 $D=Q'$，*J–K* 触发器输入端 $J=K=\mathbf{1}$，就可以实现 *T* 触发器的功能，如图 7.6.4 所示。

在实际使用当中,我们通常会采用带有使能端的 T 触发器,其时序波形图如图 7.6.5 所示。只有当使能端有效时,触发器的状态才会在时钟触发沿到来时发生改变,使能端无效时,输出保持原来的状态。带使能端的 T 触发器的功能表(function table)和逻辑符号(logic symbol)如图 7.6.6 所示。

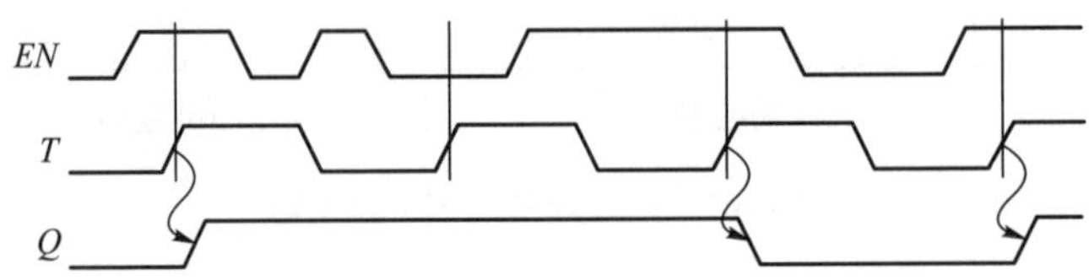

图 7.6.5 带使能端的 T 触发器的时序波形图

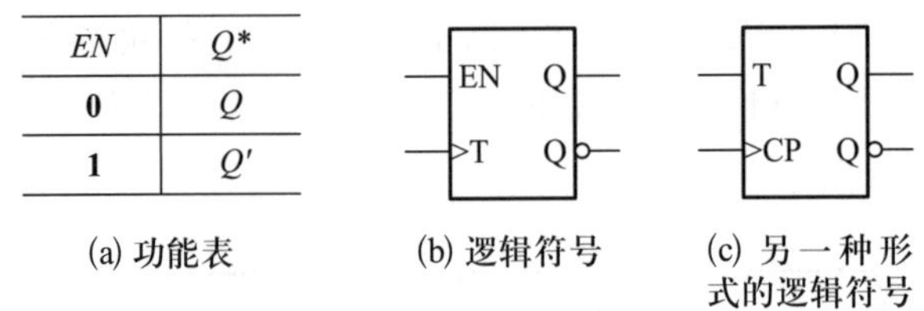

EN	Q^*
0	Q
1	Q'

(a) 功能表　(b) 逻辑符号　(c) 另一种形式的逻辑符号

图 7.6.6 带使能端的 T 触发器

根据功能表,可以得到 T 触发器的特征方程(characteristic equation)为

$$Q^*=EN\cdot Q'+EN'\cdot Q=EN\oplus Q$$

需要说明的是,在有些教材当中,T 触发器的特征方程为 $Q^*=T\cdot Q'+T'\cdot Q$,这里的 T 相当于我们教材中的 EN 端,时钟端相当于我们教材中的 T 端,如图 7.6.6(c)所示,大家在设计的时候需要特别注意。

同样,我们可以用 D 触发器和 J–K 触发器构造带使能端的 T 触发器,简单修改图 7.6.4 中的电路,就可以提供 EN 输入端,如图 7.6.7 所示。同其他边沿触发式触发器一样,EN 输入端也必须满足时钟触发沿的建立时间和保持时间的要求。

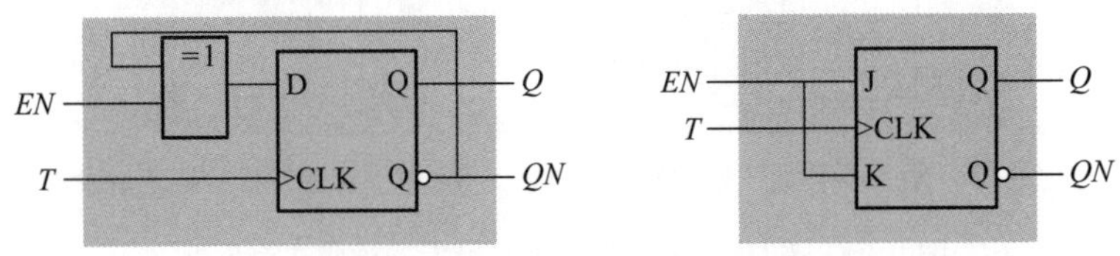

图 7.6.7 用 D 触发器和 J–K 触发器构造带使能端的 T 触发器

7.7 时钟同步状态机的结构

锁存器和触发器是采用普通的门电路和反馈回路进行设计的，称为反馈时序电路(feedback sequential circuit)，但我们并不总是直接利用逻辑门之间的反馈来进行复杂电路的设计，而是在时序基本构件(锁存器和触发器)的基础上构造更为复杂的时序电路。

通常将时序电路的"状态(state)"存储于触发器中，将一个触发器的输出称为一个"状态变量(state variable)"。数字逻辑电路中的状态变量都是二进制值，对应着电路中某些逻辑信号。具有 n 位二进制状态变量的电路就有 2^n 种可能的状态。尽管这些状态可能是一个很大的数目，但总归是有限的，绝不可能是无限的。所以，有时将时序电路称为有限状态机(finite-state machine)。

大多数时序电路的状态变化所发生的时间由一个时钟(clock)信号规定，所以时序电路也称为时钟同步状态机(clocked synchronous state machine)。同步(synchronous)表示构成"状态机"的所有触发器都使用同一个时钟信号，状态机只有在时钟信号的触发沿(tick)出现时才改变状态。

7.7.1 时钟同步状态机的结构

时钟同步状态机的典型结构如图 7.7.1 所示。图中状态存储器(state memory)用来存放电路中的状态变量，通常由一组边沿触发的触发器组成，n 个触发器具有 2^n 种不同的状态。时钟同步状态机中所有的触发器都连接一个公共时钟信号，在同一个时钟信号的触发沿(tick)上改变状态。

图 7.7.1 中，状态存储器输出的当前状态(current state)可以反馈到输入端，和外部输入(external input)一起，用来产生状态存储器中各触发器的激励信号(excitation)。状态机的下

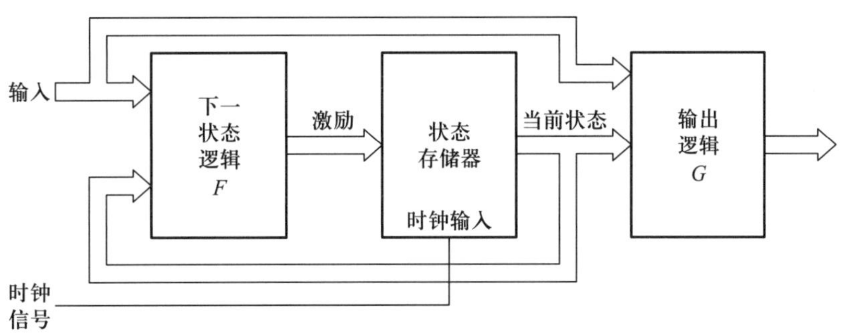

图 7.7.1 时钟同步状态机典型结构(Mealy 机)

一状态由这些激励信号来确定，因此这部分电路称为下一状态逻辑（next-state logic）*F*。

状态机的输出由输出逻辑（output logic）*G* 来确定，而 *G* 也是当前状态和外部输入的函数。*F* 和 *G* 都是严格的组合逻辑电路。可以写为

激励 =*F*（当前状态，输入）

输出 =*G*（当前状态，输入）

图 7.7.1 所示的时钟同步状态机的输出同时取决于当前状态和外输入，这样的状态机称为 Mealy 机。在有些时钟同步状态机中，其输出只由当前状态决定，即

输出 =*G*（当前状态）

这样的状态机称为 Moore 机，它的典型结构如图 7.7.2 所示。

Mealy 机和 Moore 机之间的唯一不同之处，就是输出的产生方式。在高速电路的设计中，保证状态机尽快地产生输出，并且在每个时钟周期期间保持不变，这一点是十分必要的。实现这一特性的途径之一，就是对状态进行编码，这样就可以把状态变量本身作为输出。这种方式称为输出编码状态赋值（output-coded state assignment）；采用这种方法能得到一个 Moore 机，如图 7.7.2 所示，图中的输出逻辑是空的，仅由导线组成。

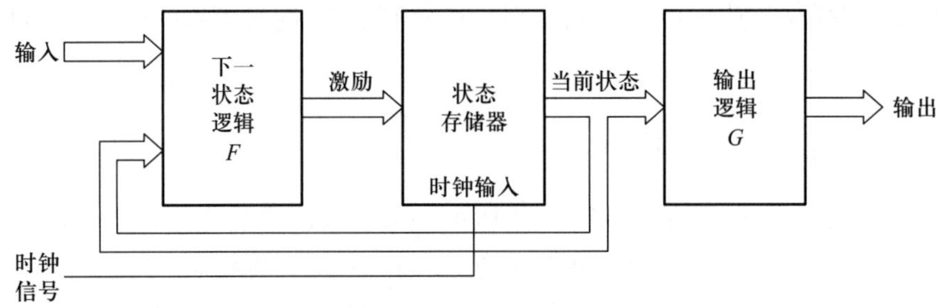

图 7.7.2　时钟同步状态机典型结构（Moore 机）

另一种方法就是设计状态机，使其在一个时钟周期内的输出，取决于前一个时钟周期内的状态和外输入，我们称这种输出为流水线输出（pipelined output），具有流水线输出的 Mealy 机如图 7.7.3 所示。流水线输出要在 Mealy 机的输出端附加一组记忆元件来获取。

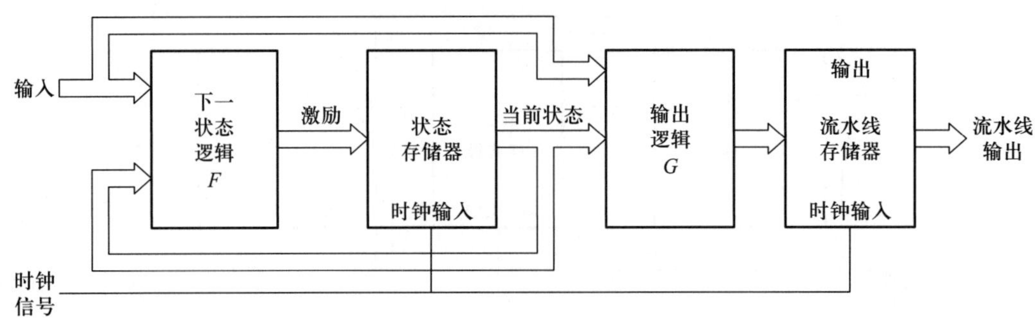

图 7.7.3　具有流水线输出的 Mealy 机

实际上,将状态机准确分为哪类并不重要,真正重要的是对输出结构如何考虑,以及怎样使其满足整体设计目标的要求,包括定时和灵活性的考虑。

视频 7.7.1

状态机可以用正边沿触发的 D 触发器作为状态存储器,也可以用负边沿触发的 D 触发器,或者 J–K 触发器。现在大多数状态机的设计都采用带有正边沿触发的 D 触发器的可编程器件。

7.7.2 时钟同步状态机的表达

组合逻辑电路的描述方法通常采用逻辑等式(logic equation)和真值表(truth table),类似地,对时钟同步状态机的描述可以从建立等式(equation)开始,只是在时序电路中,我们通常将逻辑等式称为方程。

根据前面讨论的时钟同步状态机结构,我们采用三个方程来描述电路。

激励方程(excitation equation)说明下一个状态可以由现在已知的状态和当前的输入来确定,表示为:触发器激励端 $=F$(当前状态,输入);

输出方程(output equation)说明当前的输出由当前状态和输入来确定,表示为:电路输出端 $=G$(当前状态,输入);

转移方程(transition equation)用来说明状态存储器在激励的作用下,如何从当前状态 Q 转移到下一状态 Q^*,通常这由触发器的特征方程确定。

很明显,激励方程和输出方程都是组合逻辑。

对于任何时钟同步状态机,我们都可以用输出方程、激励方程和转移方程进行描述和表达。仅用方程(equation)或函数(function)描述电路往往不够具体形象,正如在组合电路中除采用逻辑函数描述电路之外,还引入真值表等更直观的表达方式,在时序电路中我们也引入了状态转移表和状态转移图。在下面的分析中,通过具体的例子对时序电路的表达方式给予详细的说明。

7.8 时钟同步状态机分析

时钟同步状态机的分析(analysis)就是分析时序电路的状态变化过程和输出与输入之间的关系,从而弄清楚电路的功能。分析时钟同步状态机首先从电路描述开始,描述电路的激励方程和输出方程,进而得到转移方程;然后构造转移/输出表或状态转移图,以便对电路的行为特性做出预测。具体步骤如下:

(1) 根据电路图,确定触发器的激励方程;

(2) 根据电路图,确定输出方程。

(3) 将激励方程带入触发器特征方程(characteristic equation),得到电路的状态转移方程。

(4) 构造状态转移 / 输出表(state transition/output table),对当前状态和输入的每一个可能组合,指定电路的下一状态和输出。

视频 7.8.1

(5) 绘制状态转移 / 输出图(state transition/output diagram),简称状态图(state diagram)。(可选)

(6) 绘制波形图(waveform diagram),更直观地显示电路行为特性。(可选)

下面以具体例子说明时钟同步状态机的分析方法和步骤。

[例 7.8.1] 分析图 7.8.1 所示的时钟同步状态机。

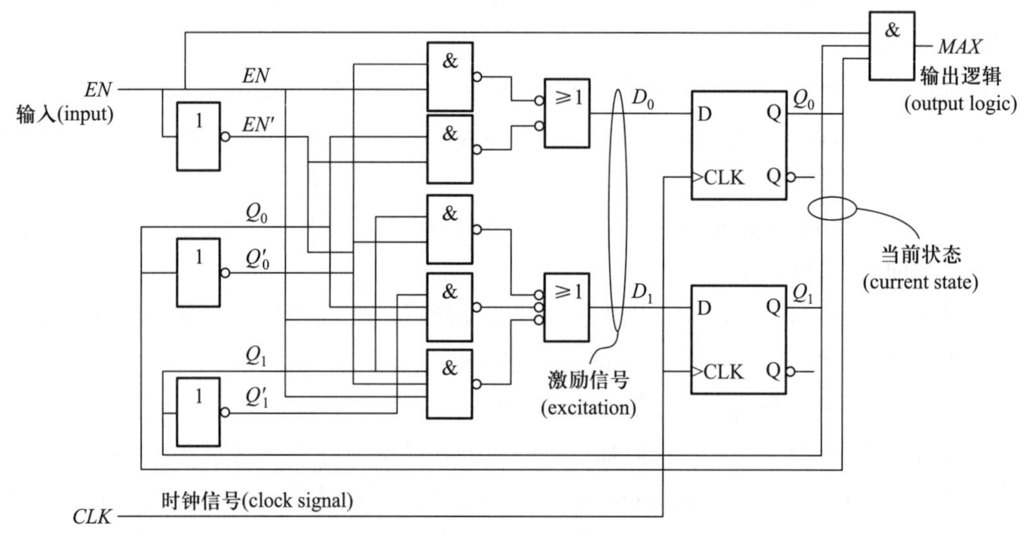

图 7.8.1　由正边沿触发的 D 触发器构成的时钟同步状态机

图 7.8.1 所示是一个由正边沿触发的 D 触发器构成的时钟同步状态机,根据上节给出的状态机结构可知,此电路包含三个部分。

一是由两个 D 触发器构成状态存储器,这两个 D 触发器由同一个时钟信号控制,因此是时钟同步的;触发器的输入端 D_0 和 D_1 是激励信号(excitation);触发器的输出是当前状态(current state),此电路中包含两个输出 Q_0 和 Q_1,因此有 2 个状态变量,4 种不同的状态。

二是由**与**门(AND gate)构成的输出逻辑(output logic),这个电路的输出不仅与 Q_0 和 Q_1 有关,还和外部输入 EN 有关,因此是 Mealy 机。

三是由反相器(inverter)和**与非**门(NAND gate)构成的 D 触发器激励端,即下一状态逻辑(next-state logic)。

下面我们分析这个状态机的功能。

(1) 确定触发器激励方程

$D_0=EN\cdot Q_0'+EN'\cdot Q_0$

$D_1=EN'\cdot Q_1+EN\cdot Q_1'\cdot Q_0+EN\cdot Q_1\cdot Q_0'$

(2) 确定输出方程

$MAX=Q_1\cdot Q_0\cdot EN$

(3) 确定转移方程

利用 D 触发器的特征方程 $Q^*=D$,可以描述例子中状态机的下一状态函数为

$Q_0^*=D_0$、$Q_1^*=D_1$

将激励方程带入 D_0 和 D_1 中,可得

$Q_0^*=EN\cdot Q_0'+EN'\cdot Q_0$

$Q_1^*=EN'\cdot Q_1+EN\cdot Q_1'\cdot Q_0+EN\cdot Q_1\cdot Q_0'$

(4) 构造状态转移 / 输出表

对于当前状态 Q_1、Q_0 和输入 EN 值的每个组合,利用转移方程可得到状态变量的下一状态值 Q_1^* 和 Q_0^*。本例中有 2 个状态变量和一个外部输入,因此共有 8 种状态 / 输入取值组合。(一般来说,状态机有 s 个状态变量和 i 个输入,就有 2^{s+i} 种状态 / 输入组合)

表 7.8.1(a) 显示了对应于不同的状态 / 输入组合,利用转移方程得到的转移表(transition table),通常在转移表左边列出状态变量的取值组合,表的上边列出输入组合。

可以给每个状态用字母及数字混编状态名,如 **00**=A,**01**=B,**10**=C,**11**=D。将表 7.8.1(a) 中 Q_1Q_0 的取值组合用状态名表示,就可以得到状态表(state table),如表 7.8.1(b) 所示。通常用 S(state) 代表当前状态,S^* 代表下一状态。

得到状态表之后,可以根据输出方程,得到状态 / 输出表(state/output table),如表 7.8.1(c) 所示。

表 7.8.1 例 7.8.1 状态机转移表、状态表及状态 / 输出表

(a) 转移表

Q_1Q_0	EN	
	0	**1**
00	**00**	**01**
01	**01**	**10**
10	**10**	**11**
11	**11**	**00**
	$Q_1^*Q_0^*$	

(b) 状态表

S	EN	
	0	**1**
A	A	B
B	B	C
C	C	D
D	D	A
	S^*	

(c) 状态 / 输出表

S	EN	
	0	**1**
A	A,**0**	B,**0**
B	B,**0**	C,**0**
C	C,**0**	D,**0**
D	D,**0**	A,**1**
	S^*,MAX	

通过转移表可以知道,此电路的功能是一个具有使能端的 2 bit 的加法计数器(counter)。当使能端 EN=**0** 时,电路维持原态;EN=**1** 时,在每个时钟触发沿计数值加 **1**,实

现加法计数。

(5) 绘制状态图

我们还可以用状态图来描述电路的功能。状态图以图形方式表示出状态/输出表中的信息，用圆圈表示状态，箭头表示状态转移，箭头上标注转移和输出信息。例7.8.1中状态机的状态图如图7.8.2所示。

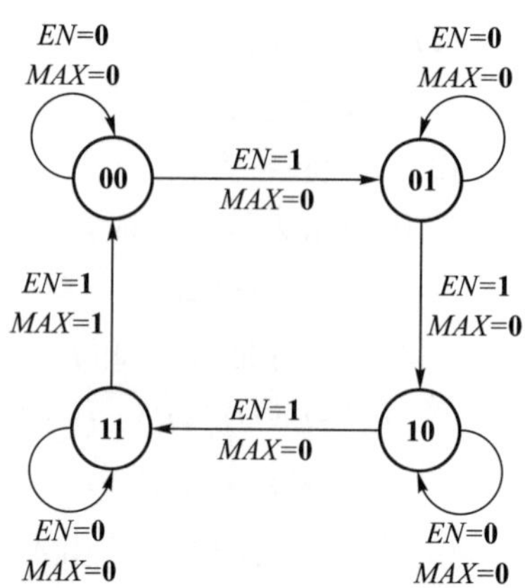

图7.8.2　例7.8.1中状态机的状态图

接下来，我们通过这个例子来分析Mealy机和Moore机的区别。

图7.8.1电路中，输出 *MAX* 和电路的输入 *EN* 直接相关，因此它是一个Mealy机，它的输出 $MAX=Q_1 \cdot Q_0 \cdot EN$。

如果将输入 *EN* 与输出 *MAX* 连接的线去掉，如图7.8.3所示，就产生一个Moore型的输出 *MAXS*，此时 $MAXS=Q_1 \cdot Q_0$，它只是状态的函数，与输入值无关，在状态/输出表中 *MAXS* 只需一列就行了。修改后的电路和例7.8.1中的电路仅在输出上有区别，触发器以及所有的激励电路都没有发生变化，因此两个电路的状态转移是相同的。表7.8.2显示了Moore机的状态输出表。

Moore机的状态图如图7.8.4所示，因为它的输出仅取决于状态，所以输出值可以标在状态圈当中。

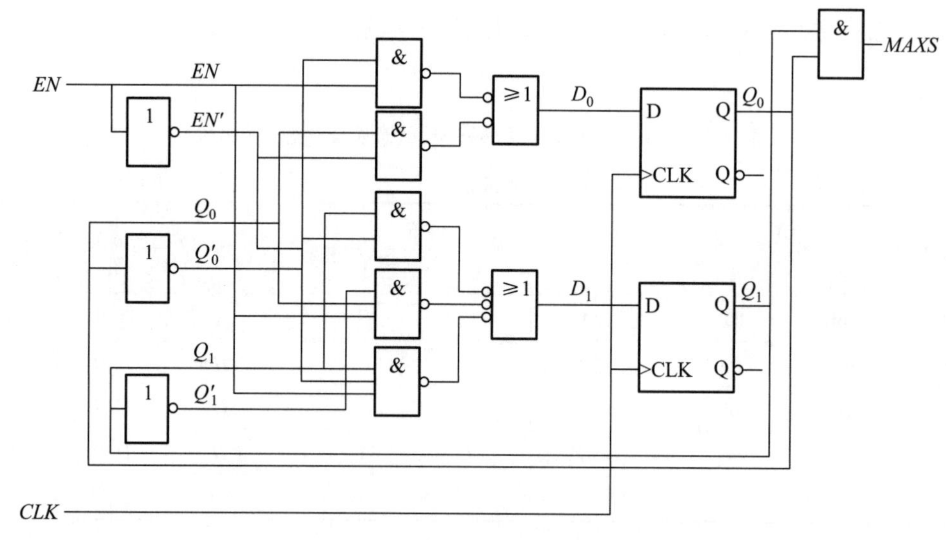

图7.8.3　修改例7.8.1中的Mealy机得到的Moore机

表 7.8.2 Moore 机的状态输出表

S	EN 0	EN 1	MAXS
A	A,**0**	B,**0**	**0**
B	B,**0**	C,**0**	**0**
C	C,**0**	D,**0**	**0**
D	D,**0**	A,**1**	**1**
	S*		

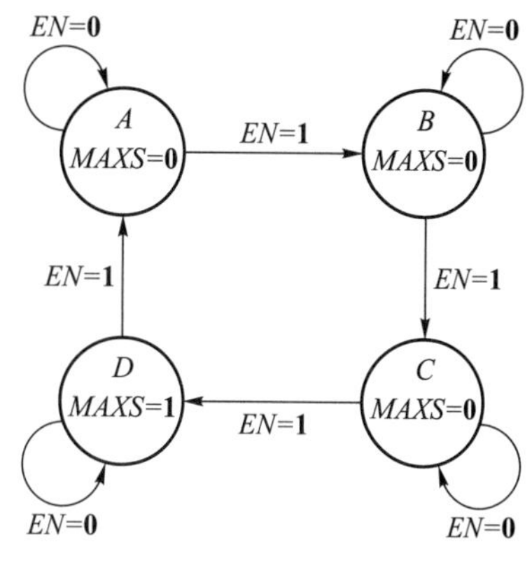

图 7.8.4 Moore 机的状态图

通过如图 7.8.5 所示的时序图，能够更清楚地看出 Mealy 型输出 *MAX* 和 Moore 型输出 *MAXS* 的区别。在时序图中，可以观察得到：除阴影部分外，其他部分两者相同，因为两者的状态转移关系相同；阴影部分表示，Mealy 在 Q_1Q_0 达到 *D* 状态即 **11** 状态时，它的输出随 *EN* 的变化而变化，而对于 Moore 机来说，只要状态一致输出就一致，不再随输入的变化而变化。

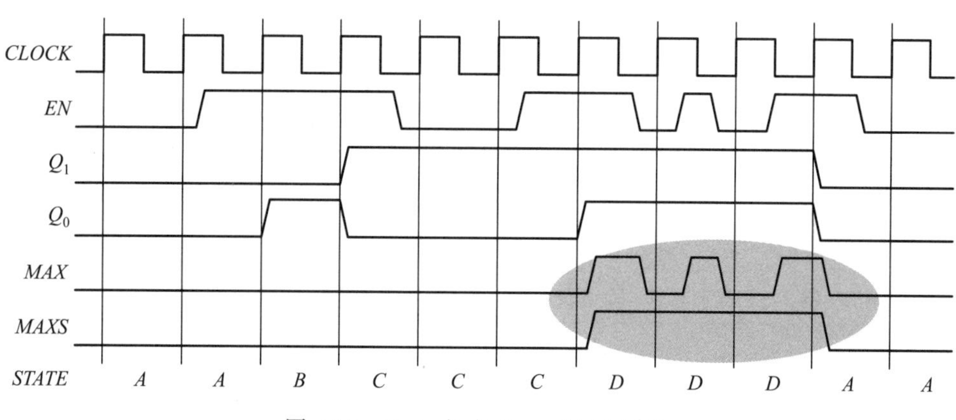

图 7.8.5 Mealy 机和 Moore 机的时序图

［例 7.8.2］ 分析图 7.8.6 所示的时钟同步状态机。

解：这是一个由负边沿触发的 *J–K* 触发器构成的时钟同步状态机，它具有两个状态变量 Q_2 和 Q_1，一个输入 *X* 和一个输出 *Z*。

(1) 触发器激励方程和电路输出方程

$J_2=X'\cdot Q_1$，　　$J_1=(X'\cdot Q_2')'=X+Q_2$

$K_2=(X'\cdot Q_1')'=X+Q_1$，　　$K_1=(X\cdot Q_2')'=X'+Q_2$

$Z=X\cdot Q_2\cdot Q_1$

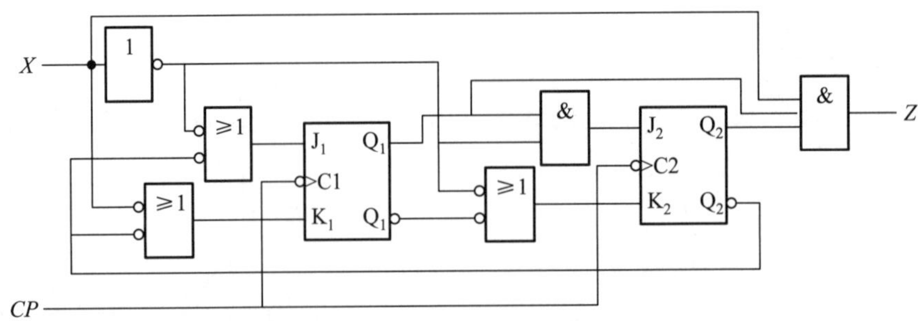

图 7.8.6 例 7.8.2 时钟同步状态机

(2) 状态转移方程

将激励方程代入 J–K 触发器的特征方程中,可得

$$Q_2{}^*=J_2\cdot Q_2'+K_2'\cdot Q_2=X'\cdot Q_1\cdot Q_2'+X'\cdot Q_1'\cdot Q_2$$

$$Q_1{}^*=J_1\cdot Q_1'+K_1'\cdot Q_1=(X+Q_2)\cdot Q_1'+X\cdot Q_2'\cdot Q_1$$

(3) 确定状态转移/输出表(state transition/output table)

将输入 X 和触发器输出 Q_2、Q_1 作为因变量代入上式,分别求出 $Q_2{}^*$、$Q_1{}^*$ 和 Z。三个变量可能的取值有八种,因此状态转移/输出表如表 7.8.3 所示。

(4) 确定状态转移/输出图(state transition/output diagram)

本例有两级触发器,输出有四种组合:**00**、**01**、**10**、**11**,因此该电路有四个状态。这四个状态在状态转移/输出图中用四个小圆圈来表示,由状态转移/输出表可得状态转移/输出图如图 7.8.7 所示。图中状态变化用箭头表示,箭头起点表示原态(present state),指向表示新态(next state),箭头上分式的分子表示外输入,分母表示输出,例如原态为 **00**,当外输入为 **1** 时输出为 **0**,经时钟作用后新态为 **01**。

表 7.8.3 例 7.8.2 状态转移/输出表

$Q_2\,Q_1$	X	
	0	**1**
00	**00,0**	**01,0**
01	**10,0**	**01,0**
10	**11,0**	**01,0**
11	**00,0**	**00,1**
	$Q_1{}^*Q_0{}^*$	

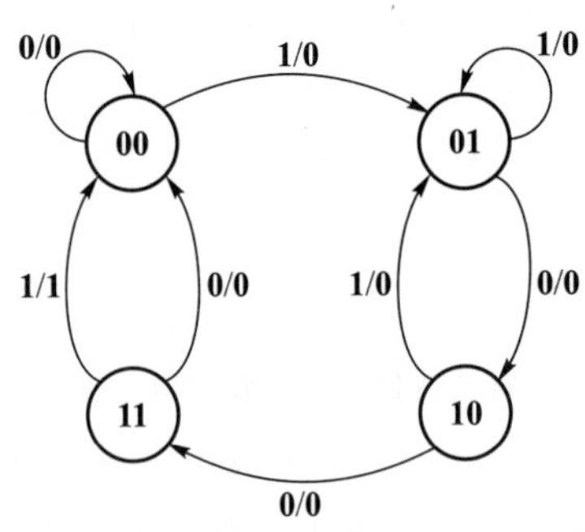

图 7.8.7 例 7.8.2 状态转移/输出图

(5) 分析功能

假定时序电路的初态为 Q_2Q_1=**00**,当输入 X=**01001001001** 序列(sequence)时,求输出 Z 的方法之一是将 X 逐个代入控制方程、输出方程和新态方程,分别求出 Z,这种方法太烦琐

且易出错。另一种方法是从状态转移/输出表(图)上直接求 Z。例如,若原态为 Q_2Q_1=**00**,当输入为 **0** 时,经时钟作用之后,新态 $Q_2{}^*Q_1{}^*$=**00**,当输入 X=**1**,经时钟作用之后新态为 **01**,输出为 **0**。再以 **01** 为原态,求在外输入作用下的新态。这样一直继续下去,可求得 Z 和 X 的对应关系为

X=**01001001001**

Z=**00001000001**

可见该电路为一序列检测器,其功能是当输入序列中连续出现 **1001** 时,输出为 **1**,否则为 **0**,且这种检测器是不可重复的。因为第 5 位至第 8 位虽然是 **1001**,但第 5 位的 **1** 在前一个 **1001** 中已使用过,所以当在第 8 位出现 **1** 时,输出并不为 **1**。

7.9 时钟同步状态机的设计

时钟同步状态机设计从文字描述或文字说明开始,根据文字描述的命题(proposition),设计出完成该命题的电路,其步骤基本上是时钟同步状态机分析的逆过程。所谓命题(proposition)在学习阶段是一段文字叙述,将来工作时就是一些技术条件(technic condition)。一般情况下设计比分析要复杂得多,因为设计往往有多种方案可供选择,通常要经过多次反复才能得到较为完善的结果。时钟同步状态机的设计过程大致可以分为以下几个步骤。

(1) 根据题目的逻辑要求,构造原始的状态图(state diagram)或构造原始的状态/输出表(state /output table)。这种逻辑要求通常是一段文字叙述,根据这些要求找出输入、输出和电路应具备的状态数目,然后构造满足这些要求的状态图,也可以直接构造状态表,并用助记符给状态命名。

(2) 状态化简(state minimization)。在第一步所得到的状态图中可能会有多余状态(redundant states)。设计过程中必须去掉这些多余状态,因为它直接关系到电路的繁简。电路的状态数越少,设计出来的电路也越简单。状态化简的目的就在于将等价状态合并,以求得最简的状态图(state diagram)。

(3) 进行状态分配(state assignment),建立状态转移/输出表(state transition/ output table)。根据得到的最简状态图中所需的电路状态,确定触发器的个数。时序电路的状态由触发器(flip-flop)的状态确定。若设计时序电路时需要 r 个状态,则触发器个数 k 与 r 之间的关系为

$$2^k \geqslant r$$

例如,设计一个对十个数计数的计数器(counter),它需要十个状态,则至少四只触发器才能满足要求。

状态分配就是给每个状态进行二进制编码,故状态分配又叫状态编码(state coded)。如

八进制计数器应有八个状态 $S_0,S_1,\cdots,S_7$,因此需要三级触发器。究竟是用 **000** 表示 S_0 还是用 **001** 表示 S_0? 实际上取八个元素 **000**,**001**,**010**, …,**111** 来排列,共有 40 320 种排法。一般选用的状态编码和它们的排列顺序都遵循一定的规律。状态分配的原则是使逻辑图最简。

将分配的状态变量组合代入最简化的状态转移 / 输出表中,建立状态转移 / 输出表,它表示对于每一种状态 / 输入组合下,所需的下一状态的变量组合。

(4) 触发器选型(flip-flop selection),求出电路的状态方程(state equation)、激励方程(excitation equation)和输出方程(output equation)。同一个状态转移 / 输出图若采用不同的触发器实现,往往需要的辅助器件是不一样的,原则上应使辅助器件最少。有时也应考虑使整个系统器件的种类最少,以减少备份。触发器选定之后,就可以根据激励表确定触发器的控制输入方程,根据转移 / 输出表推导出电路的输出方程。在采用分离器件设计时,通常可以选择 *D* 触发器使触发器成本最小,或者选择 *J–K* 触发器使次态逻辑的门电路成本最小。

(5) 检查电路的自启动性(self-startup),或称自校正性(self-correcting)。当设计的电路状态数多于需要使用的有效状态数时,需根据得出的方程式,检查电路能否自启动。如果不能自启动,则需要采取措施加以解决。一种解决方法是在电路开始工作时通过预置初态(preset initial state)的方法,将电路的状态置成有效状态循环中的某一种;另一种解决方法是通过修改逻辑设计加以解决。

(6) 画逻辑电路图(logic circuit)。根据前面求出的能够自启动的输出函数表达式(output equation expression)和激励方程(excitation equation),画出逻辑电路图,必要时应画出工作波形图。

视频 7.9.1

为简便起见,本书中我们均以 *D* 触发器作为记忆器件,来设计时序电路。下面通过具体实例来说明时钟同步状态机(同步时序逻辑电路)的设计方法和步骤。

7.9.1 简单计数功能设计

[例 7.9.1] 利用 *D* 触发器设计一个能够对输入时钟计数的电路,每计数 5 个时钟,电路输出为 **1**。

解:对时钟信号进行计数的电路,也可以称为计数器,它所能记忆脉冲的最大数目称为该计数器的模(modulus)。题目要求计数 5 个输出 1,相当于模 5 的计数器,输出信号表示进位。该电路可以没有其他输入,状态构成一个单循环,我们可以按照简单加法规则设计一个 Moore 机。

按照时序电路的设计步骤进行如下设计。

(1) 构造状态图(state diagram)和状态表(state table)

假设电路有个初始状态(initial state),表示计数为 **0**,电路每对时钟累计一次,状态存储器就要进入一个新的状态，直到累计了 5 个状态，又回到初始状态。因此本题总共有 5 个状态，记为 S_0,S_1,S_2,S_3,S_4，设电路的起始状态为 S_0，电路工作之后，状态将按照 $S_0,S_1,\cdots,S_4$，$S_0,S_1,\cdots,S_4$ 这样的规律开始循环。

根据以上原则就可画出状态图（如图 7.9.1 所示）和状态表（如表 7.9.1 所示）。

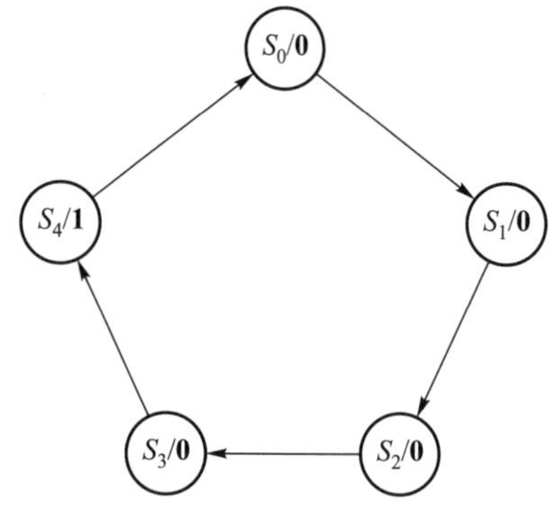

图 7.9.1 例 7.9.1 的状态图

表 7.9.1 状 态 表

现态	次态	输出
S_0	S_1	**0**
S_1	S_2	**0**
S_2	S_3	**0**
S_3	S_4	**0**
S_4	S_0	**1**

(2) 状态分配（state assignment）

设计过程的下一步，就是确定要表示状态图中的状态需要多少位二进制变量，并且将一个特定组合赋给每一个已命名的状态。将赋给一个特定状态的二进制数的组合称为状态编码（coded state）。

本例有 5 个状态，至少需要用 3 只触发器，当然 3 个触发器总共可以提供 8 个状态，因此有 3 个未用状态（unused states）。要用 2^n 种可能的二进制数组合给 s 个状态赋值，最简单的方法就是按照二进制计数顺序选用排在最前面的 s 个二进制整数。但是，最简单的状态赋值方式并不一定能得到最简单的激励方程、输出方程，并进而最终得到最简单的逻辑电路。事实上，状态的赋值方式通常对电路的成本有着很大的影响，那么，怎样选择最好的状态赋值方式呢？一般来讲，找到最佳赋值方式的唯一途径就是把所有的赋值方式都试一遍，只是这一工作量太大了，大多数数字电路设计者依赖经验和一些实践指南，以求出合理的状态赋值。

本例中采用最简单的二进制加法计数规则进行赋值。设触发器输出用 Q_2、Q_1、Q_0 表示，这里就只用前 5 个状态，采用 S 表示 $Q_2\ Q_1\ Q_0$，即 S_0 表示 **000**，S_1 表示 **001**，S_2 表示 **010**，S_3 表示 **011**，S_4 表示 **100**。**101**、**110** 和 **111** 三个状态是未用状态。

(3) 建立状态转移 / 输出表（state transition/output truth table）

状态分配完成后，我们就可以构造状态转移 / 输出表，它和状态表的区别在于，状态表中的状态用状态名表示，而转移 / 输出表中的状态用状态变量的形式表示，如表 7.9.2 所示。

当 n 个触发器所能表示的状态数（2^n）比状态机所需要的状态数要大时，就会存在未使用的多余状态，通常把状态机使用的状态称为有效状态（可以指定有效状态的初态和终态），未使用状态称为无效状态（unused state）。

接通电源时，电路进入各状态的概率是等同的，如果电路进入无效状态，而其转移状态也持续为无效状态，电路功能就无法实现。这就是设计的风险，因此需要考虑无效状态的处理问题。有以下两种有效的处理方法。

一种方法是最小风险法（minimal risk design）。这种方法假设状态机可能由于某种原因会进入到未用的（或无效的）状态，这个原因可能是硬件失效、出乎预料的输入信号或者是设计错误。因此要对每一种未用状态都规定一个明确的下一状态项，从而使得对于任何一种输入组合，未用状态都能进入到“初始”状态、“空闲”状态或者其他一些“安全”状态中，从而最大限度减少电路停留在无效状态的时间。

另一种方法是最小成本法（minimal cost design）。这种方法在初始设计时，假设状态机永远不会进入未用状态。因此未用状态的下一状态可以看作“无关”项。在大多数情况下，这样做可以简化激励逻辑，但如果机器进入了未用状态，状态机的行为就不可把握了。因此为确保电路的可靠性，通常会在设计后检查该设计中的无效状态能否最终转移到有效态，如果能够转移则称为能够“自启动”，如果不行就适当修改无关状态的转移设计，避免产生无效状态的死循环。

本例中，我们采用最小风险法建立状态转移 / 输出表，如表 7.9.2 所示。

表 7.9.2　例 7.9.1 状态转移 / 输出表

S	Q_2	Q_1	Q_0	Q_2^*	Q_1^*	Q_0^*	Z	D_2	D_1	D_0
S_0	0	0	0	0	0	1	0	0	0	1
S_1	0	0	1	0	1	0	0	0	1	0
S_2	0	1	0	0	1	1	0	0	1	1
S_3	0	1	1	1	0	0	0	1	0	0
S_4	1	0	0	0	0	0	1	0	0	0
S_5	1	0	1	0	0	0	0	0	0	0
S_6	1	1	0	0	0	0	0	0	0	0
S_7	1	1	1	0	0	0	0	0	0	0

(4) 导出激励方程（excitation equation）和输出方程（output equation）

现在大多数状态机设计都采用 D 触发器，因为 D 触发器在分立组件和可编程逻辑器件中都十分容易获得，而且 D 触发器的使用也较简易。本例中我们采用 D 触发器进行设计。由状态转移 / 输出表可以画出相应的卡诺图化简如图 7.9.2 所示，进而求出激励方程和输出

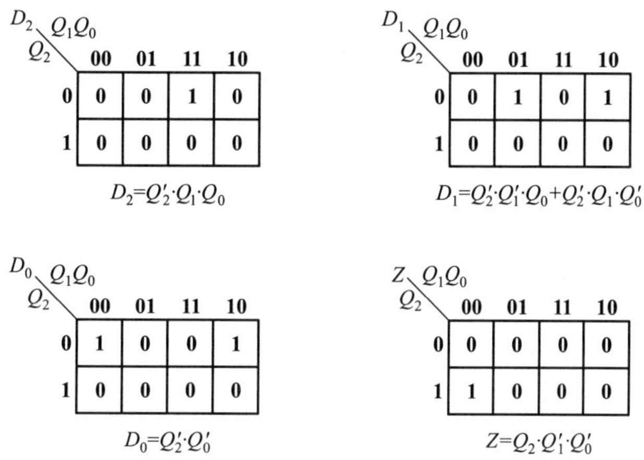

图 7.9.2　例 7.9.1 卡诺图化简

方程。

(5) 画逻辑图(logic circuit diagram)

根据激励方程和输出方程可以画出模 5 同步加法计数器的逻辑图如图 7.9.3 所示。

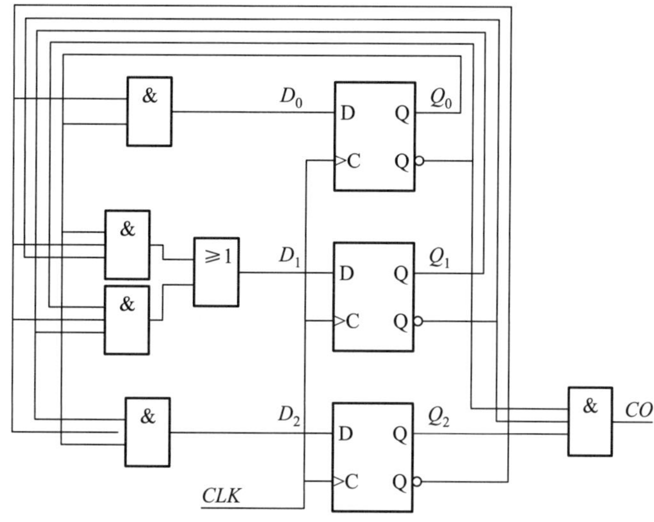

图 7.9.3　模 5 同步加法计数器的逻辑图

(6) 画波形图(waveform diagram)

设计出计数器的逻辑电路之后,为了更好地理解计数器的工作过程,以及观察电路是否能达到预期效果,可以绘制计数器的波形图。本例中模 5 同步加法计数器的波形如图 7.9.4 所示。

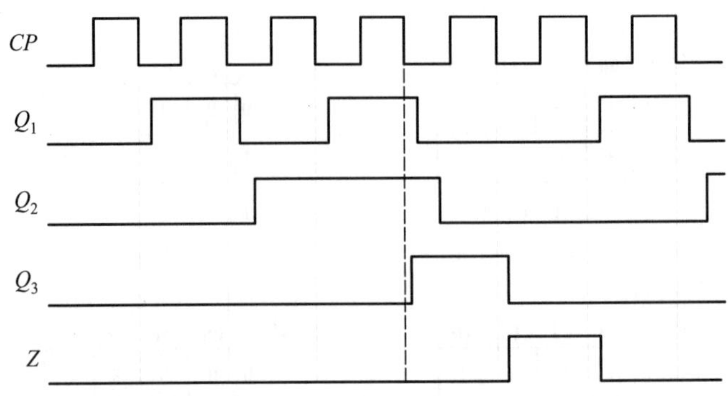

图 7.9.4 模 5 同步加法计数器的波形图

7.9.2 序列发生器设计

[例 7.9.2] 用 D 触发器和基本逻辑门设计一个 **10110** 序列发生器。

解:所谓“序列发生”是指在时钟脉冲的控制下循环产生指定的序列。本例中的简单序列发生器可以不需要额外的控制输入信号,系统在时钟作用下循环输出 **10110** 序列。

(1) 构造状态图(state diagram)和状态表(state table)

从上面的文字描述可以看出这是一个 Moore 机。输出取决于机器的状态值,输出序列有 5 位,可用 5 个不同的状态来对应输出的各位。状态机循环产生输出序列,故这 5 个状态构成循环,我们用 $S_0, S_1, \cdots, S_4$ 来表示这些状态,构造状态图(如图 7.9.5 所示)和状态表(如表 7.9.3 所示)。

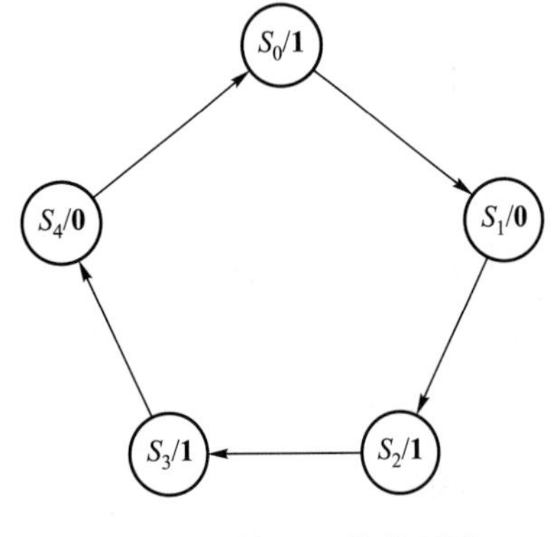

图 7.9.5 例 7.9.2 的状态图

表 7.9.3 状 态 表

现态	次态	输出
S_0	S_1	**1**
S_1	S_2	**0**
S_2	S_3	**1**
S_3	S_4	**1**
S_4	S_0	**0**

(2) 状态分配(state assignment),导出激励方程(excitation equation)和输出方程(output equation)

细心的读者可以发现,本例的状态图和状态表与例 7.9.1 的非常相似,它们的状态个数和状态转移关系完全一致,区别在于每个状态对应的输出不同。因此只需在例 7.9.1 基础上修改输出方程即可实现本例的功能。

本例我们采用最小成本法设计，将未用状态的转移作为无关项处理，画出相应的卡诺图（如图 7.9.6 所示），进而求出激励方程。

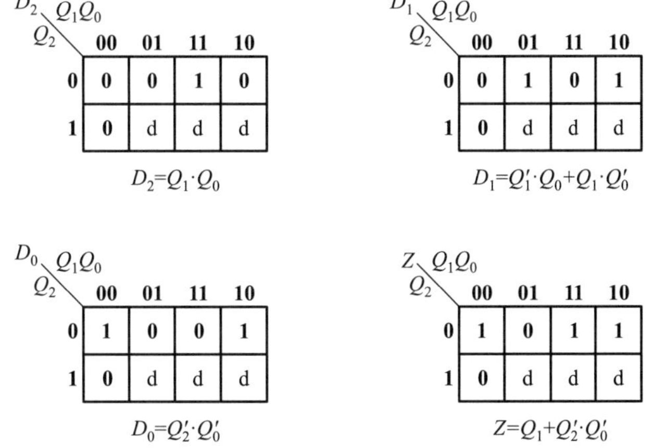

图 7.9.6 例 7.9.2 的卡诺图

对于输出，原则上应该只由有效状态产生，无效状态不产生有效输出。因此对于上例中的加法计数器，输出 Z 有效（Z=**1**）表示计数进位，具有明确的物理意义，因此无效状态对应的输出可以设计为 **0**（不产生有效输出）。对于本例中的序列信号产生电路，输出 Z 表示产生的序列串（有 **0** 有 **1**），如果电路进入未用状态，不论此时输出设计为 **0** 还是 **1**，在电路恢复到有效循环之前，输出的序列都是不可用的。在这里我们为了成本更低，仍然将无效状态作为无关项处理。输出方程为 $Z=Q_1+Q_2'\cdot Q_0'$。

(3) 检查电路的自启动性（self-startup）

本例中有 3 个未用状态，在采用最小成本法设计时，为确保电路的可靠性，应检查未用状态能否最终转移到有效状态，实现“自启动”。

下面分别讨论当 $Q_2Q_1Q_0$ 为 **101**、**110**、**111** 时的下一状态。根据状态转移方程

$$Q_2^*=D_2=Q_1\cdot Q_0$$

$$Q_1^*=D_1=Q_1'\cdot Q_0+Q_1\cdot Q_0'$$

$$Q_0^*=D_0=Q_2'\cdot Q_0'$$

可得

$Q_2Q_1Q_0$=**101** 的下一状态为 $Q_2^*Q_1^*Q_0^*$=**010**

$Q_2Q_1Q_0$=**110** 的下一状态为 $Q_2^*Q_1^*Q_0^*$=**010**

$Q_2Q_1Q_0$=**111** 的下一状态为 $Q_2^*Q_1^*Q_0^*$=**100**

从以上分析可以看出，只要经一个时钟作用，未用状态就能回到有效循环，该电路是自启动的，但此时，输出的序列会出现错误。**10110** 序列发生器电路如图 7.9.7 所示。

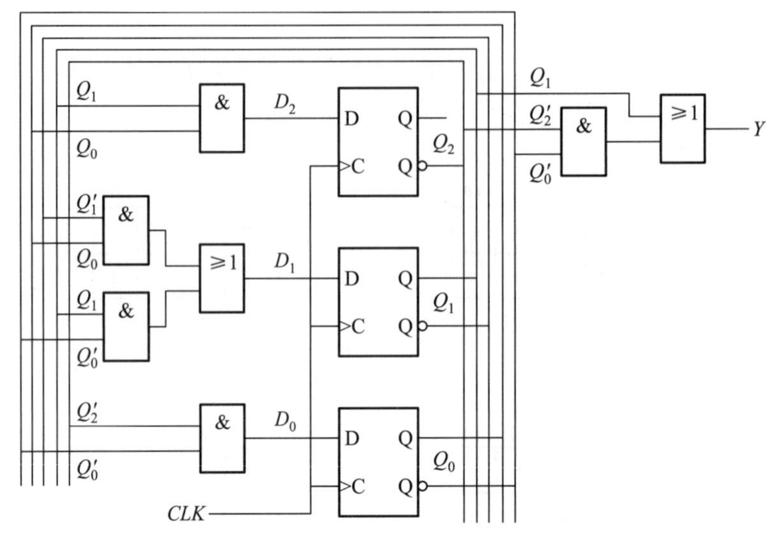

图 7.9.7 **10110** 序列发生器电路

7.9.3 序列检测器设计

[例 7.9.3] 设计一个可重复检测的 **1101** 序列检测器，要求当输入连续出现 **1101** 时输出为 **1**，否则为 **0**。

例如：

输入：*A*，**0011010111101101001**…

输出：*Z*，**0000010000001001000**…

其中，**1101** 是可以重复检测的，前面的 **1101** 的最后一个 **1** 可以作为后一个 **1101** 序列的第一个 **1**，重复识别。

解：根据题目的描述，这个电路具有一个输入，用 *A* 表示，一个输出，用 *Z* 表示，输出 *Z* 的值取决于 *A* 端过去输入的历史和当前的输入值，因此采用 Mealy 机进行设计。

(1) 构造状态 / 输出表(state /output table)

利用状态表设计的第一步，首先构造一个空的状态 / 输出表模板，如表 7.9.4(a)所示。用 *S* 表示状态，最左边一列说明每一个状态的含义。右侧上面表示输入，为每个可能的输入取值提供一列，用于表示下一状态和输出，下一状态和输出之间用斜杠或用逗号分隔。

设输入信号未到来之前电路的起始状态(initial state)为 *INIT*，表示没有接收到所要求的输入序列中的任何输入。这个时候电路将等待序列中的第一个 **1**，若输入端 *A* 首先进入的是 **0**，那么状态就仍保持在 *INIT*；若在输入端接收到的是 **1**，那么离目标(接收到 **1101**)更进一步，需要用一个新的状态“记住”这个情况，我们把它标记为 *A***1**，表示在 *A* 上获得一个 **1**，把这个新状态写在第二行的状态栏里。很显然，在初始状态，不论输入什么，输出都为 **0**。

在状态 *A***1**,前一个时钟触发沿上 *A* 输入了一个 **1**:如果这时输入 *A* 为 **0**,相当于连续收到序列 **10**,显然这不是我们期望的,需要重新开始等待第一个 **1**,因此回到初始状态 *INIT*,输出为 **0**;如果输入 *A* 再次为 **1**,则离目标(**1101**)更近一步,记为新的状态 *A***11**,表示在 *A* 上连续获得 **11**,输出为 **0**。

在状态 *A***11**,输入端 *A* 上已经连续接收到 **11**,要等待下一个 **0**。如果接下来输入 *A* 为 **0** 的话,就转为新的状态 *A***110**,表示在 *A* 上连续获得 **110**,此时输出仍然为 0;如果接下来输入的是 **1**,可以和之前的 **1** 一起构成"**11**",因此下一状态继续是 *A***11** 状态,而不是 *INIT*,输出为 **0**。

对于状态 *A***110**,只需要等待最后一个 **1**。如果输入 *A* 为 **0**,则连续接收到 **1100**,显然是无效的,电路需要转移到初始状态 *INIT*,重新开始检测,输出仍为 **0**;如果输入为 **1**,则完整接收到了目标序列 **1101**,这时电路的输出应为 **1**,下一状态记为 OK,表示在 *A* 上成功获得 **1101** 序列。

进入状态 OK 之后,状态机还要继续检测 **1101** 序列。题中要求 **1101** 是可以重复检测的,因此上一时刻的 **1** 可以作为 **1101** 序列的第一个 **1**,电路需要等待下一个 **1**。此时,如果输入为 **0**,相当于连续接收到 **10**,转移到初始状态 *INIT*,输出为 **0**;如果输入 *A* 为 **1**,则下一状态为 *A***11**,输出为 **0**。

此时,没有新的状态继续出现,则状态输出表已完成。

完成后的状态 / 输出表如表 7.9.4(b)所示,左侧 *S* 表示状态,中间部分表示下一状态和输出,下一状态和输出之间用斜杠或用逗号分隔,把输入 *A* 的每一种状态都列写出来。

表 7.9.4 状态输出表

(a) 空的状态 / 输出表

含义	*S*	*A*	
		0	**1**
		*S**/*Z*	

(b) 完成后的状态 / 输出表

含义	*S*	*A*	
		0	**1**
初始状态	*INIT*	*INIT*/**0**	*A***1/0**
接收到 **1**	*A***1**	*INIT*/**0**	*A***11/0**
接收到 **11**	*A***11**	*A***110/0**	*A***11/0**
接收到 **110**	*A***110**	*INIT*/**0**	OK/**1**
接收到 **1101**	OK	*INIT*/**0**	*A***11/0**
		*S**/*Z*	

(2) 状态化简(state minimization)

状态化简主要是使电路包含尽量少的可能状态,其基本思想是识别等价状态(equivalent

states)。若两个状态 S_1 和 S_2 满足下面两个条件：①在所有输入组合下，S_1 和 S_2 都产生相同的输出；②对于每一种输入组合，S_1 和 S_2 必须具有相同的下一状态或等效的下一状态；则称这两个状态等价。若两个状态等价，当加入相同的输入序列时会产生相同的输出序列，从外电路看不能区分这两个状态，因此可将这两个状态合并成一个状态。

从表 7.9.4 中可知，*A*1 和 OK 可以合并成一个状态，用 *A*1 表示。经过状态化简后的状态输出表如表 7.9.5 所示。

表 7.9.5 经过状态化简后的状态输出表

S	*A*	
	0	**1**
INIT	*INIT*/0	*A*1/0
*A*1	*INIT*/0	*A*11/0
*A*11	*A*110/0	*A*11/0
*A*110	*INIT*/0	*A*1/1
	S^*/Z	

(3) 状态分配(state assignment)

化简后的状态输出表有 4 个不同的状态，需要 2 个触发器，触发器输出用 Q_1 和 Q_0 表示。

理论上可以用不同的顺序进行状态编码，但一般来说，选择更容易进入复位的状态来表示初始状态，所以用 **00** 表示 *INIT*、用 **01** 表示 *A*1、用 **11** 表示 *A*11、用 **10** 表示 *A*110，这是用格雷码的形式进行了状态的分配，在以后进行卡诺图化简的时候比较方便。

(4) 构造转移输出表(transition output table)

用 Q_1Q_0 替换状态表中的 S，$Q_1{}^*Q_0{}^*$ 替换 S^*，状态编码替换状态表中的各个状态，得到转移输出表如表 7.9.6 所示。

(5) 导出激励方程(excitation equations)和输出方程(output equations)

D 触发器的特征方程为：$Q^*=D$，所以可以直接将转移输出表中的 $Q_1{}^*Q_0{}^*$ 直接替换成 D_1D_0，这样就得到了激励输出表，如表 7.9.7 所示。

填写卡诺图进行化简，可以得到

$D_1=Q_1\cdot Q_0+A\cdot Q_0$

表 7.9.6 转移输出表

Q_1Q_0	*A*	
	0	**1**
00	**00/0**	**01/0**
01	**00/0**	**11/0**
11	**10/0**	**11/0**
10	**00/0**	**01/1**
	$Q_1{}^*\ Q_0{}^*/Z$	

表 7.9.7 激励输出表

Q_1Q_0	*A*	
	0	**1**
00	**00/0**	**01/0**
01	**00/0**	**11/0**
11	**10/0**	**11/0**
10	**00/0**	**01/1**
	D_1D_0/Z	

$D_0=A$

最后可得到电路的输出方程为

$Z=A\cdot Q_1\cdot Q_0'$

绘制逻辑电路图略。

7.10 尾灯控制

设计时钟同步状态机总是从构造状态图或状态表入手,状态图设计和状态表设计相似,但也有不同:

(1) 状态表设计采用穷举的方法,列出所有状态 / 输入组合的下一状态,清晰明了;

(2) 状态图设计通过弧线表示状态转移关系,每条弧线只需要一个转移表达式,比较简单。

利用状态图设计比较简单,但也容易出错:离开特定状态的弧线上标记的转移表达式,不一定能一次性准确地涵盖所有输入组合。在具有二义性(ambiguous)的状态图中,有些状态 / 输入组合可能没有确定的下一状态,有些状态 / 输入组合又可能对应着多个下一状态,这显然是有问题的。因此在设计状态图时,必须仔细考虑清楚。下面举例说明。

设计控制汽车尾灯的状态机,车尾每边有 3 个灯,这些灯轮流地按顺序亮起,表示车子转向,如图 7.10.1 所示。状态机有左转输入和右转输入,还有一个应急闪烁输入,它要求车尾灯工作在告警状态,即所有 6 个灯协调地闪烁。状态机还应该有时钟信号,该信号的频率等于这些灯所要求的闪烁频率。

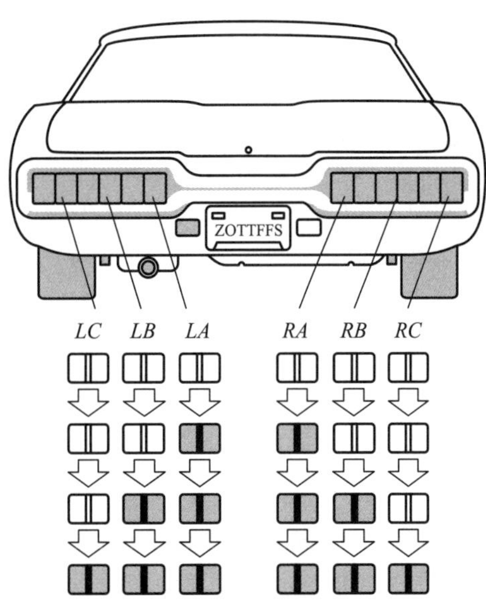

图 7.10.1　汽车尾灯示意图

根据上述要求,设计一个 Moore 机来控制车尾灯,由状态来决定哪个灯亮,哪个灯灭。左转时,状态机就在 4 个状态中循环,右边的灯都不亮,而左边的 0、1、2 或 3 个灯亮。类似地,右转时,左边的灯都不亮,而右边的 0、1、2 或 3 个灯亮。在告警模式下,只要求两种状态,所有的灯都亮和所有的灯都灭。

(1) 构造状态图

状态机具有 3 个外部输入:左转 L、右转 R、应急 H。

6 个输出对应 6 个尾灯:*LA*、*LB*、*LC* 和 *RA*、*RB*、*RC*,**1** 表示灯亮。

需要 8 个状态来控制输出,表 7.10.1 显示了状态和输出的关系。

表 7.10.1 汽车尾灯控制状态和输出的关系

状态	*LC*	*LB*	*LA*	*RA*	*RB*	*RC*
IDLE	**0**	**0**	**0**	**0**	**0**	**0**
L_1	**0**	**0**	**1**	**0**	**0**	**0**
L_2	**0**	**1**	**1**	**0**	**0**	**0**
L_3	**1**	**1**	**1**	**0**	**0**	**0**
R_1	**0**	**0**	**0**	**1**	**0**	**0**
R_2	**0**	**0**	**0**	**1**	**1**	**0**
R_3	**0**	**0**	**0**	**1**	**1**	**1**
LR_3	**1**	**1**	**1**	**1**	**1**	**1**

视频 7.10.1

图 7.10.2 显示了该状态机最原始的状态图。首先从空闲状态 *IDLE* 开始,它表示所有灯都灭的情况;当要求左转(*L* 有效)时,状态机将经过 1、2 和 3 个灯亮的状态(L_1、L_2、L_3),回到状态 *IDLE*,然后以此顺序进行循环;右转(*R* 有效)过程也是一样的,经过 R_1、R_2、R_3,回到状态 *IDLE*。在应急情况下(*H* 有效),状态机在 *IDLE* 状态和全亮状态(LR_3)之间来回变换。

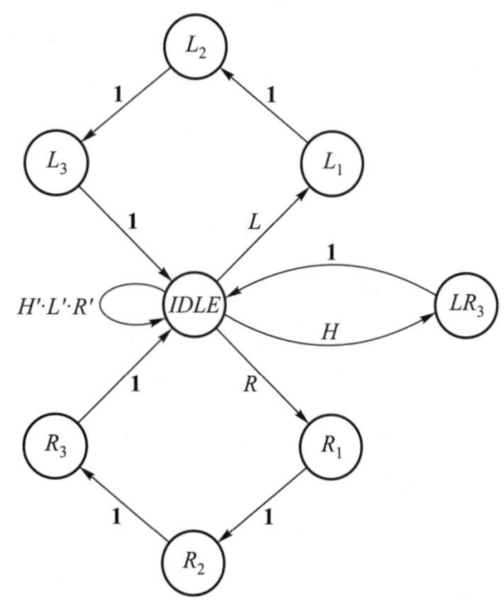

图 7.10.2 汽车尾灯初始状态图

由于输出的数目太多,所以单独列出一个输出表而不是把输出值直接写在状态图中。可以由输出表得到输出方程如下:

$$LA=L_1+L_2+L_3+LR_3 \qquad RA=R_1+R_2+R_3+LR_3$$

$$LB=L_2+L_3+LR_3 \qquad RB=R_2+R_3+LR_3$$

$$LC=L_3+LR_3 \qquad RC=R_3+LR_3$$

图 7.10.2 所示的状态图有一个很大的问题,那就是它无法适当地处理多个输入同时有效的情况。例如,在 *IDLE* 状态时,*L* 有效进入了 L_1、L_2、L_3、*IDLE* 的循环,如果 *L* 和 *R* 同时有效,应该进入哪个循环呢?实际上,状态机只可能有一种下一状态,这意味这个状态图存在二义性(ambiguous)。

状态图应该是明确而无二义性的,要满足互斥性(mutual exclusion)和完备性(all inclusion)

的要求。互斥性是指,对于每一个状态,在离开这一状态的弧线上所标的任意一对转移表达式的逻辑积等于 **0**,这意味着不会出现同一个状态的两个转移表达式的值同时为 **1**;完备性表示,对于每一种状态,在离开这一状态的弧线上所标的所有转移表达式的逻辑和等于 **1**。

在状态表的设计中,不需要上述的预备步骤,因为状态表的结构就保证了互斥性和完备性。但是,如果有很多输入,状态表就会有很多列。

在本例(图 7.10.2)中,大多数状态都只有一个弧线和一个标为 **1** 的转移表达式,所以验证该状态图是很简单的。主要考虑 *IDLE* 状态,离开 *IDLE* 状态的两个转移表达式 L、R 的逻辑积 $L \cdot R$ 显然不为 **0**,所以不满足互斥性。更全面的检查方法是,对于离开 *IDLE* 状态的 4 条转移线,列出 3 个输入的 8 种组合,并且检查每一个转移表达式所包含的组合,对于每一种组合都应进行准确的核查。

原始的状态图需要进行修改。首先修改左转支路,只有当 L 有效、R 和 H 无效的时候才进入左转支路,所以进入 L_1 状态的条件改为 $L \cdot H' \cdot R'$,同理进入 R_1 的条件改为 $R \cdot H' \cdot L'$,进入应急状态的条件改为 $H+L \cdot R$,这表示假设这个电路同时接到了向左转和向右转的指令,则电路进入应急状态。经过这样改进后,电路已经满足了完备性和互斥性的要求。修改后正确的状态图如图 7.10.3 所示。

虽然现在就能由状态图综合出一个电路来,但也可以通过进一步的优化设计来改变状态机特性:一旦左循环或者右循环开始了,即使 H 有效,这个循环也要进行到最后。对于驾驶员来说,应急状态的优先级应该更高,一有可能就进入告警模式可能会更安全些。优化后的状态图如图 7.10.4 所示。

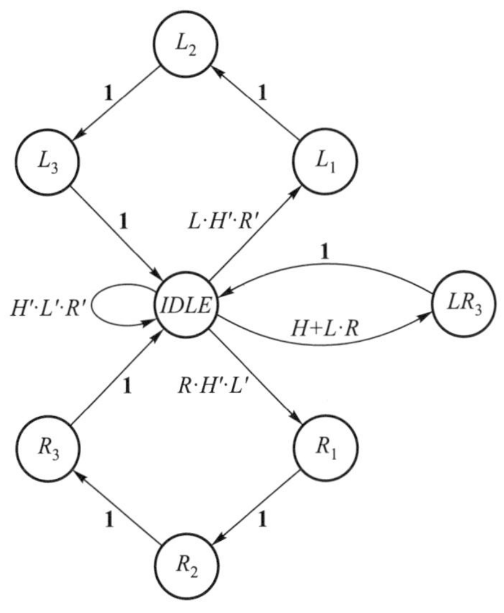

图 7.10.3 修改后正确的状态图

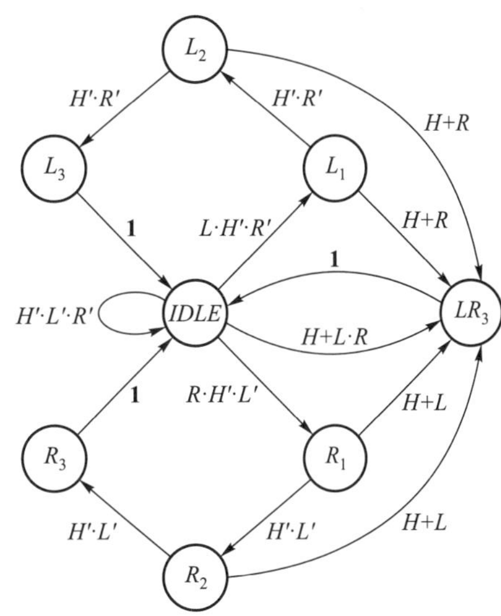

图 7.10.4 优化后的状态图

(2) 状态分配

状态图有 8 个状态,所以最少需要 3 个触发器来对这些状态进行编码。显然,有许多状态赋值方式(精确地讲有 8! 种),在表 7.10.2 中选用了其中一种方式。做这种选择的理由如下:

① 选择复位时容易进入的状态 **000** 作为初始(空闲)状态。

② 对于左循环($IDLE \to L_1 \to L_2 \to L_3 \to IDLE$),这两个状态变量($Q_1$ 和 Q_0)采用的“计数”顺序是格雷码的顺序。这样可以使每次状态转移时发生变化的状态变量数最少,从而简化激励逻辑。

③ 基于状态图的对称性,对于右转循环,状态变量 Q_1 和 Q_0 采用与左转循环相同的“计数”顺序,而用 Q_2 来区别左转循环和右转循环。

④ 剩下的状态变量组合用来表示状态 LR_3。

表 7.10.2 状态赋值表

状态	Q_2	Q_1	Q_0	状态	Q_2	Q_1	Q_0
IDLE	**0**	**0**	**0**	R_1	**1**	**0**	**1**
L_1	**0**	**0**	**1**	R_2	**1**	**1**	**1**
L_2	**0**	**1**	**1**	R_3	**1**	**1**	**0**
L_3	**0**	**1**	**0**	LR_3	**1**	**0**	**0**

下一步就是列出转移表。因为状态图中的转移表是由转移表达式来指定的,而且本例中输入数和状态数较多,所以不采用前面的穷举列表的方法,而是通过转移列表(transition list)的方式,如表 7.10.3 所示。

表 7.10.3 转 移 列 表

$Q_2\ Q_1\ Q_0$	S	转移表达式	S^*	$Q_2^*\ Q_1^*\ Q_0^*$
0 0 0	*IDLE*	$H'+L'+R'$	*IDLE*	**0 0 0**
0 0 0	*IDLE*	$L \cdot H' \cdot R'$	L_1	**0 0 1**
0 0 0	*IDLE*	$R \cdot H' \cdot L'$	R_1	**1 0 1**
0 0 0	*IDLE*	$H+L \cdot R$	LR_3	**1 0 0**
0 0 1	L_1	$H' \cdot R'$	L_2	**0 1 1**
0 0 1	L_1	$H+R$	LR_3	**1 0 0**
0 1 1	L_2	$H' \cdot R'$	L_3	**0 1 0**
0 1 1	L_2	$H+R$	LR_3	**1 0 0**
0 1 0	L_3	**1**	*IDLE*	**0 0 0**

续表

$Q_2\ Q_1\ Q_0$	S	转移表达式	S^*	$Q_2^*\ Q_1^*\ Q_0^*$
1　0　1	R_1	$H'\cdot L'$	R_2	**1　1　1**
1　0　1	R_1	$H+L$	LR_3	**1　0　0**
1　1　1	R_2	$H'\cdot L'$	R_3	**1　1　0**
1　1　1	R_2	$H+L$	LR_3	**1　0　0**
1　1　0	R_3	**1**	$IDLE$	**0　0　0**
1　0　0	LR_3	**1**	$IDLE$	**0　0　0**

一旦得到了转移列表,综合工作剩下的步骤就相当简单了。根据状态转移表可以得到转移表达式

$$Q_0^*=Q_2'\cdot Q_1'\cdot Q_0'\cdot(L\cdot H'\cdot R')+Q_2'\cdot Q_1'\cdot Q_0'\cdot(R\cdot H'\cdot L')+$$
$$Q_2'\cdot Q_1'\cdot Q_0\cdot(H'\cdot R')+Q_2\cdot Q_1'\cdot Q_0\cdot(H'\cdot L')$$
$$Q_1^*=Q_0\cdot H'$$
$$Q_2^*=Q_2'\cdot Q_1'\cdot Q_0'\cdot(H+R)+Q_2'\cdot Q_0\cdot H+Q_2\cdot Q_0$$

完成转移表达式之后,如果使用 D 触发器,便可以直接得到 D_0、D_1、D_2 的表达式,进而完成电路图。

7.11　时钟同步状态机定时图

时钟同步状态机包括三个部分:状态存储器、下一状态逻辑和输出逻辑。与组合电路相同,这些环节都存在一定的延迟和时序要求,通常时钟频率越高,这个机器工作得越快,但实际上时钟频率不能不加限制的提高。下面用定时图(timing diagram)来表示同步系统中,输入、输出、内部信号与时钟信号之间的关系。

图 7.11.1 是一个典型的同步系统定时图,给出了一个同步电路中输入信号和输出信号的要求和特性。

第一条曲线表示系统时钟及其额定的定时参数。其他的线条表示出了其他信号的延迟范围。

对状态存储器来说,当时钟上升沿到达的时候,触发器的输出会有一定的延迟,记为 t_{ffpd},第二条曲线表示触发器的输出在 $CLOCK$ 上升沿到来后的 t_{ffpd} 时间内发生变化。在触发器的输出发生变化的期间,取样这些信号的外部电路不能进行取样操作。通常会用一个完整的文档给出 t_{ffpd} 以及所有其他定时参数的最小值、典型值和最大值。

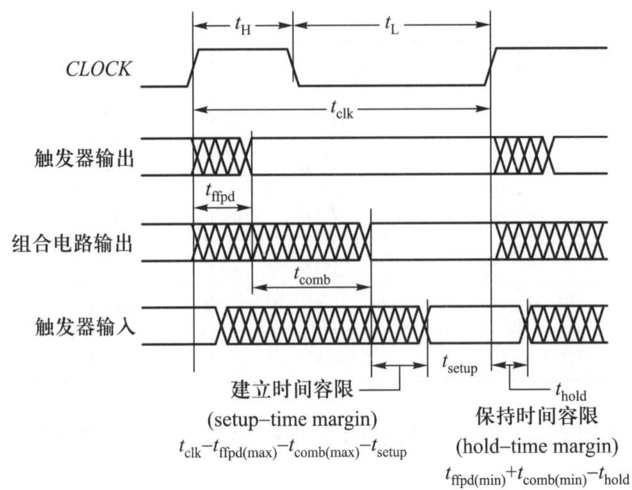

图 7.11.1　一个典型的同步系统定时图

触发器延迟输出之后，更新了当前的状态，并将当前状态反馈给下一状态逻辑的输入端，它和外部输入一起，构成了激励信号。实际上，下一状态逻辑是一组合电路，也存在状态延迟，记为 t_{comb}，在触发器延迟之后，再经过组合电路的延迟，才能使触发器的输入端稳定。第三条曲线表示出了触发器的输入的变化经过组合逻辑元件所需的附加时间 t_{comb}。

对于触发器输入端来说，在时钟沿前后，会有一个建立时间 t_{setup} 和保持时间 t_{hold} 的时间窗。在建立时间之前，触发器输入端必须已经稳定了，因此一个时钟周期的长度 t_{clk} 必须大于触发器延迟 t_{ffpd}、组合电路的延迟 t_{comb}、触发器输入端的建立时间 t_{setup} 之和，才能保证电路能够正常工作，即 $t_{clk}-t_{ffpd}-t_{comb}>t_{setup}$。其中 $t_{clk}-t_{ffpd(max)}-t_{comb(max)}-t_{setup}$ 叫作建立时间容限(setup-time margin)。

视频 7.11

另一个定时要求与保持时间有关，触发器延迟 t_{ffpd} 与组合电路延迟 t_{comb} 的最小和要大于保持时间 t_{hold}，$t_{ffpd(min)}+t_{comb(min)}-t_{hold}$ 称为保持时间容限(hold-time margin)。

第四条曲线表示出了建立时间容限和保持时间容限。设计良好的系统其定时容限应该是正的、非零值，这样在出现意想不到的情况时，电路也能正常工作。

小　结

本章首先讲述了构成时序电路的基本逻辑单元电路——存储电路(memory circuit)。讨论最基本的存储电路——锁存器(latch)。按照锁存器的功能，分别介绍基本 S-R 锁存器

和 D 锁存器,详细说明每种锁存器电路的物理结构(physical structure),工作原理(operating principle)及功能描述(function expression)。介绍了各种类型的触发器(flip-flop),简单叙述了一下各种存储器件之间的相互转换。

触发器按功能分为 S–R 触发器、J–K 触发器、D 触发器和 T 触发器,可以用功能表(function table)、特征方程(characteristic equation)和状态转移图(state transition diagram)等来描述。

本章讨论了时序逻辑电路(sequential logic circuit)的特点。时序逻辑电路的输出不仅和研究时刻的输入有关,而且和电路的状态(cuicuit state)有关,因此时序逻辑电路有时又称为时序状态机(sequential state machine)。

本章从状态机的结构开始,重点介绍了时钟同步状态机的一般分析方法和设计方法。通常用于描述时序逻辑电路功能的方法有方程组[由状态方程(state equation)、驱动方程(drive equation)、输出方程(output equation)组成]、状态转移/输出表(state transition/output table)、状态转移/输出图(state transition/output diagram)、时序波形图(sequential waveform diagram)等几种。它们各具特色,在不同场合各有应用。其中方程组是和具体电路结构直接对应的,在分析时序逻辑电路时,一般首先是从电路图写出方程组;在设计时序逻辑电路时,一般也是从方程组才能最后画出电路图。状态转移/输出表和状态转移/输出图的特点是给出了电路工作的全部过程,使电路的逻辑功能一目了然,这也正是在得到了方程组以后,往往还要列出状态转移/输出表和画出状态转移/输出图的原因。时序波形图便于进行波形观察,因而最适用于实验调试中。

单元测验

一、选择题

1. 下列哪种电路属于时序逻辑电路?(　　)

   A. 编码器　　B. S–R 锁存器　　C. 多路复用器　　D. 全加器

2. S–R 锁存器可以由下列哪些逻辑门来构成?(　　)

   A. 两个**与**门　　B. 两个**与非**门　　C. 两个**或**门　　D. 两个**或非**门

3. 锁存器是(　　)。

   A. 无稳态电路　　B. 单稳态电路　　C. 双稳态电路　　D. 多稳态电路

4. 下面列出的 S–R 锁存器的特征方程和约束条件都正确的是(　　)。

   A. $Q^*=S+R'Q, SR=\mathbf{1}$　　B. $Q^*=S+RQ', SR=\mathbf{1}$

   C. $Q^*=S+R'Q, SR=\mathbf{0}$　　D. $Q^*=S'+RQ, SR=\mathbf{0}$

5. 用**或非**门组成的基本 S–R 锁存器的“不定状态”可能发生在 R、S 上同时加入信号(　　)时。

A. R=**0**、S=**0**　　B. R=**0**、S=**1**　　C. R=**1**、S=**0**　　D. R=**1**、S=**1**

6. 下面四种触发器中,抗干扰能力最强的是(　　)。

A. 同步 D 触发器　　B. 主从 J–K 触发器

C. 边沿 D 触发器　　D. 同步 R–S 触发器

二、单元测验题

1. 下列哪些方法能够描述锁存器的逻辑功能?(　　)

A. 状态转移表　　B. 特征方程　　C. 卡诺图

D. 状态转换图　　E. 波形图

2. 在下列电路中,只有(　　)是一个组合逻辑电路。

A. 触发器　　B. 计数器　　C. 寄存器　　D. 译码器

3. 要使 J–K 触发器在时钟脉冲作用下,实现输出 $Q^{n+1}=(Q^n)'$,则输入信号应为(　　)。

A. J=K=**1**　　B. J=Q,K'=Q　　C. J=Q,K=Q　　D. J=Q,K=**1**

4. 图题 7.2.4 中有(　　)个具有二义性的状态。

A. 1　　B. 2　　C. 3　　D. 4

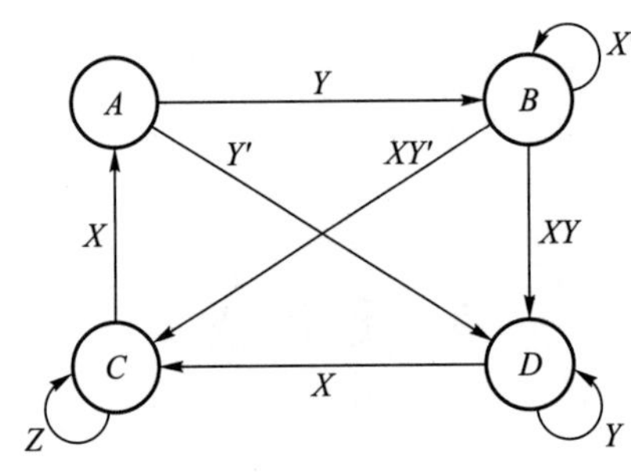

图题 7.2.4

三、单元作业

1. 图题 7.3.1(a)为由**与非**门组成的 S–R 锁存器,输入端波形如图题 7.3.1(b)所示,试画出输出端 Q,QN 的波形图,要求画出门电路的延迟关系。

2. 请设计一个锁存器,它具有 2 个控制输入(C_1 和 C_2)和 3 个数据输入(D_1,D_2,D_3)。只有当 2 个控制输入都为 **1** 时,锁存器才“开通”,这时如果任何数据输入为 **1**,则锁存器存储 **1**。用无冒险的两级“**与或**”电路来实现激励控制。

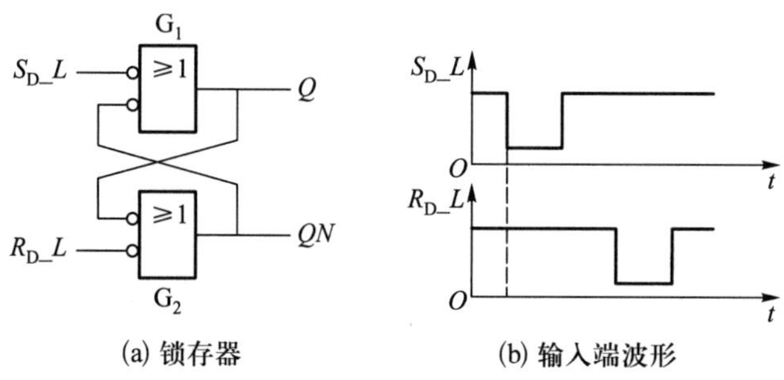

(a) 锁存器　　(b) 输入端波形

图题 7.3.1

四、讨论题

1. 锁存器和触发器的区别是什么？

2. 如何理解"所有的时序逻辑电路对亚稳态都是敏感的"这句话的含义？列举锁存器和触发器来说明。

3. 试举一个例子说明锁存器在实际生活中的应用。

第 7 章　答案

第8章 时序逻辑设计实践

本章主要介绍时序逻辑电路的设计方法。

8.1 时序逻辑电路的标准文档

标准文档是在设计过程中需要给出的技术文件，包括原理框图、原理图、程序源代码、状态转移图、时序图等，是后续调试、生产、技术交流以及技术固化所必需的。对于时序逻辑电路，在设计时通常需要以下标准文档。

8.1.1 状态机的描述文档

状态转移表和状态转移图都是描述状态机状态转移关系的工具。如果转移关系相对复杂，可以用状态转移列表。

1. 状态/输出表

状态/输出表是描述状态机在输入作用下状态转移关系以及输出变化的一种形式，通过列表的形式，给出了状态之间在输入信号的控制之下，转移、推演、递进的完整过程，是对实际问题抽象表示的一种方法。表8.1.1所示为Mealy机的状态/输出表，表8.1.2所示为Moore机状态/输出表。

状态/输出表完整地将状态机状态转移关系以及对应的输入输出关系表示出来，对于描述简单同步状态机是有效的、清晰的，根据状态转移/输出表也很容易进行状态化简操作。但是相比较而言，状态图更能直观地表达状态之间的转移关系。

2. 状态图

状态图也是一种有效表示状态之间关系、输入对状态和输出影响的表示形式。图8.1.1所示为Mealy机状态图，图8.1.2所示为Moore机状态图。

表 8.1.1 Mealy 机状态 / 输出表

S	XY			
	00	01	11	10
A	D/0	D/0	F/0	A/0
B	C/1	D/0	E/1	F/0
C	C/1	D/0	E/1	A/0
D	D/0	B/0	A/0	F/0
E	C/1	F/0	E/1	A/0
F	D/0	D/0	A/0	F/0
G	G/0	G/0	A/0	A/0
H	B/1	D/0	E/1	A/0
	S*/Z			

表 8.1.2 Moore 机状态 / 输出表

S	XY				Z
	00	01	11	10	
A	D	D	F	A	0
B	C	D	E	F	1
C	C	D	E	A	1
D	D	B	A	F	0
E	C	F	E	A	1
F	D	D	A	F	0
G	G	G	A	A	0
H	B	D	E	A	1
	S*				

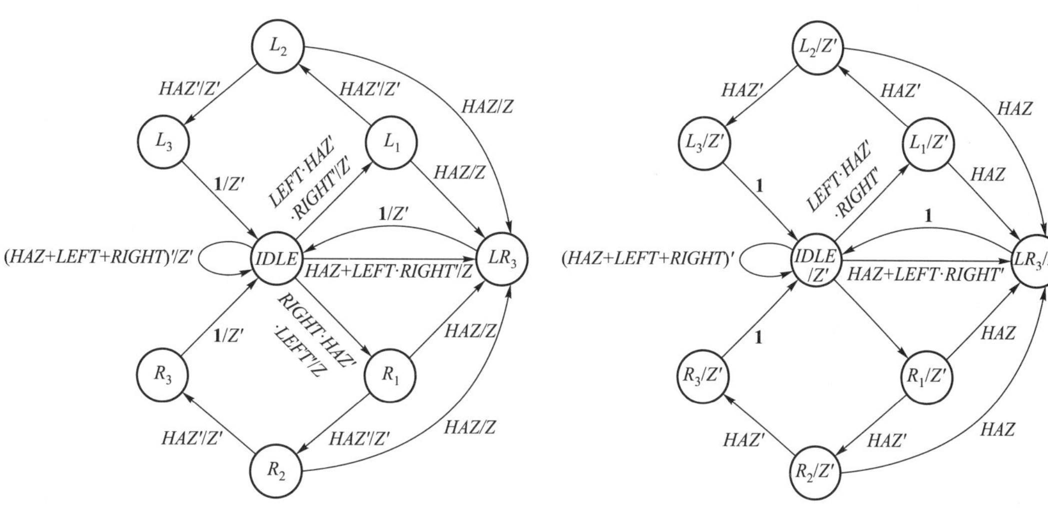

图 8.1.1 Mealy 机状态图

图 8.1.2 Moore 机状态图

通过状态图可以很清晰、直观地看到状态之间的相互关系，是理解同步状态机功能的非常好的工具。但是，对于输入较多的复杂同步状态机，其状态转移关系复杂，状态图转移网络复杂，通过状态图不利于描述和理解同步状态机的逻辑关系，因此状态转移列表就成为一种相对较清楚描述和表达多输入、复杂同步状态机的方法。

3. 状态转移列表

表 8.1.3 所示为状态转移列表。将输入信号按照设计需要，组合成逻辑关系，作为状态转移的条件，依次列出状态之间的转移关系。状态转移列表适用于多输入同步状态机的描述，必须指出，在设计状态转移列表时，需要注意状态转移条件的完备性和唯一性。

状态表、状态转移图以及状态转移列表都是描述有限状态机的各状态间的相互关系，是有限状态机设计的基础。可以根据实际的逻辑问题，选择其中一种用于表达设计思路和思想。这三种状态机的描述方法中，都需要对各个状态进行严格的定义，明确各个状态的意义。状态机的描述文档，体现了设计人员的设计思路，对于其他技术人员理解设计、掌握设计进而对设计进行硬件实现、编程实现、调试或修改具有重要的参考作用。

表 8.1.3 状态转移列表

S	Q_2	Q_1	Q_0	转移表达式	S^*	Q_2^*	Q_1^*	Q_0^*
IDLE	**0**	**0**	**0**	(*HAZ*+*LEFT*+*RIGHT*)′	*IDLE*	**0**	**0**	**0**
IDLE	**0**	**0**	**0**	*LEFT*·*HAZ*′·*RIGHT*′	L_1	**0**	**0**	**1**
IDLE	**0**	**0**	**0**	*HAZ*+*LEFT*·*RIGHT*	LR_3	**1**	**0**	**0**
IDLE	**0**	**0**	**0**	*RIGHT*·*HAZ*′·*RIGHT*′	R_1	**1**	**0**	**1**
L_1	**0**	**0**	**1**	*HAZ*′	L_2	**0**	**1**	**1**
L_1	**0**	**0**	**1**	*HAZ*	LR_3	**1**	**0**	**0**
L_2	**0**	**1**	**1**	*HAZ*′	L_3	**0**	**1**	**0**
L_2	**0**	**1**	**1**	*HAZ*	LR_3	**1**	**0**	**0**
L_3	**0**	**1**	**0**	**1**	*IDLE*	**0**	**0**	**0**
R_1	**1**	**0**	**1**	*HAZ*′	R_2	**1**	**1**	**1**
R_1	**1**	**0**	**1**	*HAZ*	LR_3	**1**	**0**	**0**
R_2	**1**	**1**	**1**	*HAZ*′	R_3	**1**	**1**	**0**
R_2	**1**	**1**	**1**	*HAZ*	LR_3	**1**	**0**	**0**
R_3	**1**	**1**	**0**	**1**	*IDLE*	**0**	**0**	**0**
LR_3	**1**	**0**	**0**	**1**	*IDLE*	**0**	**0**	**0**

视频 8.1.1

8.1.2 时序图和时序说明

在时序电路中，只有状态关系的描述，还是不能完整表达时序电路的特征，还需要结合时序图才能全面地表示时序逻辑电路。

时序图用于描述电路中各输入之间,输入和输出之间,各输出之间的先后顺序和因果关系。

1. 时序图

时序图表达的是输入信号之间,输入与输出信号之间的因果关系以及时间延迟方面的说明。输入信号的先后要求,信号输入的时间间隔要求,输出与输入的时延关系等,都可以从时序图上获得。而这些关系,是电路应用时,对输入电路的设计、VHDL 等编程的重要依据。图 8.1.3 和图 8.1.4 分别是同步串行通信的写操作和读操作时序。

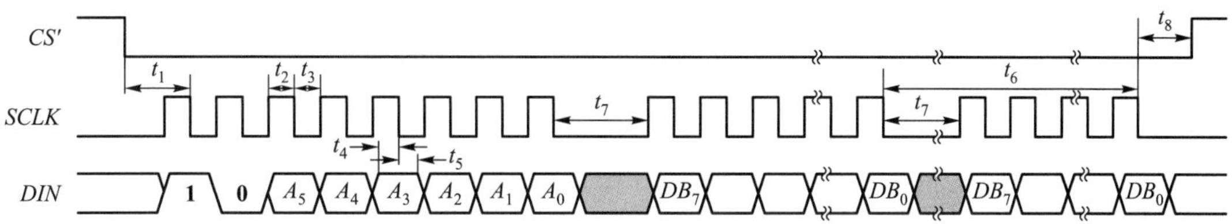

图 8.1.3 同步串行通信写操作时序

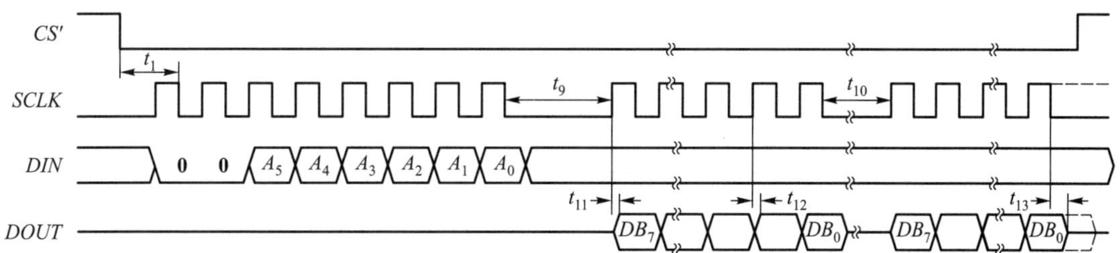

图 8.1.4 同步串行通信读操作时序

在图 8.1.3 所示的写时序中,标注了各信号之间的时延关系。例如片选信号 *CS* 有效持续 t_1 时间后,输出信号 *DIN* 上的数据需要在时钟信号 *SCLK* 的下降沿出现之前(t_4)准备好,并且需要保持 t_5 时间有效。时钟的高电平和低电平持续时间分别是 t_2 和 t_3。对于这些具体的时延关系,需要详细的说明。

2. 时序说明

如表 8.1.4 所示的时间关系,就是对前面时序图时间关系的详细说明和要求。有的时间规定的是最小时间要求,有的时间规定的是最大时间要求。这些就是在具体应用时,对输入信号的具体要求,也就是需要满足这些时序条件的输入才能使电路正常工作。

表 8.1.4 时序说明表

参数	单位		测试条件 / 测试内容
	最小值 /ns	最大值 /ns	
t_1	50	—	片选下降沿到第一个信号时钟下降沿
t_2	50	—	信号时钟逻辑高电平脉冲宽度
t_3	50	—	信号时钟逻辑低电平脉冲宽度
t_4	10	—	信号时钟下降沿到来之前有效数据建立时间
t_5	5	—	信号时钟下降沿到来之后数据保持时间
t_6	400	—	数据字节传输开始到结束时的最小时间
t_7	50	—	串行数据写入与字节传输的最小时间
t_8	100	—	信号时钟下降沿到来之后片选信号的保持时间
t_9	4000	—	读命令和读数据的最小时间
t_{10}	50	—	多字节读出与数据字节传输的最小时间
t_{11}	30	—	信号时钟上升沿到来之后写入通信寄存器的数据存取时间
t_{12}	10	100	信号时钟下降沿到来之后总线空闲时间
t_{13}	10	100	片选信号上升沿到来之后总线空闲时间

养成良好的文档准备习惯,对于电路的设计、查错、调试、生产、应用和技术的固化,具有重要意义。

思考题

1. 为什么在设计过程中需要标准文档?
2. 时序逻辑电路中,为什么还需要时序图才能完整描述设计问题?

8.2 常用的基本锁存器和触发器

常用的小规模锁存器和触发器如表 8.2.1 所示。

表 8.2.1 常用的小规模锁存器和触发器

模块	功能
74×74	两个独立的具有预置和清零功能的正边沿触发的 D 触发器
74×109	两个独立的具有预置和清零功能的正边沿触发的 J–K 触发器
74×112	两个独立的具有预置和清零功能的负边沿触发的 J–K 触发器
74×375	四个 D 锁存器。每两个锁存器具有一个共同的控制信号 C
74×175	四个具有反相输出的正边沿触发的 D 触发器,所有的触发器具有共同的时钟和清零信号。4 bit 寄存器
74×174	六个具有共同时钟和清零信号的 D 触发器。没有反相输出。6 bit 寄存器
74×374	八个具有共同时钟信号的正边沿触发的 D 触发器。没有反相输出。三态结构输出。8 bit 寄存器
74×373	八个具有共同控制信号的 D 锁存器。没有反相输出。三态结构输出。8 bit 锁存器
74×273	八个具有共同时钟和清零信号的正边沿触发的 D 触发器。没有反相输出。8 bit 寄存器
74×377	八个具有共同时钟和使能信号的正边沿触发的 D 触发器。没有反相输出。8 bit 寄存器

图 8.2.1 至图 8.2.10 为表 8.2.1 中各锁存器或触发器的逻辑符号及内部电路。

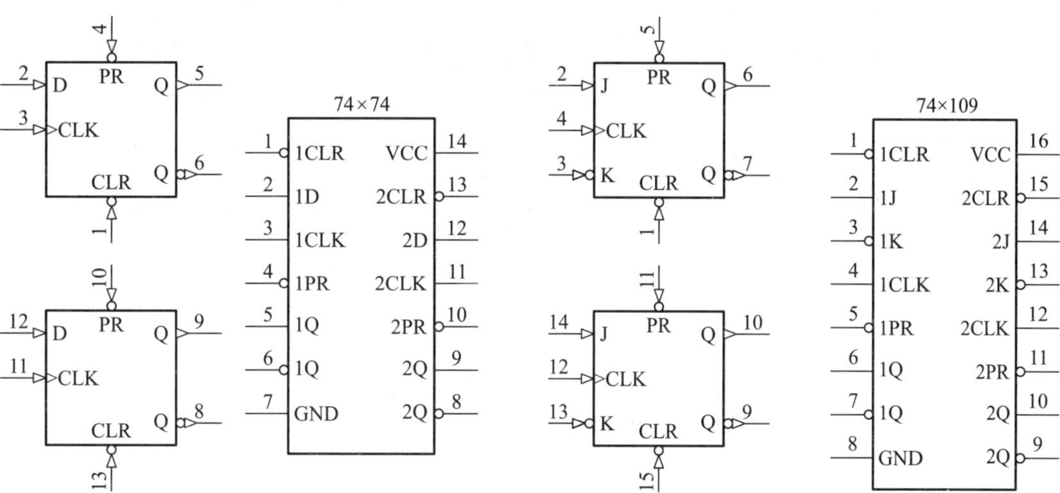

图 8.2.1 74×74 逻辑符号及内部电路

图 8.2.2 74×109 逻辑符号及内部电路

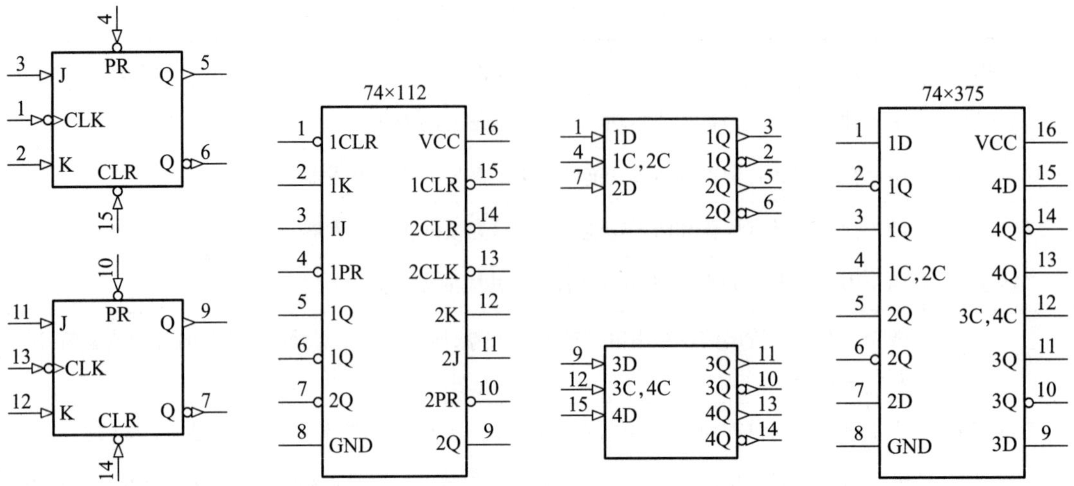

图 8.2.3 74 × 112 逻辑符号及内部电路

图 8.2.4 74 × 375 逻辑符号及内部电路

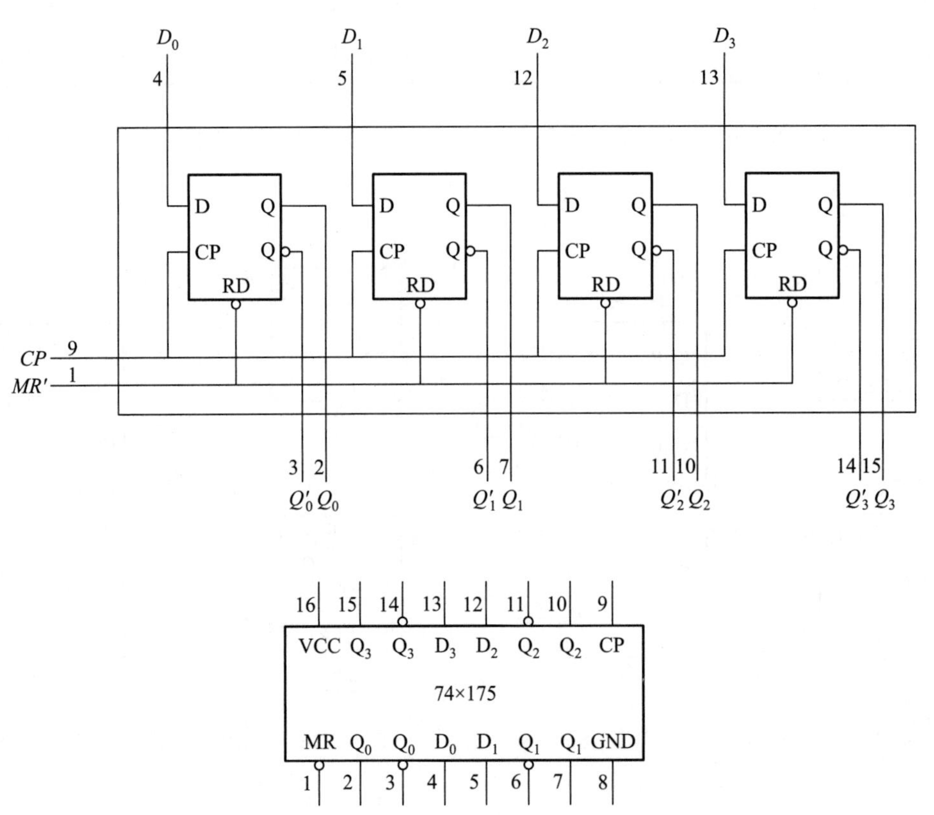

图 8.2.5 74 × 175 逻辑符号及内部电路

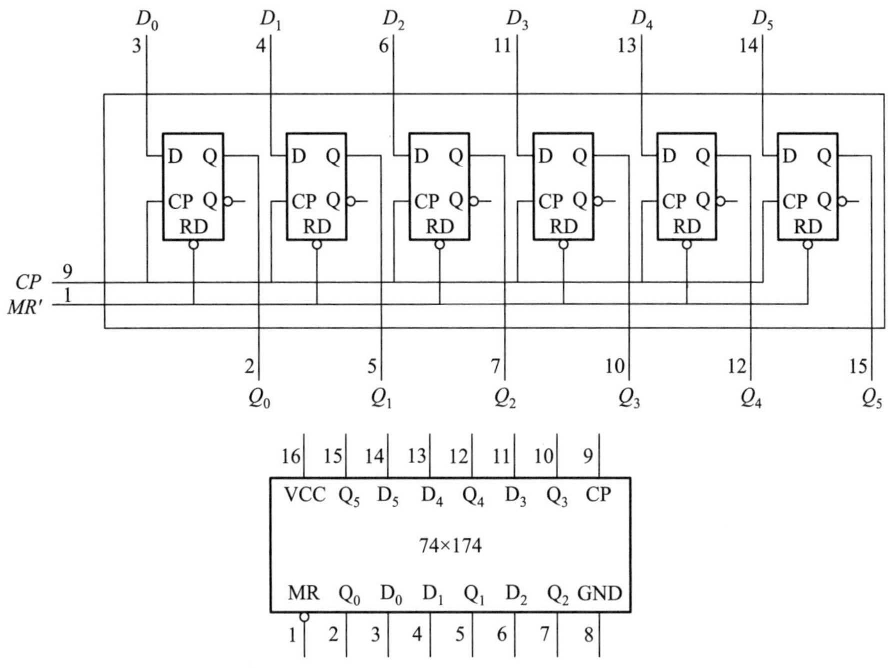

图 8.2.6 74×174 逻辑符号及内部电路

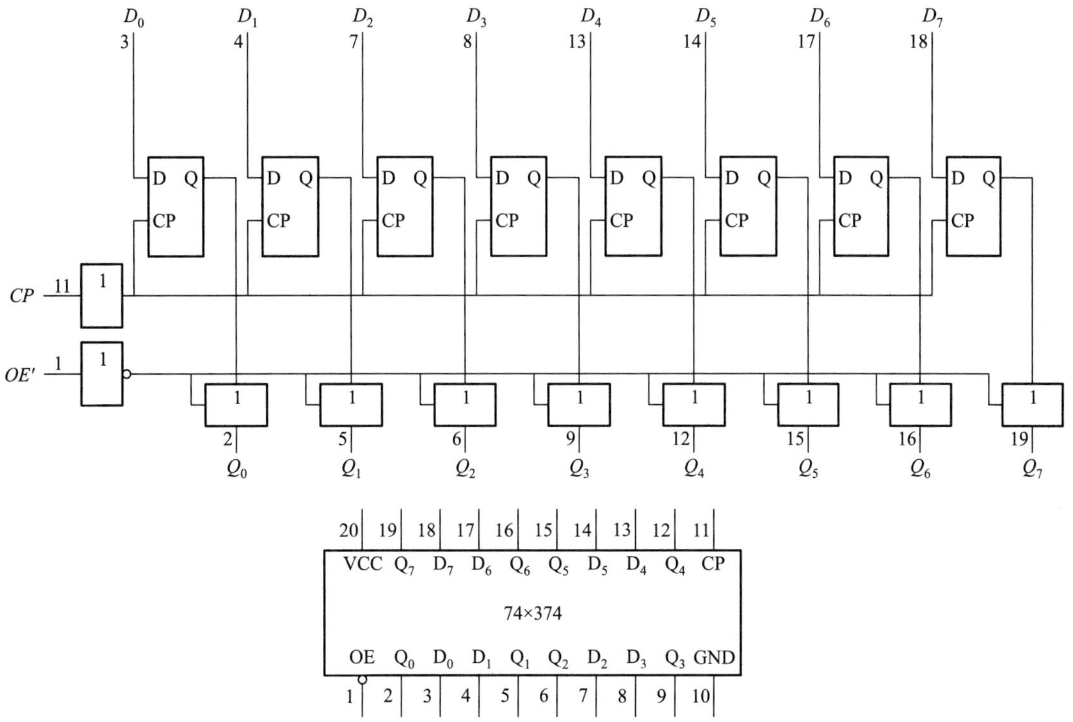

图 8.2.7 74×374 逻辑符号及内部电路

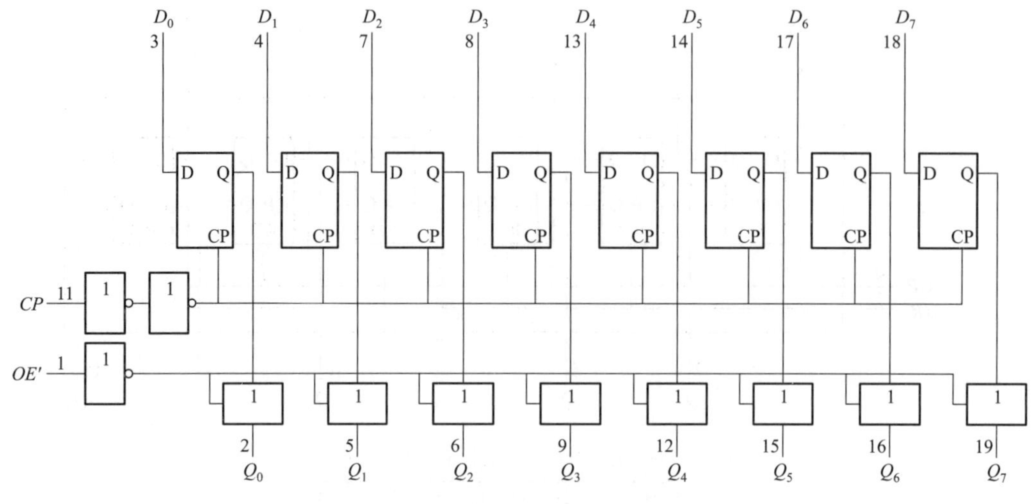

图 8.2.8　74 × 373 逻辑符号及内部电路

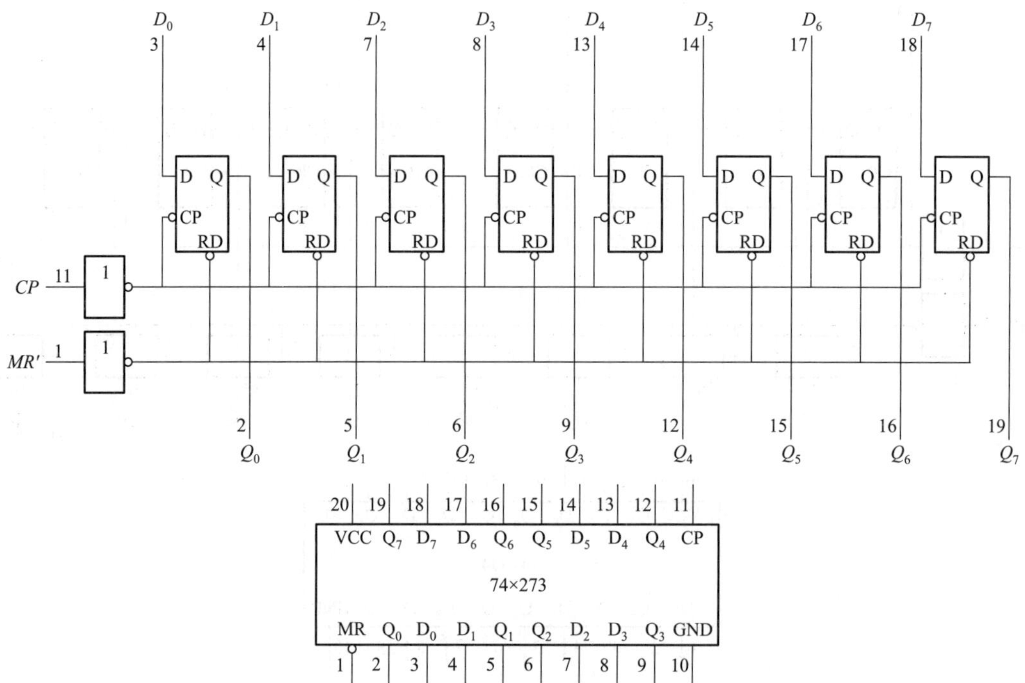

图 8.2.9　74 × 273 逻辑符号及内部电路

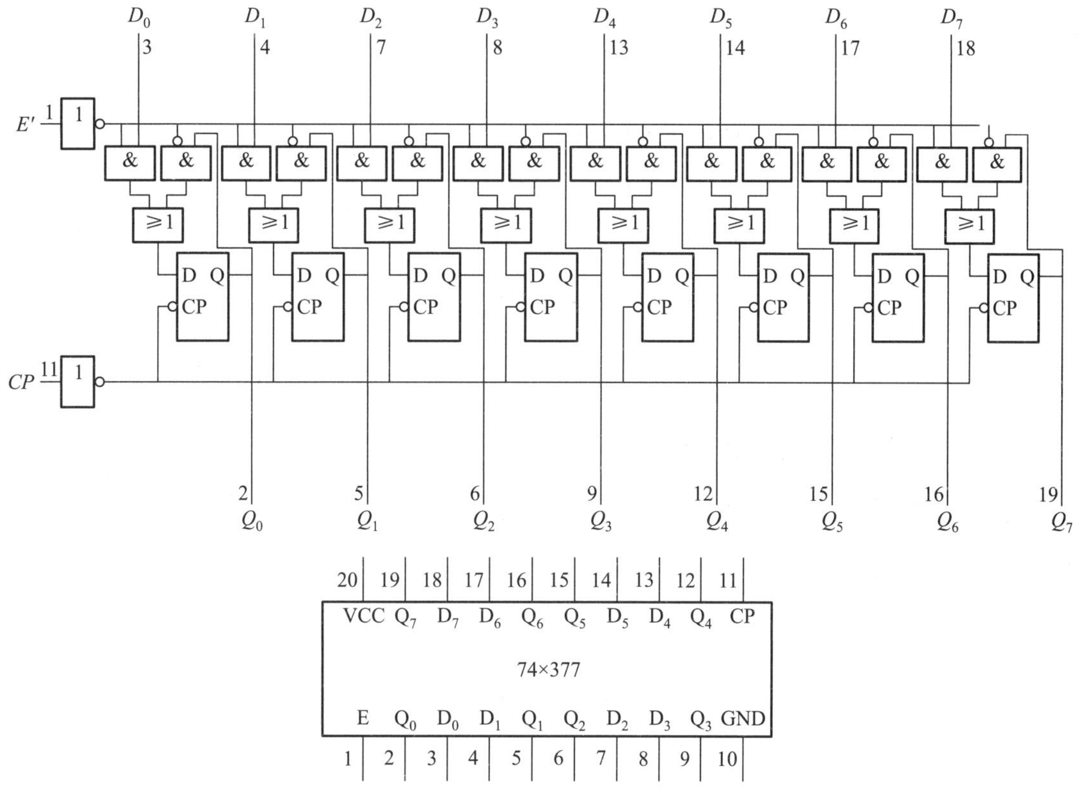

图 8.2.10　74 × 377 逻辑符号及内部电路

以上基本的锁存器和触发器，是时序逻辑电路的基础部件。

下面，以按键消抖电路为例，简单介绍一下基本锁存器和触发器的应用。如图 8.2.11 所示为按键电路以及**非**门的输入输出波形。

按键开关按下后，由于按键接触簧片的影响，**非**门的输入端波形如 *SW_L* 所示，簧片从接触到稳定有几个起伏，大约有几个毫秒，最后才稳定到低电平。通过**非**门整形后的输出如 *DSW* 所示。如果开关控制的是一个高速响应的电路，则簧片不稳定所产生的起伏波动很可能导致误动作。

图 8.2.12 所示为双稳态结构的消抖电路及波形。只要开关簧片有一次接触，输出就会被双稳态结构锁存，簧片的波动起伏就不会影响最后的输出，图 8.2.12 所示为 *SW*、*SW_L* 和 *DSW* 波形图。

但是，双稳态结构有一个问题，就是开关接地会导致**非**门的输出接地，输出接地在数字电路中是不允许的。如图 8.2.13 所示为利用 S'–R' 锁存器构成的消抖电路。开关簧片只要有一次接触，就会使输出置位或复位，簧片的起伏波动不会影响输出的状态。这样就将开关的抖动影响消除了。接地操作在电路的输入端，这是符合电路的操作要求的。

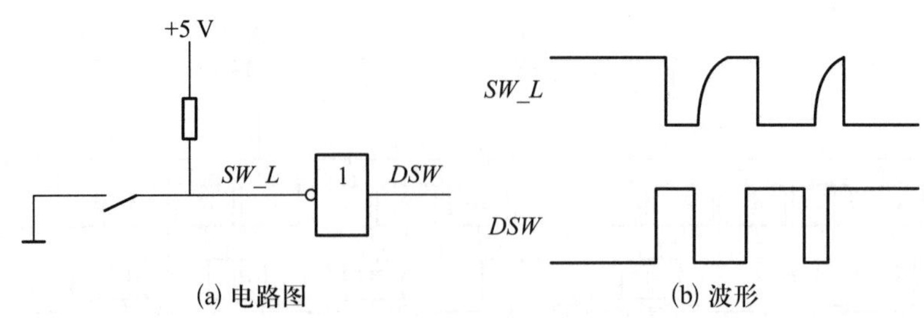

(a) 电路图 (b) 波形

图 8.2.11 按键电路及非门输入输出波形

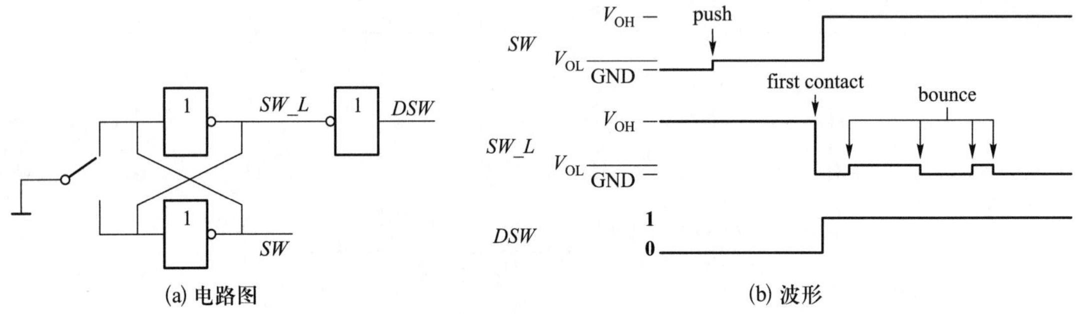

(a) 电路图 (b) 波形

图 8.2.12 双稳态消抖电路及波形

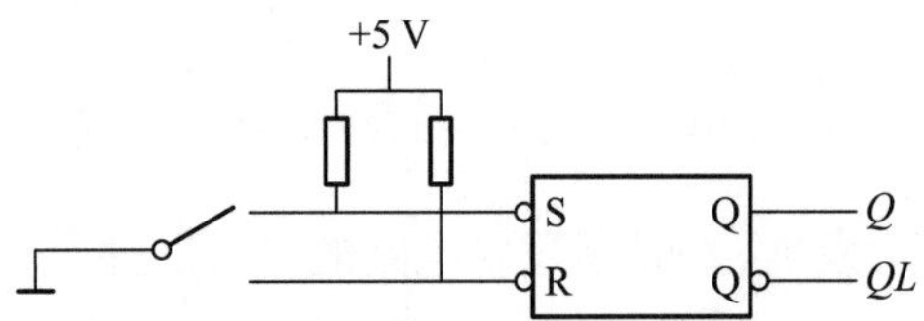

图 8.2.13 $S'-R'$锁存器构成的消抖电路

思考题

1. 寄存器有什么特点?
2. 开关消抖电路的缺点是什么?

8.3 计数器原理及应用

什么是计数器?有限状态机中,如果有 m 个状态循环,可以将这 m 个状态循环的结构称为模 m 的计数器,或者称为除 m 的计数器,或称为 m 分频器。计数器状态图如图 8.3.1 所示。

状态 S_1 的下一个状态为 S_2，S_2 的下一个状态为 S_3，以后依次为 S_4、S_5 等，一直到 S_m 状态，S_m 状态又到 S_1 状态，形成循环，这 m 个有限状态循环的状态图，表示的就是一个模 m 计数器，或除 m 计数器，或 m 分频器。前面讲的 T 触发器就可以看作模 2 的计数器，如图 8.3.2 所示。

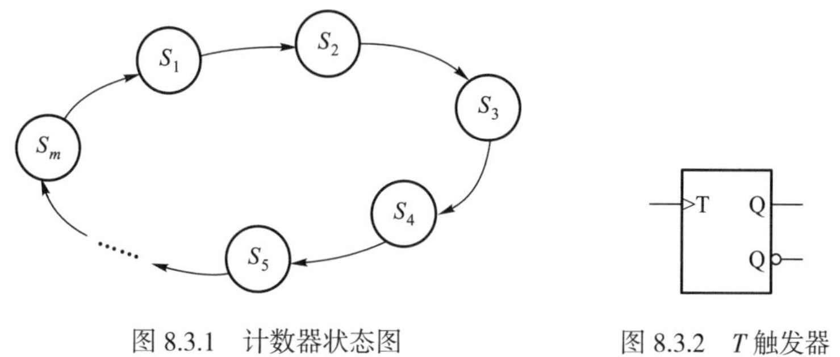

图 8.3.1　计数器状态图　　　　图 8.3.2　T 触发器

计数器按各触发器时钟接入的不同，又分为异步计数器和同步计数器两大类。

视频 8.3.1

8.3.1　异步计数器和同步计数器

1. 行波计数器

先来看异步计数器的特点。行波计数器就是一种异步计数器，4 bit 行波计数器电路如图 8.3.3 所示。由 T 触发器构成计数器的基本单元。前一级触发器的输出为后一级触发器的时钟输入。Q_0 对输入时钟 CLK 实现模 2 计数，Q_1 对 Q_0 也完成模 2 计数，四个 T 触发器的级联完成对输入时钟信号模 16 的计数器。

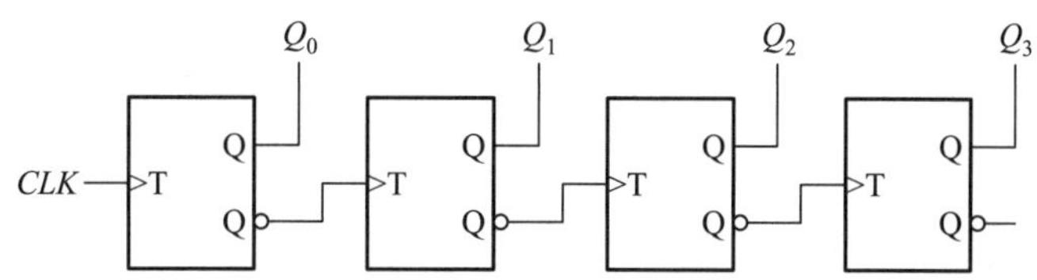

图 8.3.3　4 bit 行波计数器电路

4 bit 行波计数器的时序图如图 8.3.4 所示。

在时钟的上升沿，Q_0 发生翻转，在 Q_0 的下降沿，Q_1 发生翻转，在 Q_1 的下降沿，Q_2 发生翻转。输出的下降沿依次引起后面的触发器翻转。可以看到，相对于计数时钟的上升沿，后级触发器的翻转时延，随着级数的增加而增大。如图 8.3.4 中 t_{pLH} 和 t_{pHL} 所示。在 Q_2 的下降沿，Q_3 发生翻转。如果，时钟信号很快，或者 Q_3 的时延很长，如图 8.3.4 所示，假设计数到 **0111** 时，由于 Q_3 翻转时延过长，在时钟信号的上升沿后，Q_0、Q_1、Q_2 均已翻转，而 Q_3 还未翻转，此时会出现短暂的计数错误值 **0000**，在下一个时钟上升沿到来时，Q_0 翻转，Q_1、Q_2 保持不变，这个时

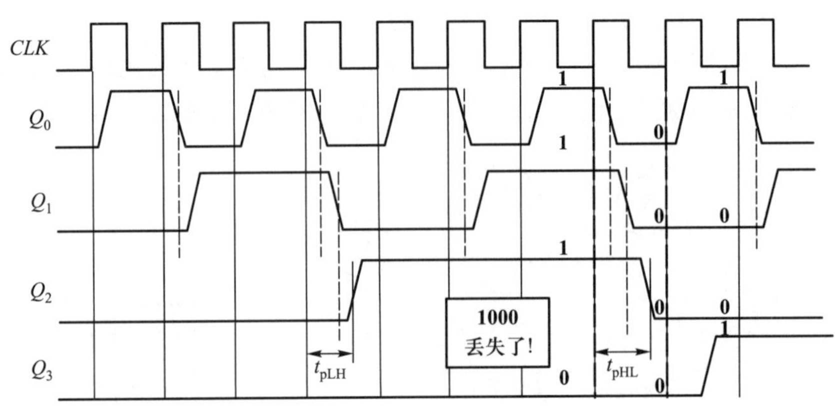

图 8.3.4 4 bit 行波计数器时序图

候 Q_3 才发生翻转，此时的计数值为 **1001**，**1000** 这个计数值丢失了。

行波计数器的特点是结构简单，按 T 触发器的这种级联，可以实现模为 2^m 的二进制计数器。它的缺点也很明显，就是处理速度慢。

2. 同步计数器

为了提高计数器的处理速度，并且在上文中讨论过时序逻辑的设计重点是同步有限状态机的设计，因此，需要讨论在同步条件下的计数器。

如图 8.3.5 所示就是一种同步结构的计数器。

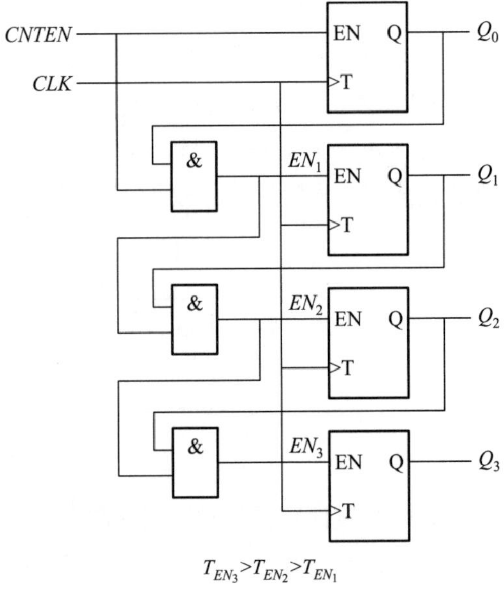

图 8.3.5 串行使能同步计数器

在图 8.3.5 中，所有的 T 触发器均接的是同一个时钟信号。EN_2 由 EN_1 决定，EN_3 由 EN_2 决定，因此在某些条件下，EN_3 形成的时延 T_{EN_3} 大于 EN_2 形成的时延 T_{EN_2}，EN_2 形成的时延 T_{EN_2} 大于 EN_1 形成的时延 T_{EN_1}。这种使能信号递进传递的计数器结构，称为串行使能同步计数器。

Q_0=**1** 计满了才允许 Q_1 计数，Q_0、Q_1 均计满了才允许 Q_2 计数，Q_3 状态要能翻转，必须是 Q_0、Q_1 和 Q_2 均计满了。这样，就构成了一个对输入时钟信号模 16 的计数器。

如图 8.3.6 所示为另外一种同步结构计数器。

在图 8.3.6 中，所有的 T 触发器也接的是同一时钟信号。可以看到，每个计数器的使能信号之间互不关联,使能信号取决于计数使能和前面各级的计数输出。如不考虑不同门电路的时延差异,可以认为 EN_3、EN_2、EN_1 这三个使能信号形成的时延相等。我们把这种结构的计数器称为并行使能同步计数器。

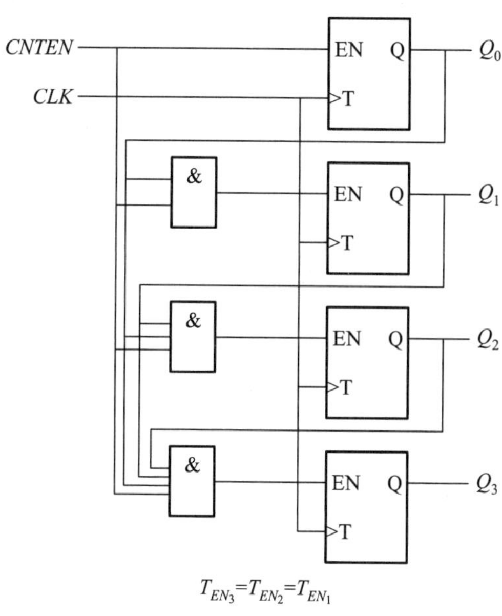

图 8.3.6 并行使能同步计数器

在介绍过的这三种计数器中,并行使能同步计数器是处理速度最快的计数器。

下面看一下同步计数器的时序特点。图 8.3.7 所示为同步计数器时序图,上升沿为时钟有效边沿。在正常情况下,同步计数器输出的状态翻转,均发生在时钟的有效边沿后,并且相对于时钟有效边沿的延时均相同,如 Q_0、Q_1、Q_2 和 Q_3 所示。

假设现在计数值为 **0110**,对于串行使能来说,EN_3=EN_2=EN_1=**0**,后面三个 T 触发器均处于保持状态,只有 Q_0 可以翻转,因此下一个状态为 **0111**。如图 8.3.7 所示,Q_0=**1**,引起 EN_1=**1**;EN_1=**1**,引起 EN_2=**1**;EN_2=**1**,引起 EN_3=**1**。若 EN_1=**1** 和 EN_2=**1** 均出现在下一个有效时钟边沿

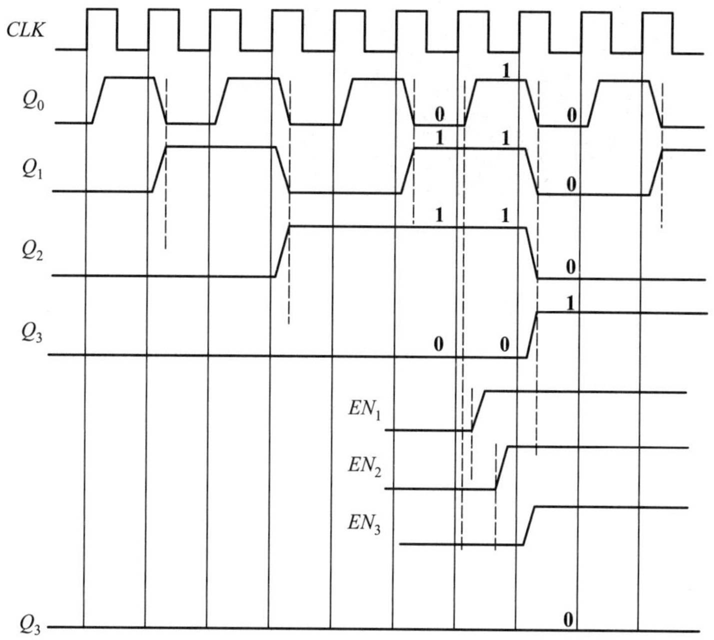

图 8.3.7 同步计数器时序图

来临之前，而 EN_3=**1** 出现在此有效边沿之后，则在有效边沿来临时，Q_1 和 Q_2 可以正常翻转，Q_3 不能翻转，仍然保持为 **0**，此时的计数值为 **0000**。

因此，对于串行使能同步计数器，如果时钟信号速度非常快，可能导致计数高位不动作，造成计数错误。

在相同情况下，并行使能同步计数器的输出比串行使能计数器的输出快一些，所以，并行使能同步计数器适应的计数频率要比串行使能计数器的计数频率高。

8.3.2　二进制计数模块

为了方便设计和应用，通常会采用计数器模块来完成时序逻辑电路的设计。大多计数功能模块都是采用的同步并行使能的计数结构。商用中规模计数模块，包括 74 × 163、74 × 161、74 × 169 等。

常用的同步 4 bit 二进制计数模块是 74 × 163。如图 8.3.8 所示为 74 × 163 的封装和逻辑符号。

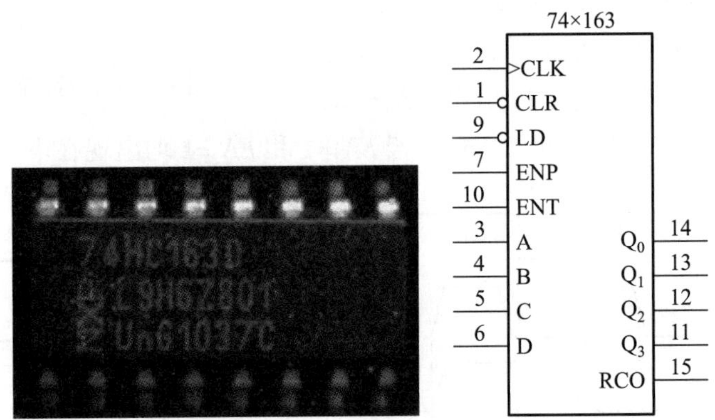

图 8.3.8　74 × 163 封装及逻辑符号

74 × 163 的输入有：*CLK* 时钟输入；*CLR* 同步清零，低电平有效；*LD* 同步预置控制，也是低电平有效；*ENP* 和 *ENT* 两个使能控制，这两个使能相**与**，形成总的使能控制；*A*，*B*，*C*，*D* 为 4 bit 的预置值输入。74 × 163 的输出有：Q_0，Q_1，Q_2，Q_3 四个计数输出，Q_3 为高位，Q_0 为低位；*RCO* 为进位输出。

下面看看 74 × 163 的内部逻辑电路图，如图 8.3.9 所示。

如果 *CLR_L*=**0**，4 个相同结构的二选一多路复用器输出都是 **0**，当有效时钟边沿来临时，4 个输出都变为 **0** 状态。输出状态清零是在时钟有效边沿到来时才发生，这就是同步清零。

如果 *CLR_L*=**1**，*LD_L*=**0**，预置输入有效，4 个多路复用器的输出分别是 *A*，*B*，*C*，*D*。当有效时钟边沿来临时，4 个输出状态就改变为预置值，这就是同步预置。

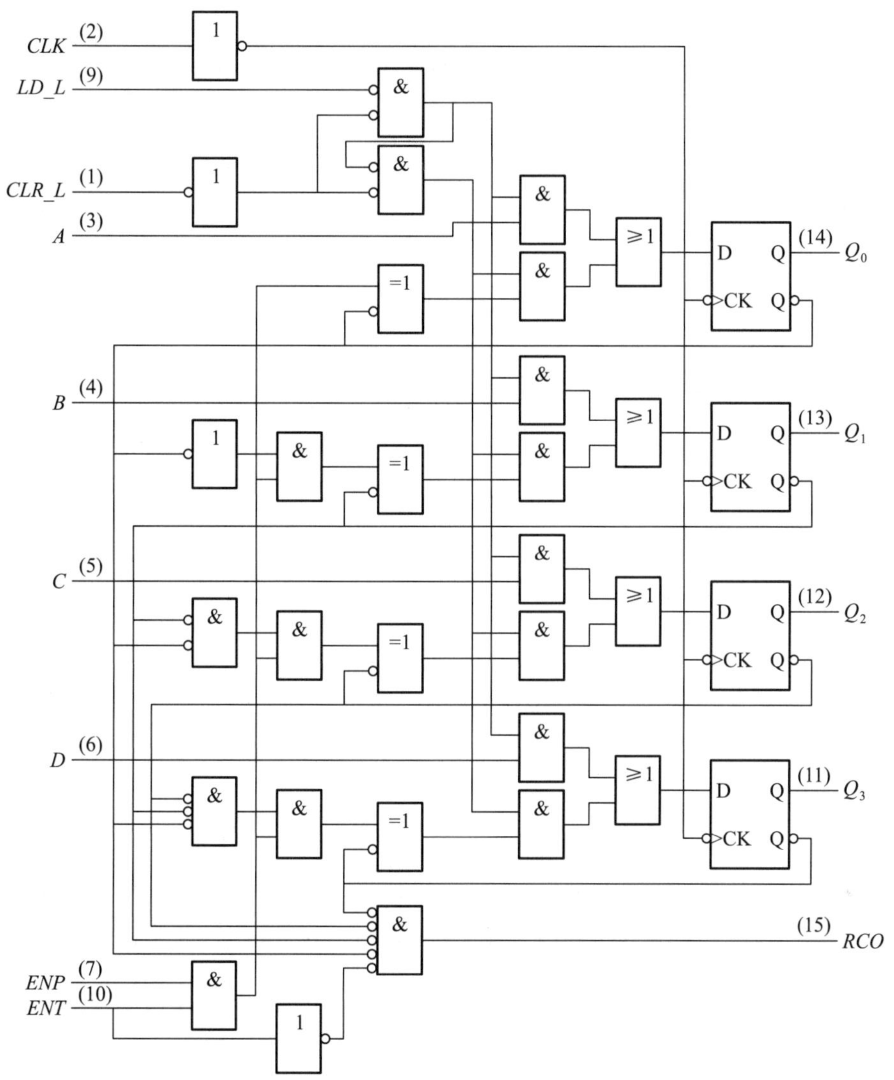

图 8.3.9 74×163 内部逻辑电路图

如果 CLR_L=**1**,LD_L=**1**,计数状态反馈输入有效。当 ENP 与 ENT 等于 **0** 时,**异或**门输出保持计数输出状态,当有效时钟边沿来临时,输出仍然是当前状态,这就是状态保持。

当 ENP 与 ENT 等于 **1** 时,**异或**门输出是否翻转,取决于低位计数状态是否计满,当有效时钟边沿来临时,输出**异或**门变换后的值,这就是计数工作状态。注意,当 ENT=**0** 时,RCO=**0**。

表 8.3.1 是 74×163 的功能和状态表。需要注意的是进位输出和输入的关系。

表 8.3.1　74×163 功能和状态表

输入				当前状态				下一状态			
CLR_L	*LD_L*	*ENT*	*ENP*	Q_3	Q_2	Q_1	Q_0	Q_3^*	Q_2^*	Q_1^*	Q_0^*
0	×	×	×	×	×	×	×	0	0	0	0
1	0	×	×	×	×	×	×	*D*	*C*	*B*	*A*
1	1	0	×	×	×	×	×	Q_3	Q_2	Q_1	Q_0
1	1	×	0	×	×	×	×	Q_3	Q_2	Q_1	Q_0
1	1	1	1	0	0	0	0	0	0	0	1
1	1	1	1	0	0	0	1	0	0	1	0
1	1	1	1	0	0	1	0	0	0	1	1
1	1	1	1	0	0	1	1	0	1	0	0
1	1	1	1	0	1	0	0	0	1	0	1
1	1	1	1	0	1	0	1	0	1	1	0
1	1	1	1	0	1	1	0	0	1	1	1
1	1	1	1	0	1	1	1	1	0	0	0
1	1	1	1	1	0	0	0	1	0	0	1
1	1	1	1	1	0	0	1	1	0	1	0
1	1	1	1	1	0	1	0	1	0	1	1
1	1	1	1	1	0	1	1	1	1	0	0
1	1	1	1	1	1	0	0	1	1	0	1
1	1	1	1	1	1	0	1	1	1	1	0
1	1	1	1	1	1	1	0	1	1	1	1
1	1	1	1	1	1	1	1	0	0	0	0

8.3.3　计数器的应用

在实际应用中,计数器模的需求通常是任意的。下面讨论如何利用 74×163 等计数模块实现任意模的计数器。

1. 自由运行模式

图 8.3.10 是 74×163 在自由运行模式下的电路图。清零信号 *CLR*,预置控制信号 *LD*,计数使能控制 *ENP* 和 *ENT* 这四个信号均通过上拉电阻接到电源。这样构成的电路就是对输入时钟信号模 16 的计数器。

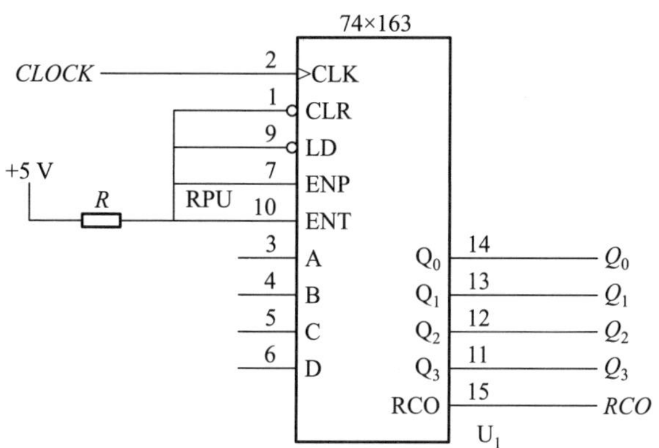

图 8.3.10 74×163 在自由运行模式下的电路图

74×163 自由运行时序图如图 8.3.11 所示。计数状态从 **0000** 到 **1111**。当计数状态为 **1111** 时,进位输出信号 RCO=**1**。然后,计数器又从 **0000** 开始计数。

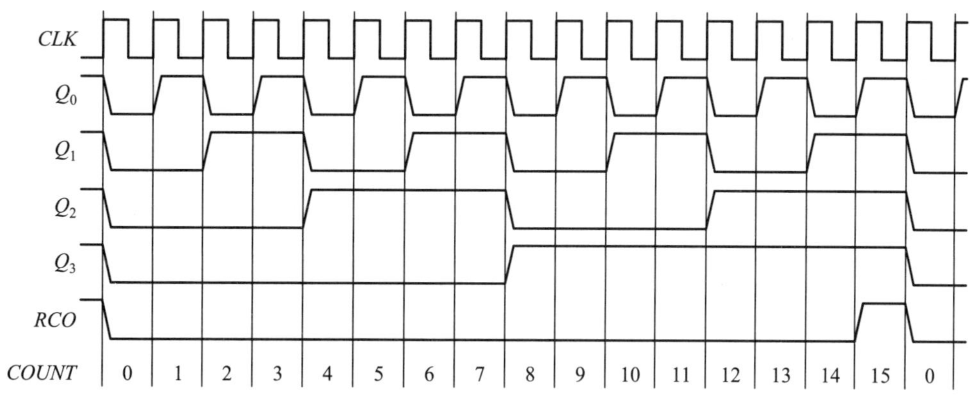

图 8.3.11 74×163 自由运行时序图

2. 模 M 的计数器设计

利用 74×163 设计模 M 计数器有三种常用的方法:同步预置法、同步清零法和多次预置法。

(1) 同步预置法

同步预置法是利用 74×163 的预置控制输入和预置输入构成计数器。将预置输入值作为初始计数状态,一直计数到状态终值,检测状态终值,如果是需要的终值,则通过反馈逻辑,输出满足控制需要的电平,控制预置控制输入 LD,预置初值,进入下一个循环。

如图 8.3.12 所示为 74×163 同步预置计数器电路。

预置初值为 **0101**。通过进位输出 RCO 取反控制预置控制输入 LD。当 RCO=**1** 时,LD=**0**,预置控制有效,预置初值。

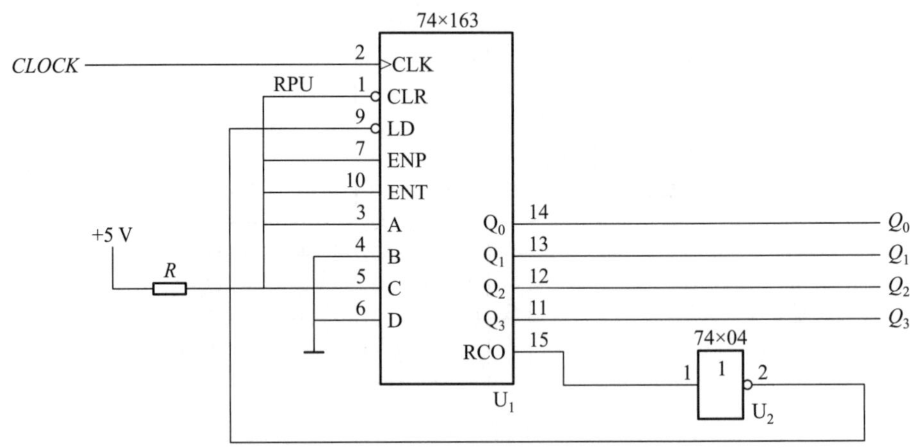

图 8.3.12　74 × 163 同步预置计数器电路

计数顺序表如表 8.3.2 所示，假设初始值为 **0101**，此时 *RCO*=**0**，*LD*=**1**，74 × 163 处于自由计数状态。后面的状态依次为 **0110**，**0111**，**1000**，一直到 **1111**，这时，*RCO*=**1**，导致 *LD*=**0**，将预置值 **0101** 又预置到输出端。因此，**1111** 的下一个状态为 **0101**。如此循环计数。计数状态从 **0101** 到 **1111** 共有 11 个连续状态，故这是模 11 的计数器。

表 8.3.2　计数顺序表

N	Q_3	Q_2	Q_1	Q_0	N	Q_3	Q_2	Q_1	Q_0
0	**0**	**1**	**0**	**1**	6	**1**	**0**	**1**	**1**
1	**0**	**1**	**1**	**0**	7	**1**	**1**	**0**	**0**
2	**0**	**1**	**1**	**1**	8	**1**	**1**	**0**	**1**
3	**1**	**0**	**0**	**0**	9	**1**	**1**	**1**	**0**
4	**1**	**0**	**0**	**1**	10	**1**	**1**	**1**	**1**
5	**1**	**0**	**1**	**0**					

电路在上电时，输出状态是随机的。但是，随着计数器的运行，总能计数到 **1111** 状态，从而预置初值，进入设计的循环状态。如果终值状态不是 **1111**，则可利用适当的**与非**门检测输出状态，形成反馈控制 *LD* 输入。

图 8.3.13 所示电路也是一个利用 74 × 163 设计的同步预置计数器。

预置初值为 **0000**。当 Q_3=**1**，Q_1=**1** 时，**与非**门输出为 **0**，*LD* 输入有效，将初值 **0000** 预置到输出端。也就是说，Q_3 和 Q_1 第一次都等于 **1** 时，这时的状态值是 **1010**。状态终值是 **1010**。

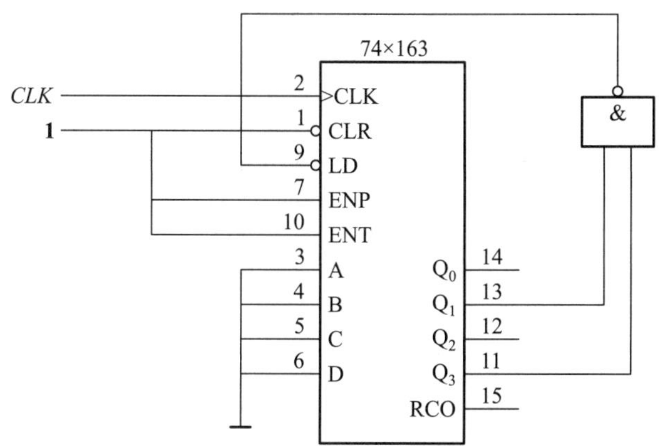

图 8.3.13 74×163 预置初值为 **0000** 的同步预置计数器电路

如表 8.3.3 计数顺序表所示,从初值 **0000** 开始计数,后面的状态依次为 **0001**,**0010**,**0011**,直到 **1010**,此时 LD=**0**,又预置初值 **0000**,状态循环。计数状态从 **0000** 开始到 **1010** 共有 11 个连续状态,这也是一个模 11 的计数器。

表 8.3.3 计数顺序表

N	Q_3	Q_2	Q_1	Q_0	N	Q_3	Q_2	Q_1	Q_0
0	**0**	**0**	**0**	**0**	6	**0**	**1**	**1**	**0**
1	**0**	**0**	**0**	**1**	7	**0**	**1**	**1**	**1**
2	**0**	**0**	**1**	**0**	8	**1**	**0**	**0**	**0**
3	**0**	**0**	**1**	**1**	9	**1**	**0**	**0**	**1**
4	**0**	**1**	**0**	**0**	10	**1**	**0**	**1**	**0**
5	**0**	**1**	**0**	**1**					

同步预置法可以实现从初值状态到终值状态的连续计数值变化的模 M 的计数器。

如果要设计计数模数超过 16 的计数器,该如何处理呢?

下面讨论利用同步预置法设计模 24 计数器的例子。由于 74×163 的状态数只有 16 个,所以需要 2 片 74×163 的级联构成模 24 的计数器。2 片 74×163 级联共有 256 个状态。

假设初值状态值为 **00001**,也就是 1,终值状态值为 **11000**,也就是 24。

电路结构如图 8.3.14 所示。预置值为 **00000001**,检测值为 **00011000**。这样就构成了模 24 的计数器。检测**与非**逻辑的输出,既是预置控制输入 LD,也是模 24 计数器的进位输出。

预置初值,检测终值,这就是同步预置法的基本思路。

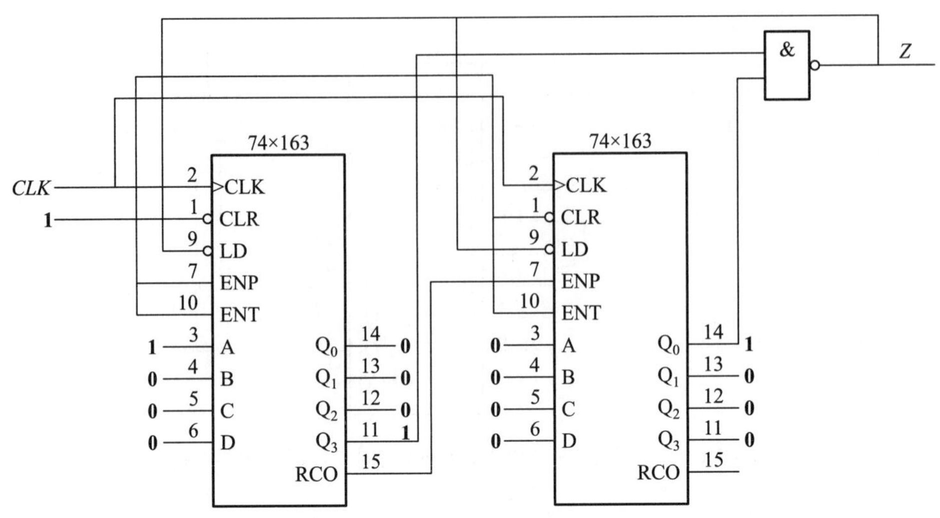

图 8.3.14　74 × 163 级联构成模 24 的计数器电路的电路结构

(2) 反馈清零法

反馈清零法是利用 74 × 163 的清零信号 *CLR* 构成计数器。通过对 74 × 163 的分析,可知清零信号 *CLR* 有效,会让输出状态强制为 **0000**。正是利用这个特性,可以在类似同步预置法的计数器中,预置初值为 **0000** 的计数器。

如图 8.3.15 所示,不需要对预置输入进行设置。当电路计数运行到 **1010** 状态时,清零信号 *CLR*=**0**,有效,输出状态强制到 **0000**,电路就从 **0000** 状态开始计数。

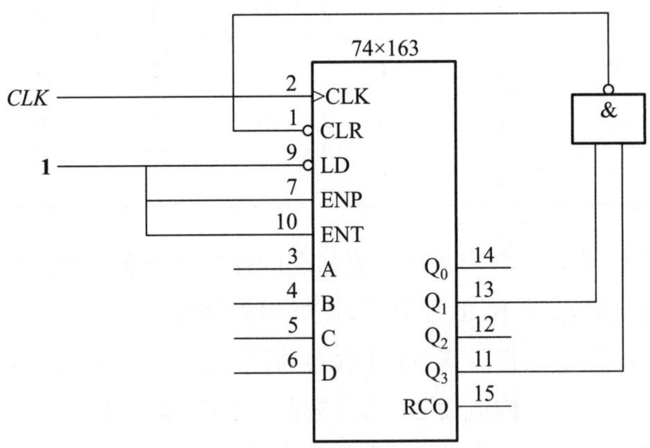

图 8.3.15　74 × 163 构成的反馈清零计数器

计数顺序表如表 8.3.4 所示。从 **0000** 状态直到 **1010** 状态,其间共 11 个连续有效状态循环,这是一个模 11 的计数器。

表 8.3.4 计数顺序表

N	Q_3	Q_2	Q_1	Q_0	N	Q_3	Q_2	Q_1	Q_0
0	**0**	**0**	**0**	**0**	6	**0**	**1**	**1**	**0**
1	**0**	**0**	**0**	**1**	7	**0**	**1**	**1**	**1**
2	**0**	**0**	**1**	**0**	8	**1**	**0**	**0**	**0**
3	**0**	**0**	**1**	**1**	9	**1**	**0**	**0**	**1**
4	**0**	**1**	**0**	**0**	10	**1**	**0**	**1**	**0**
5	**0**	**1**	**0**	**1**					

反馈清零法连接关系比同步预置法简单,不过计数状态必须是从 **0000** 状态开始的连续 M 个状态。终值检测是反馈清零法的基本思路。

(3) 多次预置法

如果计数状态不需要是连续的,则还可以采用多次预置的方法。

如图 8.3.16 所示电路就是 74×163 构成的多次预置结构的计数器。预置控制 LD 及预置值都取决于输出状态。而同步预置方法的预置值是固定的,这点就是这两种方法重要的区别。电路中,预置值的低 3 位为 **100**,最高位为输出状态值的反馈。预置控制 LD=Q_2 状态输出。当 Q_2=**0** 时,将预置值输出。

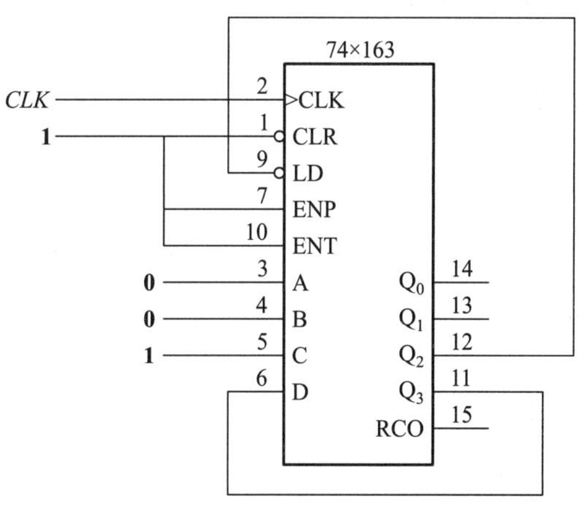

图 8.3.16 74×163 构成的多次预置结构的计数器

如何分析这种结构的计数顺序呢?

计数顺序表如表 8.3.5 所示,由于预置的初值不确定,所以可以假设任意值作为计数顺序分析的初值。这里,假设 **0000** 为初始计数状态输出值。由于 Q_2=**0**,下一个状态输出是预置的值,此时的 Q_3=**0**,故下一个输出状态值为 **0100**,在 **0100** 状态时,Q_2=**1**,计数器处于计数状态,故后面的状态依次是 **0101**,**0110**,**0111**,直到 **1000**,在 **1000** 状态时,又由于 Q_2=**0**,进入预置,这时 Q_3=**1**,所以下一个状态为 **1100**,这时的 Q_2=**1**,计数器正常计数,后面的状态依次为 **1101**,**1110**,**1111**,**0000**,状态循环。故输出计数状态为 **0000**,**0100**,**0101**,**0110**,**0111**,**1000**,**1100**,**1101**,**1110**,**1111** 共 10 个状态循环,这是一个模 10 的计数器。

表 8.3.5　计数顺序表

N	Q_3	Q_2	Q_1	Q_0	N	Q_3	Q_2	Q_1	Q_0
0	**0**	**0**	**0**	**0**	5	**1**	**0**	**0**	**0**
1	**0**	**1**	**0**	**0**	6	**1**	**1**	**0**	**0**
2	**0**	**1**	**0**	**1**	7	**1**	**1**	**0**	**1**
3	**0**	**1**	**1**	**0**	8	**1**	**1**	**1**	**0**
4	**0**	**1**	**1**	**1**	9	**1**	**1**	**1**	**1**

剩下的 6 个状态，由于 Q_2 都等于 **0**，所以，下一个状态都是预置值，Q_3=**0** 的状态，预置的输出状态值为 **0100**，Q_3=**1** 的状态，预置的输出状态值为 **1100**。最后都能进入模 10 的有效计数循环。

多次预置法电路结构，相对而言可能比同步预置法、同步清零法电路结构简单，如图 8.3.16 所示的电路中，没有额外的门电路。但是，多次预置计数器电路计数状态不连续，分析、设计的考虑相对复杂。

多次预置的基本思路是根据计数顺序的需求，设计预置逻辑，包括预置控制逻辑 *LD_L*，预置值逻辑 *A*、*B*、*C* 和 *D* 五个逻辑函数。

3. 其他常用的计数器

除了 74 × 163 外，常用的计数模块还有 74 × 169 和 74 × 161 等。

(1) 74 × 169 是升降双向计数的同步 4 bit 二进制计数器，其逻辑符号如图 8.3.17 所示。74 × 169 计数模块没有清零输入；具有时钟输入、计数方向控制输入，高电平升计数，低电平降计数；预置控制输入，低电平有效，两个计数使能输入，也是低电平有效，4 bit 预置值输入。输出有 4 bit 计数结果输出和进位输出，进位输出是低电平有效。

(2) 74 × 161 是同步 4 bit 二进制计数器，其逻辑符号如图 8.3.18 所示。它具有与 74 × 163 完全相同的引脚定义及功能定义。唯一的差别是，74 × 161 的清零信号输入是异步的，即异步清零。同步清零与异步清零的区别在于同步清零信号有效时，要将输出状态改变为 **0000** 的值，输出状态不会立即改变，需要在有效时钟边沿到来时完成状态变换。而异步清零信号有效时，输出状态会立即翻转为 **0000**，不需要等待有效时钟边沿。

4. 二进制计数器的输出状态译码

当需要判断计数状态值，或需要根据计数结果完成某些控制操作时，例如计数结果为 **0100** 时，要启动一台电机，计数结果为 **0111** 时要关闭另一台电机，这时就需要对计数器的输出状态进行译码。这就是对二进制计数器的状态译码。

计数器输出译码电路如图 8.3.19 所示。74 × 163 的输出通过 74 × 138 进行状态译码。

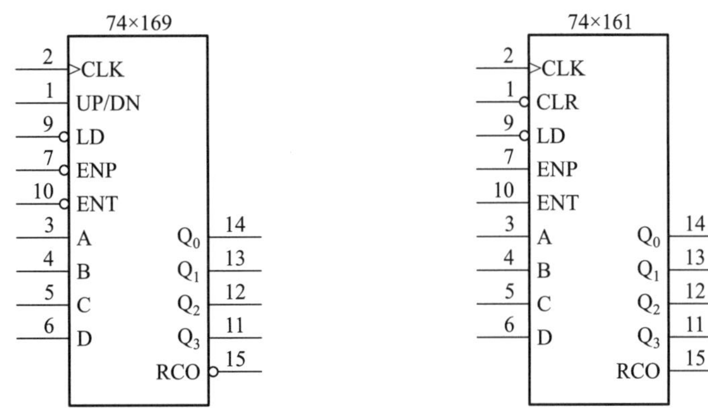

图 8.3.17 74 × 169 逻辑符号

图 8.3.18 74 × 161 逻辑符号

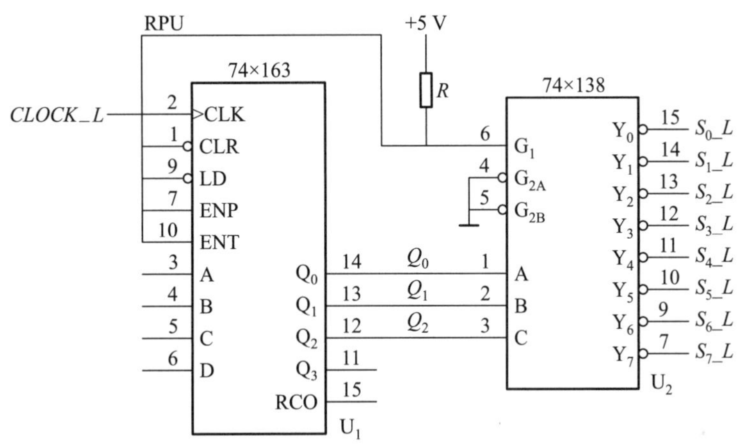

图 8.3.19 计数器输出译码电路

根据前面对触发器内部结构的分析，以及对 74 × 163 内部逻辑电路的分析，我们知道，Q_0、Q_1、Q_2 和 Q_3 在时钟有效边沿到来时翻转的时延并不是完全一致的，即在同步计数器中，输出可能不会准确地同时变化，同时在译码器中，具有各种不同的信号延迟通路。如果在一次状态转移中有 2 个或 2 个以上的计数位同时发生变化，即使 74 × 163 的输出没有尖峰脉冲，而且 74 × 138 也没有任何静态冒险，在译码器的输出端也可能出现毛刺。这个问题称为功能性冒险（function hazard）。计数器译码时序图如图 8.3.20 所示。这可能会导致一些高速数据传输系统中出现误码，或在一些高速控制系统中出现误动作。

为了消除译码风险产生的毛刺，通常在译码器的输出端增加一级寄存器或锁存器，如图 8.3.21 所示。产生的译码毛刺通常是在时钟有效边沿之后的短暂间隔，这时，寄存器的输出保持，并不会发生状态变化，只有当下一个有效时钟边沿到来时，才会将稳定的译码器的输出转换为寄存器的输出，这样就可以消除译码所产生的风险。这种在输出端添加寄存器或

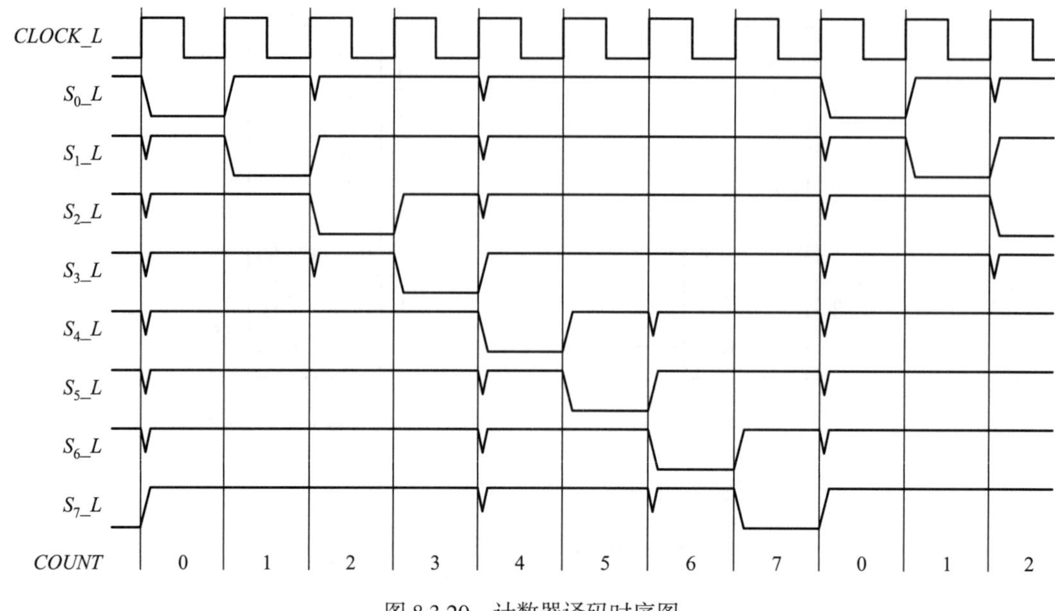

图 8.3.20　计数器译码时序图

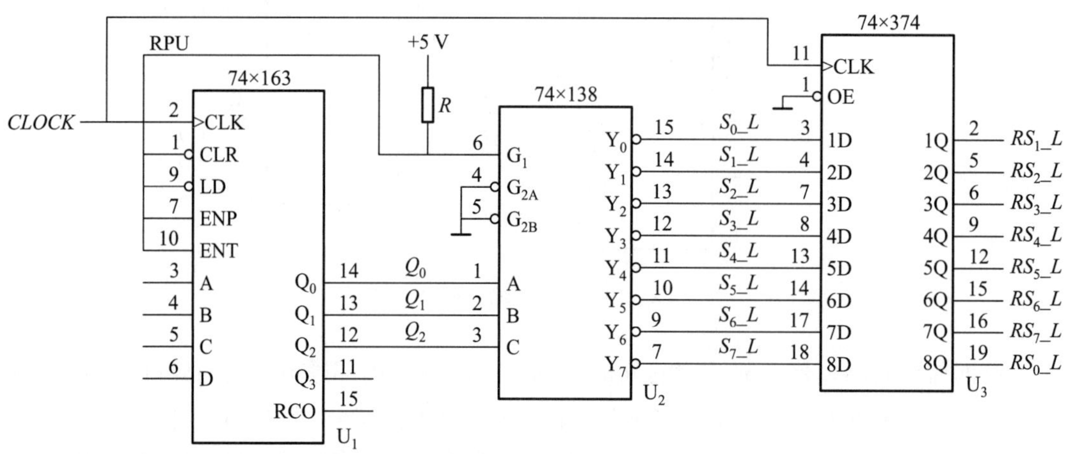

图 8.3.21　消除计数器译码风险的电路

锁存器，以消除毛刺的方法，在时序逻辑电路中是很常用的方法。

5. 计数器应用举例

计数器是时序逻辑电路设计中使用的基本功能电路，是计时、定时以及接口操作控制等电路的核心电路。下面，举一个相对复杂的例子：对存储器写操作的时序控制，利用计数器为核心器件来实现。异步存储器的写控制逻辑时序图，如图 8.3.22 所示。

对这种需要实现的时序，可以将整个时序过程分成若干时序段。每个时序段开始，至少有 1 个信号发生变化。如本例的写时序，从写命令开始，到写命令结束，可以分为如下 9 个

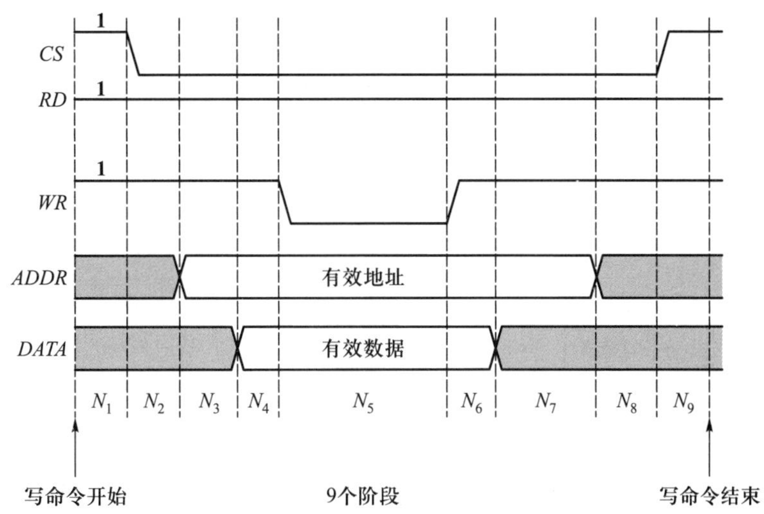

图 8.3.22 异步存储器写控制逻辑时序图

阶段：N_1 段，初始化；N_2 段，片选有效；N_3 段，地址有效；N_4 段，数据有效；N_5 段，写使能有效，此时，将数据线上的数据写入地址线所指定的地址单元；N_6 段，数据锁存到存储单元，写使能无效；N_7 段，释放数据总线；N_8 段，释放地址总线；N_9 段，片选无效，写命令结束。

假设 N_1 段、N_2 段、N_3 段和 N_4 段的时长均为 10 μs，N_5 段的时长为 30 μs；N_6 段，N_8 段和 N_9 段的时长也均为 10 μs；N_7 段的时长为 20 μs。

如果时钟信号的周期为 1 μs，则可以设计一个模 120 的二进制计数器，作为此写控制逻辑的控制核心部件。

由写命令开始启动计数器，并初始化输出信号，使 $CS=RD=WR=\mathbf{1}$。

当计数器计到 10 时，$CS=\mathbf{0}$，器件被选中；

当计数器计到 20 时，地址总线输出有效地址；

当计数器计到 30 时，数据总线输出有效数据；

当计数器计到 40 时，$WR=\mathbf{0}$，写有效，数据开始写入指定地址；

当计数器计到 70 时，$WR=\mathbf{1}$，数据锁存到存储器，写操作结束；

当计数器计到 80 时，释放数据总线，此时数据总线不需要保持之前的数据；

当计数器计到 100 时，释放地址总线，此时地址总线不需要保持之前的有效地址；

当计数器计到 110 时，结束写命令，可以进入下一次写命令。

如图 8.3.23 所示的是异步写控制逻辑电路的框图。

当有写命令时，计数器清零，同时 CS 和 WR 均为 1，进入初始状态；

计数器计数输出与比较器进行比较，比较器的输出作为触发器的控制输入，触发器输出作为写操作的控制信号。

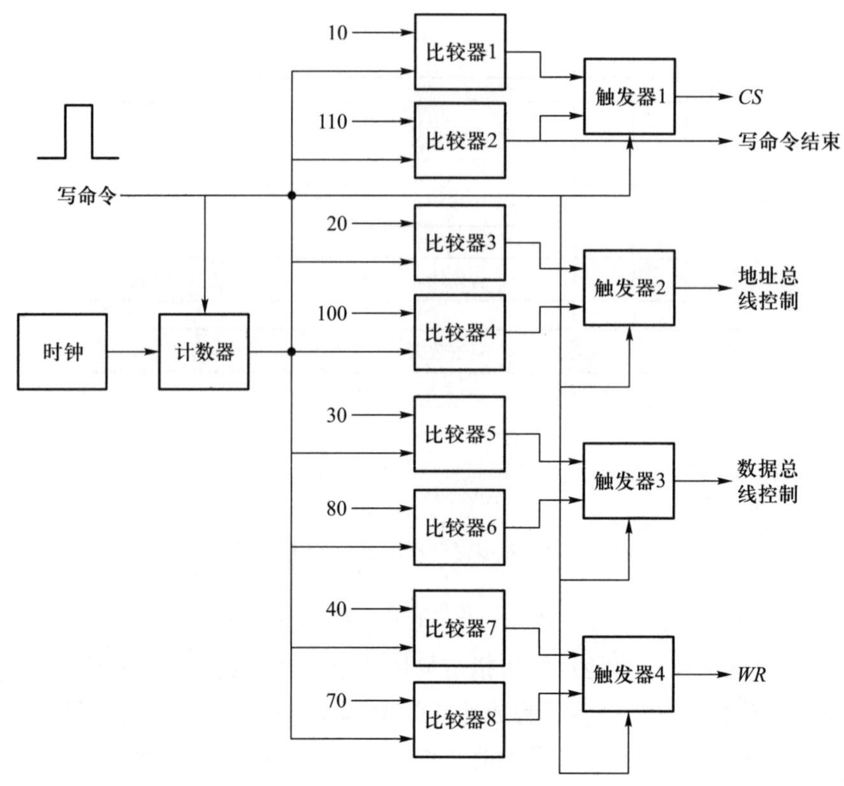

图 8.3.23 异步写控制逻辑电路框图

当计数器输出为 10 时,比较器 1 输出有效,触发器 1 翻转,使 *CS*=**0**,片选有效;

当计数器输出为 20 时,比较器 3 输出有效,触发器 2 翻转,作为地址总线控制电路的控制输入,使地址总线输出有效地址;

当计数器输出为 30 时,比较器 5 输出有效,触发器 3 翻转,作为数据总线控制电路的控制输入,使数据总线输出有效数据;

当计数器输出为 40 时,比较器 7 输出有效,触发器 4 翻转,使 *WR*=**0**,写有效,此时,数据总线上的数据开始写入地址总线上的地址所指定的存储单元;

当计数器输出为 70 时,比较器 8 输出有效,触发器 4 再次翻转,*WR*=**1**,写延时结束,数据锁存到存储器,写操作结束;

当计数器输出为 80 时,比较器 6 输出有效,触发器 3 翻转,释放数据总线;

当计数器输出为 100 时,比较器 4 输出有效,触发器 2 翻转,释放地址总线;

当计数器输出为 110 时,比较器 2 输出有效,触发器 1 翻转,*CS*=**1**,片选无效,结束写命令。

这就是以计数器为核心的异步存储器的写控制逻辑电路。大家可以参照这个方法，设计存储器读控制电路等其他接口控制逻辑电路。

思考题

1. 异步计数器计数错误的原因可能是什么？
2. 同步串行使能计数器计数错误的原因可能是什么？
3. 什么是同步清零？
4. 如何用同步预置法设计任意模的计数器？
5. 如何用反馈清零法设计任意模的计数器？
6. 多次预置法的特点是什么？
7. 为什么在译码器输出后增加寄存器可以消除译码器产生的毛刺？
8. 模 20 计数器至少需要________个 *D* 触发器。模 288 的计数器至少需要________块 4 bit 计数器 74×163。

8.4 移位寄存器原理及应用

8.4.1 移位寄存器原理

什么是移位寄存器？将 *m* 个 *D* 触发器串接起来，前一级触发器的输出是后一级触发器的输入，这样构成的电路结构就是 *m* 位移位寄存器。

如图 8.4.1 所示，*D* 触发器的串接就构成移位寄存器。

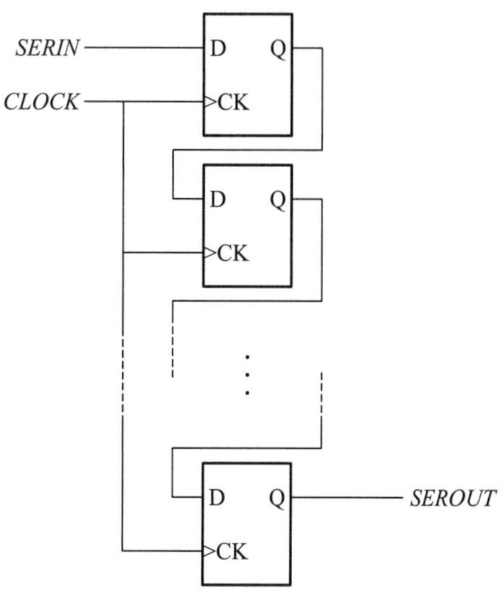

图 8.4.1 *D* 触发器的串接构成移位寄存器

假如输入的序列为 $a_n \cdots a_1$，在时钟有效边沿控制下，依次将数据从第一个触发器传递到最后一个触发器，最后，$a_n \cdots a_1$ 从最后一个触发器输出。这种数据输入输出方式称为串入串出方式。

同样的结构，如果把每个触发器的输出都引出来，这样，如果有 $a_n \cdots a_1$，*n* 个数据串行输入，移位 *n* 次后，*n* 个触发器的输出就对应着这 *n* 个输入

视频 8.4

数据，也就是将串行输入的数据转换成同时在 n 个触发器的输出并行出现，这种数据输入输出方式称为串入并出方式。

如图 8.4.2 所示，在前面结构的基础上，每个触发器的输入增加了一个二选一多路复用器结构，由装载 / 移位信号控制。

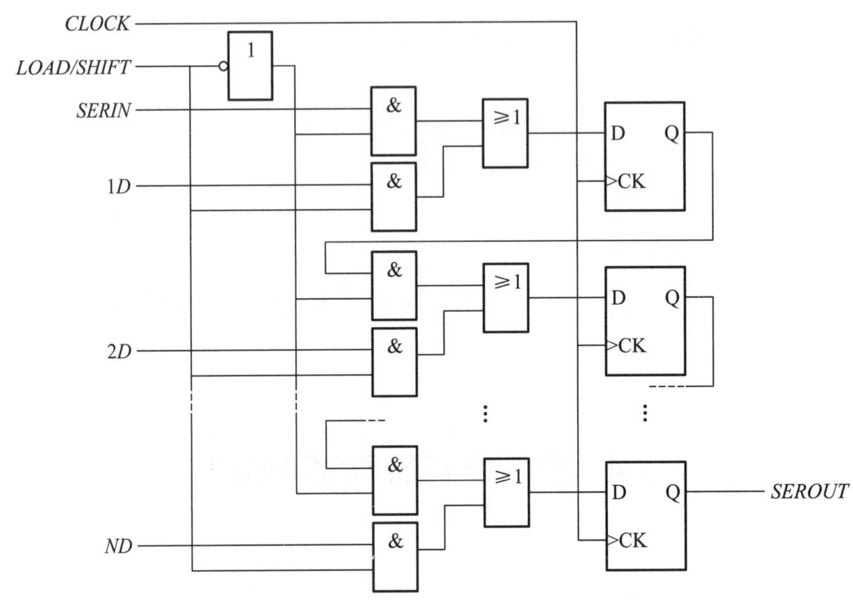

图 8.4.2 移位寄存器基本结构

当装载 / 移位信号等于 **1** 时，预置在 1*D* 到 *ND* 的数据，在时钟有效边沿到来时，预置到触发器的输出端，将这种数据输入输出方式称为并入并出方式。

当装载 / 移位信号等于 **0** 时，电路处于移位状态，串行输入有效，在时钟有效边沿的控制下，触发器的输出依次向后级触发器移位，一直将预置的输出值，移位到最后一级输出，将这种数据输入输出方式称为并入串出方式。

当然，就这个电路而言，如果装载 / 移位信号一直为 **0**，则也能完成串入串出和串入并出的功能。这个结构就是移位寄存器的基本结构。

常用的移位寄存器有以下几种：(1) 74×164，8 bit 串入并出功能的移位寄存器，如图 8.4.3(a) 所示。74×164 具有两个串行数据输入端，这两个输入端通过一个**与**门，作为移位寄存器的串行数据输入。可以用其中一个输入作为数据输入，另一个输入作为数据输入使能控制。74×164 具有异步清零功能。(2) 74×166，8 bit 并入串出功能的移位寄存器，如图 8.4.3(b) 所示。74×166 具有两个时钟输入端，这两个输入端通过一个**或**门，作为移位寄存器的时钟输入。可以用其中一个为时钟，另一个作为时钟使能控制。74×166 也具有异步清零功能。

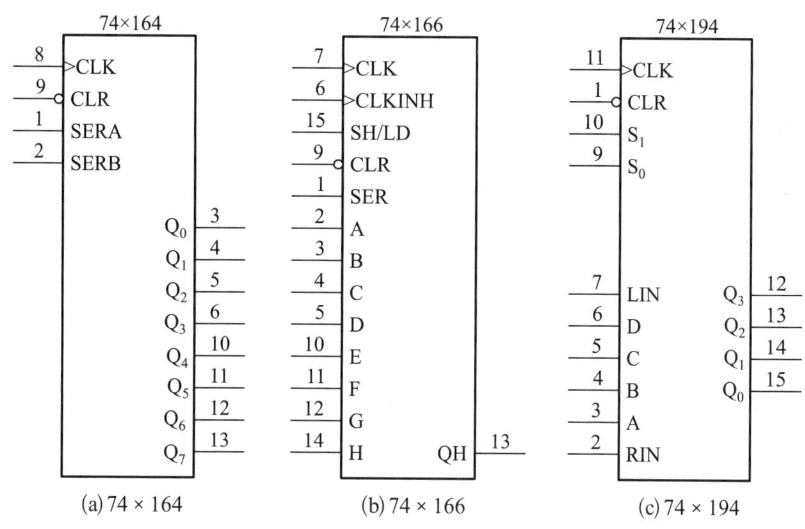

(a) 74 × 164 (b) 74 × 166 (c) 74 × 194

图 8.4.3 常用的移位寄存器模块

(3) 74 × 194，通用 4 bit 移位寄存器，如图 8.4.3（c）所示。74 × 194 具有左移位、右移位、数据预置、数据保持 4 种功能。74 × 194 具有异步清零功能。74 × 194 功能丰富，在后面的课程中我们会专门讨论。

下面，分别举一个并串转换和一个串并转换的例子。

如图 8.4.4 所示电路，这是一个并 / 串转换电路，将并行输入的 8 bit 数据，转换为串行数据输出。这里的串行输出是同步串行输出。输出包括三个信号，数据、时钟和数据帧同步。输出的数据位是在时钟的有效边沿出现的，每 32 个字节输出一个同步脉冲。

利用两片 74 × 163 级联，构成模 256 计数。计数器的低 3 位是位计数，每从 0 计到 7 就装载一个字节数据，然后开始移位。计数器的高 5 位是字节计数，每 32 个字节输出，也就是 256 位输出后，就产生同步信号。时钟输出就是计数时钟。

图 8.4.5 所示电路是一个串 / 并转换电路，将每 8 bit 的串行输入数据，转换为 8 bit 并行数据输出。

这个电路与图 8.4.4 所示电路是对应的，它是同步串行接收电路，输入包括三个信号，数据输入、时钟输入和帧同步输入。

同样也是利用两片 74 × 163 级联，构成模 256 计数器。计数器的低 3 位是位计数，当低 3 位计数值为 **0** 时，锁存器输出之前移位输入的 8 bit 数据。然后关闭锁存器，直到下一个 8 bit 数据接收完成。计数器的高 5 位是字节计数，表示在一帧数据中，当前接收的字节数。

同步输入信号强制计数器输出 **0** 值，使接收电路对齐一帧数据的起始位置。

以上两个电路是同步串行数据通信中常用到的方式。类似的通信协议有 SPI、I2C 等。

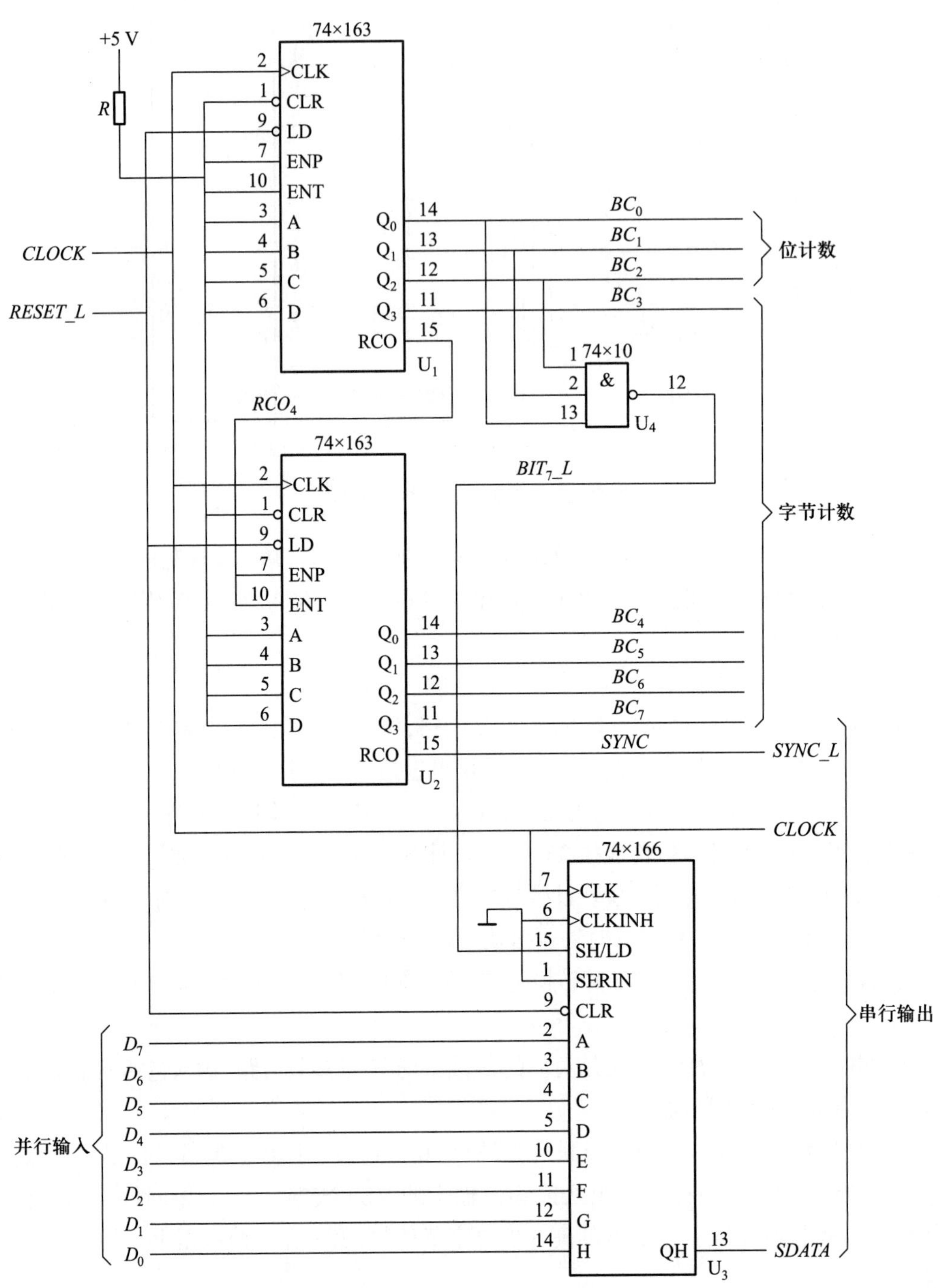

+5 V
R
74×163
CLK
CLR
LD
ENP
ENT
A
B
C
D
Q0
Q1
Q2
Q3
RCO
U1
CLOCK
RESET_L
BC0
BC1
BC2
BC3
位计数
74×10
&
U4
RCO4
BIT7_L
字节计数
74×163
U2
BC4
BC5
BC6
BC7
SYNC
SYNC_L
CLOCK
74×166
CLK
CLKINH
SH/LD
SERIN
CLR
QH
U3
SDATA
串行输出
D7
D6
D5
D4
D3
D2
D1
D0
并行输入

图 8.4.4　并 / 串转换电路

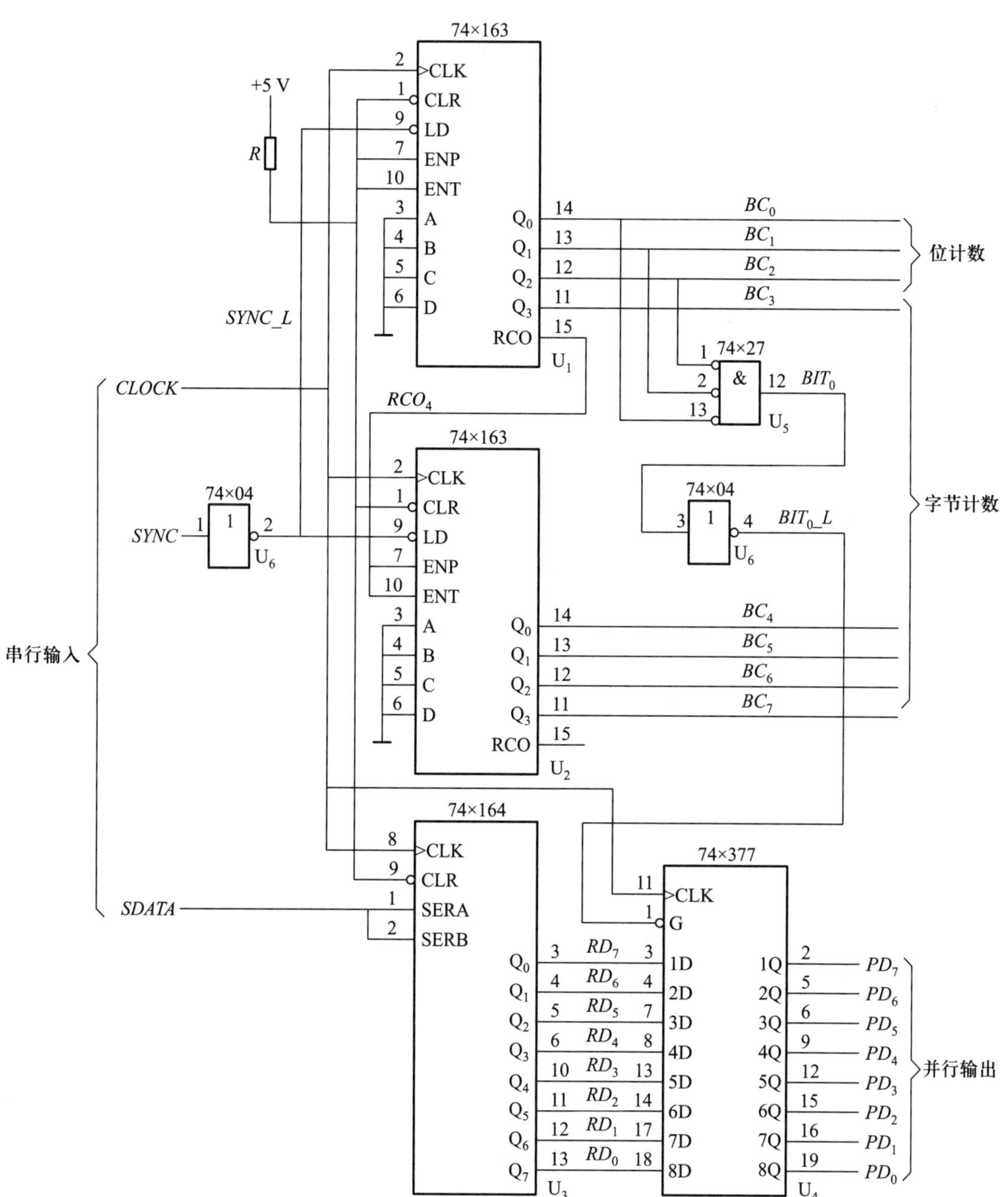
74×163
+5 V
R
SYNC_L
CLOCK
RCO4
74×04
SYNC
串行输入
SDATA
74×27
BIT0
BIT0_L
位计数
字节计数
74×164
74×377
并行输出
U1
U2
U3
U4
U5
U6

图 8.4.5 串 / 并转换电路

8.4.2 移位寄存器构建计数器

计数器通常是时序逻辑电路，特别是接口电路的核心电路，因此，下面讨论如何利用移位寄存器设计计数器。在讨论移位寄存器构建计数器之前，先介绍后面需要使用的通用移位寄存器 74×194。

1. 通用移位寄存器 74×194

74×194 是 4 bit 的通用移位寄存器。图 8.4.6 为 74×194 逻辑符号，其内部逻辑电路如图 8.4.7 所示。表 8.4.1 为其功能表，功能表显示了该器件有四个基本功能。

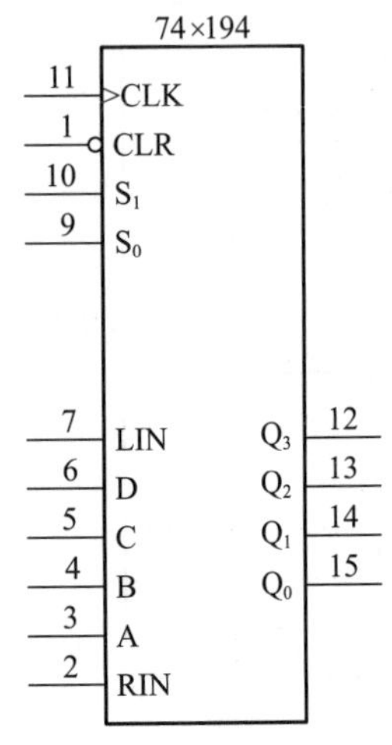

图 8.4.6 74×194 逻辑符号

表 8.4.1 74×194 功能表

功能	输入		下一状态			
	S_1	S_0	Q_0^*	Q_1^*	Q_2^*	Q_3^*
保持	**0**	**0**	Q_0	Q_1	Q_2	Q_3
右移位	**0**	**1**	RIN	Q_0	Q_1	Q_2
左移位	**1**	**0**	Q_1	Q_2	Q_3	LIN
装载预置值	**1**	**1**	A	B	C	D

当 S_1S_0=**00** 时，状态保持；当 S_1S_0=**01** 时，右移位，RIN 为移位输入，移位顺序为从 RIN 到 Q_0、Q_1、Q_2、Q_3；当 S_1S_0=**10** 时，左移位，LIN 为移位输入，移位顺序为从 LIN 到 Q_3、Q_2、Q_1、Q_0；当 S_1S_0=**11** 时，对输出置数，将预置的 $DBCA$，输出到 $Q_3Q_2Q_1Q_0$。74×194 的清零是异步清零。

下面讨论利用 74×194，来设计计数器。

2. 环形计数器

如图 8.4.8 所示电路是一个环形计数器电路图。将 Q_0 直接反馈回 LIN，电路设置为左移位，就构成了环形计数器。

下面分析计数顺序。

当复位信号为 **1** 时，S_1S_0=**11**，74×194 装载预置值，预置值为 **1000**，则 **1000** 作为计数顺序分析的第一个状态值。

由于 Q_0=**0**，所以 LIN=**0**，下一个状态为 **0100**，LIN=**0**，下一个状态为 **0010**，LIN=**0**，下一个状态为 **0001**，这时 LIN=**1**，因此，下一个状态又回到 **1000**，完成一个 4 状态的循环，这是一个

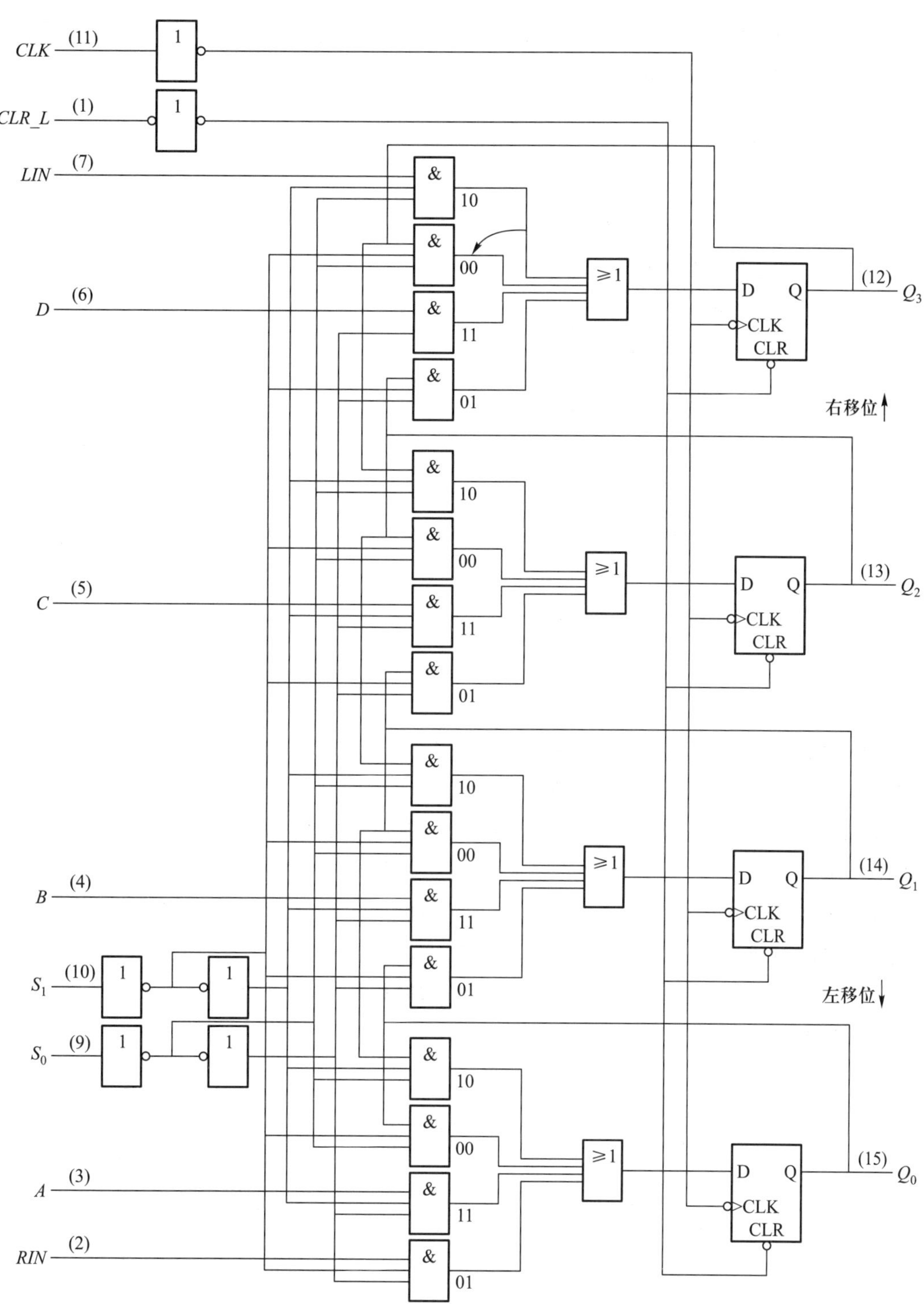

图 8.4.7　74×194 内部逻辑电路

模 4 的计数器。在这 4 个状态中，每个状态都只有一个 **1**，这是一个单个 **1** 循环的环形计数器。

图 8.4.9 为环形计数器的状态转移图。

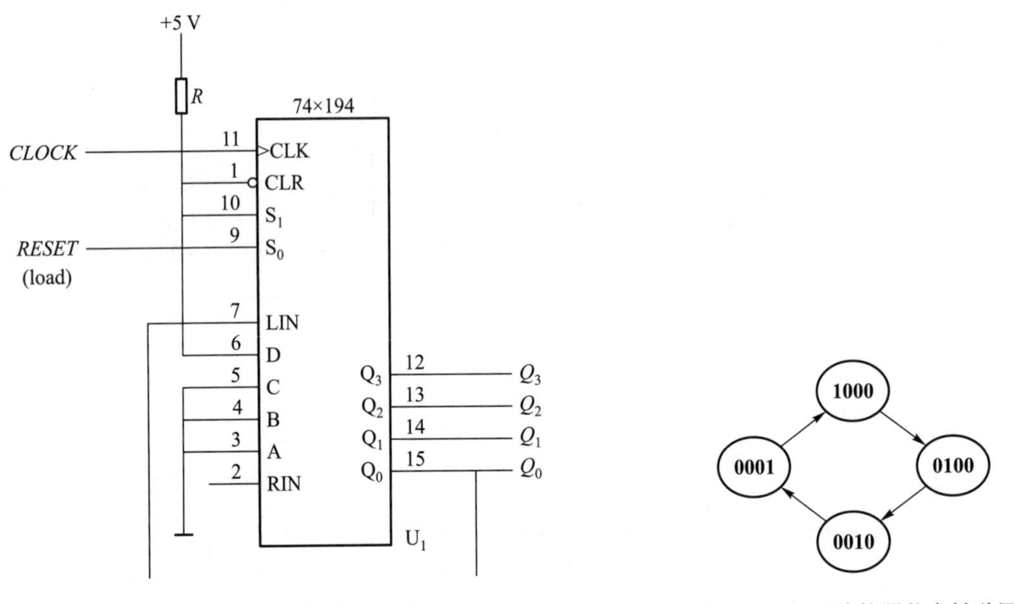

图 8.4.8　环形计数器电路图　　图 8.4.9　环形计数器状态转移图

1000 状态的下一个状态为 **0100**，**0100** 的下一个状态为 **0010**，**0010** 的下一个状态为 **0001**，**0001** 的下一个状态又回到了 **1000**，状态循环。

4 bit 寄存器有 16 个状态，环形计数器只有 4 个有效状态，还有 12 个状态没有用，如图 8.4.10 所示。下面分析一下没有用的这 12 个状态的情况。

假如现在是 **0011** 状态，下一个状态是 **1001**，**1001** 的下一个状态是 **1100**，**1100** 的下一个状态是 **0110**，**0110** 的下一个状态又回到了 **0011**，状态循环。

假如现在是 **0111** 状态，下一个状态是 **1011**，**1011** 的下一个状态是 **1101**，**1101** 的下一个状态是 **1110**，**1110** 的下一个状态又回到了 **0111**，状态循环。

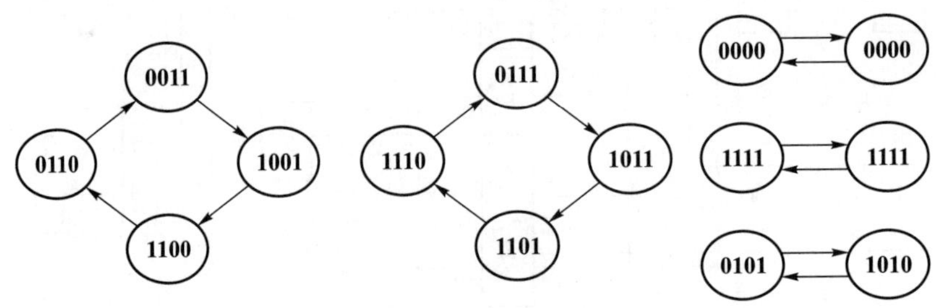

图 8.4.10　4 bit 环形计数器未用状态

假如是 **0000** 状态,则下一个状态还是 **0000**,实现自循环。

假如是 **1111** 状态,下一个状态也是自循环,仍然是 **1111**。

假如是 **0101** 状态,下一个状态是 **1010**,**1010** 的下一个状态是 **0101**,状态循环。

综上,如果环形计数器受到干扰,进入无效状态后,就不能回到有效循环中,电路不能自校正。如何让电路具有自校正能力呢?

为了解决环形计数器的自校正问题,需要将无效循环打破,让无效循环最后都能进入有效的循环。这样,电路就具有自校正能力。

对环形计数器的计数顺序重新进行分析。从 **1000** 开始,下一个状态为 **0100**,**0100** 的下一个状态为 **0010**,**0010** 的下一个状态为 **0001**,**0001** 的下一个状态为 **1000**,4 个状态循环。对于无效状态,例如 **0000** 状态,为了打破无效循环,需要修改反馈关系。这里将反馈修改为 **1**,这样,下一个状态就是 **1000**,进入了有效循环。

对于其他无效状态,反馈都为 **0**,后续状态,要么直接,要么间接可以进入有效循环状态。对于 **0011** 状态,下一个状态为 **0001**,进入了有效循环。对于 **0101**,下一个状态为 **0010**,进入了有效状态。对于 **0110** 和 **0111**,下一个状态均为 **0011**,再下一个状态为 **0001**,进入了有效循环。对于 **1001**,下一个状态为 **0100**,进入了有效循环。对于 **1010** 和 **1011**,下一个状态均为 **0101**,再下一个状态为 **0010**,进入了有效循环。对于 **1100** 和 **1101**,下一个状态均为 **0110**,通过 **0011**,进入 **0001** 有效状态。对于 **1110** 和 **1111**,下一个状态均为 **0111**,通过 **0011**,进入 **0001** 有效状态。计数顺序表如表 8.4.2 所示。

表 8.4.2 计数顺序表

Q_3	Q_2	Q_1	Q_0	LIN	Q_3	Q_2	Q_1	Q_0	LIN
1	**0**	**0**	**0**	**0**	**0**	**1**	**1**	**1**	**0**
0	**1**	**0**	**0**	**0**	**1**	**0**	**0**	**1**	**0**
0	**0**	**1**	**0**	**0**	**1**	**0**	**1**	**0**	**0**
0	**0**	**0**	**1**	**1**	**1**	**0**	**1**	**1**	**0**
0	**0**	**0**	**0**	**1**	**1**	**1**	**0**	**0**	**0**
0	**0**	**1**	**1**	**0**	**1**	**1**	**0**	**1**	**0**
0	**1**	**0**	**1**	**0**	**1**	**1**	**1**	**0**	**0**
0	**1**	**1**	**0**	**0**	**1**	**1**	**1**	**1**	**0**

这样修正反馈关系后,仍然有 4 个有效状态,但是,反馈关系变为 $LIN=Q_3'Q_2'Q_1'$,这就是修正后的反馈方程。

图 8.4.11 所示是一个自校正单 **1** 循环环形计数器电路图。

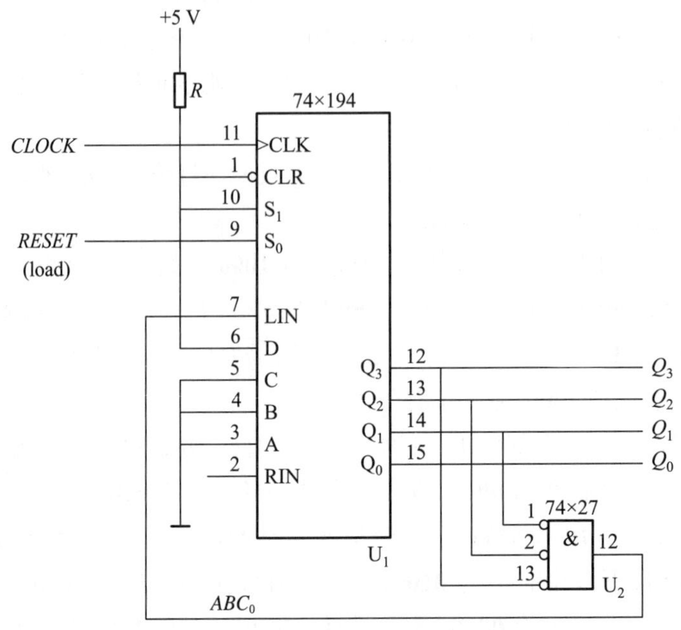

图 8.4.11　自校正单 **1** 循环环形计数器电路图

图 8.4.12 所示是具有自校正功能的环形计数器的状态图。有效循环是 **1000** → **0100** → **0010** → **0001**，然后回到 **1000**。**0000** 到 **1000**；**1001** 到 **0100**；**0101** 到 **0010**；**0011** 到 **0001**；**1010** 和 **1011** 通过 **0101** 到 **0010**；**0111** 和 **0110** 通过 **0011** 到 **0001**；**1111** 和 **1110** 通过 **0111** 到 **0011** 再到 **0001**；**1101** 和 **1100** 通过 **0110** 到 **0011** 再到 **0001**。最后都能进入 4 个状态的有效循环。

前面讨论的是单个 **1** 循环的环形计数器。如何实现单个 **0** 循环的环形计数器呢?

仍然从表 8.4.3 所示的计数顺序表开始讨论。

假设初始状态为 **0111**，下一个状态为 **1011**，**1011** 的下一个状态为 **1101**，**1110** 的下一个状态为 **1111**，由于反馈为 **0**，下一个状态为 **0111**，状态循环。

为了解决自校正问题，对于 **1111** 状态，令反馈为 **0**，则下一个状态为 **0111**，进入了有效循环状态。对于其他的无效状态，我们仿效前面的处理方法，令反馈都为 **1**，这样，后续状态，要么直接进入有效循环状态，要么间接进入有效循环状态。最后，所用无效状态都能进入有效循环状态。这样处理后，仍然是 4 个有效状态循环，反馈方程为 $LIN=(Q_3Q_2Q_1)'$。

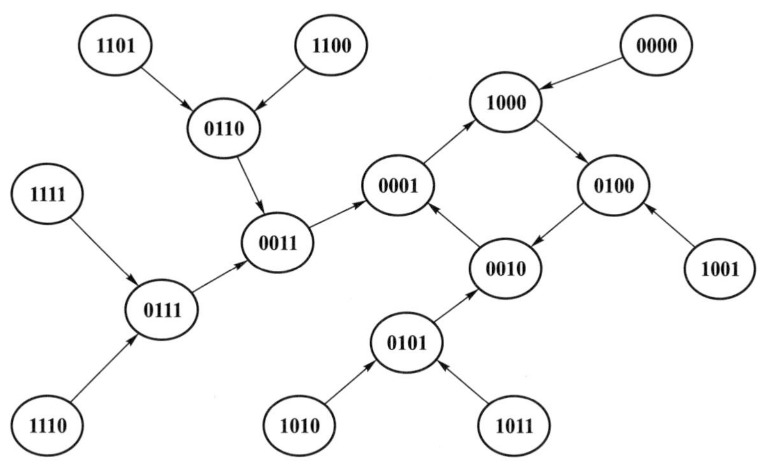

图 8.4.12 具有自校正功能的环形计数器的状态图

表 8.4.3 计数顺序表

Q_3	Q_2	Q_1	Q_0	LIN	Q_3	Q_2	Q_1	Q_0	LIN
0	**1**	**1**	**1**	**1**	**1**	**0**	**0**	**1**	**1**
1	**0**	**1**	**1**	**1**	**1**	**0**	**0**	**0**	**1**
1	**1**	**0**	**1**	**1**	**0**	**1**	**1**	**0**	**1**
1	**1**	**1**	**0**	**0**	**0**	**1**	**0**	**1**	**1**
1	**1**	**1**	**1**	**0**	**0**	**1**	**0**	**0**	**1**
1	**1**	**0**	**1**	**1**	**0**	**0**	**1**	**1**	**1**
1	**1**	**0**	**0**	**1**	**0**	**0**	**1**	**0**	**1**
1	**0**	**1**	**0**	**1**	**0**	**0**	**0**	**0**	**1**

图 8.4.13 所示电路是一个单个 **0** 循环的具有自校正功能的环形计数器。

3. 扭环形计数器

环形计数器只具有 4 个有效状态，其他 12 个状态均为无效状态。如何提高利用移位寄存器构建的计数器的有效状态数呢？可以采用扭环形计数器这种形式。

扭环形计数器的电路结构如图 8.4.14 所示。在原始的环形计数器的基础上，将 Q_0 取反，反馈到 LIN 端，这样就构成了扭环形计数器。反馈方程为：$LIN=Q_0'$。

下面来分析扭环形计数器的计数顺序表，如表 8.4.4 所示。

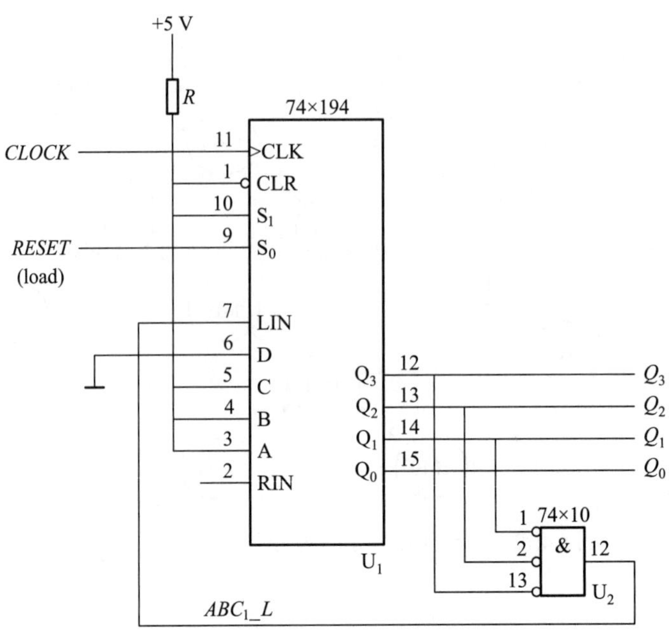

图 8.4.13 单个 **0** 循环的具有自校正功能的环形计数器

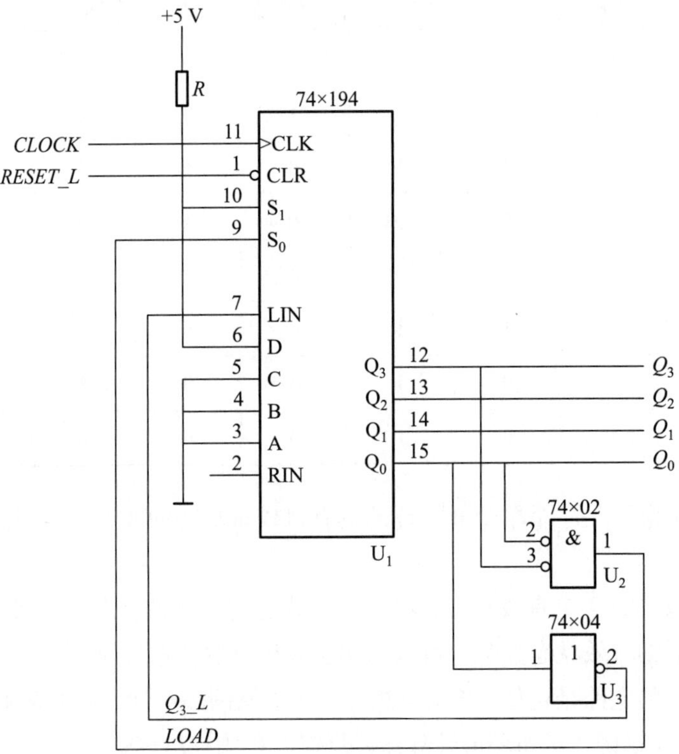

图 8.4.14 扭环形计数器电路结构

表 8.4.4 扭环形计数器计数顺序表

Q_3	Q_2	Q_1	Q_0	LIN	S_0	Q_3	Q_2	Q_1	Q_0	LIN	S_0
0	**0**	**0**	**0**	**1**	d	**0**	**0**	**1**	**0**	**1**	**1**
1	**0**	**0**	**0**	**1**	**0**	**1**	**0**	**0**	**1**	**0**	d
1	**1**	**0**	**0**	**1**	**0**	**0**	**1**	**0**	**0**	**1**	d
1	**1**	**1**	**0**	**1**	**0**	**1**	**0**	**1**	**0**	**1**	d
1	**1**	**1**	**1**	**0**	**0**	**1**	**1**	**0**	**1**	**0**	d
0	**1**	**1**	**1**	**0**	**0**	**0**	**1**	**1**	**0**	**1**	d
0	**0**	**1**	**1**	**0**	**0**	**1**	**0**	**1**	**1**	**0**	d
0	**0**	**0**	**1**	**0**	**0**	**0**	**1**	**0**	**1**	**0**	d

复位清零后，初始状态为 **0000**。根据反馈关系，后续的状态依次为 **1000**、**1100**、**1110**、**1111**、**0111**、**0011**、**0001**，最后回到 **0000**，状态循环。即共有 8 个有效状态。

无效状态，如 **0010**，根据反馈关系，后续的状态依次为 **1001**、**0100**、**1010**、**1101**、**0110**、**1011**、**0101**，最后回到 **0010**，状态循环。8 个无效状态也循环了。

如果受到干扰，进入到无效状态，则不能回到有效循环状态，电路不具有自校正能力。

如果要实现自校正功能，需要打破无效循环，使其进入有效循环。打破无效循环的方法有多种，可以参考前面的处理方法，修正反馈方程，也可以利用预置功能，强制无效状态进入有效循环状态。

修改 **0010** 的反馈关系，令反馈为 **0**，则下一个状态为 **0001**，进入有效循环状态。其他无效状态的反馈关系不变，最后都会通过 **0010** 状态进入有效循环状态。修正的反馈方程为 $LIN=(Q_1'+Q_2+Q_3)Q_0'$，这样的扭环形计数器就具有了自校正能力。

前面采用的是修改反馈方程的方法，以达到自校正的目的，也可以采用预置功能，利用反馈预置方程来实现自校正。

仍然从计数顺序表的分析入手。复位后的初始状态为 **0000**，由于 S_1=**1**，所以 S_0=**0** 表示左移位，根据初始的扭环形计数器的反馈关系，则有计数顺序依次为 **0000** 到 **1000**、**1100**、**1110**、**1111**、**0111**、**0011**、**0001**，然后回到 **0000**，状态循环。

对于无效状态 **0010**，如果此时 S_0=**1**，寄存器预置数据，强制预置到有效状态，如 **1000** 状态，那么后续状态无论是否预置，按照反馈关系，最后都会回到 **0010** 状态，然后强制进入 **1000** 有效状态。这样就打破了无效循环。反馈预置的 S_0 的方程为：$S_0=Q_3'Q_2'Q_1Q_0'$。

对于 **0000** 状态，S_0=**0** 和 S_0=**1**，下一个状态都是 **1000** 状态，也可以将此时对应的 S_0 输出的值看作无关项。因此，在考虑无关项后，根据卡诺图，我们可以获得更简单的反馈预置方程：$S_0=Q_3'Q_0'$。

这样，电路就是一个具有8个有效状态的能自校正的扭环形计数器。

4. 线性反馈移位寄存器计数器

扭环形计数器具有8个有效状态，但它仍然有8个无效状态。为了进一步提高利用移位寄存器构建的计数器的有效状态数，可以采用线性反馈移位寄存器计数器（linear feedback shift register counter，LFSR）。

如果是 $n$bit 的移位寄存器，采样这种方法可以获得 (2^n-1) 个非零有效状态。这样就可以充分利用移位寄存器的输出状态。利用LFSR，可以实现最大长度序列发生器，也可以实现随机数发生电路。

实现LFSR最关键的是获得反馈方程。如表8.4.5所示是 $n$bit 移位寄存器构建LFSR的反馈方程表。根据反馈方程表，可以实现 $n$bit 的LFSR。

表8.4.5　LFSR反馈方程表

n	反馈方程表	n	反馈方程表
2	$X_2=X_1\oplus X_0$	12	$X_{12}=X_6\oplus X_4\oplus X_1\oplus X_0$
3	$X_3=X_1\oplus X_0$	16	$X_{16}=X_5\oplus X_4\oplus X_3\oplus X_0$
4	$X_4=X_1\oplus X_0$	20	$X_{20}=X_3\oplus X_0$
5	$X_5=X_2\oplus X_0$	24	$X_{24}=X_7\oplus X_2\oplus X_1\oplus X_0$
6	$X_6=X_1\oplus X_0$	28	$X_{28}=X_3\oplus X_0$
7	$X_7=X_3\oplus X_0$	32	$X_{32}=X_{22}\oplus X_2\oplus X_1\oplus X_0$
8	$X_8=X_4\oplus X_3\oplus X_2\oplus X_0$		

3 bit 的LFSR计数器电路图如图8.4.15所示。

先来看看计数顺序表，如表8.4.6所示。根据反馈方程表，可以得到3 bit 的LFSR的反馈方程为 $X_3=X_1\oplus X_0$，也就是 $LIN=X_1\oplus X_0$。

复位时，装载的初始状态为**100**，根据反馈关系，后续状态依次为**010**，**101**，**110**，**111**，**011**，**001**，然后回到**100**，状态循环。

无效状态为**000**，根据反馈关系，下一个状态仍然为**000**，电路不能自校正。

这个LFSR电路具有7个非零状态。

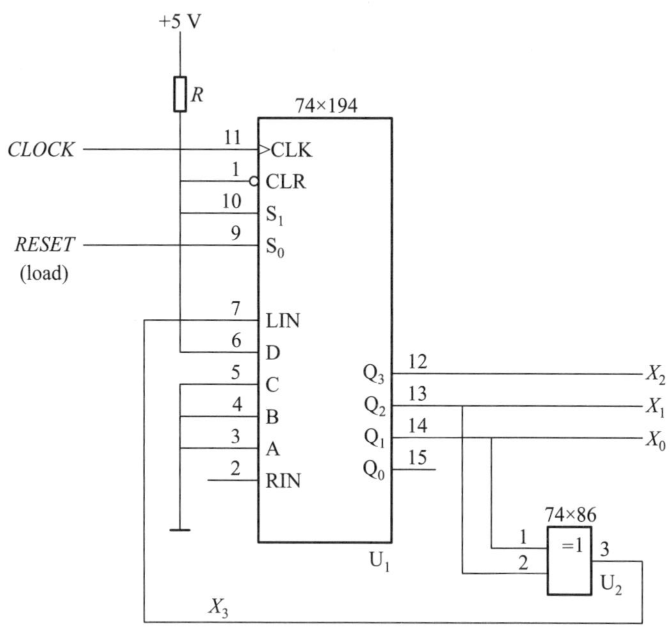

图 8.4.15 3 bit LFSR 计数器电路图

表 8.4.6 计数顺序表

X_2	X_1	X_0	$X_3(LIN)$	X_2	X_1	X_0	$X_3(LIN)$
1	**0**	**0**	**0**	**1**	**1**	**1**	**0**
0	**1**	**0**	**1**	**0**	**1**	**1**	**0**
1	**0**	**1**	**1**	**0**	**0**	**1**	**1**
1	**1**	**0**	**1**	**0**	**0**	**0**	**0**

怎样实现自校正呢？如果将 **000** 状态也归入有效循环，那么，既扩展了计数器的状态数，又解决了自校正问题。

仍然从计数顺序表分析入手。

如果修改 **001** 状态的反馈关系，将其修改为 **0**，则下一个状态为 **000**，**000** 状态的反馈如果为 1，则其下一个状态为 **100**，状态循环。这样，3 bit 的移位寄存器构成的 LFSR 计数器就具有了 8 个有效循环状态，如表 8.4.7 所示。

表 8.4.7　修改后的计数顺序表

X_2	X_1	X_0	$X_3(LIN)$	X_2	X_1	X_0	$X_3(LIN)$
1	**0**	**0**	**0**	**1**	**1**	**1**	**0**
0	**1**	**0**	**1**	**0**	**1**	**1**	**0**
1	**0**	**1**	**1**	**0**	**0**	**1**	**0**
1	**1**	**0**	**1**	**0**	**0**	**0**	**1**

根据计数顺序表,可以得到修正后的反馈方程:$LIN=X_1X_0'+X_2'X_0'+X_2X_1'X_0$。逻辑变形后,可得到 $LIN=(X_1\oplus X_0)\oplus(X_2'X_1')$。

如图 8.4.16 所示电路,就是 3 bit 移位寄存器构成的具有 8 个有效状态的 LFSR 计数器。该计数器具有自校正能力。

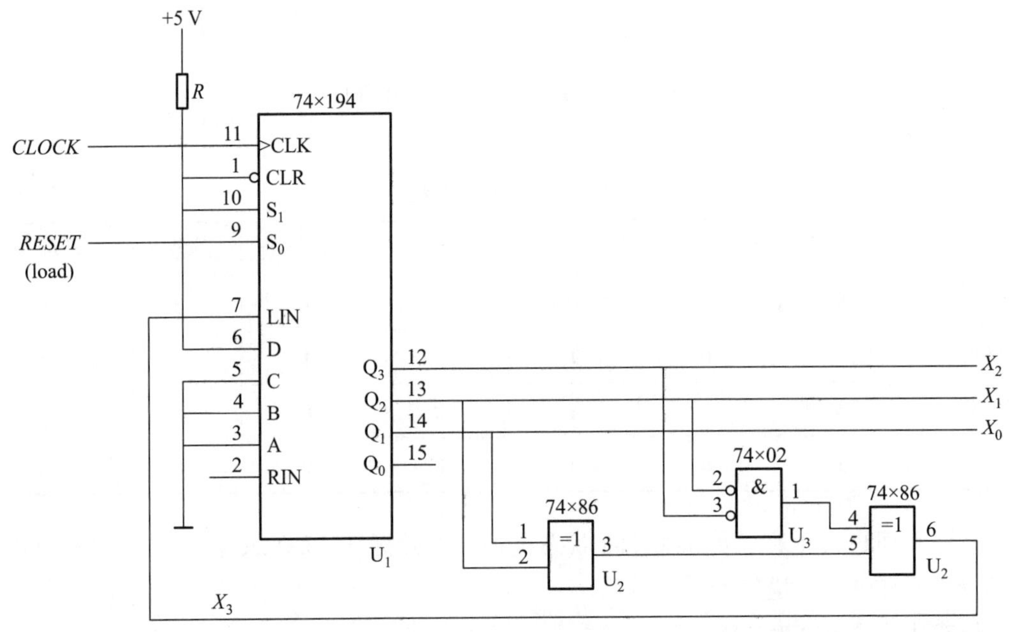

图 8.4.16　具有自校正能力的 3 bit LFSR 计数器

LFSR 计数器的反馈关系不是唯一的,可以获得不同的反馈方程。虽然反馈方程不一样,但是,反馈方程的形式是类似的,每一个触发器输出的状态序列是类似的,这就是 LFSR 计数器的共同特点。

思考题

1. 如何解决环形计数器的自校正问题?
2. 分析图题 8.4.2 电路的功能,写出反馈方程。

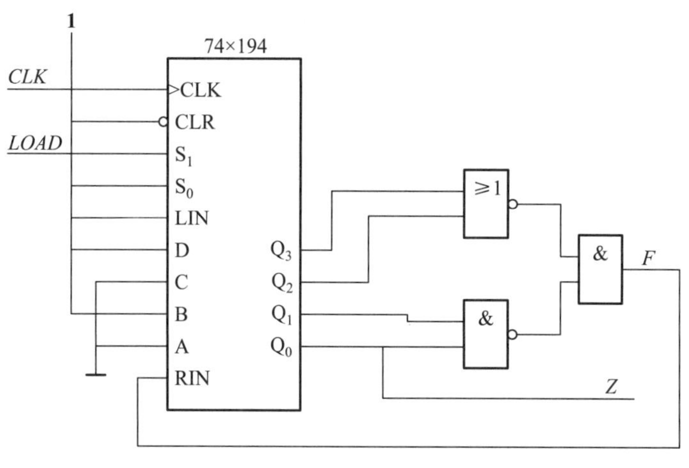

图题 8.4.2

3. 一个 $n$bit 环形计数器有(　　)个没有用到的状态。

   A. n　　B. $2n$　　C. 2^n-n　　D. 2^n-2n

4. 一个模 10 的扭环形计数器需要(　　)个触发器。

   A. 10　　B. 4　　C. 5　　D. 12

5. 8 bit 环形计数器有________个有效状态。如果我们想实现相同有效状态,需要________bit 的扭环形计数器。

8.5 迭代电路和时序逻辑电路

时序逻辑电路有时也可以看作是组合逻辑电路的一种优化。例如,组合逻辑电路中的迭代电路,就可以用时序逻辑电路来进行空间优化。

8.5.1 迭代电路时序化

如图 8.5.1 所示是多位迭代逻辑比较器。每一级比较器的内部结构如图 8.5.2 所示。如果比较器比较的位数较大,例如,比较器需要比较两个 32 位数据的异同,则要 32 个比较单

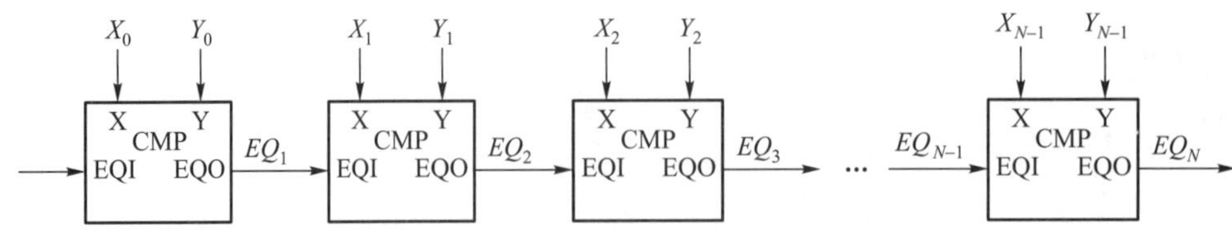

图 8.5.1　多位迭代逻辑比较器

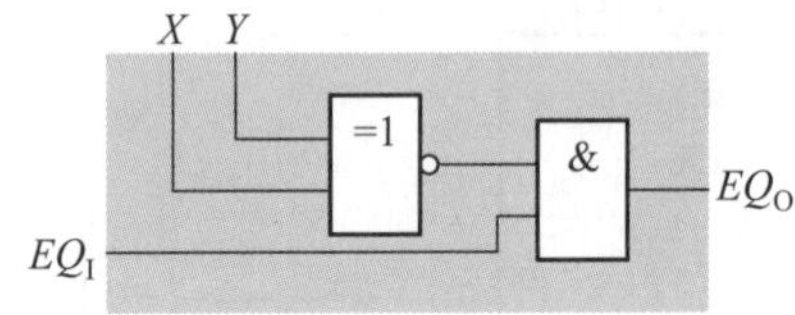

图 8.5.2　每一级比较器的内部结构

元，需要 32 个**异或非**门和 32 个**与**门，电路结构复杂。

如图 8.5.3 所示是多位迭代加法器。每一级加法器的内部结构如图 8.5.4 所示。如果相加的数据位数较大，例如，需要对两个 32 位数据相加，按照迭代电路结构，需要 64 个**异或**门，96 个**与**门以及 32 个**或**门，电路的结构也较复杂。

迭代电路时序化的优点是结构简单，电路所占空间小，只需要一个基本电路，通过时序控制，完成复用，因此便于集成。但是，处理的时延增大，控制逻辑相对复杂。

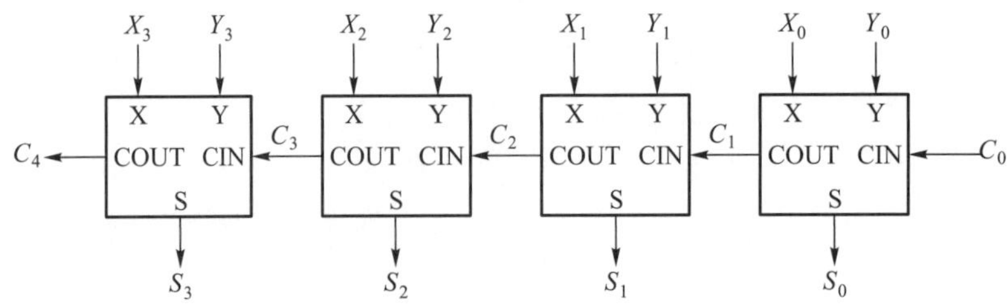

图 8.5.3　多位迭代加法器

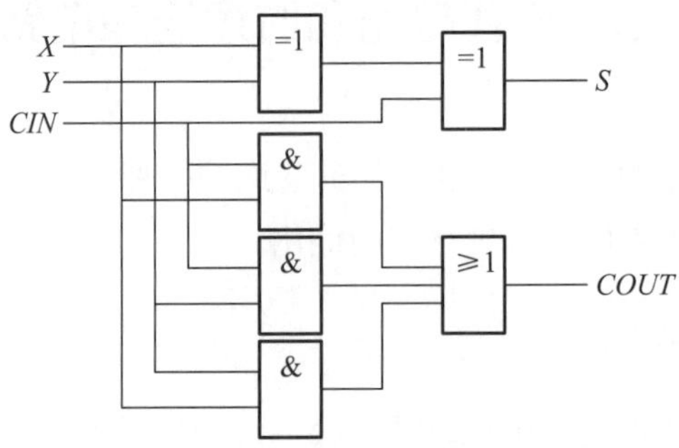

图 8.5.4　每一级加法器的内部结构

如图 8.5.5 所示是迭代电路时序化的框图。一个迭代电路基本电路,加上状态存储和反馈电路,就可以将迭代电路时序化。

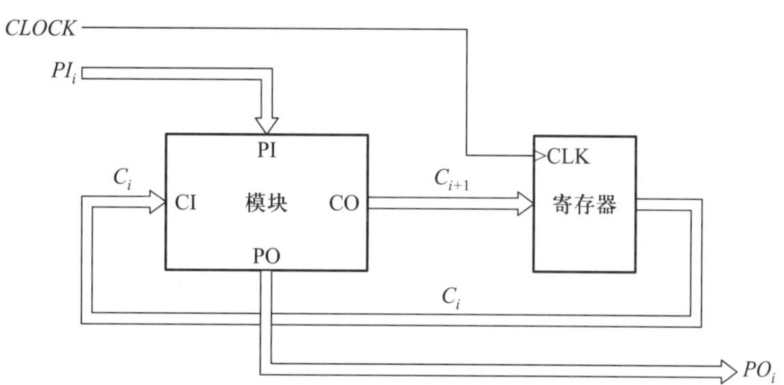

图 8.5.5 迭代电路时序化框图

串行逻辑比较器如图 8.5.6 所示。在迭代逻辑比较器的基本电路的基础上,增加一个 D 触发器,将比较结果反馈,在时序节拍控制下,参与下一组数据的比较。比较数据的长度可以任意。但是,随着比较数据长度的增加,输出最后结果的延时也增加,因此处理速度相对较慢。

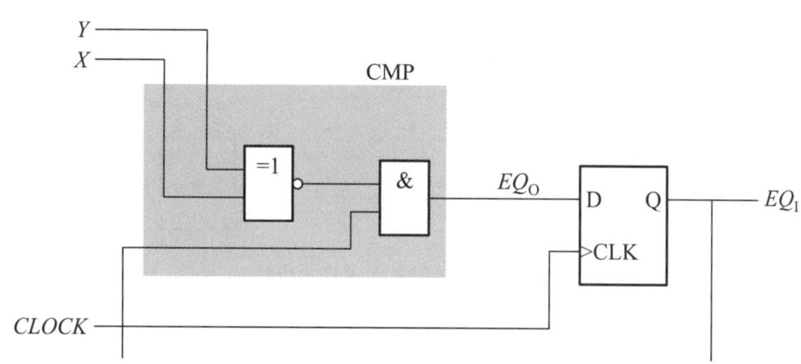

图 8.5.6 串行逻辑比较器

串行加法器如图 8.5.7 所示。与串行比较器类似,在基本迭代加法器电路的进位输出后,增加一个 D 触发器,将进位反馈到加法器的进位输入,参与下一组数据的计算。同样,计算长度可以任意,但是处理速度较慢。

视频 8.5.1

可以根据实际需求,采用迭代电路或将迭代电路时序化。

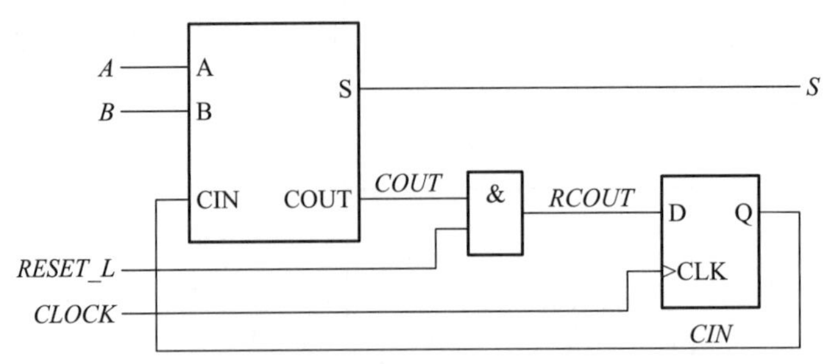

图 8.5.7　串行加法器

8.5.2　基本迭代模块的设计方法

以设计迭代算术比较器为例。算术比较器与之前的逻辑比较器不一样的地方在于需要给出被比较的两个数据的大小，而大小的表示有三种情况，分别是等于、大于和小于。迭代算术比较器与迭代逻辑比较器比较顺序也不一样，通常是从最低位开始比较。参照同步状态机的设计，可以将这三种情况定义为三个状态 S_0, S_1, S_2，作为基本迭代模块传递的状态，三个状态至少需要 2 bit 才能表达。既然是状态传递，一个迭代基本模块就需要有本级的比较数据输入（2 bit）、前一级的比较结果输入（2 bit）以及本级比较的结果输出（2 bit）。如图 8.5.8 所示是迭代算术比较器。x_i、y_i 为比较输入数据，a_i、b_i 为前一级比较结果输入，a_{i+1}、b_{i+1} 为本级比较结果输出。最后 Z_1=**1** 表示 $X<Y$、Z_2=**1** 表示 $X=Y$、Z_3=**1** 表示 $X>Y$。

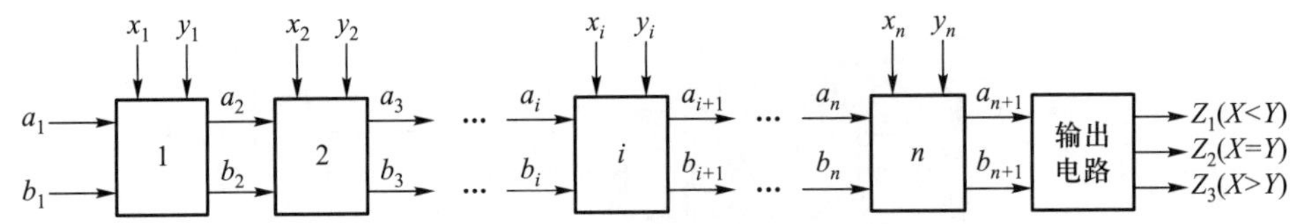

图 8.5.8　迭代算术比较器

下面来建立一个基本迭代模块中 x_i、y_i、a_i、b_i、a_{i+1}、b_{i+1} 的逻辑关系，以及最后 Z_1、Z_2 和 Z_3 的逻辑表达。迭代算术比较器状态表如表 8.5.1 所示。

表 8.5.1　迭代算术比较器状态表

		S_{i+1}						
	S_i	x_iy_i=**00**	**01**	**11**	**10**	Z_1	Z_2	Z_3
$X=Y$	S_0	S_0	S_2	S_0	S_1	**0**	**1**	**0**
$X>Y$	S_1	S_1	S_1	S_1	S_1	**0**	**0**	**1**
$X<Y$	S_2	S_2	S_2	S_2	S_2	**1**	**0**	**0**

定义 a_ib_i=**00** 表示 S_0，a_ib_i=**01** 表示 S_1，a_ib_i=**10** 表示 S_2，可以获得如表 8.5.2 所示迭代算术比较器转换表。

表 8.5.2 迭代算术比较器转换表

		$a_{i+1}b_{i+1}$						
a_i	b_i	x_iy_i=**00**	**01**	**11**	**10**	Z_1	Z_2	Z_3
0	**0**	**00**	**10**	**00**	**01**	**0**	**1**	**0**
0	**1**	**01**	**01**	**01**	**01**	**0**	**0**	**1**
1	**0**	**10**	**10**	**10**	**10**	**1**	**0**	**0**

根据表 8.5.2，可以获得 a_{i+1} 和 b_{i+1} 的卡诺图，如图 8.5.9 所示。

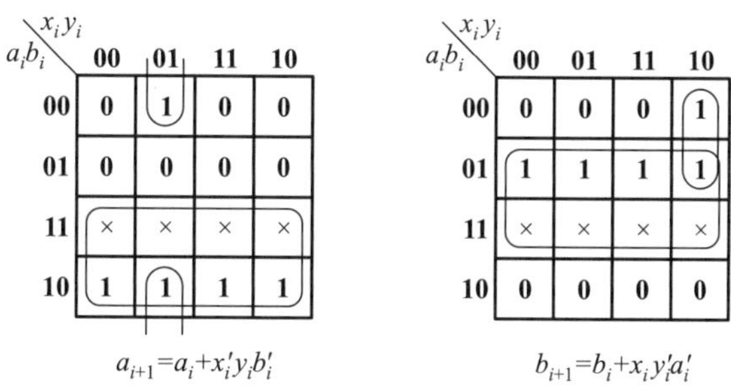

图 8.5.9 a_{i+1} 和 b_{i+1} 的卡诺图

$a_{i+1}=a_i+x_i'y_ib_i'$，$b_{i+1}=b_i+x_iy_i'a_i'$，由这两个表达式，可以得到迭代算术比较器基本模块的内部电路结构图，如图 8.5.10 所示。

根据之前的定义，很容易获得 Z_1、Z_2 和 Z_3 的逻辑关系，如图 8.5.11 所示。

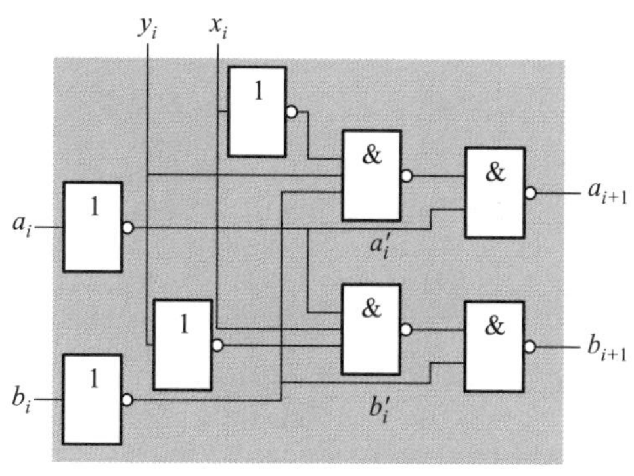

图 8.5.10 迭代算术比较器基本模块内部电路结构图

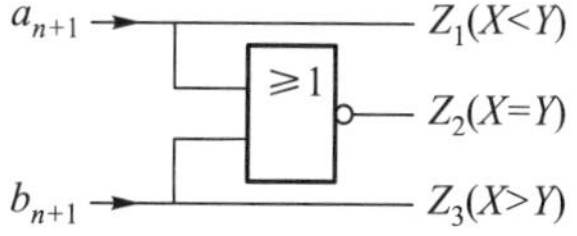

图 8.5.11 Z_1、Z_2 和 Z_3 的逻辑关系

思考题

迭代电路与时序逻辑电路的区别和联系是什么？

8.6 序列发生器的设计

序列发生器是时序逻辑电路的一个基本应用，是产生一系列特殊需求的串行二进制数据的电路，广泛应用于测量、通信和控制领域。

序列发生器的构成有两种形式，第一种形式是计数器 + 组合逻辑电路；第二种形式，就是利用移位寄存器构成的最大长度序列发生器。

8.6.1 计数器 + 组合逻辑电路

例如，产生 **110001001110** 序列。先利用第一种形式实现，即计数器 + 组合逻辑电路的结构。根据序列的长度，有 12 位，因此需要设计一个模 12 的计数器。

计数器的实现方法可以是计数器模块，也可以采用移位寄存器构成计数器。这里先讨论利用计数器模块实现计数器，进而实现序列发生器的方法。

利用 74×163，采用反馈清零法，设计一个模 12 的计数器。

计数顺序表如表 8.6.1 所示。每个计数状态对应一位需要输出的二进制数。**0000** 对应输出为 **1**，**0001** 对应输出为 **1**，**0010** 对应输出为 **0**，以此类推，最后 **1011** 对应输出为 **0**，其余状态则为无关项。

表 8.6.1 计数顺序表

Q_3	Q_2	Q_1	Q_0	F	Q_3	Q_2	Q_1	Q_0	F
0	**0**	**0**	**0**	**1**	**1**	**0**	**0**	**0**	**1**
0	**0**	**0**	**1**	**1**	**1**	**0**	**0**	**1**	**1**
0	**0**	**1**	**0**	**0**	**1**	**0**	**1**	**0**	**1**
0	**0**	**1**	**1**	**0**	**1**	**0**	**1**	**1**	**0**
0	**1**	**0**	**0**	**0**	**1**	**1**	**0**	**0**	d
0	**1**	**0**	**1**	**1**	**1**	**1**	**0**	**1**	d
0	**1**	**1**	**0**	**0**	**1**	**1**	**1**	**0**	d
0	**1**	**1**	**1**	**0**	**1**	**1**	**1**	**1**	d

如图 8.6.1 所示为 74×163 和 74×151 构成的序列发生器。

视频 8.6.1

图 8.6.1 中，$Q_3Q_2Q_1$ 为 74×151 的数据选择输入。根据 F 和 Q_0 的关系，完成 74×151 的数据输入。这样，74×151 的输出 Y 就是需要的序列 F。

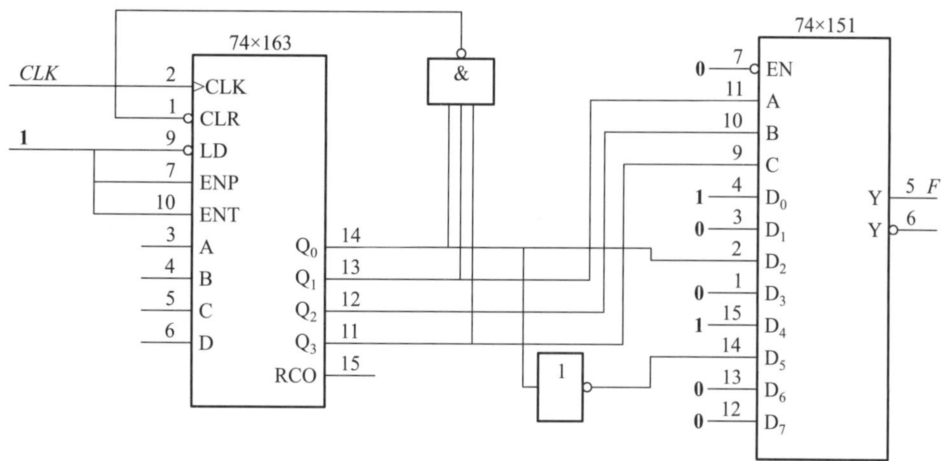

图 8.6.1 利用 74×163 和 74×151 构成的序列发生器

利用 74×194 的移位和预置功能，可以实现模 12 的计数器，计数顺序表如表 8.6.2 所示。假设 74×194 的 S_1=**1**，S_0=**0** 是左移位，S_0=**1** 是数据预置。在移位过程中 S_0 始终为 **0**，直到需要预置初值。

表 8.6.2 移位寄存器构成的模 12 计数器的计数顺序表

Q_3	Q_2	Q_1	Q_0	LIN	S_0	F	Q_3	Q_2	Q_1	Q_0	LIN	S_0	F
0	**0**	**0**	**0**	**1**	**0**	**1**	**0**	**0**	**1**	**0**	**1**	**0**	**1**
0	**0**	**0**	**1**	**1**	**0**	**1**	**0**	**1**	**0**	**1**	**1**	**0**	**1**
0	**0**	**1**	**1**	**1**	**0**	**0**	**1**	**0**	**1**	**1**	**0**	**0**	**1**
0	**1**	**1**	**1**	**1**	**0**	**0**	**0**	**1**	**1**	**0**	**1**	**1**	**0**
1	**1**	**1**	**1**	**0**	**0**	**0**	**1**	**1**	**0**	**1**	d	d	d
1	**1**	**1**	**0**	**0**	**0**	**1**	**0**	**1**	**0**	**0**	d	d	d
1	**1**	**0**	**0**	**1**	**0**	**0**	**1**	**0**	**0**	**0**	d	d	d
1	**0**	**0**	**1**	**0**	**0**	**0**	**1**	**0**	**1**	**0**	d	d	d

若预置的初值为 **0000**,此时反馈为 **1**,下一个状态为 **0001**,反馈仍然为 **1**,下一个状态为 **0011**,反馈关系如表 8.6.2 所示,后续状态依次为 **0111**,**1111**,**1110**,**1100**,**1001**,**0010**,**0101**,**1011**,**0110**,这时 S_0=**1**,数据预置 **0000**,状态强制循环。每个状态,对应于一位需要输出的二进制数。这和前面讨论的类似。其他未用状态则为无关项。因此,根据计数顺序表,获得反馈方程 $LIN=Q_0'+Q_2'Q_3'$,反馈预置方程 $S_0=Q_0'Q_1Q_3'$,输出 F 的真值表。

根据反馈方程、反馈预置方程和输出真值表,就能实现所需要的序列发生器电路图。

如图 8.6.2 所示为利用 74 × 194 和 74 × 151 构成的序列发生器。利用 74 × 151,根据输出 F 的卡诺图,实现输出逻辑。74 × 151 的输出 F 就是需要产生的序列。

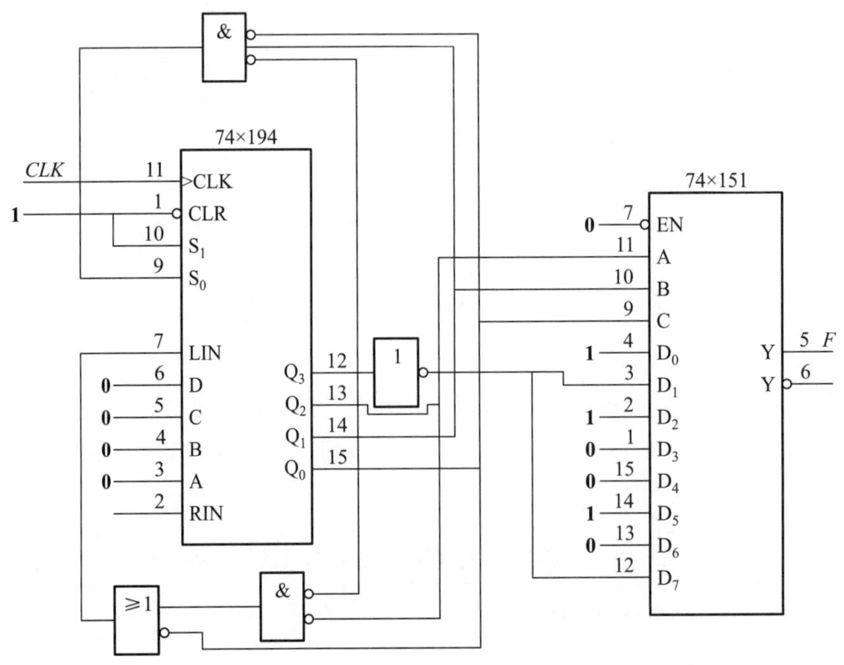

图 8.6.2 利用 74 × 194 和 74 × 151 构成的序列发生器

还有 4 个未用状态,需要进行状态检查,看看状态是否会在无效状态中循环。根据反馈方程和反馈预置方程,**0100** 状态的下一个状态为 **1001** 有效状态;**1000** 的下一个状态为 **0001** 有效状态,**1010** 的下一个状态为 **0100**,进而是 **1001**,**1101** 的下一个状态为 **1010**,然后是 **0100**,最后是 **1001**,所有未用状态最后都会进入有效循环状态,所以电路是具有自校正能力的。

8.6.2 移位寄存器构成的最大长度序列发生器

最大长度序列发生器的实现过程如下。在状态推演表中,先将需要实现的序列列出来。

先来看看1位移位寄存器能否实现此序列。将所列序列循环移一位,如表8.6.3所示,形成Q_3的输出。此时第1行,Q_3=**1**时,F=**1**,而第5行,Q_3=**1**时,F=**0**,这是矛盾的。因此,1位移位寄存器不可能实现此序列。

表8.6.3 状态推演表

Q_0	Q_1	Q_2	Q_3	$LIN(F)$	Q_0	Q_1	Q_2	Q_3	$LIN(F)$
0	**0**	**0**	**1**	**1**	**1**	**0**	**1**	**1**	**1**
1	**0**	**0**	**0**	**1**	**1**	**1**	**0**	**1**	**1**
0	**1**	**0**	**0**	**0**	**0**	**1**	**1**	**0**	**1**
0	**0**	**1**	**0**	**0**	**0**	**0**	**1**	**1**	**0**
1	**0**	**0**	**1**	**0**	**0**	**1**	**0**	**1**	**1**
1	**1**	**0**	**0**	**1**	**1**	**0**	**1**	**0**	**0**
1	**1**	**1**	**0**	**0**	**0**	**0**	**0**	**0**	**1**
0	**1**	**1**	**1**	**0**	**1**	**1**	**1**	**1**	**0**

按照同样的方法,对Q_3循环移一位,如表8.6.3所示,形成Q_2的输出。同样,对于第1行,Q_2Q_3=**01**,F=**1**,而第5行,Q_2Q_3=**01**,F=**0**,仍然矛盾。因此,2位移位寄存器也不能实现此序列。

同样,对Q_2循环移一位,形成Q_1的输出。对于第1行,$Q_1Q_2Q_3$=**001**,F=**1**,而第5行,$Q_1Q_2Q_3$也等于**001**,F=**0**,矛盾。因此,3位移位寄存器同样不能实现这个序列。

对Q_1按同样的方法循环移一位,形成Q_0的输出,这时,没有再发现相同的状态输出不一致的情况,即没有矛盾的地方,因此,4位移位寄存器可以产生所需要的序列。

注意:左移位的顺序是从最下面的状态**0011**开始的。

根据这个计数顺序表或状态转移表,可以获得输出F的表达式。F既是输出,又是移位反馈,其他未用状态作为无关项。

由于还有4个状态未用,所以需要进行状态检查。根据反馈关系进行状态检查。**0000**的下一个状态为有效状态**0001**,**1111**的下一个状态是**1110**。

0101的下一个状态是**1010**,**1010**的下一个状态是**0101**,也就是说,无效状态循环了,而我们需要将这个循环打破。将**0101**对应的输出强制为**1**,这样,**0101**的下一个状态为有效状态**1011**。而**1010**下一个状态为**0101**,最后也能进入有效状态**1011**。电路可以自校正。利用74×194和74×151实现4输入组合逻辑设计,构成最大长度序列发生器,其电路如图8.6.3所示。

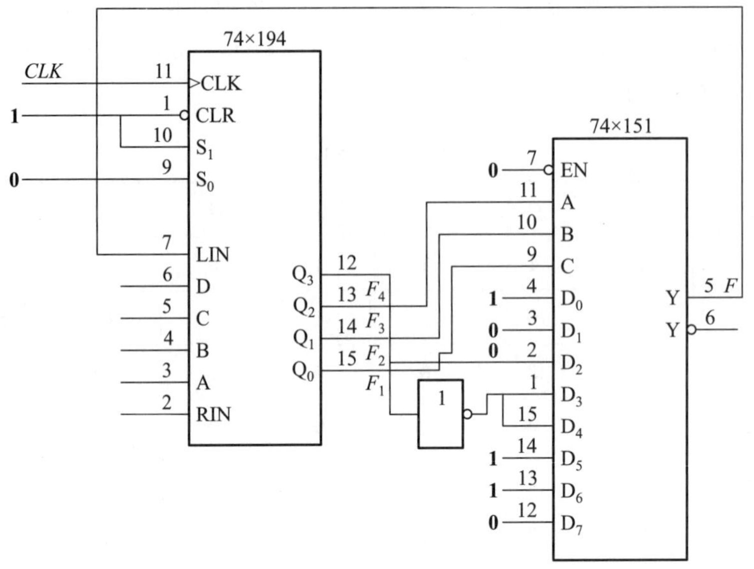

图 8.6.3 利用 74 × 194 和 74 × 151 构成最大长度序列发生器的电路

思考题

1. 如何利用移位寄存器实现序列 **00100** 的产生？
2. 利用 74×194 和 74×151 实现 **11010010** 序列发生器，需要用两种方法实现。
3. 利用移位寄存器设计一个 **00001111** 串行序列发生器，最少需要的触发器个数是(　　)。
   A. 3 个　　B. 4 个　　C. 5 个　　D. 8 个

练 习 题

1. 请写出图题 8.6.1 的计数顺序。

2. 设计一个同步时序逻辑电路，该电路有时钟输入 CLK 以及 N_3、N_2、N_1 和 N_0 四个输入，表示 0~15 的整数。电路只有一个输出 Z。当 N=1 时，Z 对时钟进行 16 分频，即每 16 个时钟周期输出 1 个 Z 周期；当 N=2 时，Z 对时钟进行 8 分频，即每 16 个时钟周期输出 2 个 Z 周期，以此类推，Z 输出信号的占空比尽量均匀。(提示，取样组合逻辑电路和 74×163 构成一个自由运行的模 16 计数器)

3. 利用 74×169 和最多一个 SSI 组件设计一个模 16 的计数器，计数顺序为 7,6,5,4,3,2,1,0,8,9,10,11,12,13,14,15,7，……

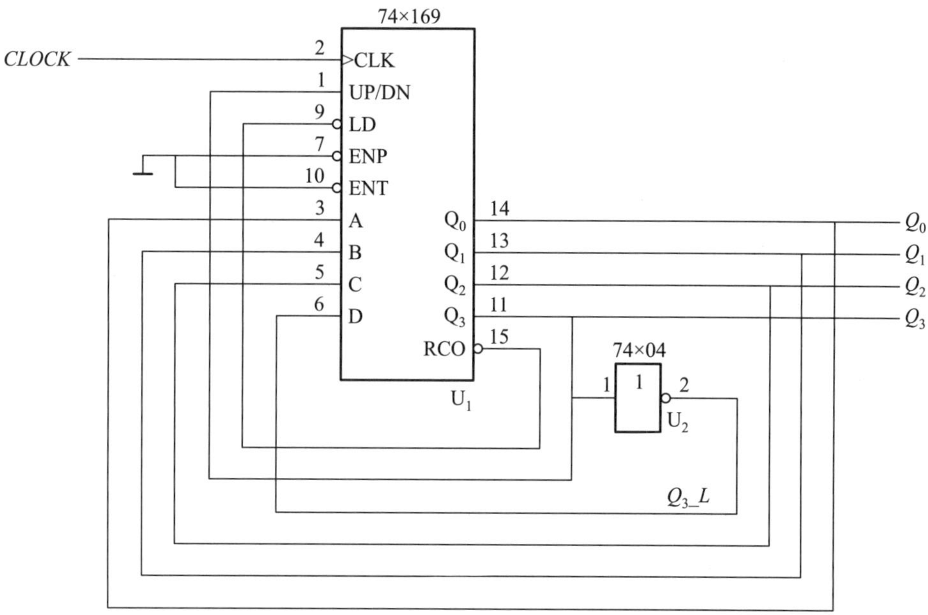

图题 8.6.1

4. 只用 2 个 SSI/MSI 组件设计一个 8 bit 自校正环形计数器，计数器的状态为 **11111110**，**11111101**，…，**01111111**。

单 元 测 验

一、选择题

1. 如果 74×163 芯片 *RCO* 输出有效，则必须满足下面哪个条件？（　　）

　A. 输出状态 **1111**　　B. 输出状态 **1111**，且 *ENT*=**1**

　C. 输出状态 **1111**，且 *ENP*=**1**　　D. 输出状态 **1111**，且 *ENP*=**1**，*ENT*=**1**

2. 想要实现一个模 60 的加减计数器，至少需要（　　）个触发器。

　A. 5　　B. 6　　C. 11　　D. 12

3. 4 位二进制加计数器最多可实现模（　　）的计数器。

　A. 4　　B. 8　　C. 16　　D. 32

4. 利用一个 74×163 芯片和一个**与非**门实现一个模为 11 的计数器，只需令 *CLR_L*=（　　）。

　A. $(Q_3Q_1Q_0)'$　　B. $(Q_2Q_1Q_0)'$　　C. $(Q_3Q_1)'$　　D. $(Q_1Q_0)'$

5. 利用一个 74×163 芯片实现一个计数方式为 **101**—**110**—**111**—**000**—**001**—**010**—**101**—……的计数器，如果令 *DCBA*=**0101**，则 *LD_L*=（　　）。

A. $(Q_2Q_0)'$　　B. $(Q_1Q_0)'$　　C. $(Q_3Q_2Q_0)'$　　D. $(Q_1)'$

6. 现有一个 74×163 芯片和一个 74×151 芯片，如果需要实现序列 **101100**，则需要将 74×163 改变成模(　　)的计数器。

A. 3　　B. 5　　C. 6　　D. 7

7. 有关 74×161 与 74×163 两个芯片，描述错误的是(　　)。

A. 都是模 16 的二进制计数器　　B. 都是二进制加计数器

C. 都是低电平有效的同步清零　　D. 都是低电平有效的同步预置

8. 两个模 10 的十进制计数器 74×162 级联，最多可以实现模(　　)的计数器。

A. 10　　B. 100　　C. 160　　D. 256

二、单元测验题

1. 请用 1 个 74×163、1 个 74×138 芯片和一些**与非**门实现如下的模为 6 的计数器，计数方式为 **100—101—110—001—010—111—100—**……

2. 请用 1 个 74×163 芯片和 1 个 74×151 芯片实现 **1101011** 的串行输出的序列发生器。

3. 请用 2 个 74×163 芯片实现一个模为 98 的计数器。

三、单元作业

1. 请分析图题 8.3.1 的电路，该电路最终实现的是模为多少的计数器？简单画出其状态图。

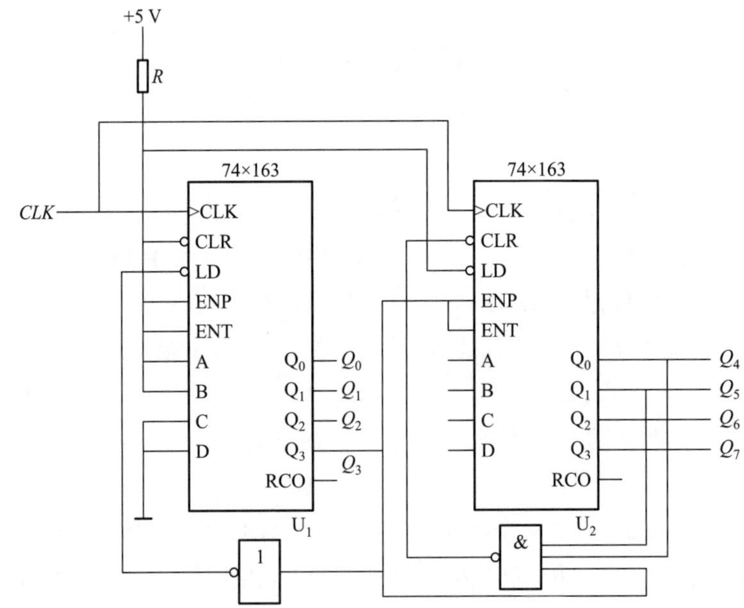

图题 8.3.1

2. 请用 1 个 74×163 芯片，1 个 74×138 芯片和一些**与非**门实现 4 位扭环计数器电路。

四、讨论题

1. 请总结串行序列发生器有多少种设计实现方法。

2. 请讨论同步清零器件(如 74×163 和 74×162)和异步清零器件(如 74×161 和 74×160)在任意模计数器实现的过程中，在思路上有什么不同？

第 8 章　答案

参考文献